“十四五”职业教育国家规划教材

机械图样的识读与绘制

第三版

陆　英　徐昆鹏　主编
李晓娟　副主编
孙金海　主审

JIXIE TUYANG DE
SHIDU YU HUIZHI

化学工业出版社
·北京·

内容简介

本书以国家机械制图标准和技术制图标准为依据，采用项目化教学方式，选取典型工作任务，按装配体的拆卸—零件测绘—装配体测绘—装配体装配的顺序编排。内容包括装配体的拆卸、零件图的基础知识、低精度零件、模型的测绘、全加工面零件的测绘、部分加工面零件的测绘、标准件与常用件的测绘、装配体的测绘、装配体的装配，图样涵盖正投影、轴测投影、零件图和装配图。本书配套有在线课程、视频微课，以方便学生学习。

本书配套出版《机械图样的识读与绘制习题集》（第三版）可供学生练习使用。本书可作为职业院校机械类专业机械制图课程的教学用书，也可作为电大、业大、职大及相近专业培训班的教材，还可供从事机械工程的技术人员参考。

图书在版编目（CIP）数据

机械图样的识读与绘制/陆英，徐昆鹏主编. —3版. —北京：化学工业出版社，2021.11（2023.8重印）
“十二五”职业教育国家规划教材 经全国职业教育教材审定委员会审定
ISBN 978-7-122-40173-1

Ⅰ.①机… Ⅱ.①陆… ②徐… Ⅲ.①机械图-识图-高等职业教育-教材②机械制图-高等职业教育-教材
Ⅳ.①TH126

中国版本图书馆CIP数据核字（2021）第221886号

责任编辑：韩庆利
责任校对：李雨晴　　　　装帧设计：史利平

出版发行：化学工业出版社（北京市东城区青年湖南街13号　邮政编码100011）
印　　刷：三河市航远印刷有限公司
装　　订：三河市宇新装订厂
787mm×1092mm　1/16　印张16¾　字数419千字　2023年8月北京第3版第2次印刷

购书咨询：010-64518888　　　　售后服务：010-64518899
网　　址：http://www.cip.com.cn
凡购买本书，如有缺损质量问题，本社销售中心负责调换。

定　　价：49.80元

第三版前言

随着数字化制造技术的日新月异，我国要从制造大国向制造强国转变，人才至关重要。作为职业院校，要培养具有工匠精神的技能型人才。作为工程技术人员和技术工人，大力实践与科技创新，是实现中国梦伟大时代所赋予的历史使命，而切实掌握图样的绘制与识读，则是机械工程技术人员和技术工人基本的素质保证。

本书深入贯彻党的二十大精神进教材要求，坚持立德树人，弘扬爱国主义精神、工匠精神，注重素质培养。本书编写切合加快建设制造强国的需要，以“继承、发展、创新”为总要求，设计思路以“实用为基本原则，与生产紧密结合为出发点”。书中以装配体的整个工作过程为主线，以零件的测绘为载体，序化课程内容，对原有的知识进行合理解构与重构，形成了全新的具有明显职业教育特色的内容体系。从装配体的拆卸开始，依次介绍零件图的基础知识、低精度零件、模型的测绘、全加工面零件的测绘、部分加工面零件的测绘、标准件与常用件的测绘、装配体的测绘，以装配体的装配结束，由浅入深地展开实物测绘的理论基础知识和实践知识，完成一个工作过程。采用沉浸式教学法，加强工程实际应用的训练，以锻炼和提高学生的绘图能力、测量能力、设计能力及分析能力，为将来从事本专业的相关工作岗位培养基础能力。

本书以培养学生的综合应用能力为宗旨，具有以下特点：

(1) 将主要知识融于任务实施过程中，精简传统知识点，强化测量、绘图、识图技能训练。与制造业紧密结合，内容与岗位要求完全对接，立足于培养高素质应用型人才，注重实践性、科学性与先进性。

(2) 计算机绘图的应用势不可挡，兼顾到计算机绘图作图的方便与制作途径的不同，对许多传统知识进行了删减与削弱。

(3) 在编写过程中，采用“工作过程导向”编写模式，以工作任务为依据开展分析，按工作顺序编排内容，“相关知识内容”力求精简，“任务实施”力求详细，“归纳总结”力求给出任务实施过程中的关键所在。

(4) 本书编写了配套的习题集。习题集的项目习题分为基础题与拓展题，以适应不同能力层次的学生。创新是驱动力，多个章节中融入设计的内容，理论联系实际，深度挖掘学生的能动性，让学生对设计与抽象有一个粗浅的认识，将所学的知识加以应用，提高学生的自信心、成就感。

(5) 全书采用最新《技术制图》《机械制图》国家标准。

（6）为践行“网络强国、数字中国”，配套制作了在线课程“机械制图”，在中国大学MOOC上线，并获得江苏省在线课程立项。同时本书也制作视频微课，可扫二维码观看，方便学生学习，通过数字赋能教材建设，促进学习者个性化学习，从而提高人才培养质量。

本书编写内容较详细，可作为高等职业院校机械类专业机械制图课程的教学用书，也可作为电大、业大、职大及相近专业培训班的教材，还可供从事机械工程的技术人员参考。建议在学习本课程之前，先去校内外实训基地或企业进行参观学习，对机械设计及制造的流程有基本的了解和理性认识。

参加本书编写的有徐州工业职业技术学院陆英（绪论、项目一、项目三任务二、任务三），李晓娟（项目二、项目三任务一、项目五），屈名（项目三任务四、任务五），徐昆鹏（项目四、附录），王正山（项目六），张丽霞（项目七），江苏四方锅炉有限公司齐芳（项目八）。全书由陆英、徐昆鹏统稿，徐州工业职业技术学院孙金海主审。参加制图等工作的还有徐州工业职业技术学院董娇，在编写过程中，有多位老师提出宝贵意见，在此一并表示感谢。

由于编者水平有限，时间仓促，书中难免有疏漏之处，恳请读者批评指正。

编　者

目 录

绪　论

图是用各种线型组成的象形“文字”来表现实物的形象，在表达设计思想、描绘物体形状、大小和精度等方面，具有形象、直观和简洁性等语言和文字无法比拟的优势，是构思、表达、分析和交流技术思想的重要工具，所以被喻为“工程技术界的语言”。根据投影原理、标准或有关规定，并有必要技术说明的表示工程对象的“图”，称为图样。图样是企业组织生产、指导生产全过程如备料、模型、铸、锻造、机械加工、装配、调试、检验等的依据。图样是企业最基本的文件。表达工程实物的结构形状、尺寸数据、技术要求等工程问题的图样，称为工程图样。按照不同的工程对象，图样可分为机械工程图样、建筑工程图样、电子工程图样、化工工程图样等，其中机械工程图样应用最为广泛。工程制图是对工程图样进行绘制和解读的一种三维空间与二维平面相互转换的思维过程。

机械工程图样是采用正投影法的基本原理，按照国家《技术制图》《机械制图》中的有关规定所绘制的图样，配有相应的技术要求，简称机械图样。

机械制图是一门研究机械图样的绘制与阅读规律的一门学科，是工科院校学生的一门重要的技术基础课。通过本课程的学习，培养学生仪器绘图、徒手绘图和读图的基本技能，为学习后续课程及进行课程设计、毕业设计奠定坚实的基础。

绪论

一、常用的机械图样

笔记

（1）零件图　用来表达零件结构、形状、大小、技术要求以及其它说明的图样，如图0-1所示。

（2）装配图　用来表达整个机器或部件的工作原理、装配关系、技术要求、主要零件结构形状以及组成零件的名称、数量等内容的图样，如图0-2所示。

在设计过程中，设计者根据用户需要进行分析、计算，设计出装配体。根据力学、运动分析进行强度计算、校核设计零件，再由装配图拆画零件图。在生产过程中，根据零件图加工出零件，再根据装配图将这些零件装配成部件和机器。零件图、装配图是加工、检验零件和机器的主要技术依据，在使用和维护机器过程中，根据装配图了解部件的性能、操作步骤，以便正确使用；维护时根据装配图、零件图拆装、修配机器。零件图、装配图在生产过程中起着重要的作用。

二、本课程的目的和任务

（1）培养运用正投影法及二维平面图形表达三维空间形状的能力。

（2）培养绘制和阅读机械图样的基本技能和空间思维能力。

（3）培养创造性构型设计能力。

（4）培养徒手绘图、尺规绘图的能力。

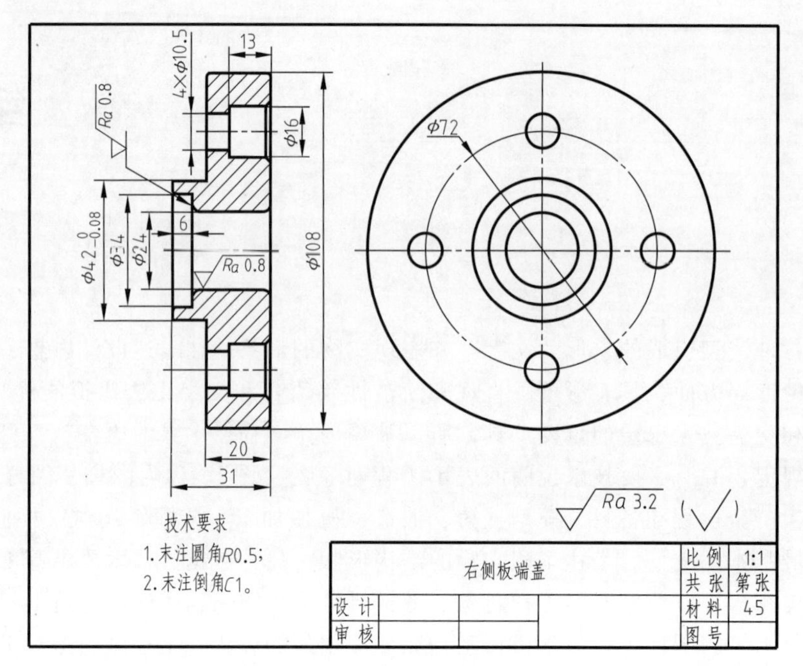

图 0-1 右侧板端盖零件图

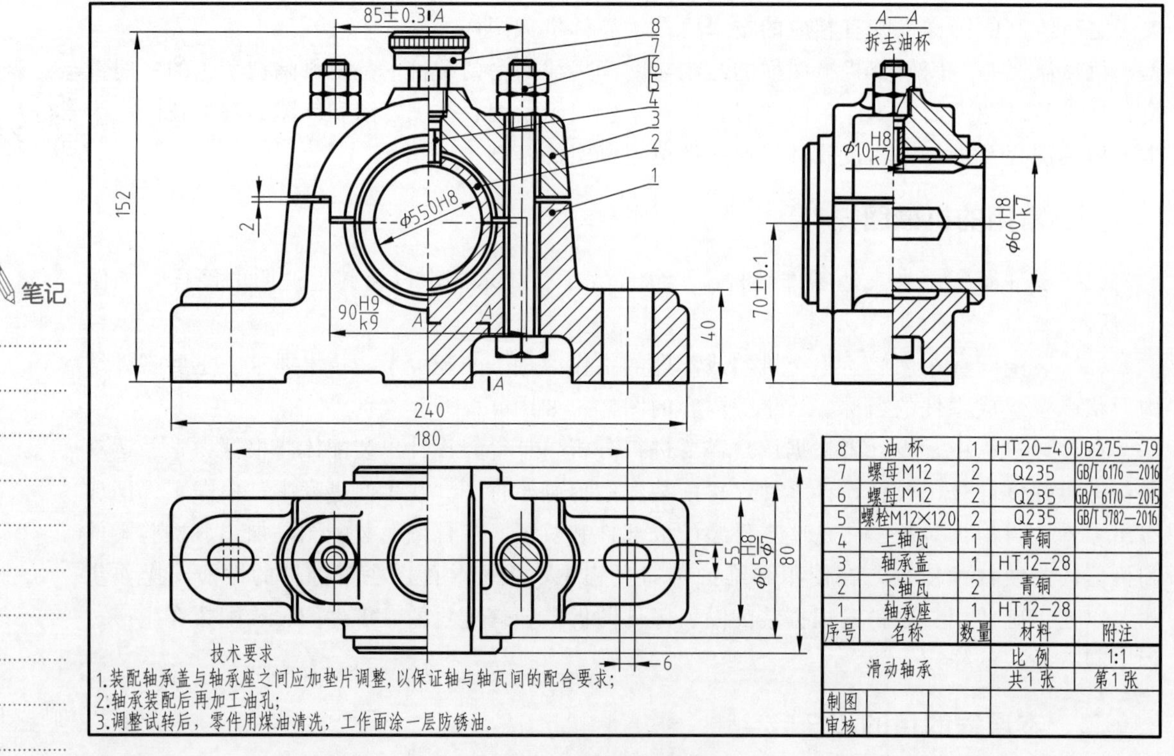

图 0-2 滑动轴承装配图

笔记

(5) 培养正确查阅国家标准、手册和资料的能力。

(6) 培养学习、贯彻、执行《技术制图》《机械制图》国家标准和其它有关规定的意识。

(7) 培养认真负责的工作态度和耐心细致的工作作风。

三、本课程的特点和学习方法

（1）注重基础理论知识。本课程的特点是既有理论，又有实践，而且实践性、阶梯性很强，学习时要步步为营，不断总结与温故，遇到问题及时解决，不要积压问题。

（2）耐心训练。完成一定数量的习题和作业，是巩固基本理论和提高绘图、读图能力的保证。因此，要按时并保质保量完成习题和作业。通过不断将二维图与三维图相互转换，不断总结经验，绘图、读图这种反复的实践活动，逐步提高空间思维能力和构思能力，培养和提高绘图和读图能力。

（3）加强标准化意识。1956年原机械工业部颁布了第一个部颁标准《机械制图》以来，国家标准《技术制图》《机械制图》经过多次总结、修订，是评价机械图样是否合格和质量优劣的重要依据。因此，要认真学习国家标准，并以国家标准来规范自己的绘图行为。学习中时刻树立国标意识，绘制的机械图样应做到：投影关系正确，视图选择和配置适当，图线规范，尺寸标注、字体书写等符合国家标准规定。

（4）注重理论联系实际。实际学习过程中要与工程实际相联系，平时要有意识地多观察周围环境中的产品及其构型，努力获取一些有关设计、制造等方面的工程知识。

中国正在从制造大国向制造强国迈进，制图作为制造的基础，会发挥越来越大的作用。机械制图已经应用于各行各业，未来的机械制图也将更加智能化，更多新的制图软件和辅助加工设备面世，方便广大从业者的研究生产工作，在学习中要增强能动性，不断总结并改进学习方法，努力提高自学能力和解决问题的能力。只要有耐心有毅力，一定能学好这门课程。也期待我国机械行业更高更快发展。

笔记

项目一 装配体的拆卸

思政目标

1. 通过减速器等装配体的拆卸，培养学生遵守工艺规程、安全规范的职业素养；

2. 通过减速器等装配体的拆卸，培养学生端正的工作态度，不怕脏、不怕累，吃苦耐劳；

3. 以减速器、机用虎钳、齿轮油泵等装配体为切入点，结合我国制造业发展成就，激发学生民族自豪感和学习热情。

任务 装配体拆卸

装配体拆卸

知识目标：

1. 了解装配体拆卸工具的使用；
2. 理解装配体拆卸方法的设计原则；
3. 掌握零件的分类方法。

能力目标：

1. 能合理设计拆卸方法并利用工具正确拆卸简单装配体；
2. 能识别零件的种类。

任务要求：

了解装配体的工作原理，零件之间的连接关系、位置关系，零件的结构形状、作用、类型。如图 1-1～图 1-9 所示。

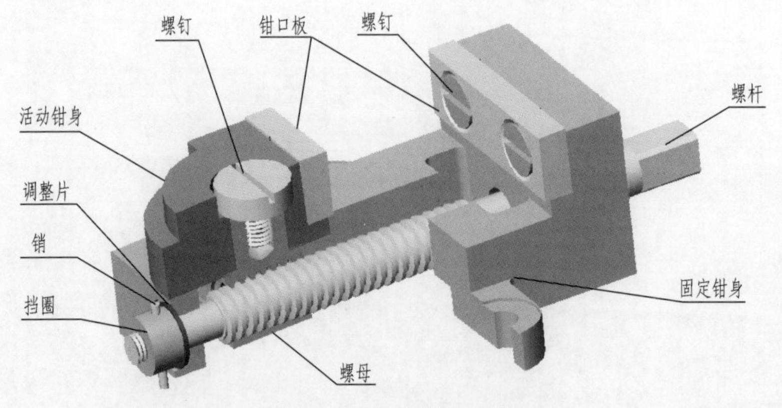

图 1-1 机用虎钳装配体

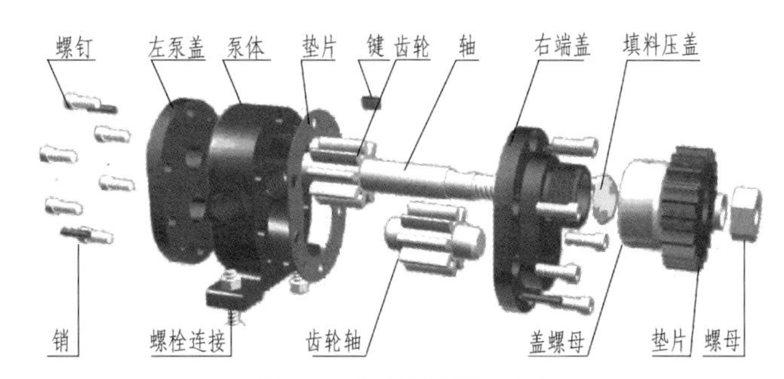

图 1-2 齿轮油泵爆炸图

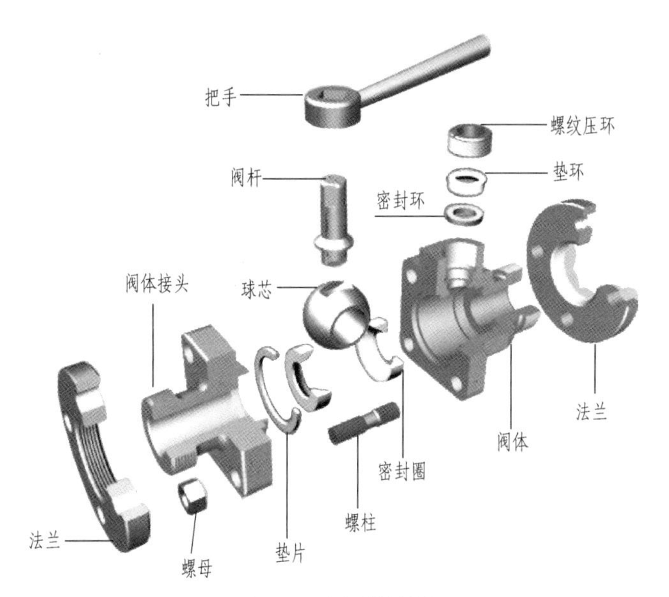

图 1-3 球阀爆炸图

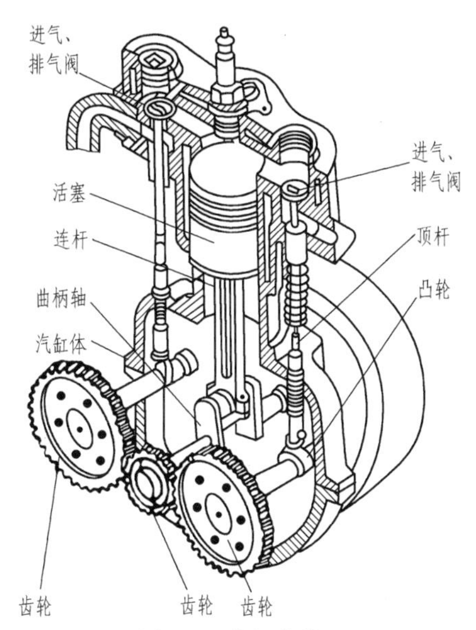

图 1-4 单缸内燃机

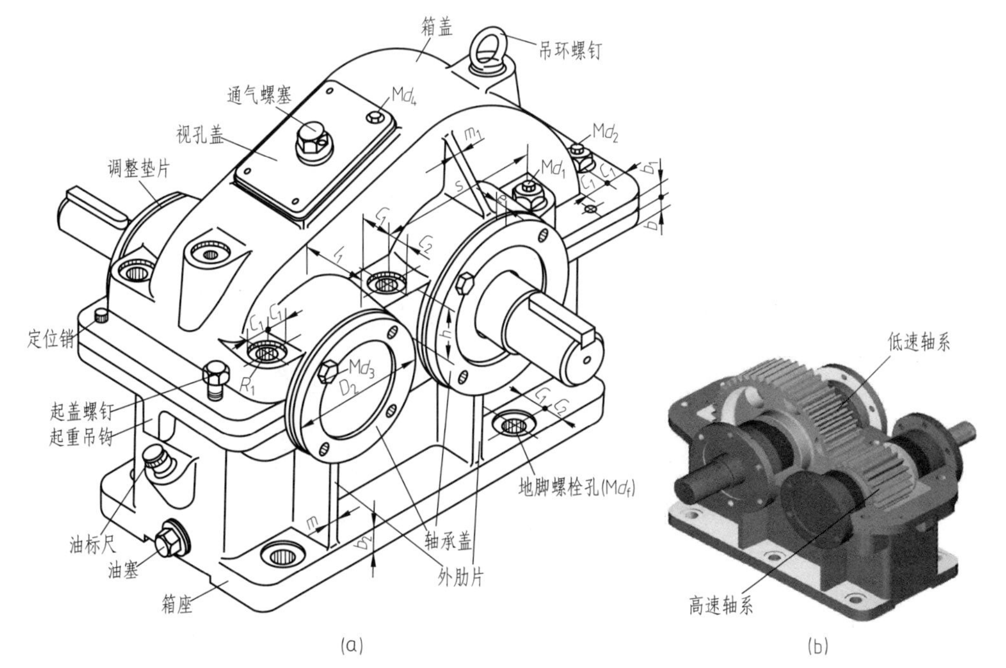

图 1-5 减速器

笔记

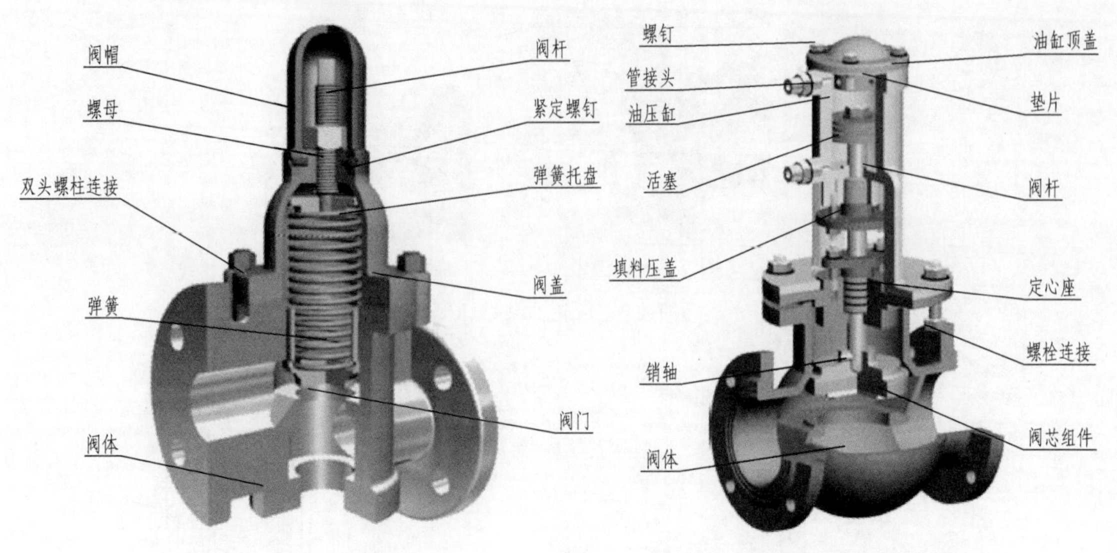

图 1-6 安全阀装配体

图 1-7 油压阀装配体

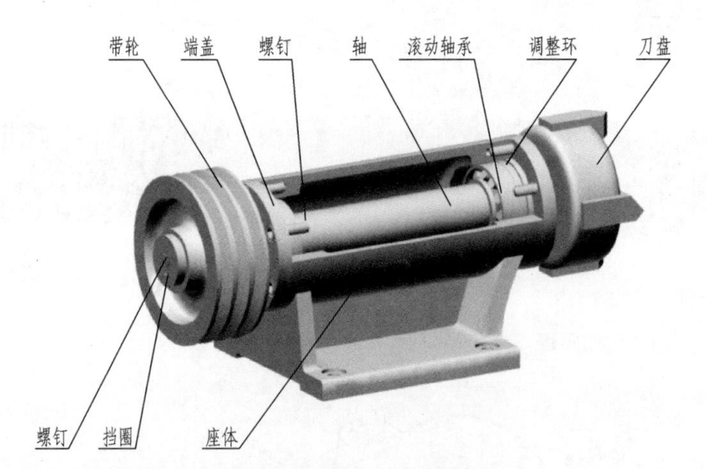

笔记

图 1-8 铣刀头装配体

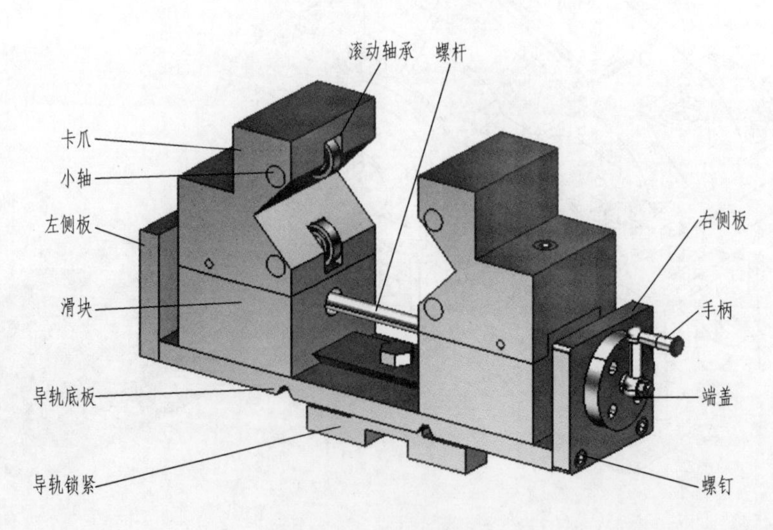

图 1-9 中心架装配图

相关知识内容

第一部分　装配体组成

不同的装配体由不同的零件组成，零件根据不同的分类方式，可分为几种类型，按零件的作用分，零件可分为轴套类零件、盘盖类零件、拨叉类零件、箱体类零件、标准件与常用件。各装配体零件的分类见表 1-1。

表 1-1　装配体各零件分类表

零件	轴套类	盘盖类	拨叉类	箱体类	标准件与常用件
机用虎钳	螺杆、挡圈	钳口板		活动钳身、固定钳身	销、调整片、螺钉
齿轮油泵	齿轮轴、填料压盖	左泵盖、右泵盖		泵体	螺钉、销、键、齿轮、螺栓、螺母、垫片
球阀	阀杆、把手	法兰、垫片、密封圈、螺纹压环、垫环		阀体接头、球芯	螺柱、螺母、垫片、密封环
内燃机	曲柄轴、顶杆、进气、排气阀	活塞、凸轮	连杆	汽缸体	齿轮
减速器	齿轮轴、从动轴、套筒	端盖、视孔盖、油塞、通气螺塞		阀体、阀盖	滚动轴承、螺栓、起盖螺钉、定位销、吊环螺钉、螺母
安全阀	阀杆	阀帽、弹簧托盘、阀门		阀体、阀盖	双头螺柱、弹簧、螺母、紧定螺钉
油压阀	阀杆	阀芯组件、管接头、油缸顶盖、活塞、填料压盖		阀体、油压缸体、定心座	销、螺钉、开口销、双头螺柱、螺钉、垫片、螺母
铣刀头	主轴	皮带轮、端盖、刀盘、挡圈、调整环、垫圈		座体	滚动轴承、螺钉、键、销、垫圈
中心架	螺杆、手柄	左侧板、右侧板、端盖、导轨锁紧		滑块卡爪	螺钉、螺栓、螺母

笔记

根据零件的精度与加工面的多少进行分类，分为一般精度零件、全加工面零件、部分加工面零件。

第二部分　零件的毛坯简介

零件多是由毛坯经过加工而来的，毛坯的种类有多种，常用的主要包括铸件、锻件、型材、焊接件，其余的型材如冲压件、塑料压制件等不作介绍。

1. 铸件

将熔融金属浇入铸型，凝固后所得到的金属毛坯。它适用于形状比较复杂，所用材料具备可铸性的零件。铸件的材料可以是铸铁、铸钢或有色金属。灰铸铁件力学性能差，用于受力不大或承压为主的零件，或要求有减振、耐磨性能的零件；球墨铸铁可锻造，铸钢件性能较好，用于承受重载或复杂载荷的零件。

2. 锻件

它适用于力学性能要求高，材料（钢材）又具有可锻性，形状比较简单的零件。其力学性能比相同成分的铸钢件好，主要用于对强度和韧性要求较高的传动零件及模具零件等。

3. 型材

各种热轧和冷拉的圆钢、板材、异型材等，适用于形状简单、尺寸较小、精度较高的毛坯。常用型材截面形状有圆形、方形、六角形和特殊断面形状等。就其制造方法，又可分为热轧和冷拉两大类。热轧型材尺寸较大，精度较低，用于一般的机械零件。冷拉型材尺寸较小，精度较高，主要用于毛坯精度要求较高的中小型零件。

4. 焊接件

它是将各种金属零件用焊接的方法而得到的结合件。焊接件主要用于单件小批生产和大型零件及样机试制，其优点是制造简单、生产周期短、节省材料、减轻重量。但其抗振性较差，变形大，需经时效处理后才能进行机械加工。其接头的力学性能达到或接近母材，主要用于制造金属构件，部分用于制造零件的毛坯。

轴类零件最常用的毛坯是型材和锻件，对某些大型的，结构形状复杂的轴也可用铸件或焊接结构，链轮与齿轮多为锻件，盘盖类零件多为铸件，拨叉类零件多为锻件，箱体类零件多为铸造件。

第三部分 装配体的拆卸

一、装配体的拆卸要求

机器部件的拆卸是一项技术性较强的工作，拆卸是采用正确的方法解除零件、部件间相互的约束和连接，将它们无损伤地逐一分解出来。被拆机器在拆卸后能够被恢复到拆卸前的状态，既要保证原机的完整性、密封性和准确度，还要保证在使用性能上与原机相同。

笔记

拆卸是按照与装配相反的顺序进行，一般原则是：从外部拆至内部，从上部拆至下部。

对于复杂的装配体，通常又会分为几个不同的装配单元，应先把每一个单元看作一个整体将该单元整个拆下后，再拆卸单元内的各个零件。

为达到装配体的拆卸无损，在拆卸装配体时，要注意以下两点：

(1) 不要用重力敲击，对于已经锈蚀的零部件，应先用除锈剂、松动剂等去除锈蚀的影响，再进行拆卸，以免对零部件造成损伤。在测绘过程中应保证零部件无锈、无损，如检验时应选择无损检验的方法，保管中应注意防锈蚀、防腐蚀、防冲撞等。切忌强行拆卸，可以采用 X 光透视或其它方法进行测绘。

(2) 在满足测绘需要的前提下，能不拆卸的就不拆卸，对于拆卸后不易调整复位的零件尽量不拆卸。

二、拆卸前的准备

实物测绘是一项极其复杂而细致的工作，自始至终都要保持认真负责的工作态度，严谨细致的工作作风和规范操作的工作习惯。

(1) 开始测绘工作前，应根据测绘目的和要求选择拆卸工作的场地和工作人员。

（2）阅读收集到的有关测绘对象的原始资料，如产品说明书、产品样本、产品合格证书、产品性能标签、产品广告维修图册和维修配件目录等，了解机器的结构、性能和工作原理。

（3）预先拆下或保护好电气设备，放掉机器中的机油，以免受潮损坏。

（4）分析部件的连接方式。在实际拆卸之前，必须清楚地了解部件的连接方式，从能否被拆卸的角度，部件的连接方式可划分为4种形式：

① 不可拆卸连接。不可拆卸连接是指永久性连接的各个部分，如焊接、铆接、过盈量较大的配合。在测绘中，这类连接是不可拆卸的。

② 半可拆卸连接。属于半可拆卸连接的有过盈量较小的配合、具有过盈的过渡配合等，该类连接属于不经常拆卸的连接，在生产中，只有在中修和大修时才允许拆卸，在测绘中，除非特别必要，一般不拆卸。

③ 可拆卸连接。可拆卸连接是指零件之间虽然无相对运动，但是可以拆卸。如各种螺纹连接、键与销的连接等。

④ 活动连接。活动连接是指相配合的零件之间有间隙，包括间隙配合和具有间隙的过渡配合。如滑动轴承的孔与轴颈的配合、液压缸与活塞的配合。

（5）确定分解程度。分解程度指将样机拆卸最小单元的程度，一般遵循下列原则：

① 分解到不可拆卸连接处为止。

② 拆卸后不易复原、调整或影响精度的尽量不拆。

③ 易损零件且无备件时，应尽量不拆，如塑料衬套。

④ 若必须拆卸永久连接或易损件，则一般应留待后期进行，必要时可解剖后测量。

（6）根据零部件的拆卸方法选择拆卸工具。有些零件因长期不拆卸而粘连在机体上难以拆除时，对于相互配合较松的零件，可用锤（如图1-10所示）沿零件四周反复敲击，敲击时，必须对受击部位采取保护措施，一般使用铜棒、胶木棒、木棒或木板等保护受击的零件，使其分离再拆卸。拆卸时使零件受力均匀，受力部位应恰当。在干燥状态下或配合件的拆卸，应先涂些润滑油，充分渗透后再进行拆卸，切不可损伤零部件。

笔记

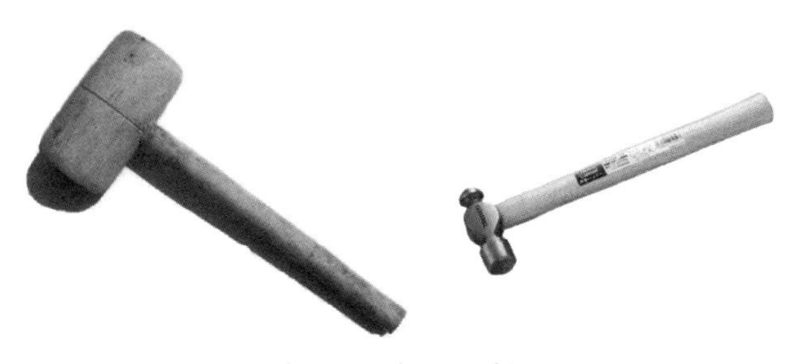

图1-10　木锤、手锤

① 螺纹连接件的拆卸。拆卸螺纹连接件时，应选用螺钉旋具和扳手，如图1-11～图1-13所示。螺钉旋具的选择主要根据被拆卸螺钉的特点而定，扳手的选择一般应按梅花扳手或套筒扳手、开口扳手、活动扳手的顺序。不要用力过猛，以免损坏零件。

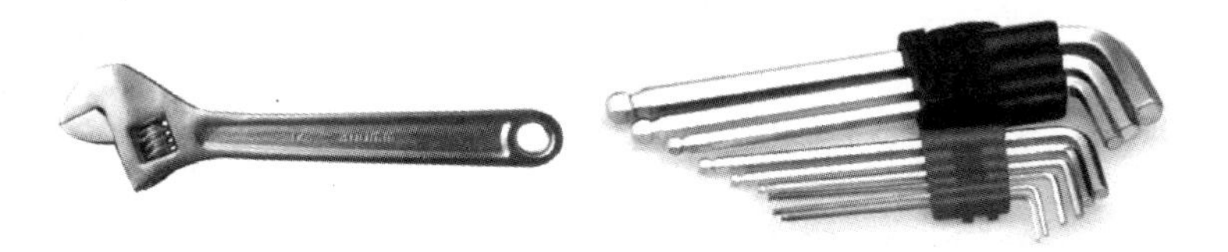

图1-11　活动扳手、内六角扳手

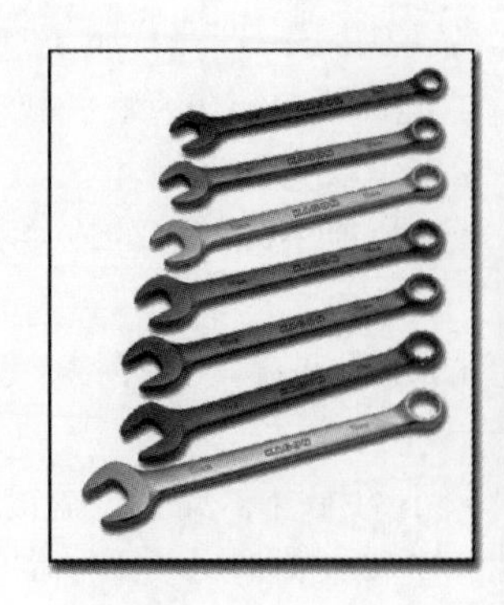

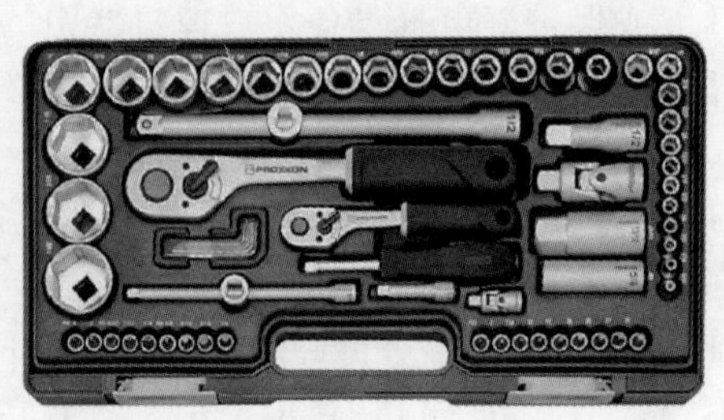

图 1-12 呆扳手、套筒扳手

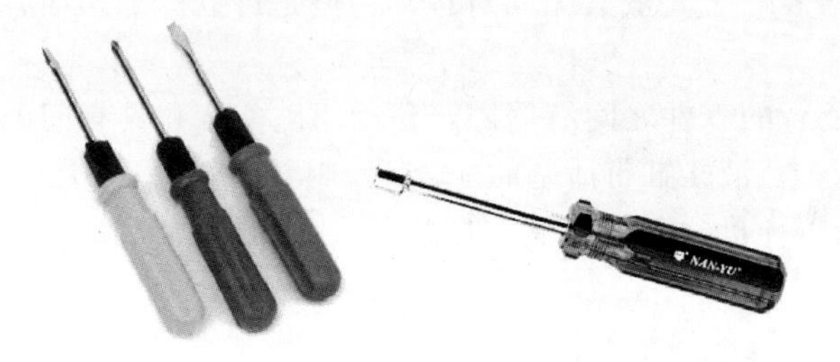

图 1-13 螺钉旋具

图 1-14 管子钳

a. 双头螺柱的拆卸，切不可用夹紧工具直接夹住螺柱螺纹处，以免损坏螺纹的牙型，可用管子钳（如图 1-14 所示）夹住中部光杆圆柱部分来拆卸，用扳手拆卸可采用并紧双螺母法，将两螺母相对拧紧锁死在双头螺柱的螺纹处，用扳手旋转靠近螺孔的螺母即可将双头螺柱拧出，如图 1-15 所示。

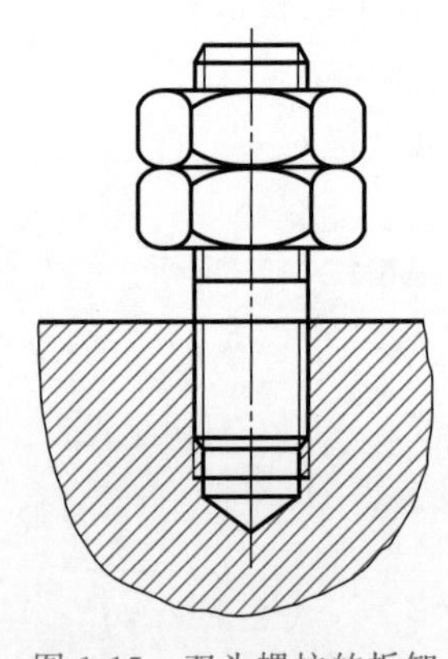

图 1-15 双头螺柱的拆卸

笔记

b. 对于长期没有拆卸而锈结的螺纹连接件，锈结较轻的情况，可先用钳工锤敲击螺母或螺钉，使其受振而松动，然后用扳手交替拧紧和拧松，反复多次后即可将其卸下。若锈结时间较长，可用煤油浸泡或喷涂松动剂，20～30min 或更长时间，更严重者，可用火焰对其加热，通过热胀冷缩使其松动，即可进行拆卸。

c. 多螺栓紧固件的拆卸：多螺栓紧固件连接大多是盘盖类零件，材料较软，厚度不大，容易变形，拆卸时应根据被连接件的形状和螺栓的分布情况，按从小到大的顺序逐次（一般为 2～3 次）拧松螺母，在拧松长方形布置的成组螺母时应从中间开始，逐渐向两边对称扩展，如图 1-16 所示；在拧松圆形或方形布置的成组螺母时必须对称地进行（如有定位销，应从定位销的螺栓开始），以防止螺栓受力不一致，甚至变形而失去精度。

② 销的拆卸。对于圆柱定位销，在拆去被定位的零件以后，销往往会留在主要零件上，不影响零件的测绘可不拆卸。可用销钳或尖嘴钳将其拔出。对于有通孔的锥销，将机件放在带孔的垫铁、V 形支承槽或槽铁支承上，用钳工锤和略小于销径的铜棒敲击销的小端，即可拆除定位销。对于盲孔内的销一般销尾有内螺纹，没有的可加工内螺纹，可用拔销器专用工具拔出。

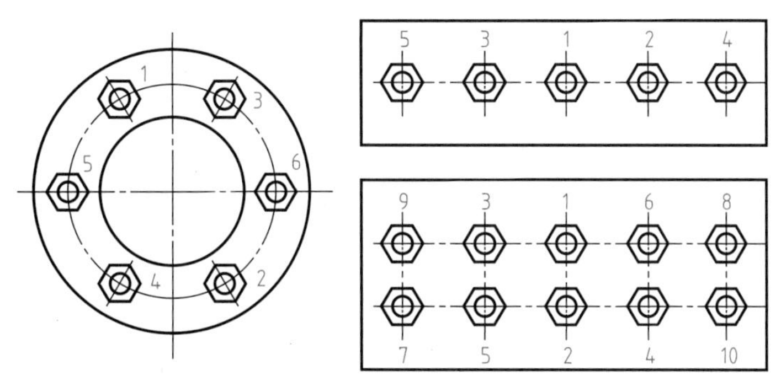

图 1-16　螺母的装配顺序

③ 轴系及轴上零件的拆卸。轴系的拆卸要视轴承与轴、轴承与机件的配合情况而定，若轴承与机件配合较松，则轴系连同轴承一并拆除，反之，先将轴系与轴承分离，再将轴承从机件中拆除。对轴上精度较高的零件的拆卸，例如轴承，不允许采用锤击，可用专用拉拔器进行拆卸。拉卸时，拉拔器的各拉钩应相互平行，钩子和零件贴合要平整，如图 1-17 所示，必要时，可在螺杆和轴端间、零件和拉钩间垫入垫块，以免拉力集中而损坏零件。

对过盈量较大的零件，在不影响测绘的情况下，不要拆除，若一定要拆卸，可使用压力机、加温或冷却的方法进行拆卸。

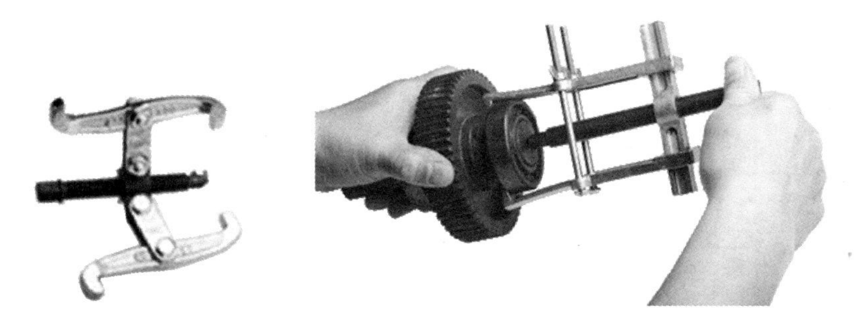

图 1-17　拉拔器的拆卸图示

笔记

④ 其它。拆卸一些小型挡圈，卡簧等可用一些钳类专用工具，如图 1-18 所示。挡圈钳专用于拆卸弹簧挡圈。钳子分轴用挡圈钳和孔用挡圈钳，手虎钳用来夹持或切断轻巧小型工件，尖嘴钳适合于在比较小的工作空间夹持小零件，带刃尖嘴钳还可以切断金属丝。主要用于仪表、电讯器材、电器等的安装及其它维修工作。卡簧钳用来拆卸卡簧，端部为圆柱形，可防止卡簧脱落。每一种工具有不同的用途。有些特殊零件有专用工具，在此不再赘述。

（7）绘制装配示意图。在对装配体全面了解、分析之后，在拆卸过程中进一步了解、记录装配体内部结构和各零件之间的关系，进行修正、补充，以备将来正确地画出装配图和重新装配装配体之用，在拆卸时绘制装配示意图，装配示意图是用简单的图线画出装配体各零件的大致轮廓，以表示其装配位置、装配关系和工作原理等情况的简图，国家标准《机械制图》中规定了一些零件的简单符号，画图时可以参考使用。图 1-19 为滑动轴承装配示意图及其各零件的数量、材质等参数。

（8）零部件的清洗。测绘零部件时，要对拆下来的零部件进行清洗，以去除油腻、积

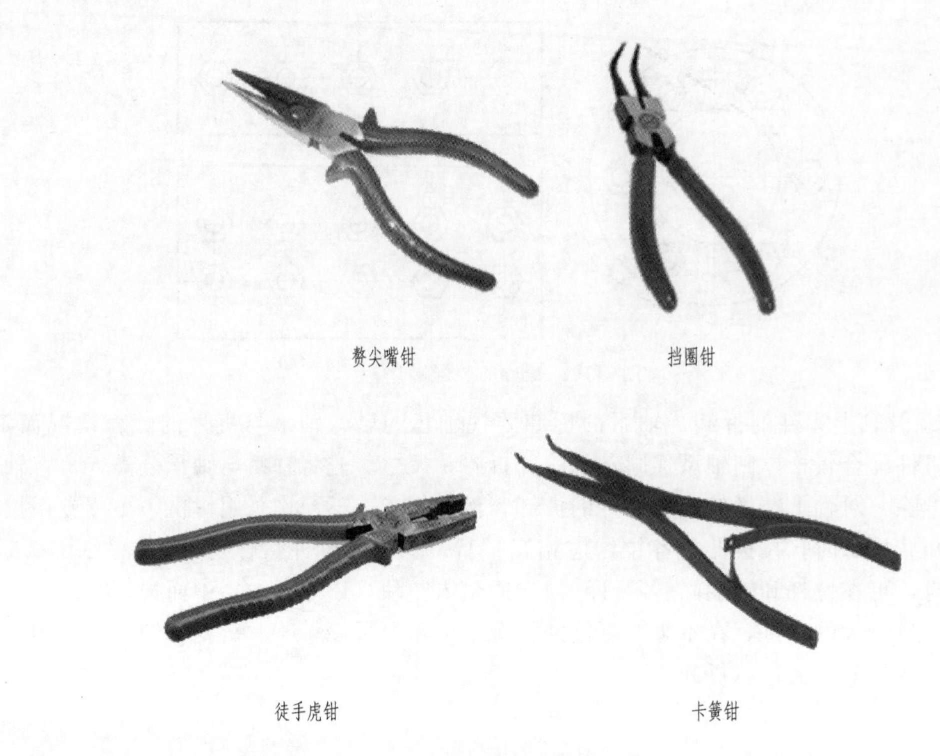

图 1-18 各种钳

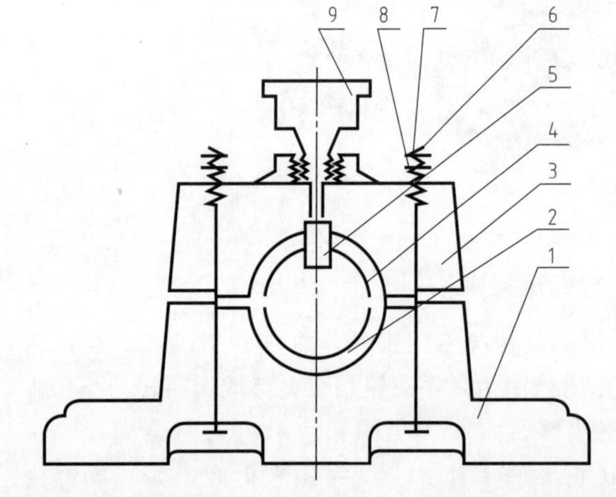

序号	名称	数量	材料
1	轴承座	1	BT12-28
2	下轴瓦	1	青铜
3	轴承盖	1	BT12-28
4	上轴瓦	1	青铜
5	轴衬固定套	1	Q235
6	螺栓 M12×120 GB/T 5782—2016	2	Q235
7	螺母 M12 GB/T 6170—2015	2	Q235
8	螺母 M12 GB/T 6170—2015	2	Q235
9	油杯12	1	

图 1-19 滑动轴承装配示意图

笔记

炭、水垢、铁锈等。同时可以发现零部件的缺陷和磨损情况。在清洗过程中要确保操作安全，清洗要按组进行，要有针对性，本着一般配合零件高于非配合零件、间隙配合零件高于过渡和过盈配合零件、精密配合零件高于一般配合零件的原则，本着简单经济的原则，合理选择清洗剂与清洗方法。零部件清洗的方法有很多种，按清洗的操作方法分为手工清洗和机器清洗；按清洗液对被洗件的作用方式分为高压清洗、浸泡清洗、涂刷清洗、蒸汽清洗、超声波清洗等，在操作中根据实际情况进行选择，避免零部件的碰撞、划伤以及清洗剂对零部件的腐蚀。清洗后用空气吹干，并采取措施预防腐蚀和氧化对零件的影响，分类放置，以免混淆和丢失。

任务实施

二级齿轮减速器拆卸

减速器是几个装配体中较复杂的一个，以减速器（图 1-5）为例来讲解装配体的拆卸过程。减速器是通过齿轮啮合的变速作用，将从原动机（如电机）输入的转速，转换为所需要的转速，以适应工作要求的一个传动装置，应用较广。阅读齿轮减速器的有关的说明书和相关的参考资料。

1. 准备工作

将齿轮减速器放置在钳工桌上，准备清洗零件的盆或盘、放置零件的货架、接存润滑油的盆或桶、拆卸工具一套、记录用的纸及零件编号标牌等。

2. 分析减速器的工作原理及连接方式

减速器在工作时，动力由主动齿轮轴（高速轴）输入，通过齿轮啮合，传至大齿轮输出。齿轮采用油池浸油润滑方式，齿轮传动时溅起的油及充满减速箱内的油雾使齿轮得到润滑。打开顶盖可以观察齿轮的啮合情况，也可以将油由此注入箱内。油标尺可以探知油箱内油量的多少，换油时，打开箱体下部的放油塞，放出污油。为保持箱内、外气压平衡，箱盖上装有通气塞。主动齿轮轴上挡油环的作用是防止高速齿轮轴旋转飞溅起的油冲化轴承中的油脂，并通过它将油甩向四周。

减速器上的零件基本上都属于可拆卸连接，单级齿轮减速器有两条装配线即两轴，两轴由滚动轴承支撑在箱体上，采用过渡配合，有较好的同轴度，从而保证齿轮啮合的稳定性。4 个端盖分别嵌入箱体内，确定了轴上零件的轴向位置。装配时只需修磨两轴上调整环的厚度，即可使轴向间隙达到设计要求。

3. 拆卸步骤

参考图 1-20，旋开螺塞 18，取下垫圈 17，放掉减速器中残留的机油到塑料桶中。

（1）拆卸窥视孔盖：用螺钉刀旋下螺钉 11，拆下垫片 15 与视孔盖，用扳手旋下螺母 12，取下垫片 13、通气螺塞 14。

笔记

（2）拆卸箱盖：用扳手卸下箱盖与箱体之间的螺栓 16 及 4、5、6，用木锤敲击箱盖与箱体的连接处，取下箱盖 8，挂好标牌，与其它零件一起按顺序放置。

（3）拆卸高速轴系［如图 1-5（b）所示］

① 将高速齿轮轴系零件从箱体中取出，拆去透盖 34、闷盖 28 和调整环 29，并擦洗干净。

② 从左、右两端用拉拔器将左右滚动轴承 32 退出，并取下挡油环 31。

擦洗干净，挂好标牌，按顺序放在一旁。

（4）拆卸低速轴系［如图 1-5（b）所示］

① 将低速齿轮轴系零件从箱体中取出，拆去透盖 27、闷盖 19 和调整环 20，并擦洗干净。

② 从轴肩的左端用拉拔器将左端滚动轴承退出。

③ 从轴肩的右端用拉拔器将右端滚动轴承 25 退出，退出轴套 21，用拉拔器将大齿轮 22 退出。

擦洗干净，挂好标牌，按顺序放在一旁。

（5）拆卸其它附件，如油标组件 1、2、3 等。

4. 做好记录，画出装配示意图

拆卸过程中，边记录，边画装配示意图，如图 1-20 所示。

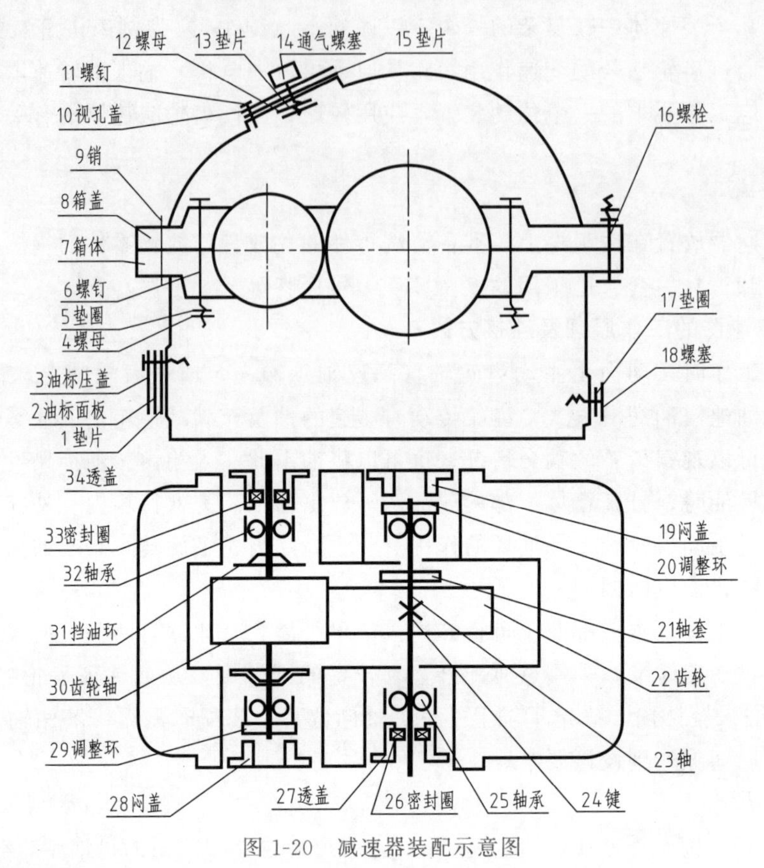

图 1-20 减速器装配示意图

离心泵拆卸

课后任务

笔记

1. 熟悉装配体各零件在装配体中的作用、零件的形状。

2. 了解周围所看到的装配体，在条件允许的情况下进行拆卸，了解零件在装配体中的作用。

3. 查资料了解一下我国的哪些零件是卡脖子零件，国家需要重点突破，近年来我国又突破了哪些零件的制造。

项目二

零件图的基础知识

思政目标

1. 通过方螺母零件图识读，培养学生细致的观察、思考与分析能力；
2. 通过尺规作图基础能力训练，培养学生严谨细致的工作态度；
3. 通过制图国家标准学习培养学生遵守标准规范意识。

任务　零件图的基础知识掌握

知识目标：

1. 学习并贯彻国家标准《技术制图》与《机械制图》中有关图幅、比例、字体、标题栏、图线、尺寸标注等规定，初步奠定绘图基础；
2. 了解并熟悉各种绘图工具的使用；
3. 掌握平面图形的尺寸注写方法与规律。

能力目标：

1. 熟练使用绘图工具；
2. 能正确判别机械图样中不符合国家标准的错误；
3. 能正确使用绘图工具标注平面图尺寸。

任务要求：

1. 阅读图 2-1 方螺母零件图，了解一张完整的零件图包含哪些内容。

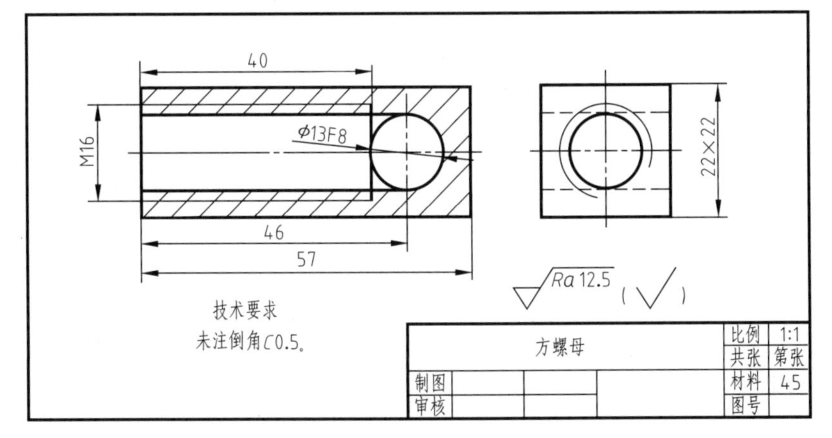

图 2-1　方螺母零件图

笔记

2. 分析图框画法及标题栏格式。

3. 分析常见线型在零件图中的应用。

4. 分析零件的尺寸标注情况。

第一部分 绘图工具和用品的使用

图形是工程技术界的"语言"，工程技术人员必须熟练地掌握相应的绘图技术。绘图技术包括尺规绘图技术、徒手绘图技术和计算机绘图技术。本任务中主要介绍尺规绘图技术，工欲善其事，必先利其器，绘图之前首先要掌握绘图工具和用品的使用方法，才能绘出整洁、规范的零件图。

一、绘图板

图板的使用方法

绘图板是用来铺放和固定图纸的矩形木板。绘图板一般由胶合板制成，四边镶以平直的硬木边框，要求板面平整，木质细软，其左边是工作导向边，要求光滑平直。图板形式如图 2-2 所示。

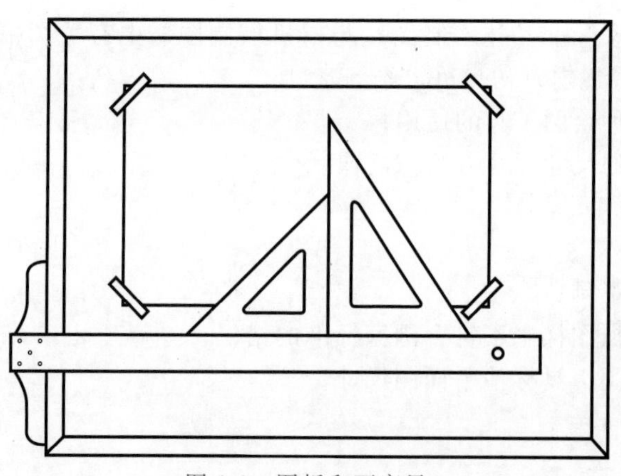

图 2-2 图板和丁字尺

笔记

二、丁字尺

丁字尺用来绘制水平直线。它由尺头和尺身组成，因形似丁字而得名。尺身上边（有刻度）为工作边，与尺头内侧（工作边）垂直。丁字尺形式如图 2-2 所示。使用时，尺头内侧紧靠在图板的左侧导向边，可上下滑动，移动到所需位置后，左手按住尺身，右手用铅笔自左至右，可以画出一系列水平线。如图 2-3（a）所示。同时，丁字尺还是所绘图形的水平基准。丁字尺放置时宜悬挂，以保证丁字尺尺身的平直。

注意：禁止用丁字尺绘制垂直线。

三、三角板

三角板一副共两块，由 45°三角板和 30°三角板组成。如图 2-3（b）所示，与丁字尺配合，可以画垂线和与水平成15°倍数的各种角度的直线，注意图中的运笔方向。两块三角板配合，可以作已知直线的平行线、垂直线，如图2-4所示。

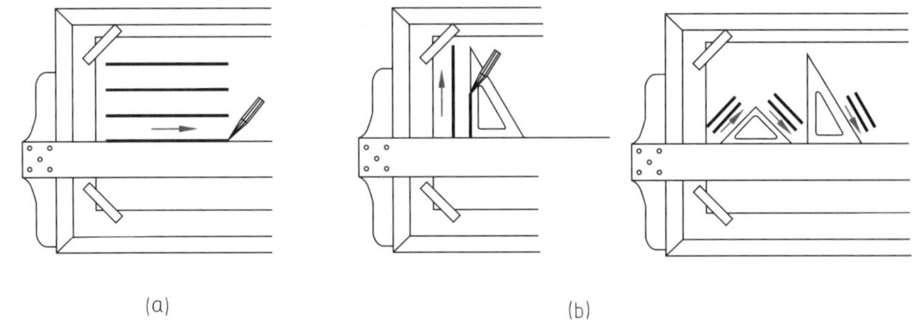

图2-3 丁字尺与三角板的使用方法

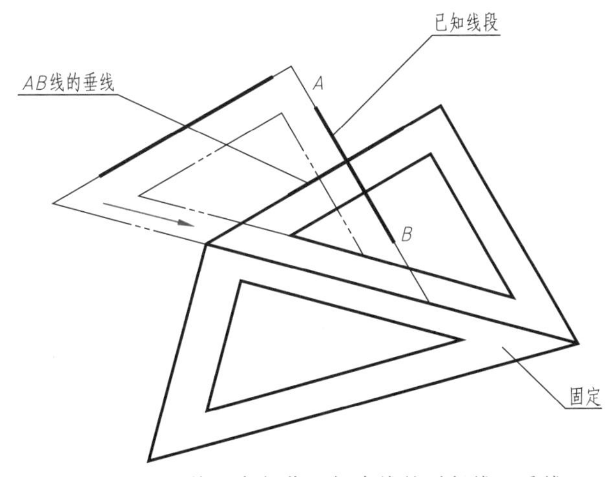

图2-4 用两块三角板作已知直线的平行线、垂线

圆规的选用及使用方法

笔记

四、圆规

圆规用来画圆和圆弧。画圆时，应保持铅芯与钢针腿平齐。最好使用有台阶的一端。目的是保护圆心，不使之扩大。动笔时可使圆规向转动方向稍微倾斜，使笔尖垂直于纸面，转动时力度和速度要均匀。图2-5所示为用圆规画圆示意图。当画大直径的圆或加深时，要使用延伸插杆，使铅芯腿、钢针腿垂直于纸面。

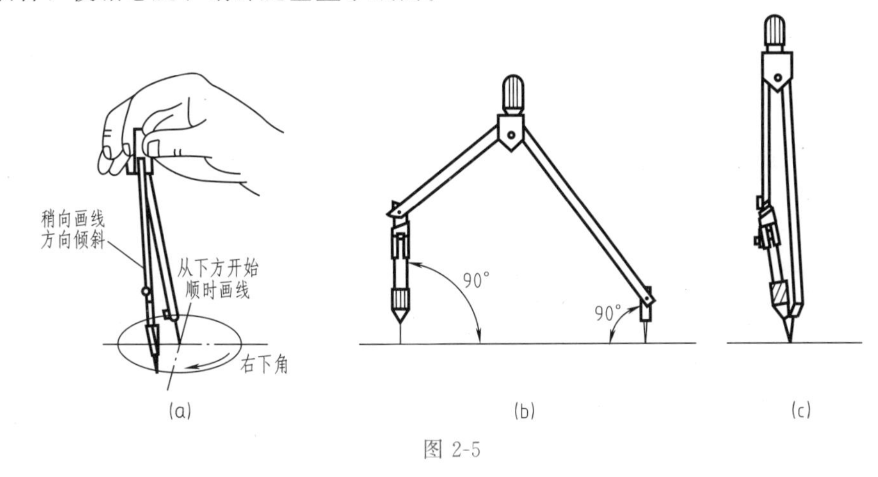

图2-5

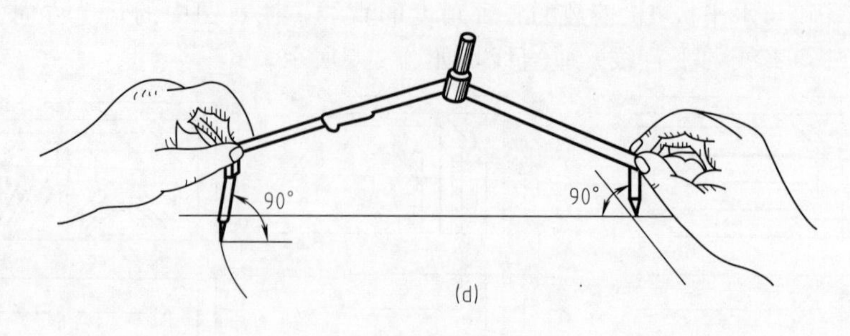

图 2-5 圆规的使用方法

铅笔的分类及使用方法

五、铅笔

绘图应采用专用铅笔。绘图铅笔用 B 和 H 表示铅芯的软硬程度。B 表示软性铅笔，前面的数字越大，铅芯越软，画出的线条越深。H 表示硬性铅笔，前面的数字越大，铅芯越硬，画出的线条越浅。HB 表示软硬适中。

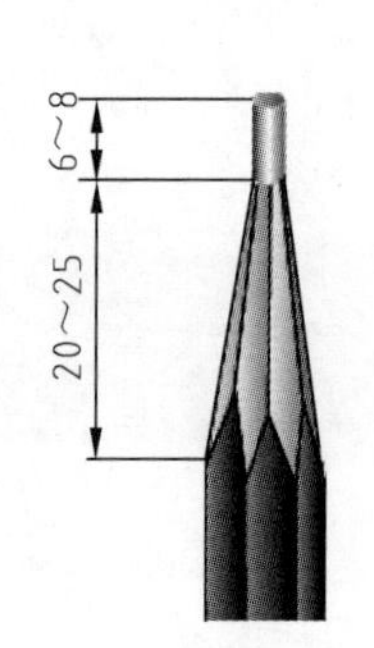

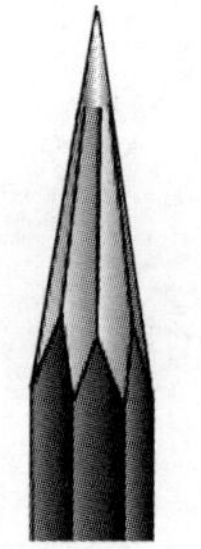

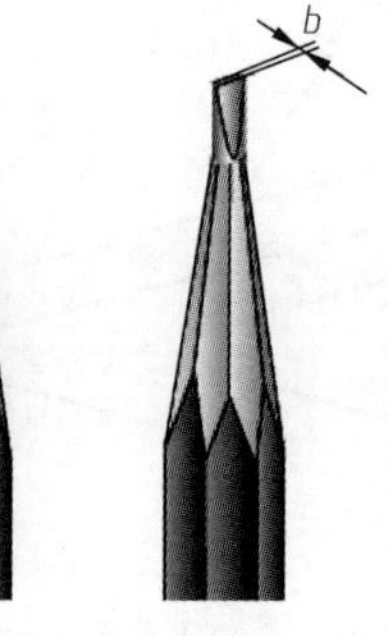

图 2-6 铅笔的削法

画底稿时，一般要使用 2H 铅笔，便于修改。加深时，粗线一般要用 B 或 2B，比较醒目美观，细线一般用 H 或 2H。写字可以用 H 或 HB。

铅笔的削法如图 2-6 所示。加深用的软铅笔应磨成铲形方头，使画出的线条宽度一致。其余用途的铅笔可削成圆锥形。

除了以上几种常用的绘图工具和用品外，画非圆曲线的曲线板、铅笔刀、砂纸、绘图橡皮、胶带纸等用具，这里不作详细介绍。

第二部分 制图国家标准的基本规定

为了便于图样的管理和交流，国家技术监督局发布了《技术制图》和《机械制图》国家标准，对制图做出了一系列统一的规定。我国国家标准的代号是 GB，如：GB/T 14689—2008。其中，“T”表示该标准为推荐性国家标准，“14689”是该标准的顺序编号，“2008”为该标准发布的年号。本节摘要介绍制图国家标准的一些基本规定。

一、图纸幅面和格式（GB/T 14689—2008）

1. 图纸

图纸幅面为图纸宽度与长度组成的图面。为了便于装订和管理，以及符合缩微复制原件的要求，使图纸大小统一，国标规定绘制技术图样时，应画在具有一定格式和幅面的图纸上，并应优先选用基本幅面。基本幅面共有五种，其尺寸见表 2-1。

必要时，允许选用加长幅面，但其尺寸不能任意加长，必须是由基本幅面的短边成 0.5 整数倍增加后得出。如图 2-7 所示。

表 2-1 图纸基本幅面尺寸及图框尺寸

幅面代号	A0	A1	A2	A3	A4
$B \times L$	841×1189	594×841	420×594	297×420	210×297
e	20		10		
c	10			5	
a	25				

2. 图框格式

图纸上限定绘图区域的线框称为图框，图形必须绘制在图框内。图框用粗实线画出。分为不留装订边（如图 2-8 所示）和留装订边（如图 2-9 所示）两种格式。图纸选用留装订边格式时，一般应采用 A4 幅面竖装和 A3 幅面横装，同一产品的图样应采用同一种格式、具体尺寸见表 2-1。

3. 标题栏及方位

每张图纸都必须有标题栏。标题栏一般位于图框的右下角。标题栏外框为粗实线，内部分栏线为细实线。国标（GB/T 10609.1—2008）对标题栏的内容、格式、尺寸都作了统一的规定，如图 2-10 所示。学生的制图作业，可以采用图 2-11 所示简易标题栏。

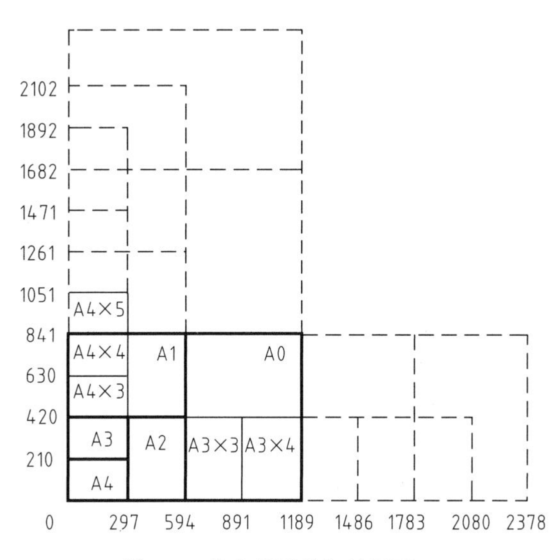

图 2-7 基本幅面及加长幅面

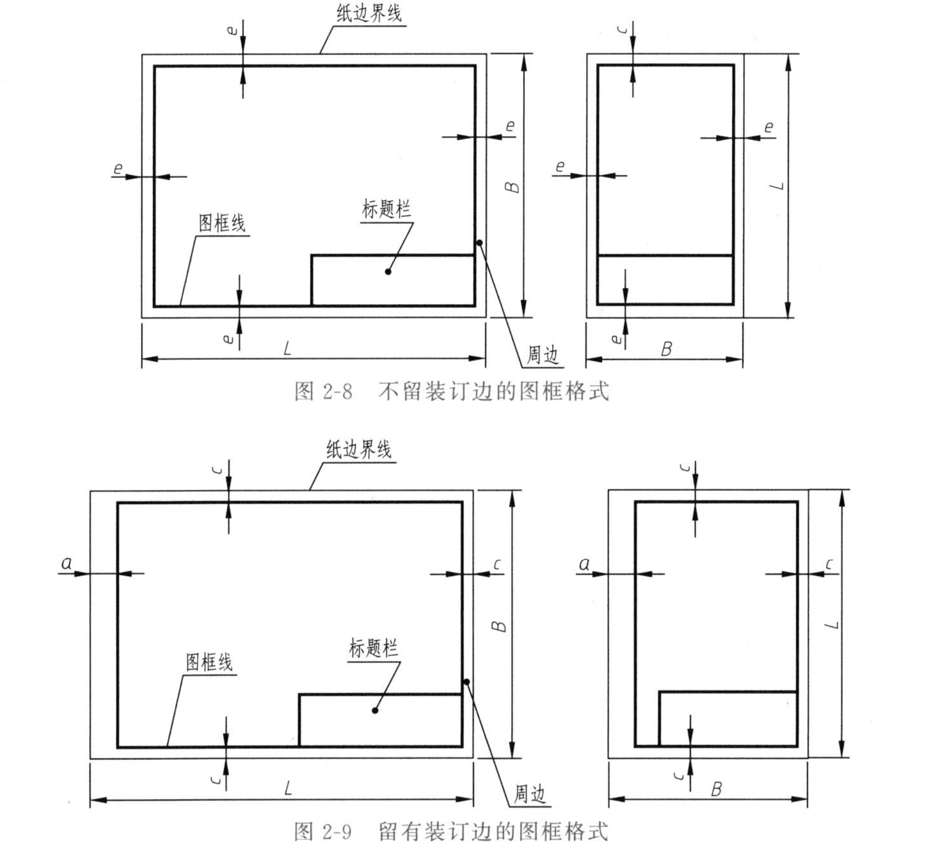

图 2-8 不留装订边的图框格式

图 2-9 留有装订边的图框格式

笔记

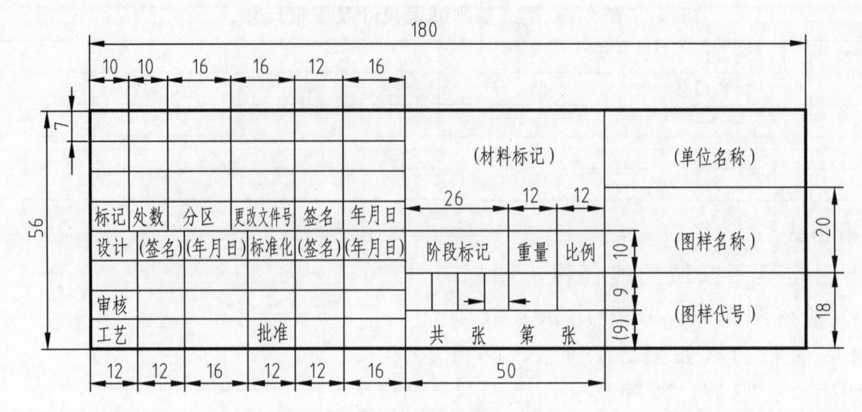

图 2-10 标题栏格式和内容

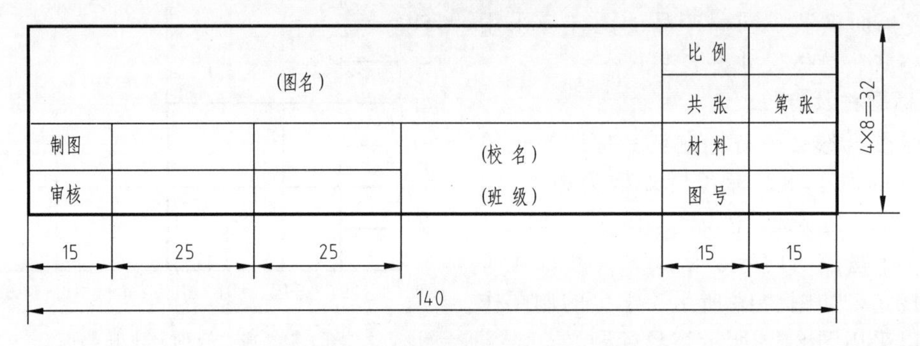

图 2-11 简化标题栏格式和内容

4. 附加符号

(1) 对中符号 为了使图样在复制或缩微摄影时准确定位，应在图纸各边的中点处分别画出对中符号。对中符号用粗实线绘制，长度是从图纸边界开始伸入图框约 5mm，如图 2-12 (a) 所示。当对中符号处在标题栏范围内时，则伸入标题栏的部分省略不画，如图 2-12 (b) 所示。

(2) 方向符号 标题栏的方向通常与读图的方向一致，如转换其它方向放置，如图 2-12 (a)、(b) 所示，应在图纸下边对中符号处画一个细实线的等边三角形，如图 2-12 (c) 所示，以表示绘图和读图的方向。

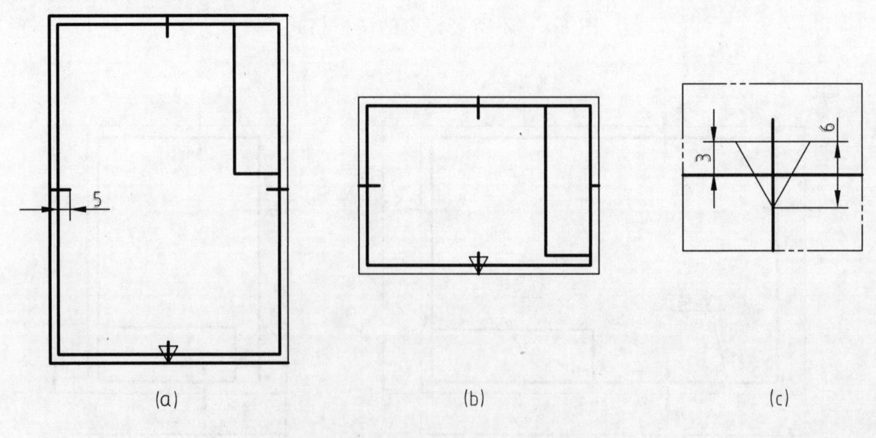

图 2-12 对中符号和方向符号

二、比例（GB/T 14690—1993）

表 2-2　比例系列

种类	优先选用的比例	可选用的比例
原值比例	1∶1	
放大比例	2∶1　5∶1　10″∶1 2×10″∶1　5×10″∶1	2.5∶1　4∶1 2.5×10″∶1　4×10″∶1
缩小比例	1∶2　1∶5　1∶10″ 1∶2×10″　1∶5×10″	1∶1.5　1∶2.5　1∶3　1∶4　1∶6 1∶5×10″　1∶2.5×10″　1∶3×10″ 1∶4×10″　1∶6×10″

比例是指图样中的图形与其实物相应要素的线性尺寸之比。比例符号为“∶”。绘图比例不能任意选取，应按表 2-2 中列出的比例选取。同一张图样的各个图形应采用同一个比例，该比例标注在标题栏内相应位置。若图样中某个图形比例改变，应在该图形附近按规定标出。

为了读图方便，优先选用原值比例，这样图样直接反映实物的大小。但若机件太大或太小，就必须采用缩小或放大比例进行绘制。总的原则是既要清楚表达物体图形，又要考虑图纸的大小。

图幅字体
比例

注意：选择不同的比例，只是所绘图形大小不同而已，无论选择哪种比例绘图，图样上的尺寸还是要标注机件的实际尺寸。如图 2-13 所示。

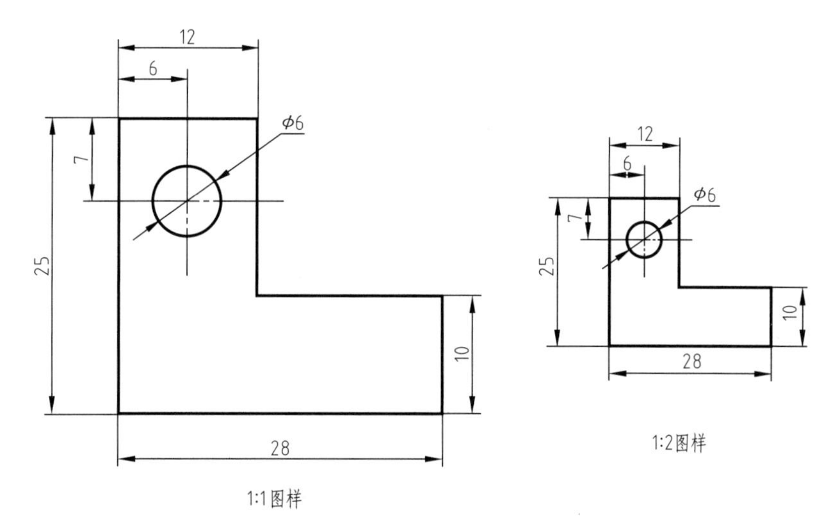

图 2-13　图形比例与尺寸的关系

笔记

三、字体（GB/T 14691—1993）

1. 基本要求

（1）汉字应写成长仿宋体字，要采用国家正式颁布的《汉字简化方案》中规定的简化字。

（2）在图样中书写的汉字、数字、字母等，书写时要做到字体工整、笔画清楚、间隔均匀、排列整齐。

（3）字体高度（用 h 表示）的公称尺寸系列为：1.8、2.5、3.5、5、7、10、14、20。字体的高度就是字号，单位是 mm。汉字的高度 h 不应小于 3.5mm，其字宽一般为 $h/\sqrt{2}$。

（4）字母和数字可以写成直体或斜体。斜体字字头向右倾斜，与水平基准线成 75°。

2. 字体示例

汉字：

字体工整笔画清楚间隔均匀排列整齐

横平竖直注意起落结构均匀填满方格

技术制图机械电子汽车航空船舶土木建筑矿山井坑港口纺织服装

阿拉伯数字：

大写拉丁字母

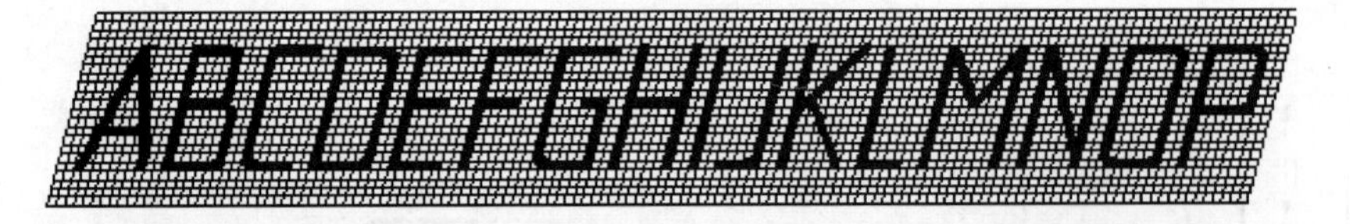

笔记

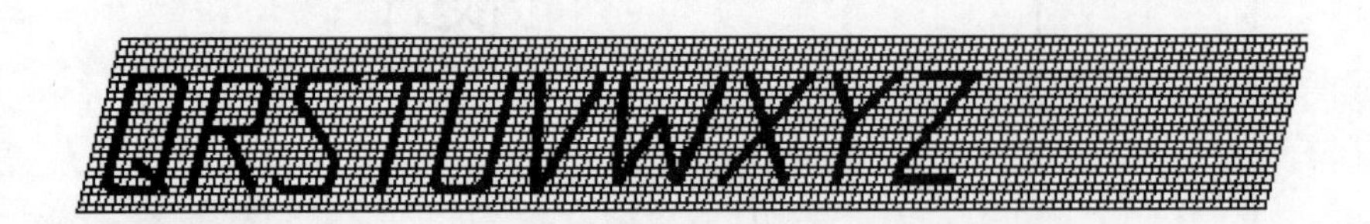

小写拉丁字母

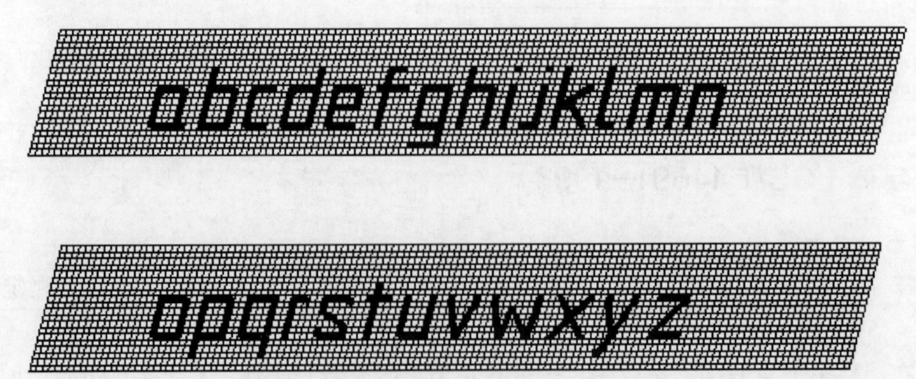

罗马字母

总之，在图样上写字，要中规中矩，不得连笔潦草。注意，在同一张图样中字体应选择同一种型式。

四、图线（GB/T 17450—1998、GB/T 4457.4—2002）

图样是由各种图线组成的。绘图时应采用国家标准规定的图线型式和画法。国家标准《技术制图　图线》（GB/T 17450—1998）中规定了十五种基本线型。机械制图中常用的线型、宽度及主要应用见表 2-3 和图 2-14 所示。

图线

表 2-3　常用线型及应用（摘自 GB/T 4457.4—2002）

名称	线型	代码 No.	线宽 d/mm		主要用途及线素长度	
粗实线	d	01.2	0.7	0.5	可见棱边线 可见轮廓线	
细实线		01.1	0.35	0.25	尺寸线、尺寸界线、剖面线、引出线、重合断面的轮廓线、过渡线	
波浪线		01.1			断裂处的边界线 视图与剖视图的分界线	
双折线	(7.5d) 14d 30°	01.1			断裂处的边界线 视图与剖视图的分界线	
细虚线	12d 3d	02.1			不可见棱边线 不可见轮廓线	画长 12d，短间隔长 3d
细点画线	6d 24d	04.1			轴线、对称中心线、分度圆（线）、孔系分布的中心线、剖切线	长画长 24d，短间隔长 3d，点长≤0.5d
细双点画线	9d 24d	05.1			相邻辅助零件的轮廓线，中断线	长画长 24d，短间隔长 3d，点长≤0.5d

笔记

图线作图时，应注意以下几点：

（1）在同一张图样中，同一类图线的宽度要保持基本一致。两条平行线间的距离不得小于粗实线的两倍宽且不小于 0.7mm。

（2）绘制对称图形的中心线时，所用细点画线应超出轮廓 3～5mm，与轮廓相交处应该是线段而不是点。圆的中心线交点处应该是线段之间相交。若圆的直径较小（直径小于 12mm），画点画线不方便时，允许以细实线代替。

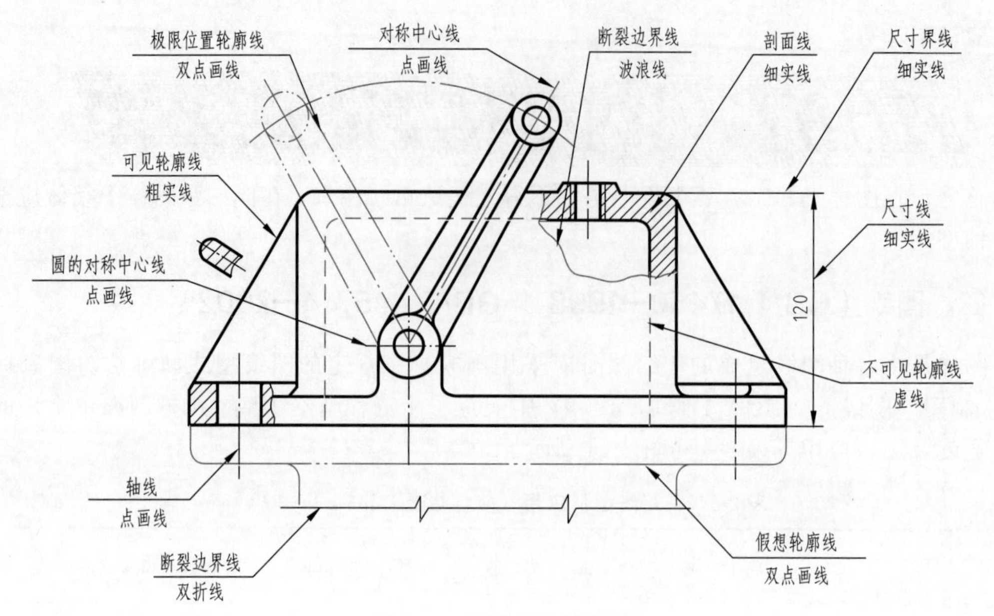

图 2-14 图线的应用示例

（3）虚线、细点画线与其它图线相交时，都应是线段与线段相交，不能出现空隙或点与点相交。如图 2-15 所示。

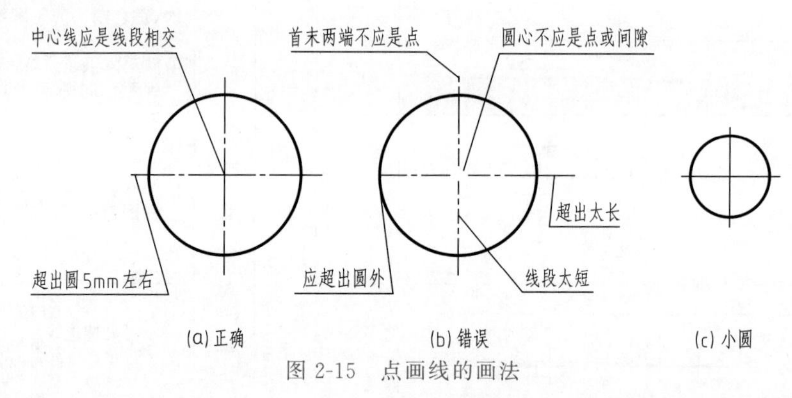

图 2-15 点画线的画法

（4）当所绘虚线是粗实线的延长线时，连接处应留有一点间隙。如图 2-16 所示。

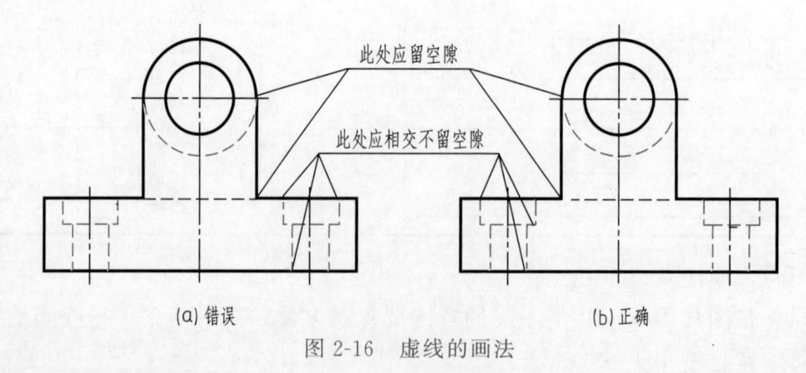

图 2-16 虚线的画法

五、尺寸注法（GB/T 4458.4—2003）

图样中的图形只反映机件的形状，图形的大小与所选的比例有关。机件的真实大小是由尺寸决定的。尺寸与图形一样重要，是图样的主要组成部分之一。尺寸标注要严格遵守国家标准规定，做到正确、完整、清晰、合理，否则图形画得再好，也不能加工出符合要求的机件。

（一）标注尺寸的基本规则

尺寸标注

（1）机件的实际大小应以图样上所注的尺寸数值为依据，与图形的大小和绘图的准确度无关。

（2）图样中的尺寸以毫米为单位，不需将其代号或名称标出。若采用其它单位，则必须注明相应的计量单位代号或名称。

（3）图样中所注尺寸，为该图样所示机件的最后完工尺寸，否则要加以说明。

（4）机件的每一个尺寸，一般只标注一次，并应标注在表示该结构最清晰的图形上。

（二）尺寸的要素

一个完整的尺寸由尺寸界线、尺寸线、尺寸数字几个要素组成。尺寸线包括尺寸线终端。如图 2-17 所示。

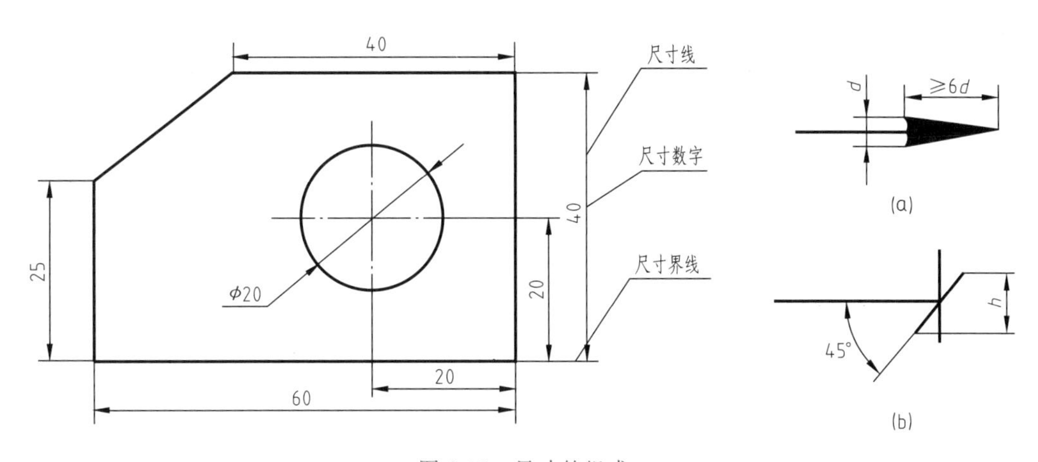

图 2-17 尺寸的组成

笔记

1. 尺寸界线

尺寸界线表示该尺寸的度量范围，用细实线绘制。尺寸界线由图形的轮廓线、轴线、或中心线处引出，也可以利用这些线本身作为尺寸界线。如图 2-17 所示，尺寸界线一般要超出尺寸线 2～3mm。尺寸界线一般要与尺寸线垂直，必要时允许倾斜，如图 2-18 所示。

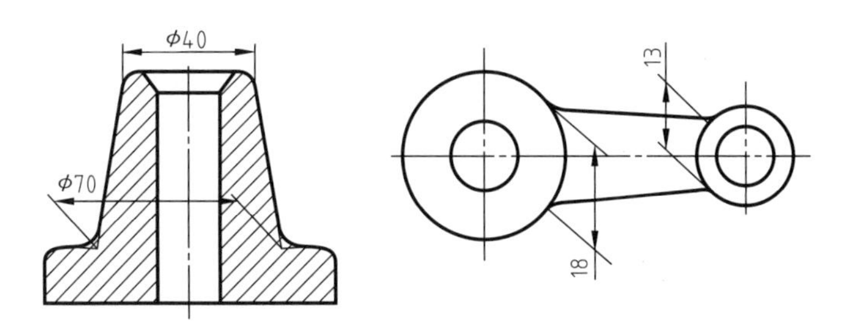

图 2-18 光滑过渡处的尺寸标注

2. 尺寸线

尺寸线表示该尺寸度量的方向，用细实线绘制。尺寸线必须单独绘出，不得用其它图线代替，也不得与其它图线重合或画在其延长线上。尺寸线一般要与尺寸界线垂直（必要时允许倾斜，如图 2-18 所示）。标注线性尺寸时，尺寸线要与所标注的线段平行。尺寸线与尺寸线之间、尺寸线与尺寸界线之间应尽量避免交叉。因而，标注尺寸时，一般小尺寸在内，大尺寸在外，如图 2-17（a）所示。

尺寸线终端是尺寸线的重要组成部分，表示尺寸的起止。一般有箭头和斜线两种形式。同一图样上只能采取同一个样式。机械图样上一般采取箭头。箭头画法如图 2-17（b）所示。

3. 尺寸数字

尺寸数字表示物体的实际大小。尺寸数字不能被任何图线穿过，如无法避免，应将图线断开，如图 2-19（d）所示。

线性尺寸的尺寸数字，一般应填写在尺寸线的上方或中断处。线性尺寸的书写方向：以标题栏文字方向为准，水平方向的尺寸数字其字头朝上；垂直方向的尺寸数字其字头朝左。其它倾斜尺寸其字头方向如图 2-19（a）所示。注意，不要在图示 30°范围内标注尺寸，如无法避免，可按图 2-19（b）所示进行引出标注。对于非水平方向的尺寸，也允许在尺寸线中断处水平地标注，如图 2-19（c）所示，这种方法一般较少使用。表 2-4 为一些常用的符号，标注尺寸时应尽量使用。

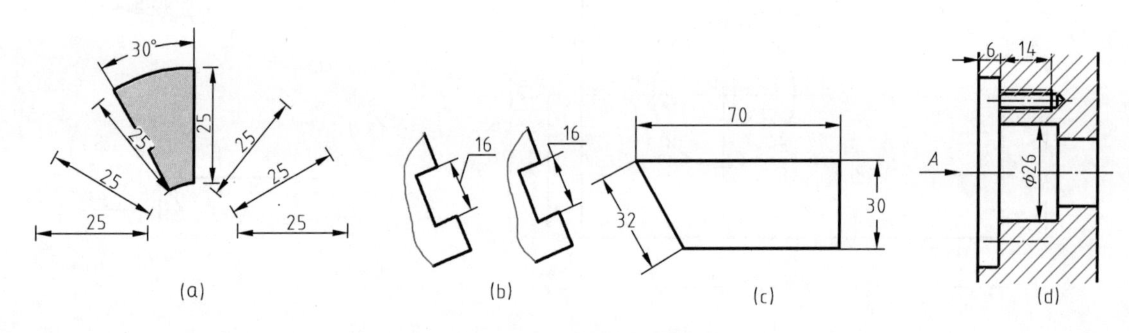

图 2-19 尺寸数字的方向

笔记

表 2-4 标注尺寸的符号及尺寸（GB/T 4458.4—2003）

名称	厚度	深度	正方形	斜度	锥度
符号或缩写词	*t*				
名称	45°倒角	沉孔或锪平	埋头孔	均布	弧长
符号或缩写词	*C*			EQS	

4. 常见尺寸标注示例

常见尺寸标注见表 2-5。

表 2-5　尺寸标注示例

标注内容	图　　例	说明
线性尺寸	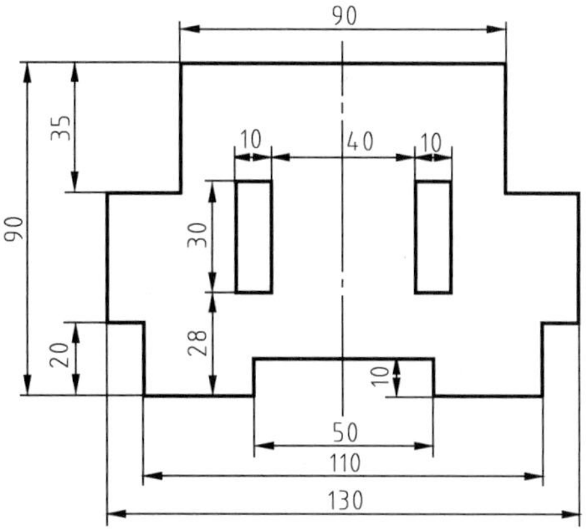 90　35　10　40　10　90　30　20　28　10　50　110　130	同一方向尺寸尽量对齐（如 20、35 一组，10、40、10 一组，28、30 一组），小尺寸在内，大尺寸在外、尺寸整齐摆放
角度	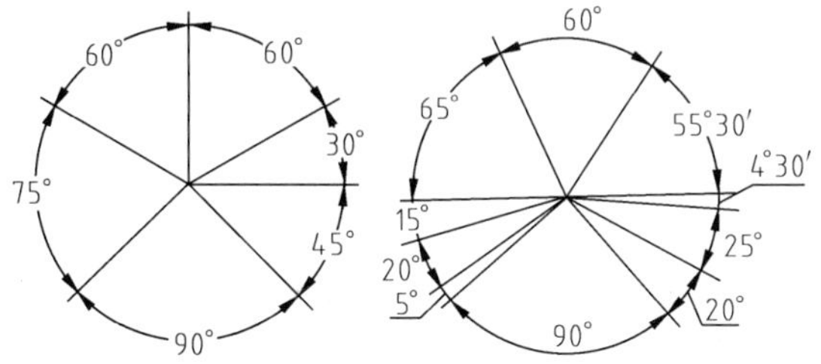 60°　60°　30°　75°　45°　90°　60°　65°　55°30′　4°30′　15°　25°　20°　5°　20°　90°	尺寸界线应沿径向线引出，尺寸线画成圆弧，圆心是角的顶点。尺寸数字一律水平书写，一般应注在尺寸线的中断处或外侧，只有最下部角度可放在中断处或内部
圆及圆弧	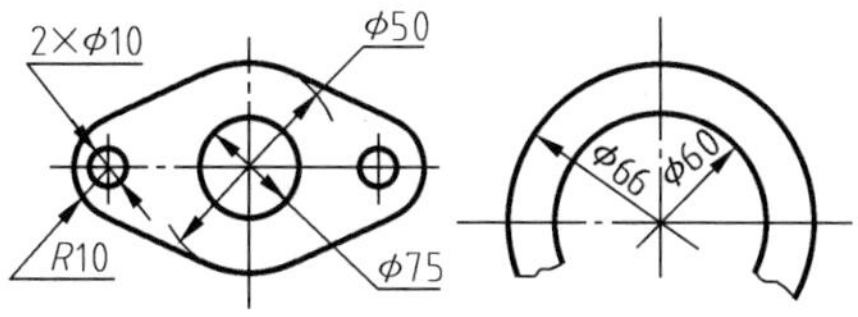 2×ϕ10　ϕ50　R10　ϕ75　ϕ66　ϕ60	直径、半径的尺寸数字前应分别加符号“ϕ”、“R”。通常对小于或等于半圆的圆弧注半径，大于半圆的圆弧或以同心圆画出的几段不连续圆弧则注直径。尺寸线应通过或指向圆心
大圆弧	R220　SR370	大圆弧无法标出圆心位置时，可按此图例标注 标注球半径和直径时，应在直径和半径前加注“S”
小尺寸	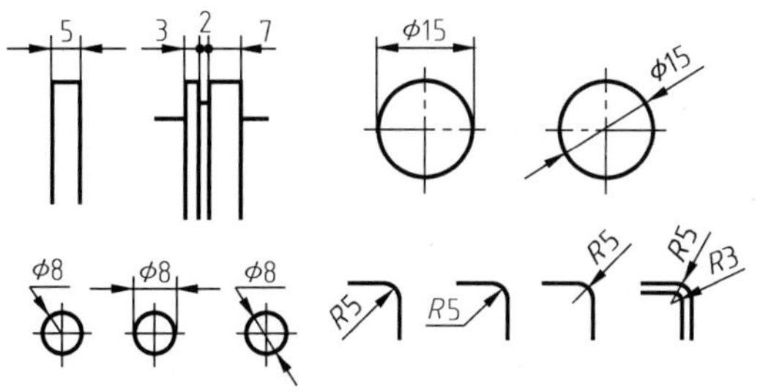 5　3　2　7　ϕ15　ϕ15　ϕ8　ϕ8　ϕ8　R5　R5　R5　R5　R3	没有足够位置画箭头时，箭头可画在尺寸界线的外侧，或用小圆点代替箭头；尺寸数字也可写在外侧或引出标注，圆和圆弧的小尺寸，可按图例标注
球面	Sϕ30　SR24　R20	标注球面的尺寸，应在 ϕ 或 R 前加注“S”。对于螺钉、铆钉头部，轴和手柄的端部等，在不致引起误解的情况下，可省略符号“S”

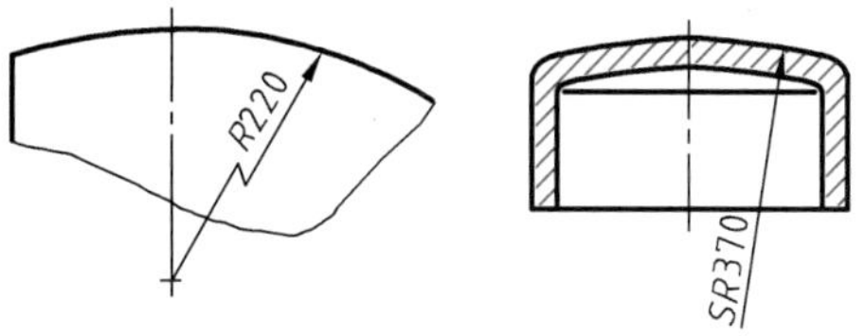

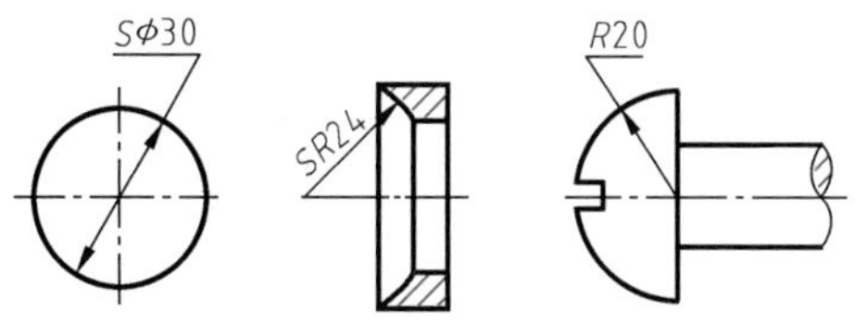

笔记

续表

标注内容	图例	说明
弦长和弧长	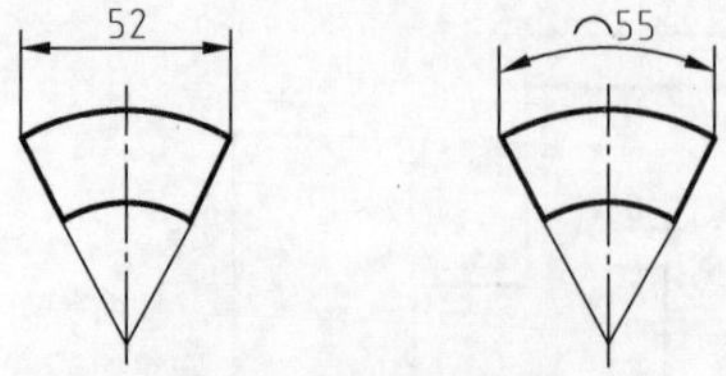 52　⌒55	标注弦长和弧长时，尺寸界线应平行于弦的垂直平分线，标注弧长尺寸时，尺寸线用圆弧，并应在尺寸数字前加注符号“⌒”
对称机件只画出一半或大于一半时	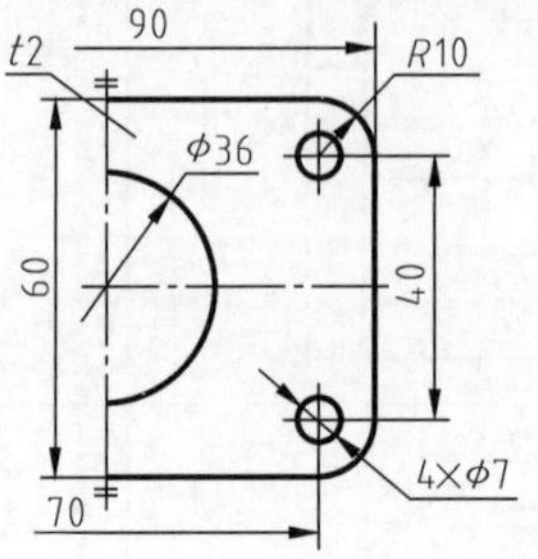 90　t2　R10　ϕ36　60　40　4×ϕ7　70	尺寸线应略超过对称中心线或断裂处的边界线，仅在尺寸线的一端画出箭头。图中在对称中心线两端分别画出两条与其垂直的平行细实线是对称符号
板状零件		标注板状零件的尺寸时，可在厚度的尺寸数字前加注符号“*t*”
正方形结构	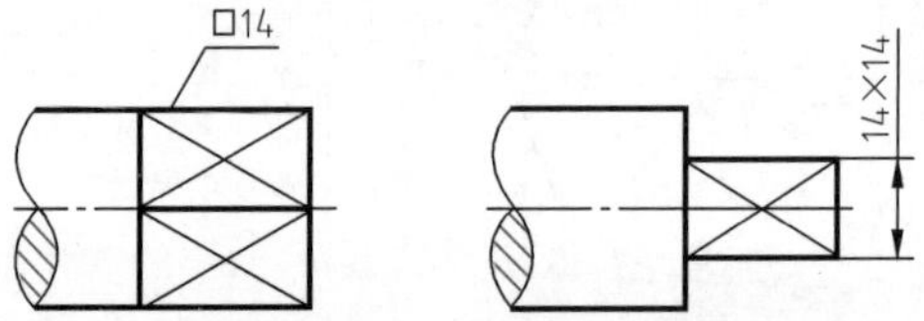 □14　14×14	标注断面为正方形机件的尺寸时，可在边长尺寸数字前加注符号“□”，或用14×14代替□14。 图中相交的两条细实线是平面符号(当图形不能充分表达平面时，可用这个符号表达平面)
均布孔	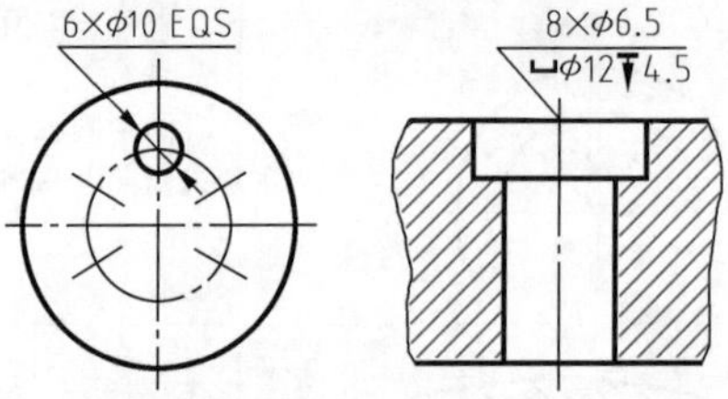 6×ϕ10 EQS　8×ϕ6.5　⌴ϕ12↧4.5	均匀分布的孔加注EQS
标注示例	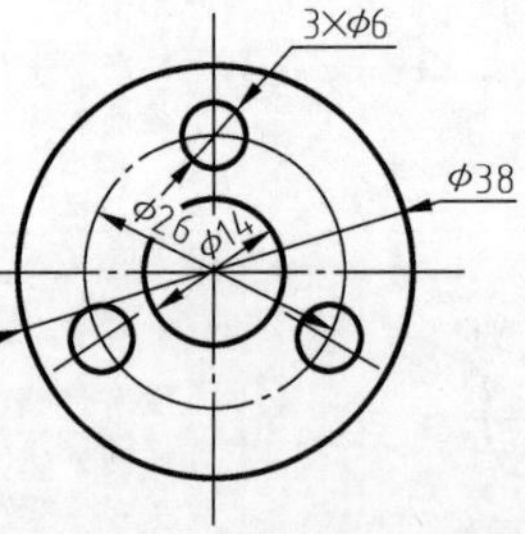 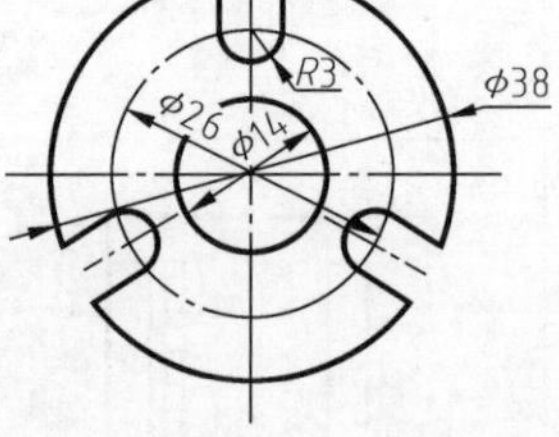 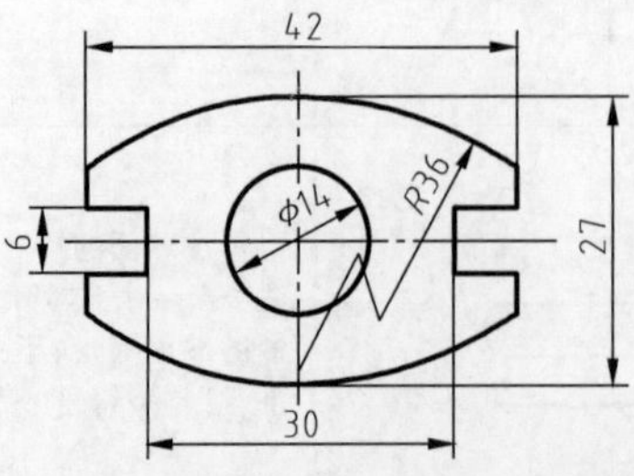 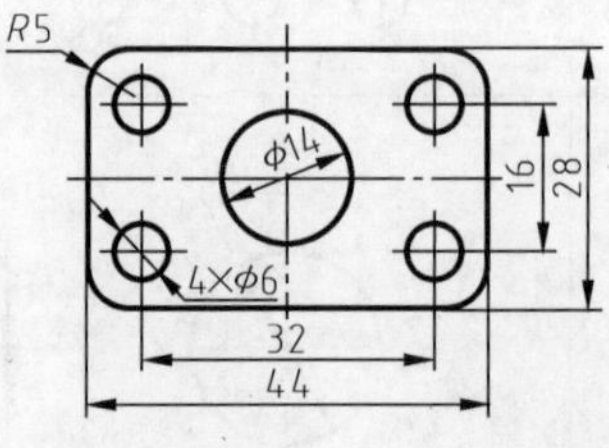 3×ϕ6　ϕ38　ϕ26　ϕ14 R3　ϕ38　ϕ26　ϕ14 42　R36　ϕ14　6　27　30 R5　ϕ14　4×ϕ6　16　28　32　44	

笔记

续表

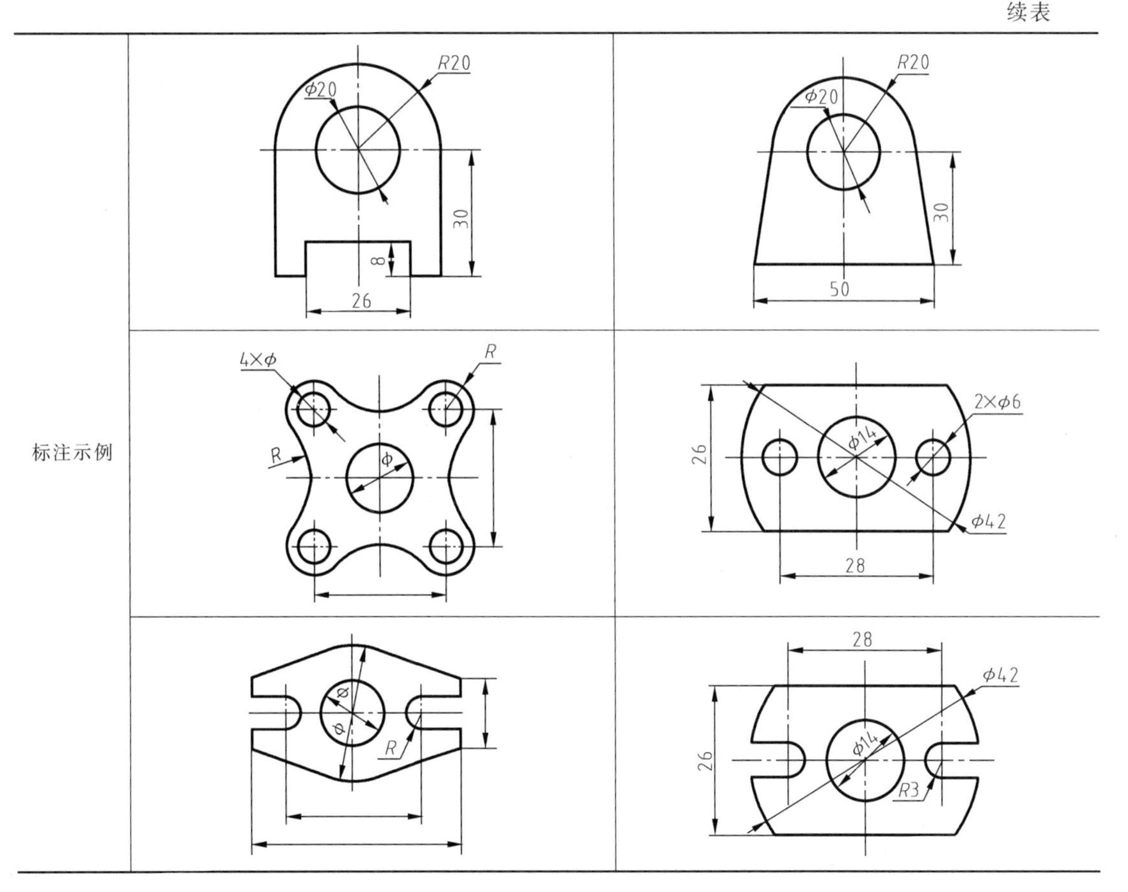

任务实施

1. 零件图内容

如图 2-1 方螺母零件图所示，一张完整的零件图应包括以下内容：

（1）一组视图：用于正确、完整、清晰地表达零件的结构。

（2）完整的尺寸：应正确、完整、清晰、合理地标注出制造、检验零件的全部尺寸。

（3）技术要求：用规定的符号、数字及文字说明零件在制造和检验过程中应达到的各项技术要求。

（4）标题栏：用于填写出零件的名称、材料、重量、数量、绘图比例、有关人员签名及日期等。

2. 图框画法及标题栏格式

如图 2-1 方螺母零件图所示，该零件图采用不留装订边的图框格式。图框外框用细实线绘制，内框用粗实线绘制。

标题栏格式采用图 2-11 所示的简化标题栏，规格为 140×32。标题栏内容说明如图 2-20 所示。

3. 常见线型在零件图中的应用

如图 2-1 方螺母零件图所示，零件图中绘制出的线型有：粗实线、细实线、细点画线、虚线共四种线型。各线型在图 2-1 中的用途见表 2-6。

笔记

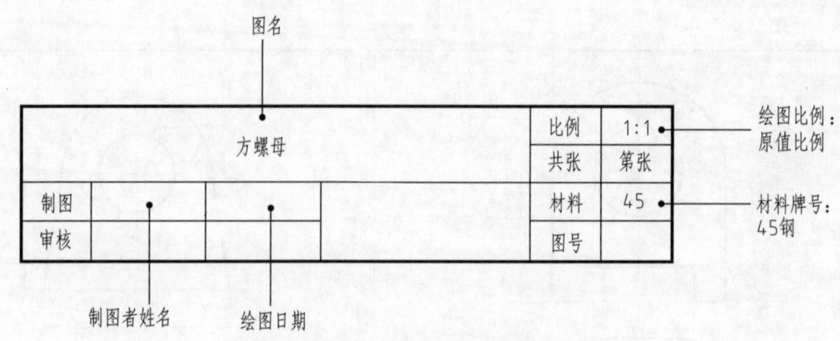

图 2-20 方螺母标题栏

表 2-6 方螺母零件图中各线型的用途

线型	用途 1	用途 2	用途 3	用途 4	用途 5
粗实线	可见轮廓线	边框线	标题栏外框		
细实线	剖面线	图幅边界线	标题栏内部线条	尺寸线、尺寸界线	内螺纹牙底线
细点画线	对称线	圆孔中心线			
虚线	不可见轮廓线				

4. 尺寸标注情况

如图 2-1 方螺母零件图所示，方螺母各个结构的尺寸标注分解见表 2-7。

表 2-7 方螺母各个结构的尺寸标注分解

序号	图 示	结 构
1	57；22×22	主体——长方体 定形尺寸：22、22、57
2	ϕ13F8；46	通孔 定形尺寸：ϕ13F8 定位尺寸：46
3	40；M16	螺纹孔 螺纹规格：M16×40

笔记

课后任务

1. 熟悉制图基本规则——国标中关于图幅格式、比例、字体、图线、尺寸的相关规定。

2. 网上查找一下现代化的手工绘图工具，与我们现在的工具比较有何优点，我们如何改良一下自己的绘图工具。

项目三

低精度零件、模型的测绘

思政目标

1. 以垫片、球头、轴承座等零件测绘为切入点，通过画法几何的学习，培养学生哲学的辩证思维观点，基本体组合在一起构成组合体，简单的个体组合构成复杂的物体；物体由点、线、面构成，点又是点、线、面的基础，由点到线成面，是量变与质变的关系。

2. 以垫片、球头、轴承座等零件测绘为切入点，引导学生理解整体与个体关系，既要完整表述整体，又要全面准确体现个体。在实际工作中，树立大局意识，正确处理个人与集体、小家与大家的关系，树立大局意识。

3. 通过中国、法国、德国、俄罗斯等国使用的第一角投影法与美国、英国、加拿大、日本使用的第三角投影法对比、特点分析，在深刻理解第一角投影法的基础上，掌握第三角投影法，便于增进国际间技术交流，服务“一带一路”倡议。

任务一　垫片测绘——平面图形绘制

知识目标：

1. 了解熟悉低精度零件的测绘工具、并掌握其使用方法；
2. 理解低精度零件尺寸的圆整与协调；
3. 掌握草图的绘制方法；
4. 掌握低精度零件的测绘方法；
5. 掌握规则曲线的绘制方法及原理；
6. 掌握平面图形的绘制方法。

能力目标：

1. 能对平面图形进行正确分析，完成平面图形的绘制；
2. 能熟练应用测绘工具正确完成低精度零件的测绘。

任务要求：

测绘垫片（图 3-1）：测量垫片的尺寸，绘制垫片平面图并标注尺寸。

图 3-1　垫片

笔记

相关知识内容

第一部分 低精度零件、模型的测绘

对实际零件凭目测徒手画出图形，然后进行测量，记录尺寸，提出技术要求，填写标题栏，以完成草图，再根据草图画出零件图，此过程称为零件测绘，在仿照机器、修配损坏的零件和改造原有设备时，都要进行零件测绘。零件因制造而产生的缺陷、碰伤或因长期使用而产生的磨损等缺陷，不要画在图上。

一、实物测绘的要求

（1）实物测绘是一项极其复杂而细致的工作，自始至终都要保持认真负责的工作态度、严谨细致的工作作风和规范操作的工作习惯。

低精度零件的测绘方法

（2）零部件拆装要规范，保证拆卸过的机器重新组装后能维持原机的完整性、准确度和密封性，必须保证全部零部件和不可拆组件完整无损、没有锈蚀。

（3）图纸绘制要保证质量，所绘图样要符合制图标准，做到表达方案合理、表达形式得当、投影正确、表达清楚、线型分明 、字体工整、端正、图面清洁美观。

（4）尺寸测量要仔细认真，要正确选择和使用测量工具，采取恰当的测量方法；尺寸标注要符合国家标准，选定好合理的尺寸基准，正确、完整、清晰、合理地标注尺寸。尤其要注意尺寸标注的合理性，因为尺寸标注从某种程度上与零件加工有直接关系，对保证零件的加工质量极其重要。

（5）技术要求注写要正确合理、符合国家标准，并能满足生产要求。极限与配合、几何公差、表面结构要求、材料热处理等技术要求应根据使用要求，通过查表或参考同类产品，进行比对后合理确定。

二、零件测绘的方法和步骤

（一）了解和分析测绘对象

首先应了解零件的名称、材料以及它在机器（或部件）中的位置、工作原理、配合性质与相邻零件的关系，然后对零件的内外结构特点进行分析；了解测绘的任务和目的，决定测绘工作的内容和要求。

（二）确定表达方案

零件的形状千变万化，根据零件的外形和内部结构，对零件进行形体分析、线面分析和结构分析，确定主视图和其他视图的数量和表达方法，用简洁、明了的表达方案表达零件。根据零件大小、视图数量，选择图纸并确定适当比例。定位布局，在图纸上定出各个视图的位置。

（三）绘制零件草图

测绘工作常在放置机器设备的现场进行，受条件限制，一般先绘制出零件草图。草图即不借助绘图工具，用目测来估计物体的形状和各部分的比例关系，徒手绘制的图样。草图是工程技术人员交流、构思、记录、设计的有力工具，是工程技术人员必须掌握的一项基本技能。草图所采用的表达方法、内容和要求与零件图相同，区别仅在于草图是目测比例和徒手绘制。徒手绘图也要求图形正确、线型分明、字体工整、图面清晰，比例不要求准确，但必须保持各部分的大致比例关系。作图时按由粗到细、由主体到局部的顺序，画出各个视图的主要轮廓、零件内外结构，逐步完成各个视图的底稿。

1. 绘制图形

徒手绘图可选用 HB 或稍软一些的铅笔，一般修磨成圆锥形。握笔稍高些，以利于运笔。一般手要悬空，但可以用小指轻抵纸面，以控制方向，防止抖动。

（1）直线的画法　徒手画直线时，应先标出直线上的两点作为线段的起止。眼睛要瞄线段的终点。掌握好方向和走势后，再运笔画图。运笔时手要放松自然，手腕抬起，目光始终朝前进方向，注视着终点。短线可一笔画出，长线可分段连接而成。徒手画直线手法如图 3-2 所示。

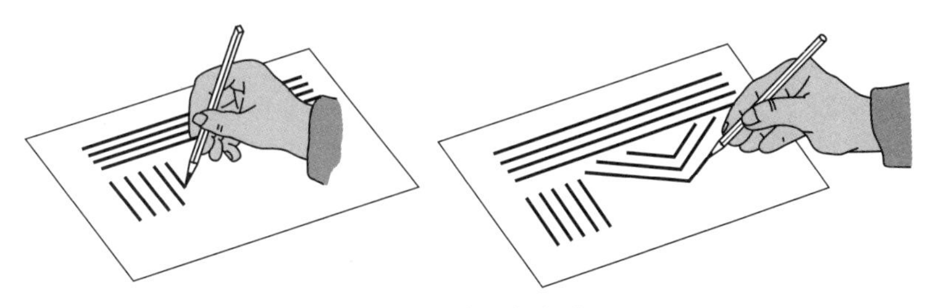

图 3-2　徒手画直线手法

画水平线时，由左至右运笔，为方便顺手，可将图纸稍稍倾斜。画垂线时，一般由上至下运笔较为方便。画斜线时，最好将图纸稍向右上方倾斜，由左下方向右上方运笔，这样容易把握方向。画完后，将图纸摆正，进行后面的绘图工作。画直线时的运笔方向如图 3-3 所示。

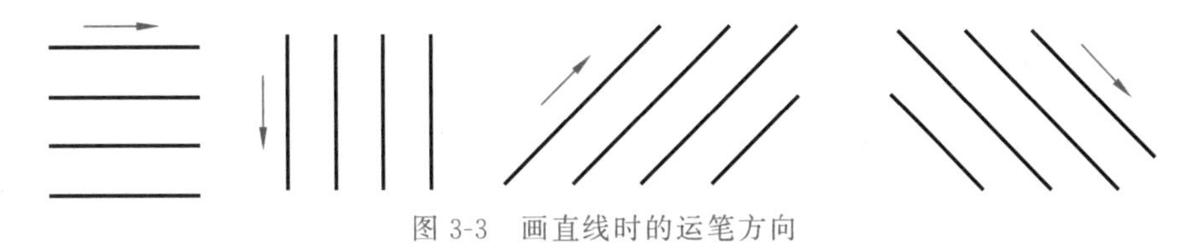

图 3-3　画直线时的运笔方向

笔记

（2）常用角度的画法　画 30°、45°、60°等常见角度，可根据直角三角形直角边的比例关系，在直角边上取相应的两点，连接而成。画 45°角，可以在两直角边上各取一个单位，用斜线连接两端点即成，如图 3-4（a）所示。画 30°或 60°角，可在两个直角边上分别取 3 个单位和 5 个单位，以斜线连接两端点即成，如图 3-4（b）所示。如果要画 10°、15°等角度，可在 30°角的基础上进行等分，从而得到近似的角度。

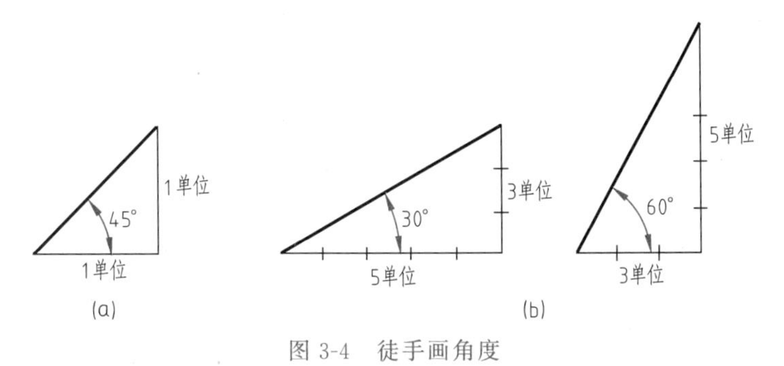

图 3-4　徒手画角度

（3）圆的画法 画圆时，先画出两条互相垂直的中心线，确定圆心位置。可在两中心线上目测定出四个半径点，徒手光滑连接四点即成圆，如图 3-5（a）所示。也可在两中心线间加画一对 45°斜线，再在其上取四个半径点，光滑连接这八个点完成圆。如图 3-5（b）所示。

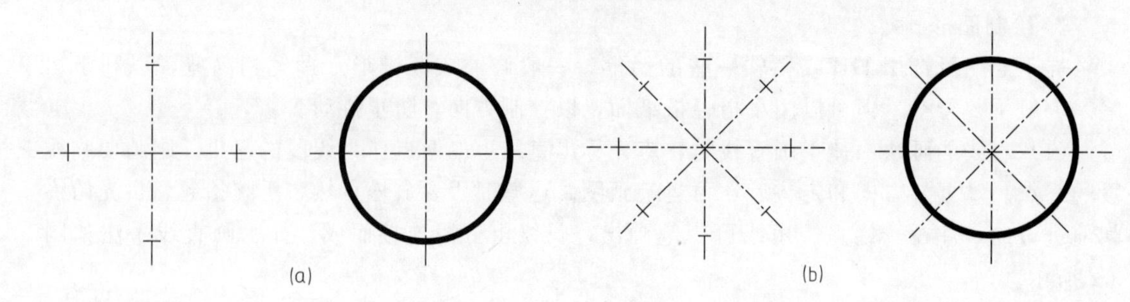

图 3-5 徒手画圆

2. 标注尺寸

先选定基准，再标注尺寸。

（1）尺寸标注 确定基准后，先集中画出所有的尺寸界线、尺寸线和箭头，再依次在零件上测量，逐个记录尺寸数字。

零件上标准结构的尺寸，必须查阅相应的国家标准予以标准化。

（2）零件尺寸的测量

① 测量工具的使用。

测量不同零件的尺寸要选用不同的测量工具，测量工具简称量具，是专门用来测量零件尺寸、检验零件形状的工具。量具对零件的加工和产品的整体质量起着十分重要的作用，对于一般精度的零件常采用下面几种测量工具：

长度的测量主要使用直尺，如图 3-6 所示。

a. 圆的内外径主要使用内、外卡钳。卡钳主要用来测量和量取一般精度的尺寸，如图 3-7 所示，卡钳不能单独使用，必须和直尺等量具配合起来，才能进行读数。外卡钳用于测量圆柱体的外径或物体的长度，内卡钳用于测量圆柱孔的内径或槽宽等。卡钳的钳口是否平整对测量精度有很大的影响。

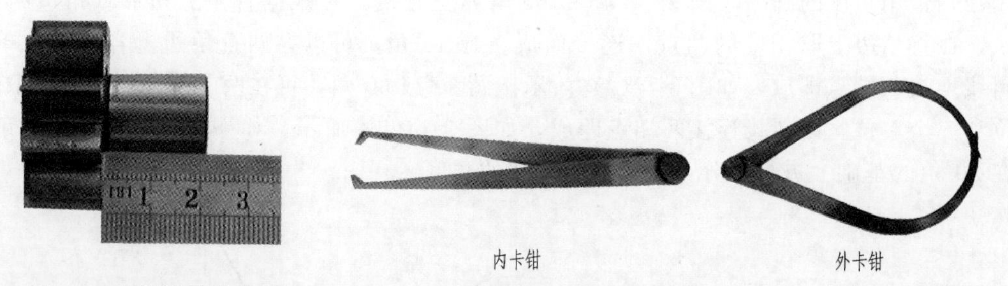

图 3-6 直尺测量尺寸

图 3-7 卡钳的类型

用卡钳测量尺寸，主要靠手指的灵敏度来得到准确尺寸，测量时，先将卡钳掰得与工件尺寸相近，然后轻敲卡钳内外侧来调整卡脚的开度。调整时，不得在工件表面敲击，更不能敲击钳口，以免损伤卡钳。用外卡钳测量回转体的外径时，将调好尺寸的外卡钳放在被测工件上试量，两钳脚测量面的连线要垂直于圆柱的轴线，不加外力，靠外卡钳自重滑过圆柱的外圆，手指有明显感觉，这时外卡钳开口尺寸就是圆柱的直径。

用内卡钳测量孔径时，将卡钳插入孔或槽的靠边缘部分，使两钳脚测量面的连线垂直相交于内孔轴线，一个钳脚靠在孔壁上，另一个钳脚由孔口略偏里面一些逐渐向外试量，并沿孔壁的圆周方向摆动，经过反复调整，直到卡脚贴合松紧适度为止，这时，摆动的距离最小，手指有轻微摩擦的感觉，内卡钳的开口尺寸就是内孔直径，内外卡钳测量后保持两卡脚开度不变，在直尺上读取数值，如图 3-8 所示。

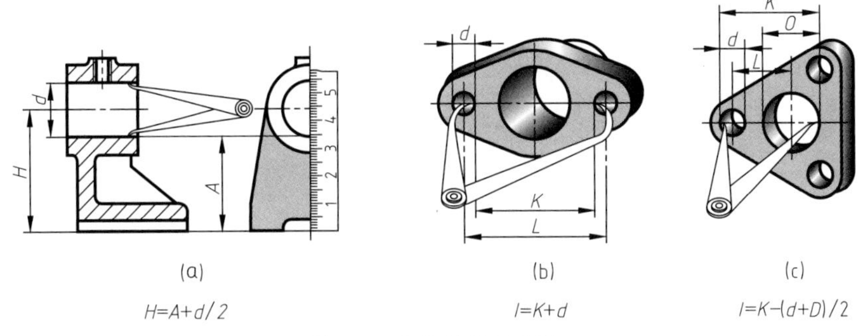

图 3-8　卡钳的测量方法

b. 测量零件上的角度，一般使用角度尺。

c. 测量零件上圆弧等常见结构一般使用半径规等工具，如图 3-9 所示。

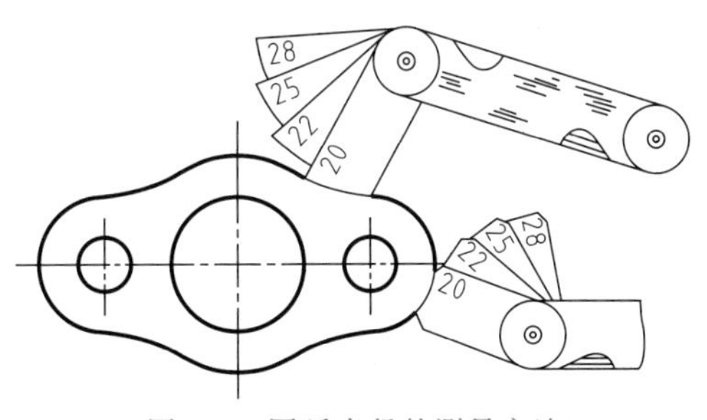

图 3-9　圆弧半径的测量方法

② 尺寸的测量方法。

零件草图画好后，要综合考虑零件形状、加工顺序和便于测量等因素，确定尺寸基准，量注尺寸时，应特别注意尺寸测量的正确性、尺寸标注的完整性以及相关零件之间的配合尺寸或关联尺寸间的协调一致性。要正确测量出零件的尺寸，必须掌握尺寸测量的方法。

a. 要正确选择测量基准。测量时为减少测量误差应尽量从基准出发，所有要测量的尺寸均以此为准进行测量，尽量避免尺寸的换算；对于零件长度尺寸链的尺寸测量，尽量避免分段测量。

b. 要选择适当部位及多点位进行测量，每个尺寸不能只量一处。

c. 测量磨损零件时，尽可能选择在未磨损或磨损较少的部位测量，并参考其配合零件的相关尺寸，或参考有关的技术资料予以确定。

d. 测量进口设备的零件时，必须明确设备的制造国家所采用的设计标准和计量制度，以便确定零件尺寸的计量单位，进行必要的单位换算。

e. 曲线或复杂尺寸的测量方法，如图 3-10 所示。

（a）拓印法画复杂曲面。拓印法适用于被测部位为平面曲线的情况，如图 3-10（a）所示。

（b）直角坐标法画轮廓。这种方法是逐步求出点的坐标、曲线半径、圆心，如图 3-10（b）所示。

（c）铅丝法画曲面。适用于铸件、锻件等未经机械加工的曲面或精度要求不高的曲面。

（d）制型法画曲面图形。即用硬纸仿照弧面形状剪出一个样板，经多次试量和修正，直到样板曲线的形状和所要测量的表面完全吻合为止。

笔记

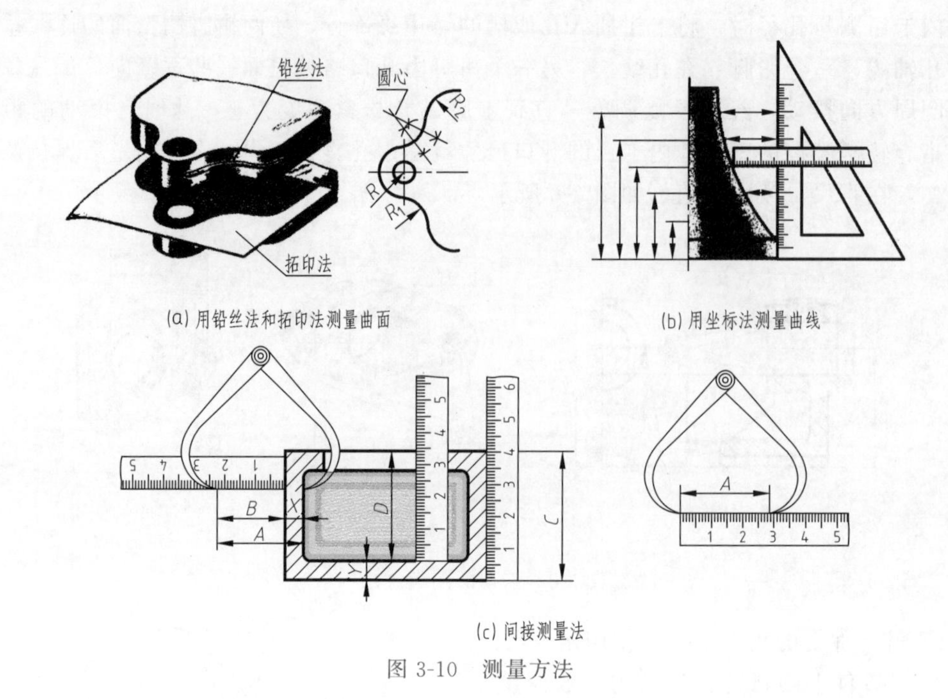

图 3-10 测量方法

(e) 不能直接测出的尺寸，可采用间接测量法，如图 3-10 (c) 所示，$X=A-B$，$Y=C-D$。

③ 实测尺寸的圆整与协调。

按实物测量出来的尺寸往往不是整数，所以应对所测量出来的尺寸进行一些必要的处理，通过圆整与协调尺寸可以优化设计。所有尺寸圆整时，都应尽可能采用优先数和优先数系，使其符合国家标准推荐的尺寸系列值见表 3-1。

表 3-1 标准尺寸 (10～100mm)(摘自 GB/T 2822—2005)

第一系列 R10	第二系列 R20	第三系列 R30	第一系列 R10	第二系列 R20	第三系列 R30	第一系列 R10	第二系列 R20	第三系列 R30	第一系列 R10	第二系列 R20	第三系列 R30
					20.0						63.0
	10.0			20.0	20.2			35.5		63.0	67.0
10.0			20.0				35.5		63.0		
	11.2			22.4	22.4			37.5		71.0	71.0
					23.6						75.0
		12.5			25.0			40.0			80.0
		13.2		25.0	26.5		40.0	42.5		80.0	85.0
12.5			25.0			40.0			80.0		
		14.0		28.0	28.0		45.0	45.0		90.0	90.0
		15.0			30.0			47.5			95.0
		16.0						50.0			
	16.0	17.0			31.5		50.0	53.0			
16.0			31.5	31.5		50.0			100.0	100.0	100.0
	18.0	18.0			33.5		56.0	56.0			
		19.0						60.0			

笔记

(四)根据零件草图画零件工作图

(1) 确定表达方案。画零件图之前，应对草图反复校对，检查零件的视图表达是否齐全、合理，画零件工作图时，其视图选择不强求与零件草图或装配图上的该零件表达方法完全一致，可进一步改进表达方案。

（2）选比例、定图幅。

（3）画底稿。先画出各视图基准线，再画主要轮廓线，最后完成细节部位结构要素。

（4）检查加深，标注尺寸。

（5）填写标题栏。

第二部分　平面图形的分析

一、几何作图

（一）圆周等分和正多边形

圆周等分和正多边形的作图步骤见表 3-2。

（二）圆弧连接画法

用已知半径的圆弧将相邻两条线段（直线或圆弧）光滑连接起来的作图方法称为圆弧连接。这种光滑连接实质上就是相切，其切点称为连接点，起连接作用的圆弧称为连接圆弧。画图时，为保证圆弧光滑连接，必须准确求出连接圆弧的圆心和切点。圆弧连接实质为圆弧与直线、圆外切、圆内切三种情况，圆弧连接主要是求连接圆弧的圆心、切点，工作原理见表 3-3，具体的作图步骤见表 3-4。

等分圆周的作用方法

表 3-2　圆周的等分和正多边形作图

工具	内容	作图方法
圆规	圆周的三、六、十二等分及正多边形作图	(a) 三等分　(b) 六等分　(c) 十二等分 用圆的半径直接在圆周上截取等分点
	圆周的五等分及正多边形作图	1 2 3 4 5 M N R=N1 1. 作半径的中点 M； 2. 连接 $M1$，以 M 点为圆心，$M1$ 为半径作弧，交水平直径于 N 点； 3. 以 1 为圆心，$N1$ 长为半径作弧，与圆周交于点 2 和 3；12 即正五边形的边长。分别以 2、3 为圆心，$N1$ 长为半径作弧，与圆周交于点 4 和 5，则点 1、2、3、4、5 为圆周的五等分点，依次相连可得圆的内接正五边形

笔记

续表

工具	内容	作图方法
三角板和丁字尺配合	圆周的三、六、十二等分	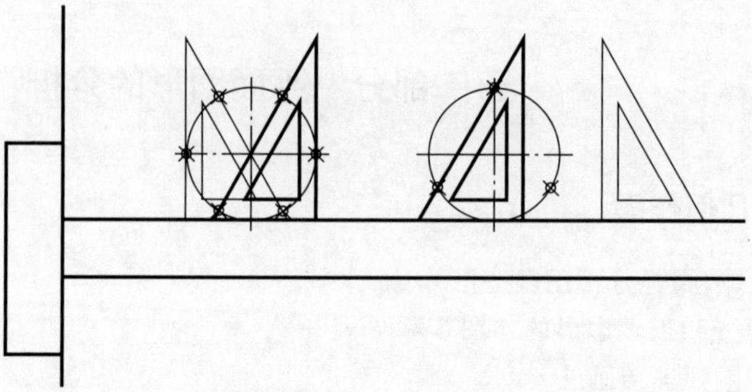 各等分点与圆心的连线，均为 30°角的倍角线
	圆周的四、八等分及正多边形作图	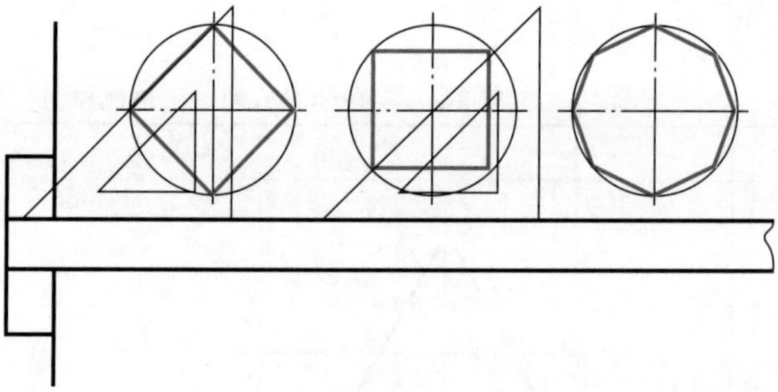 用 45°三角板和丁字尺配合作图，可直接将圆周进行四、八等分

笔记

表 3-3 圆弧连接作图原理

类型	圆弧连接作图原理
圆与直线相切	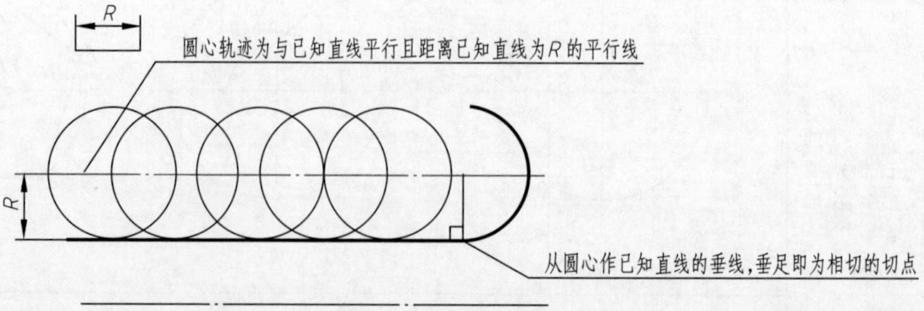 R 圆心轨迹为与已知直线平行且距离已知直线为 R 的平行线 从圆心作已知直线的垂线，垂足即为相切的切点 求半径为 R 的圆弧与直线相切，连接圆弧的圆心轨迹是与已知直线平行且与已知直线的距离为 R 的平行直线，如上图中点画线所示

续表

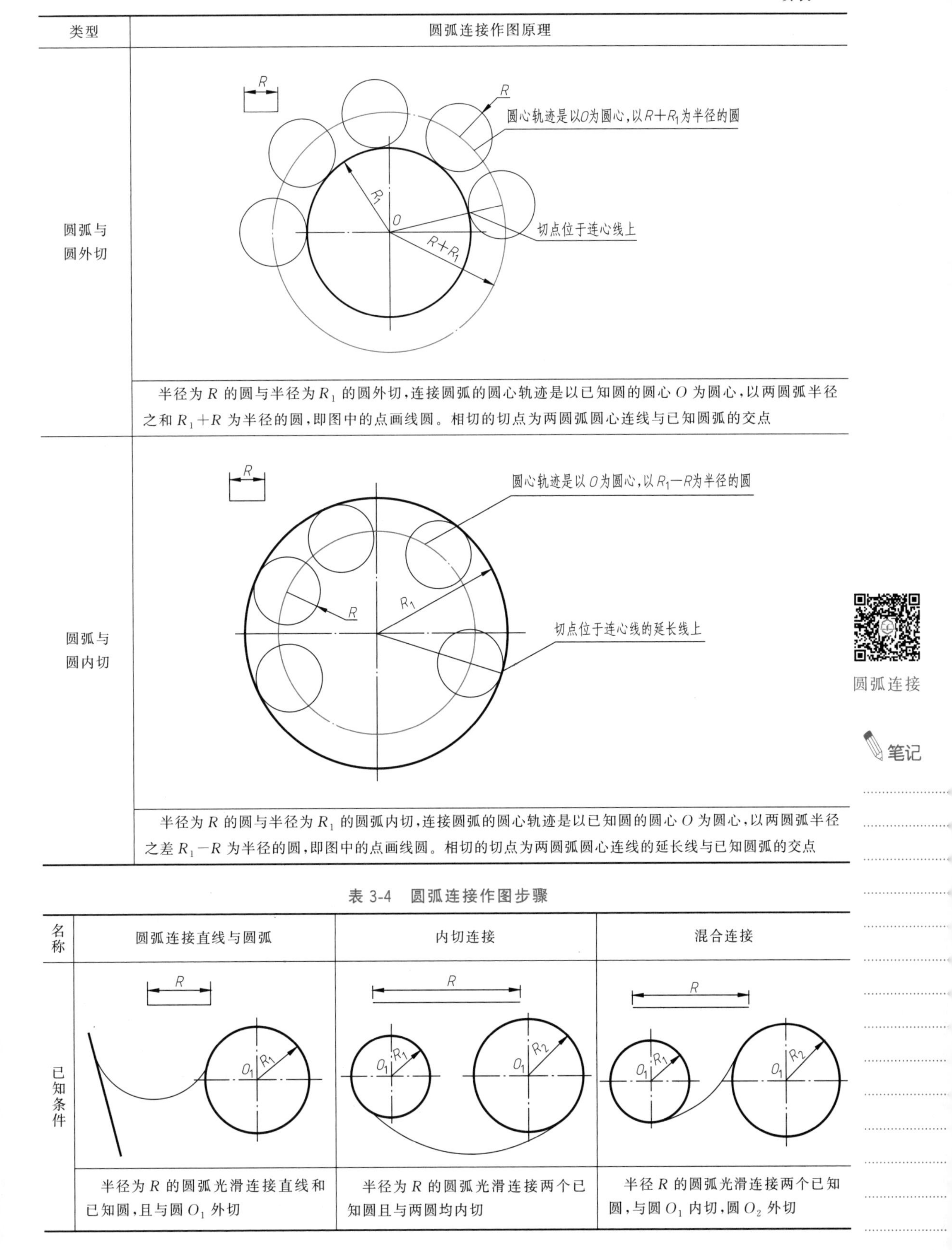

类型	圆弧连接作图原理
圆弧与圆外切	半径为 R 的圆与半径为 R_1 的圆外切，连接圆弧的圆心轨迹是以已知圆的圆心 O 为圆心，以两圆弧半径之和 R_1+R 为半径的圆，即图中的点画线圆。相切的切点为两圆弧圆心连线与已知圆弧的交点
圆弧与圆内切	半径为 R 的圆与半径为 R_1 的圆弧内切，连接圆弧的圆心轨迹是以已知圆的圆心 O 为圆心，以两圆弧半径之差 R_1-R 为半径的圆，即图中的点画线圆。相切的切点为两圆弧圆心连线的延长线与已知圆弧的交点

表 3-4　圆弧连接作图步骤

名称	圆弧连接直线与圆弧	内切连接	混合连接
已知条件	半径为 R 的圆弧光滑连接直线和已知圆，且与圆 O_1 外切	半径为 R 的圆弧光滑连接两个已知圆且与两圆均内切	半径 R 的圆弧光滑连接两个已知圆，与圆 O_1 内切，圆 O_2 外切

圆弧连接

笔记

续表

名称	圆弧连接直线与圆弧	内切连接	混合连接
	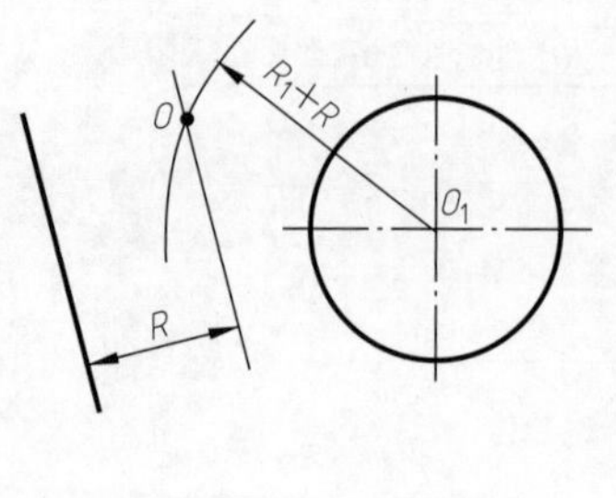	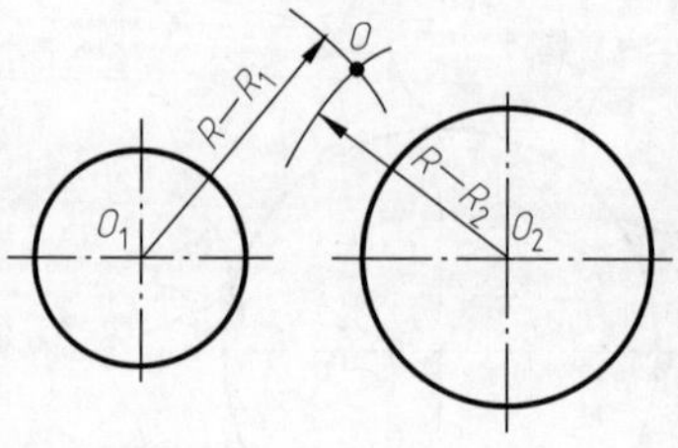	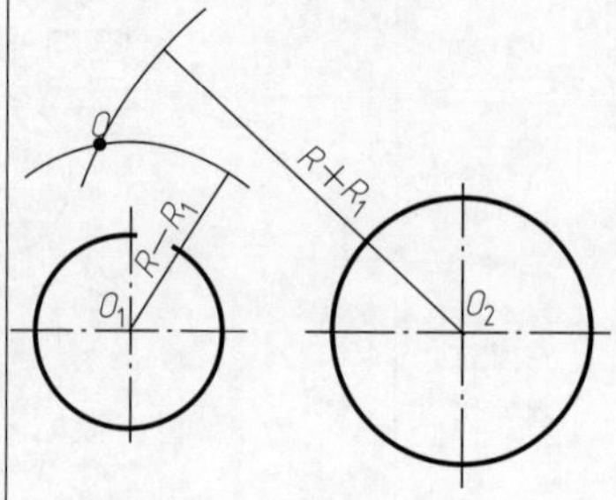
	1. 求圆心：与直线相切，圆心与直线的距离为 R，作与直线距离为 R 的平行线；两圆外切，中心距为两半径之和；以 O_1 为圆心，以 $R+R_1$ 为半径画弧；交点即为所求圆弧的圆心 O	1. 求圆心：两圆内切，中心距为两半径之差；以 O_1 为圆心，以 $R-R_1$ 为半径画弧；以 O_2 为圆心，以 $R-R_2$ 为半径画弧，交点即为所求圆弧的圆心 O 点	1. 求圆心：两圆内切，中心距为两半径之差，以 O_1 为圆心，以 $R-R_1$ 为半径画弧；两圆外切，中心距为两半径之和；以 O_2 为圆心，以 $R+R_2$ 为半径画弧。交点即为所求圆弧的圆心 O
作图步骤	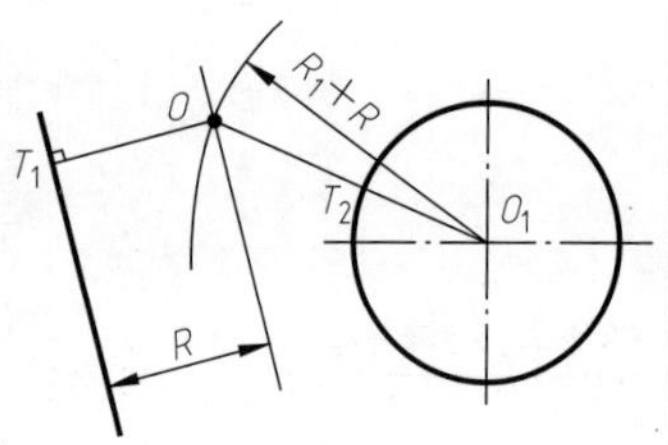	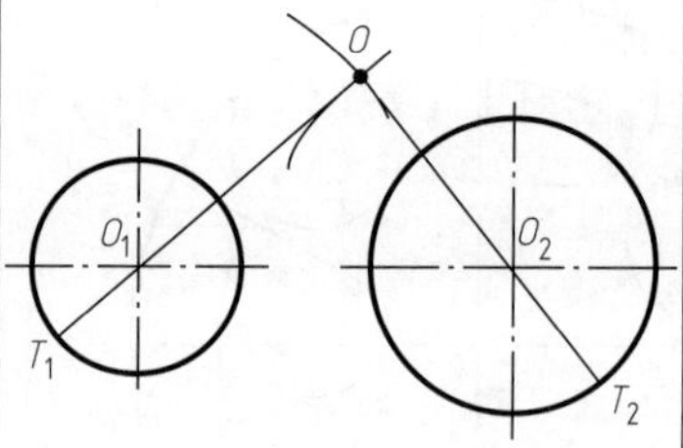	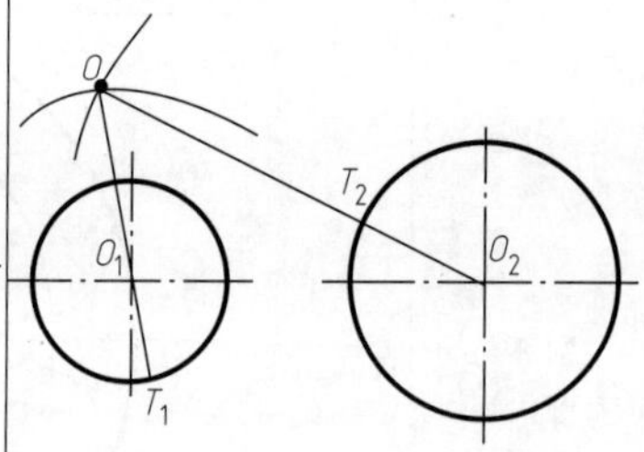
	2. 求切点：连接 OO_1，与圆交于 T_2；过 O 点作直线的垂线，垂足为 T_1 点，T_1 和 T_2 即为切点	2. 求切点：连接 OO_1、OO_2 并延长，与两圆分别交于 T_1 和 T_2，T_1 和 T_2 即为切点	2. 求切点：连接 OO_1 并延长，与圆交于 T_1；连接 OO_2 与圆交于 T_2，T_1 和 T_2 即为切点
	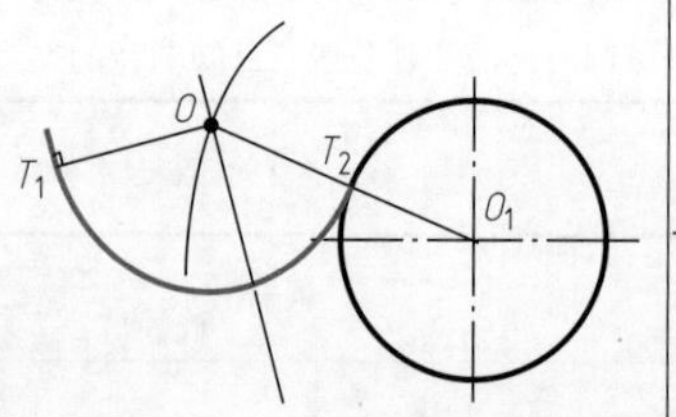	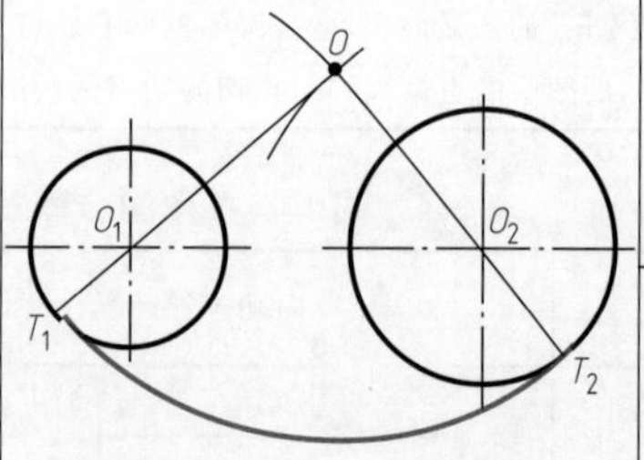	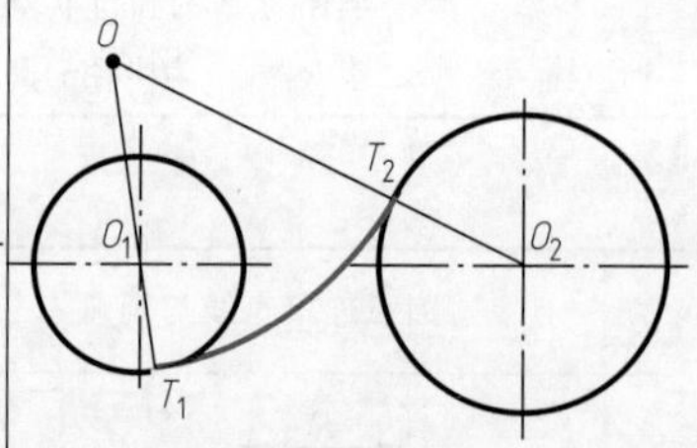
	3. 连接圆弧：擦去多余的线条，以 O 为圆心，以 R 为半径，作 T_1 和 T_2 之间的连接圆弧	3. 连接圆弧：以 O 为圆心，以 R 为半径，作 T_1 和 T_2 之间的连接圆弧	3. 连接圆弧：以 O 为圆心，以 R 为半径，作 T_1 和 T_2 之间的连接圆弧

笔记

二、平面图形

平面图形是由若干平面直线和曲线封闭连接组合而成的。画图时，要对这些线段的尺寸特点和连接关系进行分析，才能确定正确的画图步骤。下面以图 3-11 所示的平面图形为例，说明平面图形的分析和绘制过程。

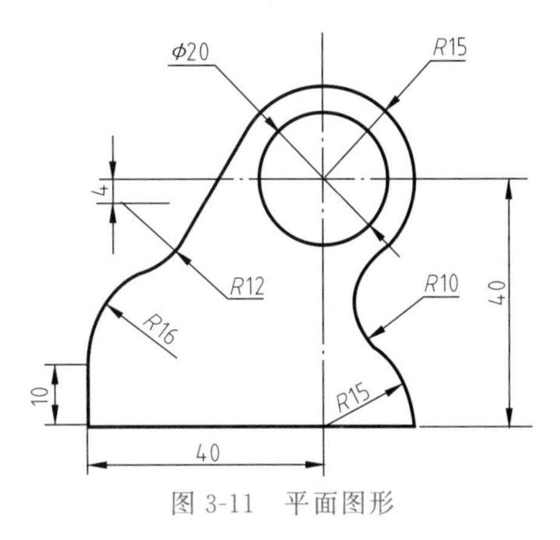

图 3-11　平面图形

平面图形的尺寸分析

（一）尺寸分析

平面图形中所标注的尺寸，按其作用分为两类。

1. 定形尺寸

确定平面图形各组成部分形状和大小的尺寸，称为定形尺寸，如直线的长度，圆的直径，圆弧半径，角度等。直径尺寸 $\phi20$，圆弧半径尺寸 $R15$、$R12$、$R16$，左下方直线长度尺寸 10 是定形尺寸。

2. 定位尺寸

确定平面图形各组成部分之间相互位置的尺寸，称为定位尺寸。平面图形的每个组成部分均需要水平方向、竖直方向两个方向的定位尺寸，才能将其位置确定。如图 3-11 所示，纵向尺寸 40 是 $\phi20$ 圆的定位尺寸，4 是 $R12$ 圆弧的定位尺寸。

将每个方向标注定位尺寸的起点，叫做尺寸基准。一般选择对称中心线、较大圆的中心线或较长的直线边或重要的点作为尺寸基准。如图 3-11 所示，水平方向的尺寸基准为竖直点画线，竖直方向的尺寸基准是最下一条直线。当结构位于基准线上时，只需标注一个方向的定位尺寸即可，如 $\phi20$ 的圆只需要标注竖直方向的定位尺寸 40。

有些尺寸，既是定形尺寸也是定位尺寸。如图 3-11 中 10 既是左侧竖直轮廓线的定形尺寸，也是 $R16$ 圆弧的定位尺寸。

（二）线段分析

平面图形的线段是广义的线段，既包括直线段，也包括圆和圆弧。根据所给定位尺寸是否齐全，将平面图形中的线段分为三类。

（1）已知线段　具有两个定位尺寸和定形尺寸的线段。此类线段作图时可独立绘出。如图 3-11 中的 $\phi20$、$R15$、$R16$，长为 10 和 40 的直线。

（2）中间线段　给出了定形尺寸和一个定位尺寸的线段。由于缺少一个方向的定位尺寸，中间线段不能直接画出。须等待其他线段画完后，利用与已知线段的关系确定其具体位置。如图 3-11 中的圆弧 $R12$ 就是中间线段。

（3）连接线段　只给出定形尺寸，而无定位尺寸的线段。由于没有定位尺寸，因此，连接线段无法直接绘出。须等待其他各类线段画完后，利用与相邻两线段的关系进行定位。如图 3-11 中的 $R10$ 的圆弧、$R12$ 的圆弧与 $R15$ 的圆弧的公切线就是连接线段。

（三）平面图形的作图方法和步骤

作图前先对图形进行尺寸分析和线段分析，分清定形尺寸和定位尺寸以及尺寸基准，辨别已知线段、中间线段和连接线段，以便确定画图顺序。具体画图时，首先画已知线段，其次画中间线段，最后才画连接线段。

第一步：绘图前的准备工作

（1）准备好绘图工具和用品。

（2）根据所绘图形的多少、大小、尺寸标注、比例及所确定的图形分布情况，选择图纸

笔记

幅面。检查图纸的正反面并固定图纸。图纸用胶纸条固定在图板的左下方，注意使图纸下边与图板下边之间保留一定的距离，以便于放置丁字尺和绘制图框与标题栏。

（3）确定作图步骤。

第二步：绘制底稿

（1）画图框及标题栏。

（2）布置图形。布置图形应力求匀称、美观并留出足够尺寸标注的空间。确定位置后，画出各图形的基准线。

（3）绘制图形。按照已知线段——中间线段——连接线段的顺序作图，先画各图形的主要轮廓线，后绘制细节，如小孔、槽和圆角等。

（4）绘制底稿时应注意的事项：

① 绘制底稿时用 2H 铅笔，圆规铅芯可用 H，画线要尽量细和轻淡以便于擦除和修改。

② 绘制底稿时要按图形尺寸准确绘制。

③ 绘制底稿时，点画线和虚线均可用极淡的细实线代替，以提高绘图速度和提高描黑后的图线质量。

④ 绘制底稿出现错误时，不要急于擦除、修正，在不影响作图的前提下，可先作出标记，留待底稿完成后一次擦除和修改，以保证图纸纸面洁净。

以上绘制底稿的注意事项可用轻、准、快三字概括。

第三步：加深

底稿完成后进行检查。加深指的是将粗实线描粗、描黑；将细实线、点画线和虚线等描黑、成型，亦称描深。图线的质量最主要反映在粗实线上，所以粗实线直线和曲线均应达到齐（线边界齐整清晰）、匀（全图所有同类直线、曲线及每条线各部分的粗细、浓淡一致）、黑（线要浓黑）、光（线段连接处应光滑过渡）。

加深底稿的步骤：

（1）粗、细分开，同类线型加深。这样既可保证同一线型在全图中粗细一致，使不同线型之间的粗、线也符合比例关系。

（2）先曲后直。先加深曲线，后加深直线。

（3）先水平后垂、斜。用丁字尺由上到下描黑所有水平线（包括图框线），用丁字尺配合三角板从左至右加深所有的竖直线（包括图框线）。

（4）绘制尺寸界线、尺寸线及箭头，注写尺寸数字，书写其他文字、符号和标题栏。

（5）检查、修饰、整理。

图 3-11 的平面图形作图步骤如下：

（1）定出图形的基准线，如图 3-12（a）所示；

（2）画已知线段，如图 3-12（b）所示；

（3）画中间线段 $R12$，如图 3-12（c）所示；

（4）画连接线段 $R10$ 和左端的公切线，如图 3-12（d）所示；

（5）修整底稿，如图 3-12（e）所示；

（6）按线型要求加深图线，完成全图，如图 3-12（f）所示。

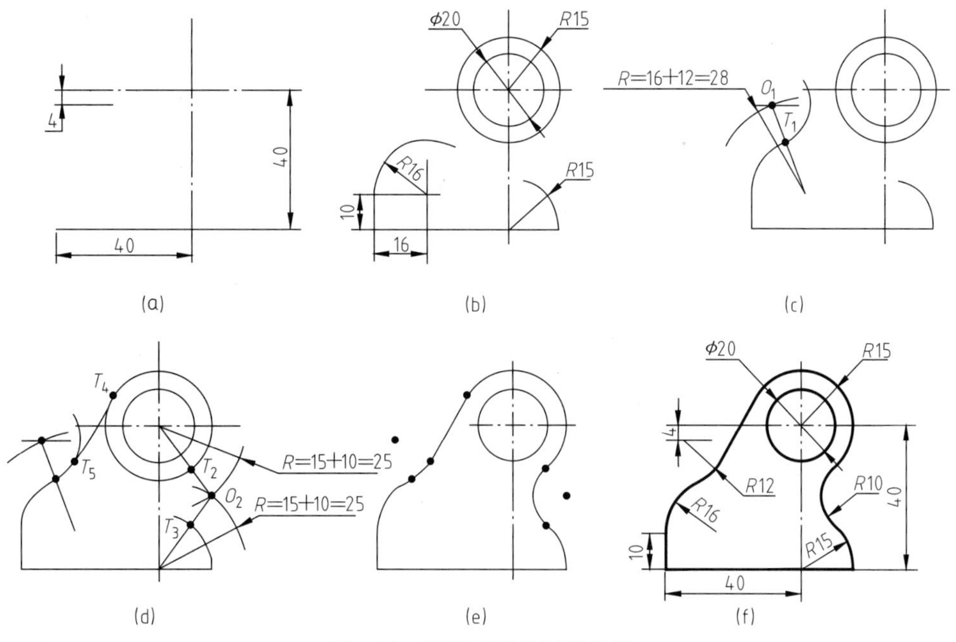

图 3-12　平面图形的画图步骤

知识拓展

一、斜度和锥度

斜度与锥度

1. 斜度

斜度是指一直线（或平面）相对于另一直线（或平面）的倾斜程度。其大小等于这两条直线（或平面）夹角的正切值，通常写成 $1:n$ 的形式，如图 3-13 所示。

斜度与角度的关系为：斜度 $=\tan\alpha=H/L=1:n$

笔记

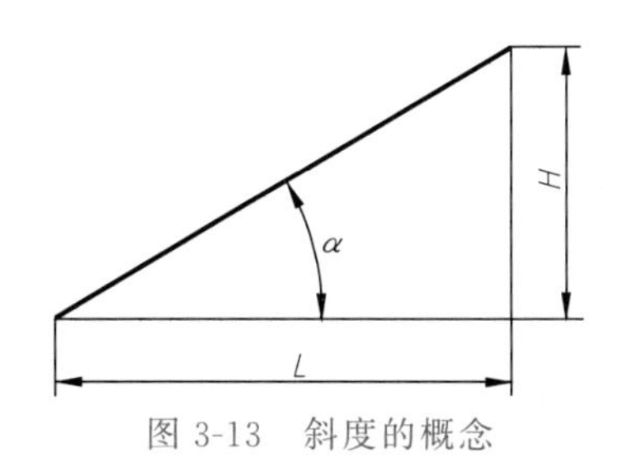

图 3-13　斜度的概念

图 3-14　斜度符号

斜度的标注用斜度符号表示，如图 3-14 所示。符号中 h 为数字的高度，符号的线宽为 $1/10d$。标注时应注意斜度符号的方向应与图形的倾斜方向一致，如图 3-15 所示。

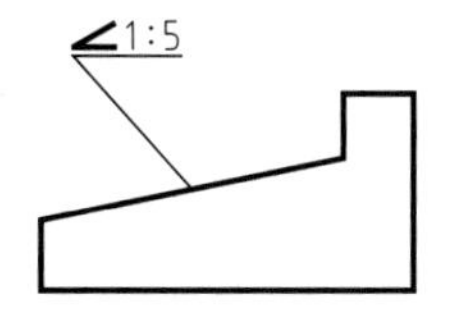

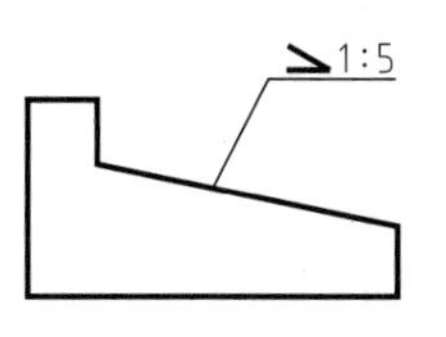

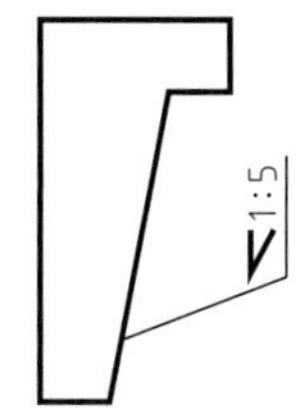

图 3-15　斜度的标注

斜度的作图方法如图 3-16（a）所示，A 为已知点，过 A 为作 1∶5 斜度的直线。

（1）过右下角点 O 沿垂直方向任取一个单位长度 $O1$，沿水平方向 $O2=5\cdot O1$，连接 1、2 两点。直线 12 的斜度为 1∶5，如图 3-16（b）所示

（2）过已知点 A 作直线 12 的平行线，与竖直的轮廓线相交于 B 点，加深并标注斜度，如图 3-16（c）所示。

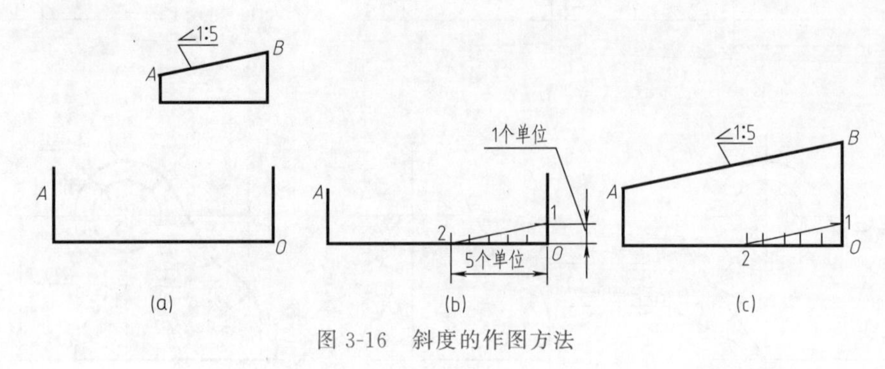

图 3-16 斜度的作图方法

2. 锥度

锥度是指正圆锥的底面直径与圆锥高度之比。正圆锥台的锥度则为两底圆直径之差与锥台高之比，通常写成 $1:n$ 的形式，如图 3-17 所示。

锥度与角度的关系为：锥度$=D/L=(D-d)/1=2\tan\dfrac{\alpha}{2}$

锥度的标注用锥度符号表示，如图 3-18 所示。符号中 h 为数字的高度，符号的线宽为 $1/10d$。标注时应注意锥度符号的方向应与图形的方向一致，如图 3-19 所示。

笔记

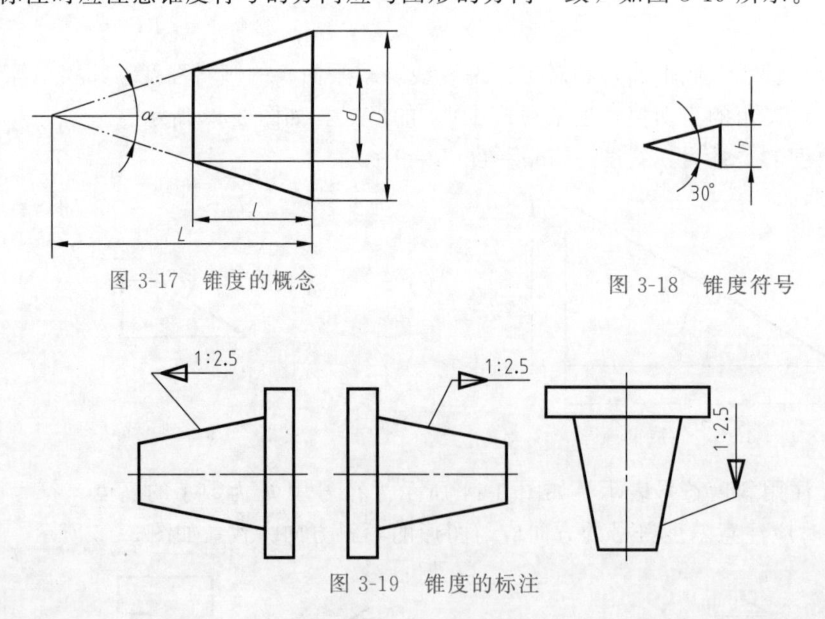

图 3-17 锥度的概念

图 3-18 锥度符号

图 3-19 锥度的标注

锥度的作图方法如图 3-20（a）所示，A、B 为已知点，按图例要求过 A、B 作锥度为 1∶5 的直线。

（1）以顶点 O 为中点在竖直方向任取 1 个单位长度，得顶点 1 和 2，沿水平方向取 $O3=5\cdot12$。

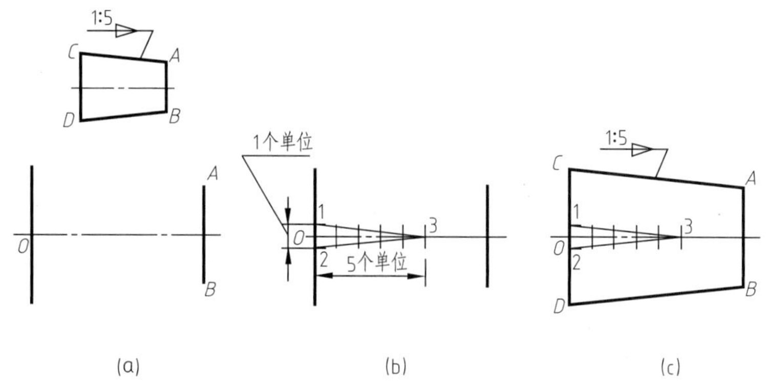

图 3-20　锥度的作图方法

（2）分别连接 13 和 23，则直线 13、23 的锥度为 1∶5，如图 3-20（b）所示。

（3）过已知点 A 和 B 分别作 13 和 23 的平行线，与左方竖直轮廓线分别相交与点 C 和 D，加深并标注锥度，如图 3-20（c）所示。

二、椭圆的近似画法

椭圆的画法

工程上椭圆常采用多种近似画法，本节只介绍根据已知椭圆的长轴和短轴作椭圆的“四心圆法”，见表 3-5。

表 3-5　四心圆法绘制椭圆

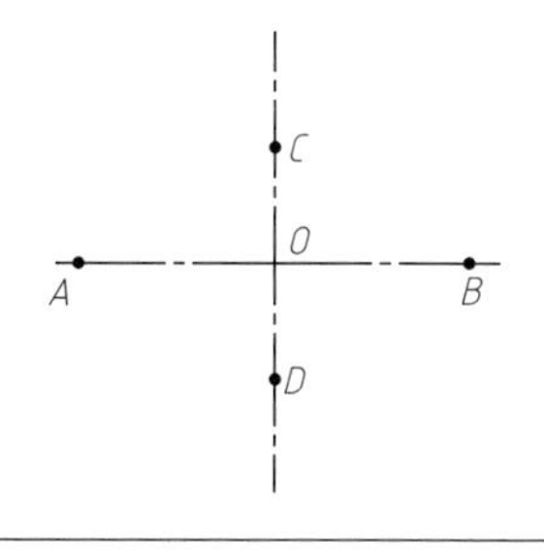	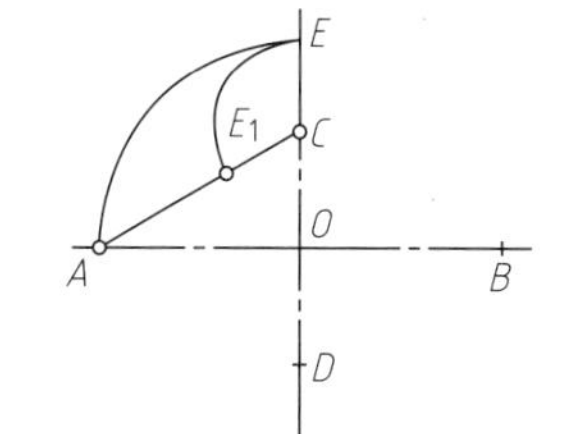
1. 求象限点：画出两条正交的中心线，在水平轴上以 O 为中点截取长轴，在竖直轴上以 O 为中点截取短轴，即四个象限点 A、B、C、D	2. 连接 AC，以 O 为圆心，OA 为半径画弧交短轴延长线于 E；再以 C 为圆心，以 CE 为半径画弧交 AC 于 F
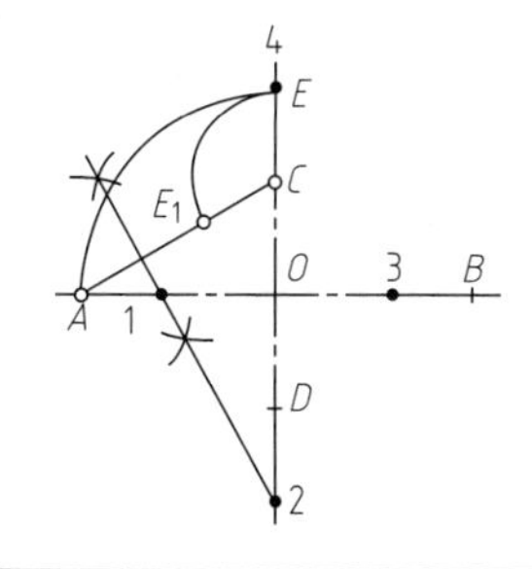	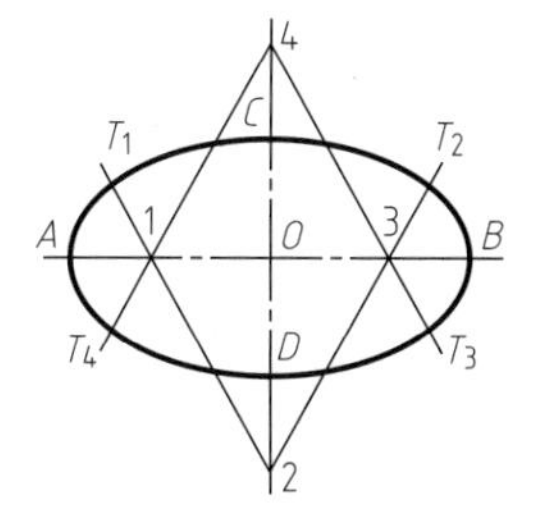
3. 求四个圆弧的圆心：作 AE_1 的垂直平分线交水平线于点 1，交竖直线于点 2，然后分别求出点 1、2 相对于圆点 O 的对称点 3 和 4，则 1，2，3，4 即为四段圆弧的圆心	4. 求切点，连接圆弧：连接 21，23，41，43 并延长，即得四段圆弧的切点 T_1，T_2，T_3，T_4 所在的分界线，分别以 1，2，3，4 为圆心，以 1A 和 2C 为半径画小圆弧和大圆弧至切点即可

笔记

任务实施

垫片的测绘

垫片的测绘步骤：绘制草图、标注尺寸线，测量尺寸，绘制垫片零件图。草图的绘图步骤见表 3-6，垫片的零件图如图 3-21 所示。其它两步骤略。

表 3-6 垫片草图的绘图步骤

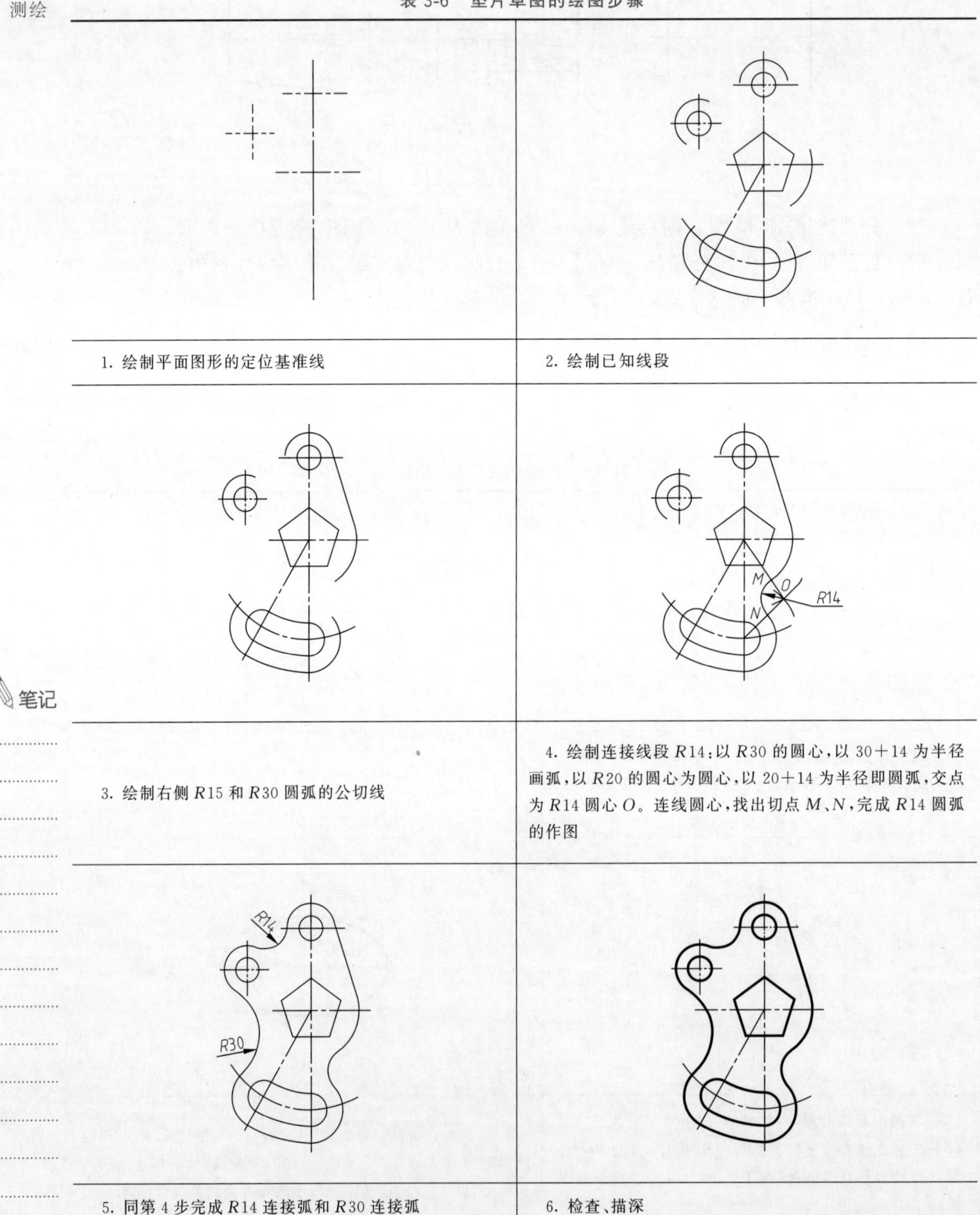

笔记

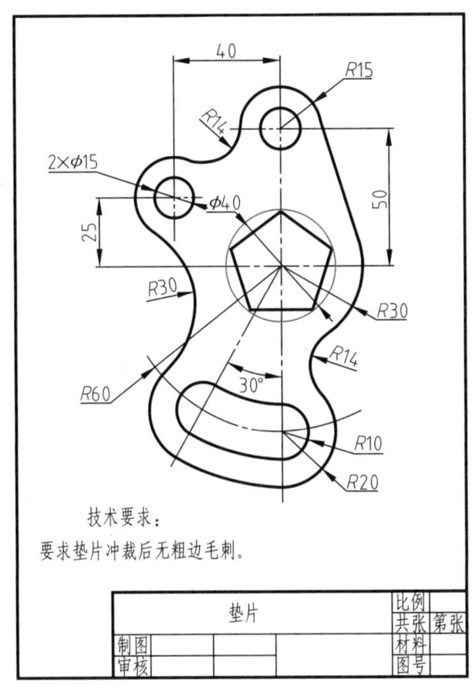

图 3-21　垫片零件图

课后任务

1. 分析零件尺寸，按 1∶1 的比例，绘制如图 3-22 所示手柄图形，并标注尺寸。

2. 开口扳手是一种通用工具，应用广泛，主要用于机械检修、设备装置、家用装修、汽车修理等。图 3-23 为一种开口扳手图形。试按照 1∶1 的比例绘制开口扳手的平面图。

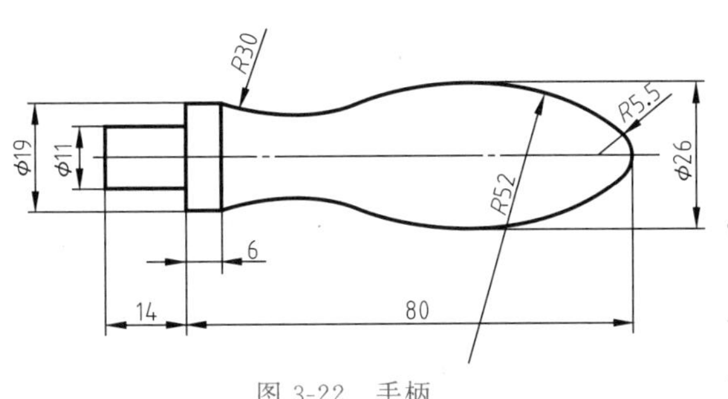

图 3-22　手柄

3. 软件这一部分国内与国外的差距较大，查一下国内常用的绘图软件与国外绘图软件相比有何优势，与高年级同学交流，了解一下平面图形，特别是切线在计算机绘图中的简易程度。

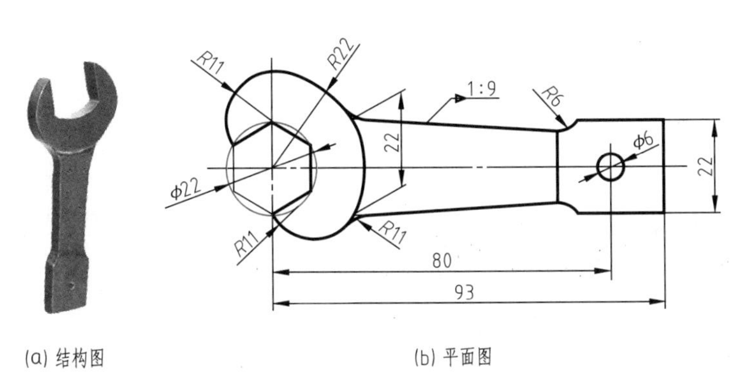

图 3-23　开口扳手

笔记

任务二 平面体模型测绘

知识目标：

1. 了解投影法的相关知识；
2. 理解特殊位置直线、一般平面体的投影特性；
3. 掌握正投影、三视图的投影特性；
4. 掌握点、一般位置直线、面在投影面体系中各种位置的投影特性；
5. 掌握特殊平面体的投影特性；
6. 掌握平面体截交线的分析方法及绘图步骤。

能力目标：

1. 具有分析和判断基本投影要素点、面在投影体系中各种位置的能力；
2. 能正确应用正投影的投影特性绘制各种位置点、面和一般位置直线的投影图；
3. 能够绘制特殊平面体、简单平面体的三视图；
4. 能正确测量平面体及带切口平面体，并利用点、面的投影作出三视图。

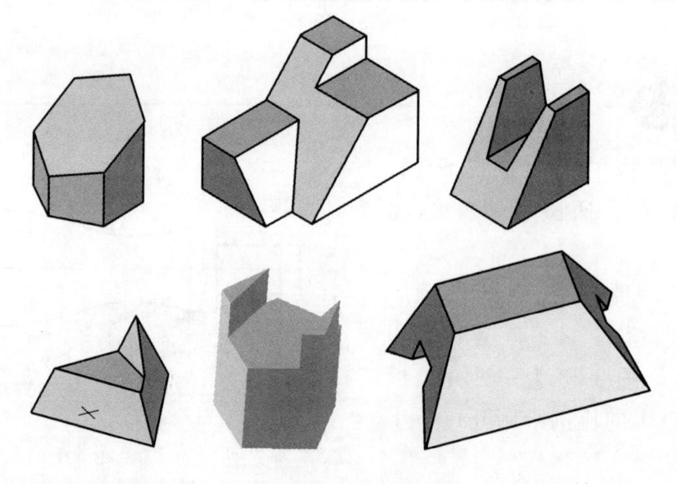

图 3-24 产品模型

笔记

任务要求：

1. 了解一般零件的测绘方法。
2. 分析图 3-24 中物体的结构，量取物体的各部分尺寸，绘制草图。
3. 绘制物体的三视图。

相关知识内容

第一部分 正投影基础

阳光或灯光照射物体时，在地面或墙面上会产生影像，这种投射线（如光线）通过物体，向选定的面（如地面或墙面）投射，并在该面上得到图形（影像）的方法，称为投影法。根据投影法所得到的图形称为投影图，简称投影，得到投影的面称为投影面。

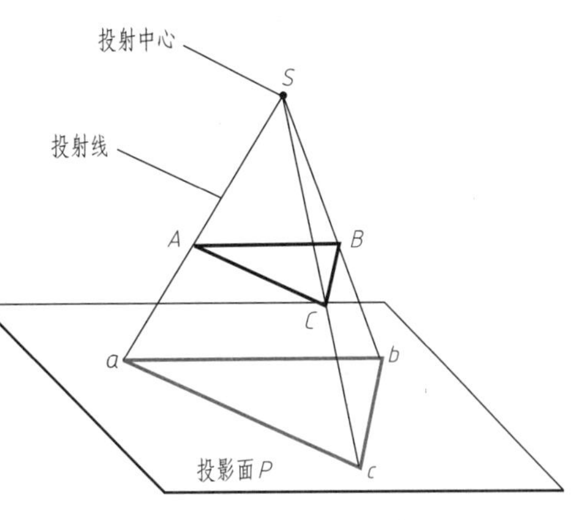

图 3-25　中心投影法

一、投影法的分类

投影法分为两类：中心投影法和平行投影法。

（一）中心投影法

投射线汇交一点的投影的方法，称为中心投影法。如图 3-25 所示，自投射中心 S 的发出的投射线通过△ABC 在投影面 P 上形成投影△abc。

作图方法：连接投射线 SA、SB、SC 并延长，与投影面 P 交于 a、b、c 三点，则△abc 即是△ABC 在投影面上的投影。

分析图 3-25 可知，如改变物体与投射中心的距离，则物体投影的大小将发生改变，由于用中心投影法得到的投影的大小与物体的真实大小之间要考虑投射中心与物体之间的距离，因此在机械图样中较少使用，但其图样具有较强的立体感，在绘画中经常使用。

（二）平行投影法

投射线互相平行的投影法，称为平行投影法。根据投射线与投影面的关系分为正投影和斜投影。如图 3-26（a）所示，投射线与投影面相垂直的平行投影法称为正投影法。所得投影称为正投影。如图 3-26（b）所示，投射线与投影面相倾斜的平行投影法称为斜投影法，所得投影称为斜投影。由于正投影法的投射线与投影面保持垂直，即使改变物体与投影面的距离，其投影的形状和大小也不会改变，因此在机械图样中常采用正投影法。

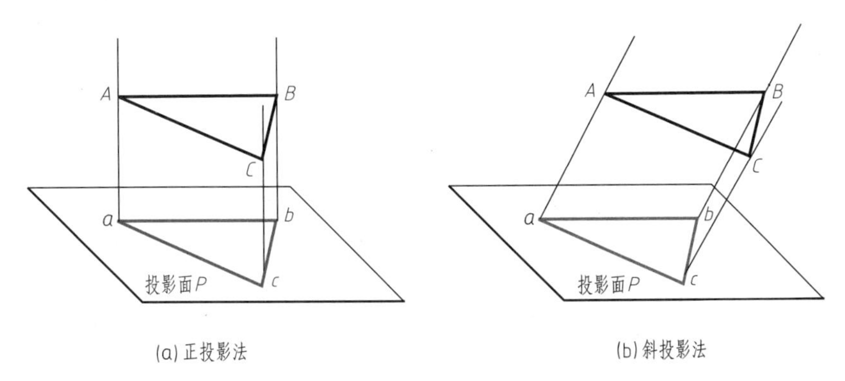

图 3-26　平行投影法

笔记

二、正投影的基本性质

1. 显实性

平面图形（或直线）平行于投影面时，其投影反映实形（或实长）的性质，称为显实性，如图 3-27（a）所示。

2. 积聚性

平面图形（或直线）垂直于投影面时，其投影积聚为一条直线（或点）的性质，称为积聚性，如图 3-27（b）所示。

3. 类似性

平面图形（或直线）倾斜于投影面时，其投影为类似的平面图形（或比实长短的直线）的性质，称为类似性，如图 3-27（c）所示。

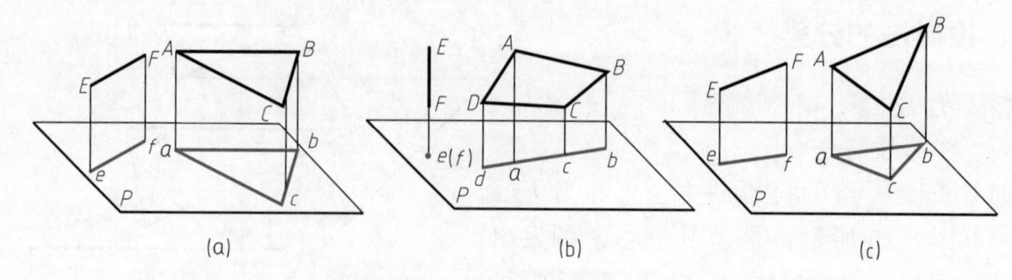

图 3-27 正投影的性质

三视图的投影特性

三、三视图的形成及其投影规律

（一）三面投影体系

空间形体具有长、宽、高三个方向的形状，而形体相对投影面如图 3-28 所示的位置放置时，得到的单面正投影图只能反映形体两个方向的形状。两个不同的物体在同一投影面上所得到的投影图是相同的，说明形体的一个投影不能完全确定其空间形状。

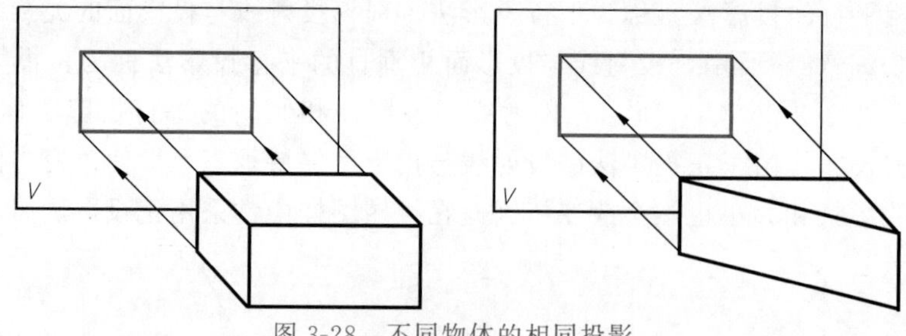

图 3-28 不同物体的相同投影

笔记

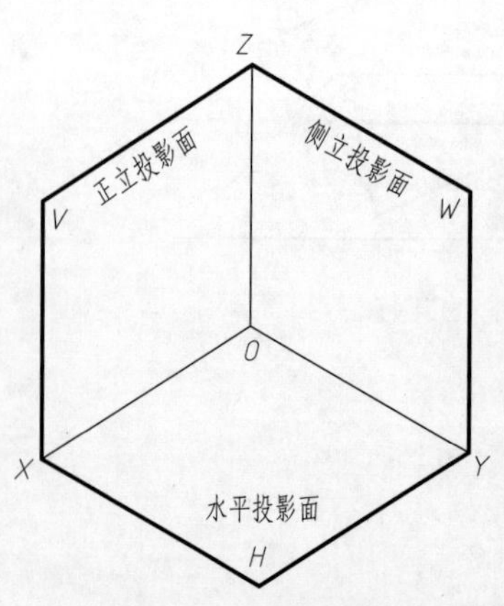

图 3-29 三面投影体系

在机械制图中，为了完整、准确表达形体的形状，常设置两个或三个互相垂直的投影面，将形体分别向这些投影面进行投射，几个投影综合起来，便能将各部分的形状表示清楚。

由三个相互垂直的投影面形成的投影体系，称为三投影面体系，如图 3-29 所示。三个投影面：

处于水平位置的投影面称为水平投影面，简称水平面，用 H 表示；

处于观察者正对面的投影面称为正立投影面，简称正面，用 V 表示；

处于右侧且与水平投影面和正立投影面相垂直的投影面称为侧立投影面，简称侧面，用 W 表示。

相互垂直的投影面之间的交线，称为投影轴，它们分别是：

OX 轴（简称 X 轴），正面与水平面的交线，代表长度方向；

OY 轴（简称 Y 轴），水平面与侧面的交线，代表宽度方向；

OZ 轴（简称 Z 轴），正面与侧面的交线，代表高度方向。

三个投影轴交于一点，为原点 O。

（二）三视图的形成

物体放置：如图 3-30 所示，将形体放在三投影面体系中，使尽量多的平面与投影面平行，便于作图。分别向 H、V、W 投影面投射。

在技术制图中，用正投影法向各投影面投射所得到的投影图，称为视图。

物体在正立投影面上的投影，即由前向后投射所得的视图，为主视图。

物体在水平投影面上的投影，即由上向下投射所得的视图，为俯视图。

物体在侧立投影面上的投影，即由左向右投射所得的视图，为左视图。

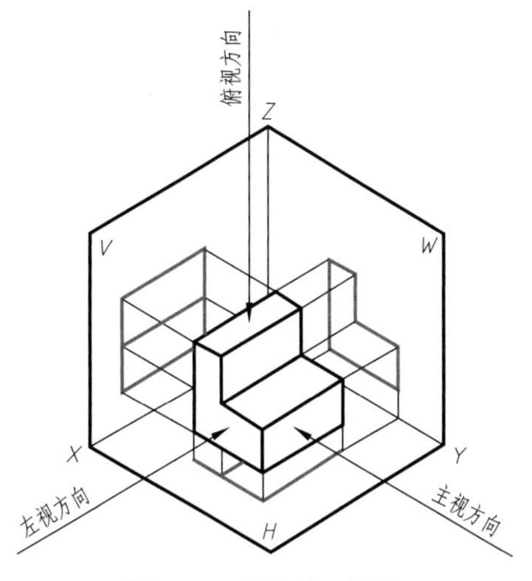

图 3-30　物体的三视图

三个视图统称为三视图。视图中可见线、面的投影用粗实线绘制，不可见的线、面用虚线绘制，对称中心线或对称平面线等中心要素用点画线绘制。

物体的三个视图在三个投影面上，不便于作图，为此将三个投影面展开在一个平面上。首先移去空间形体，然后展开。展开方法：正立投影面不动，水平投影面绕 X 轴向下旋转 90°，侧立投影面绕 Z 轴向右旋转 90°，将 Y 轴分为 Y_H、Y_W 两轴，展开过程如图 3-31 所示。因投影面的大小与图形无关，作图时不必作出投影面的边框。

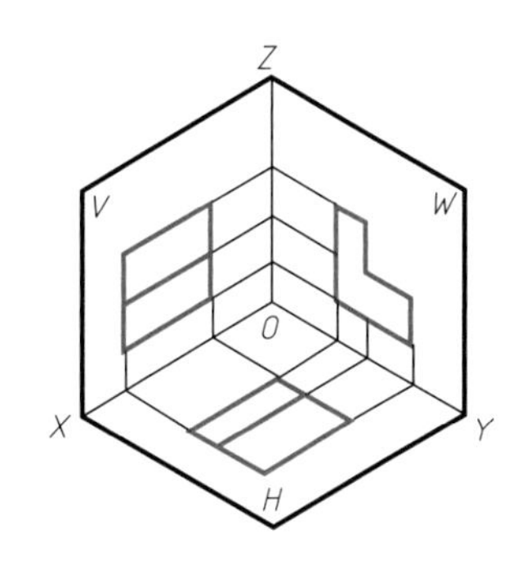

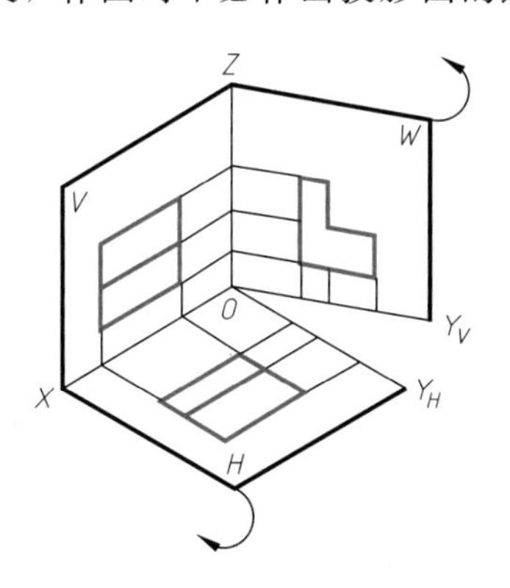

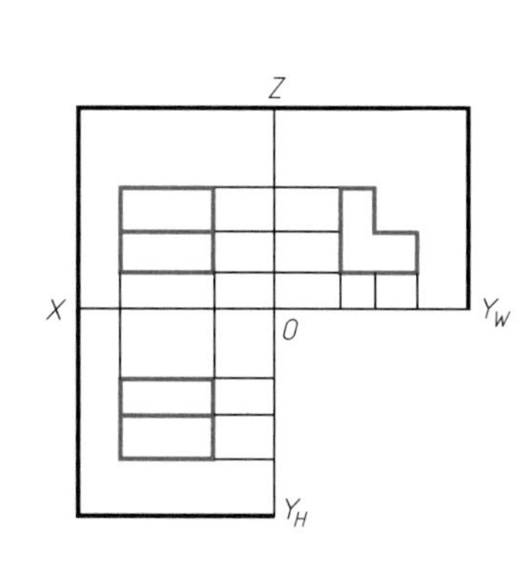

图 3-31　三视图的展开

由图 3-31 可知，任一视图到投影轴的距离，反映空间形体到相应投影面的距离，而空间形体在三面投影体系中的方位确定以后，改变它与投影面的距离，并不影响其视图的形状，故实际绘制三视图时，常采用无轴画法，如图 3-32 所示。视图间的距离应能保证每一视图的清晰，并有足够的标注尺寸的位置。

（三）三视图的投影规律

1. 位置关系

以主视图为基准，俯视图在主视图的正下方，左视图在主视图的正右方。三视图间的这种位置关系是按投影关系配置，一般不能变动。当三视图按投影关系配置时，不必标注任一

笔记

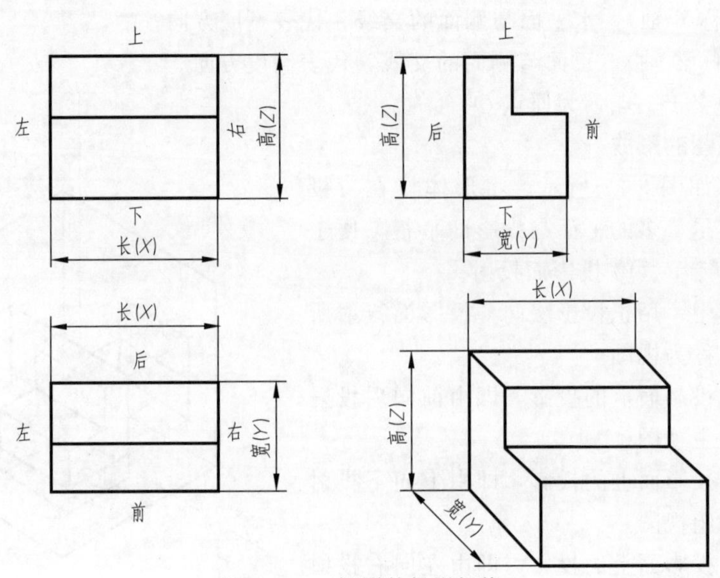

图 3-32 三视图的投影规律

视图的名称。

2. 尺寸关系

物体有长、宽、高三个方向的尺寸，物体的每一个视图表示两个方向的尺寸，如图3-32所示，可归纳以下三条规律。

（1）主、俯视图反映物体的长度且对正——长对正。

（2）主、左视图反映物体的高度且平齐——高平齐。

（3）俯、左视图反映物体的宽度且等值——宽相等。

“长对正，高平齐，宽相等”的“三等”规律是三视图的重要特性，也是画图与读图的依据。

3. 方位关系

笔记

物体有上、下、左、右、前、后六个方位关系，如图3-32所示：主视图反映物体的上、下、左、右，俯视图反映物体的左、右、前、后，左视图反映物体的上、下、前、后。

俯、左视图靠近主视图的一边，表示物体的后面，远离主视图的一边，表示物体的前面。这条规律便于图形的检查。

第二部分 几何元素的投影

一个动点的空间连续运动扫描形成线（曲线、直线）即点动成线，一条动线在空间连续运动扫描形成曲面（平面、曲面）即线动成面。任何物体的表面都包含点、线、面等基本几何元素，掌握这些几何元素的投影规律，是完整、准确地绘制物体视图的基础。

一、点的投影

（一）点的三面投影

如图3-33（a）所示，A 点是三投影面体系中的一点，由 A 点分别作 H 面、V 面、W 面投射线，投射线与 H 面的交点即为 A 点的水平投影，用 a 表示；投射线与 V 面的交点即为 A 点的正面投影，用 a' 表示；投射线与 W 面的交点即为 A 点的侧面投影，用 a'' 等表示；

三面投影展开后得到如图 3-33（c）所示的图形。

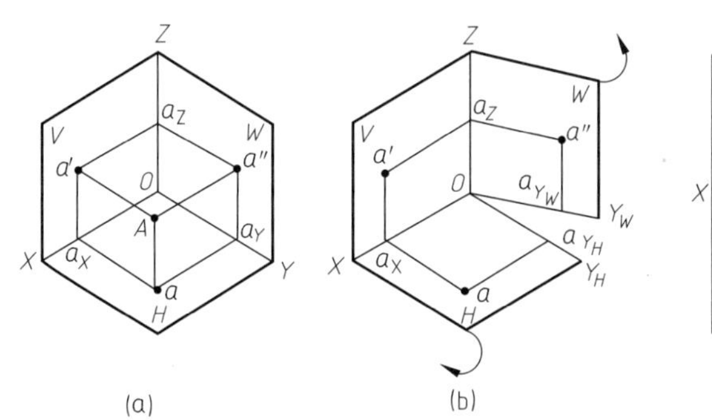

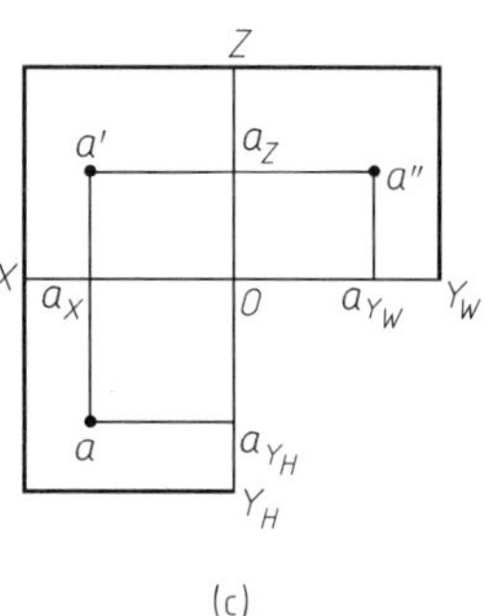

点的投影

图 3-33　点的三面投影

点的三面投影之间的连线，称为投影连线，画投影图时，不必画出投影面的边框，也可省略标注 a_X、a_{YH}、a_{YW}、a_Z，点的三面投影之间的连线，如图 3-34 所示。

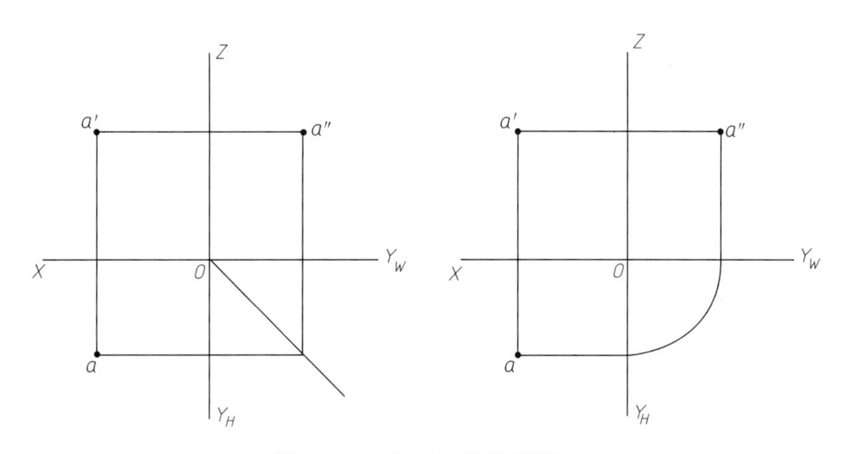

图 3-34　点的三面投影图画法

笔记

点的三面投影规律如下。

（1）点的相邻投影的连线垂直于相应的投影轴，如 $aa' \perp OX$，$a'a'' \perp OZ$。

（2）点的投影到投影轴的距离，等于空间点到相应投影面的距离。即 $Aa = a'a_X = a''a_{YW}$，$Aa' = aa_X = a''a_Z$，$Aa'' = a'a_Z = aa_{YH}$。

画投影图时，为体现 $aa_X = a''a_Z$，可由原点 O 出发作一条 45°辅助线，aa_{YH} 和 $a''a_{YW}$ 的延长线必与这条辅助线交于一点，也可作圆弧，如图 3-34 所示。

（二）点的坐标

点的空间位置可用直角坐标来表示，即 A（x，y，z）。如图 3-35（a）所示，将三面投影体系看作直角坐标系，即把投影面作坐标面，投影轴作坐标轴，O 为坐标原点。

A 点的 x 坐标＝点到 W 面的距离

A 点的 y 坐标＝点到 V 面的距离

A 点的 z 坐标＝点到 H 面的距离

由图 3-35（b）所示，点的任意一个投影是由空间点的两个坐标确定的，点的任意两个投影确定空间点的三个坐标，故根据点的任意两个投影能够确定点的空间位置，即第三投影可求。

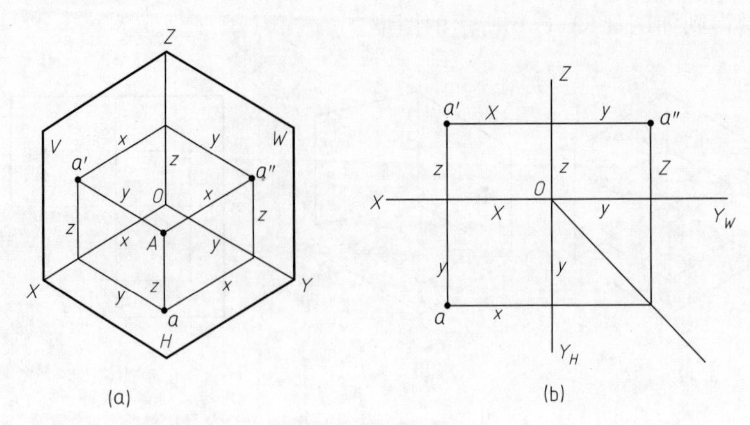

图 3-35 点的坐标

（三）两点之间的位置关系

1. 方位关系

三投影面体系中的两个点具有左右（X 轴方向）、前后（Y 轴方向）、上下（Z 轴方向）三个方向的相对位置，可依据两点的坐标关系来判断，如图 3-36 所示。

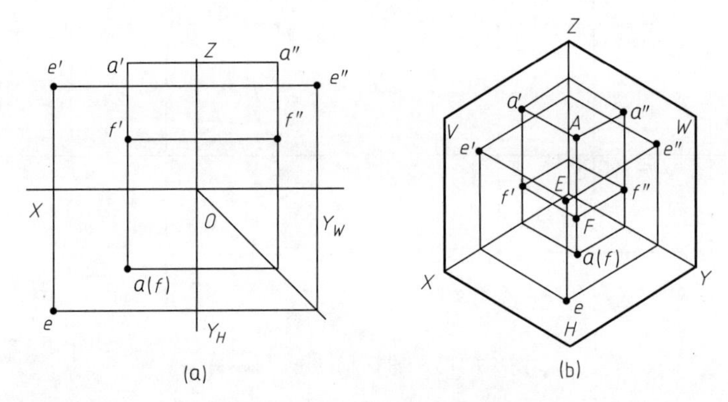

图 3-36 两点之间的位置关系

笔记

点的 x 坐标表示点到 W 面的距离，反映左、右位置，x 坐标大者为左，小者为右。

点的 y 坐标表示点到 V 面的距离，反映前、后位置，y 坐标大者为前，小者为后。

点的 z 坐标表示点到 H 面的距离，反映上、下位置，z 坐标大者为上，小者为下。

如图 3-36 所示，若以 E 点作为基准，F 点在 E 点的右方（X 方向）、后方（Y 方向）、下方（Z 方向）。

2. 重影点

空间两点在某一投影面上的投影重合为一点，这两点称为该投影面的一对重影点。重影点的三个坐标中有两个坐标相同，一个坐标不同，这一个不相同的坐标大者为可见的点。如 A、F 点为 H 面的重影点，x、y 坐标相同，z 坐标不同，其中 A 点的水平投影挡住了 F 点的水平投影，表示为 a（f），不可见点用括号括起来。

【例】 已知点 A、B、C 的两面投影，如图 3-37（a）所示，求作第三面投影。

分析过程及作图步骤如下：

(1) 已知 a 和 a' 求 a''　依据 $aa' \perp OX$ 轴，$a''a' \perp OZ$ 轴，和 $aa_X = a''a_Z$，由 a 作 OY_H 的垂线与 45°辅助线相交，自交点作 OY_W 的垂线，与自 a' 所作的 OZ 轴的垂线相交，交点

即为 a''。

（2）已知 b 和 b' 求 b''　点 B 的正面投影 b' 在 X 轴上，水平投影在 H 投影面上，则 B 点为 H 面上的一点，B 点的 W 面的投影在 Y_W 轴上，依据 $bb_X=b''b_Z$，由 b 作 OY_H 的垂线与 45°辅助线相交，自交点作 OY_W 的垂线，垂足即为 b''。

（3）已知 c'' 和 c' 求 c　C 点的正面投影和侧面投影重合，处在正面投影与侧面投影的交线 Z 轴上，因此 C 点在 Z 轴上，从 C 点向水平投影投射，水平投影处在原点 O 上，如图 3-37（b）所示。

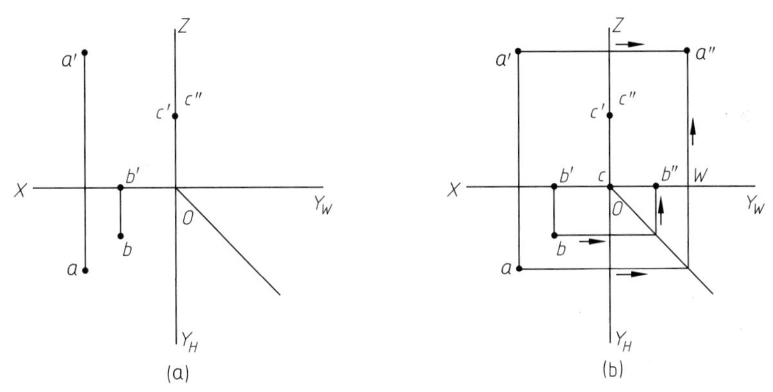

图 3-37　由点的两个投影作第三投影

【例】 已知 A（14，17，22），作出点的三面投影图和轴测图分析过程及作图步骤如下：

分析：已知空间点的坐标，可在相应的投影轴上截取相应的长度，从而求出点的三面投影。

投影图作图步骤：

（1）作投影轴 OX、OY_H、OY_W、OZ 和 45°辅助线，如图 3-38（a）所示。

（2）在 X 轴上截取 14，即 a_X 点，过 a_X 点作垂线；在 Z 轴上截取 22，即 a_Z 点，过 a_Z 点作垂线，两条线的交点为 a'，如图 3-38（b）所示。

（3）在 Y_H、Y_W 轴上截取长度 17，作 Y_H、Y_W 的垂线，分别与 $a'a_X$ 和 $a'a_Z$ 的延长线相交，所得交点为 a、a''，如图 3-38（c）所示。

笔记

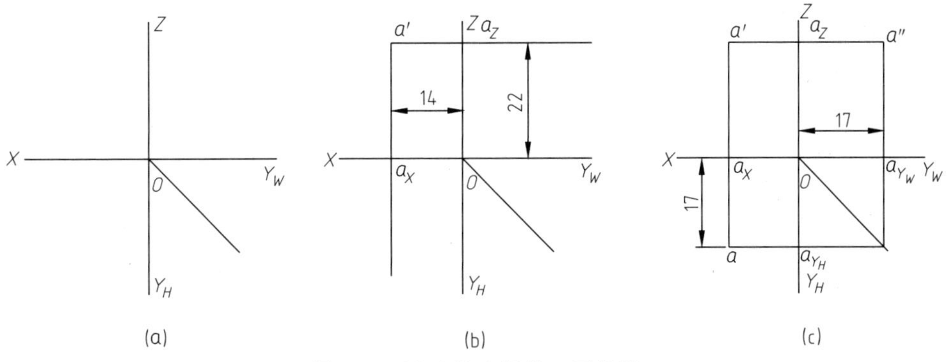

图 3-38　由点的坐标作三面投影

轴测图作图步骤：

（1）作出投影轴的轴测图，OY 与 OX、OZ 夹角均为 120°，投影面的边框与相应投影轴平行，如图 3-39（a）所示。

（2）沿 X 轴正向量取 14 得 a_X，沿 Y 轴正向量取 17 得 a_Y，沿 Z 轴正向量取 22 得 a_Z，如图 3-39（b）所示。

（3）自 a_X、a_Y、a_Z 点作相应轴的平行线，交点即为相应投影面的投影。过 a_X 作 Z 轴平行线与过 a_Z 作 X 轴平行线的交点即为 A 点的正面投影 a'，过 a_X 作 Y 轴平行线与过 a_Y 作 X 轴平行线的交点即为 A 点的水平投影 a，过 a_Y 作 Z 轴平行线与过 a_Z 作 Y 轴平行线的交点即为 A 点的侧面投影 a''，如图 3-39（c）所示。

自 a、a'、a''分别作 Z、Y、X 轴的平行线，交点即为空间点 A，如图 3-39（d）所示。

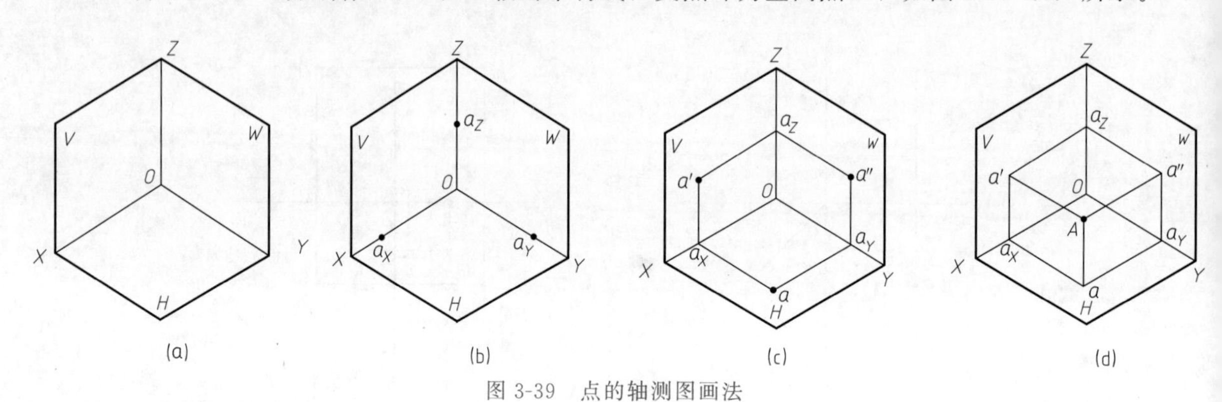

图 3-39 点的轴测图画法

【例】 已知空间点 K（25，30，10），如图 3-40（a）所示，有一点 M 在 K 点的上方 20，左方 12，后方 8，写出 M 点的坐标并作出其三面投影。

分析：M 点在 K 点的上方，左方，后方，说明 M 点的 X、Y、Z 坐标分别大于、小于、大于 K 点的坐标。

作图步骤：

（1）M 点在 K 点的上方 20，$Z_M = Z_K + 20 = 10 + 20 = 30$。

（2）M 点在 K 点的左方 12，$X_M = X_K + 12 = 25 + 12 = 37$。

（3）M 点在 K 点的后方 8，$Y_M = Y_K - 8 = 30 - 8 = 22$，则 M 点的坐标为（37，22，30）。

（4）作出点 M 的三面投影，如图 3-40（b）所示。

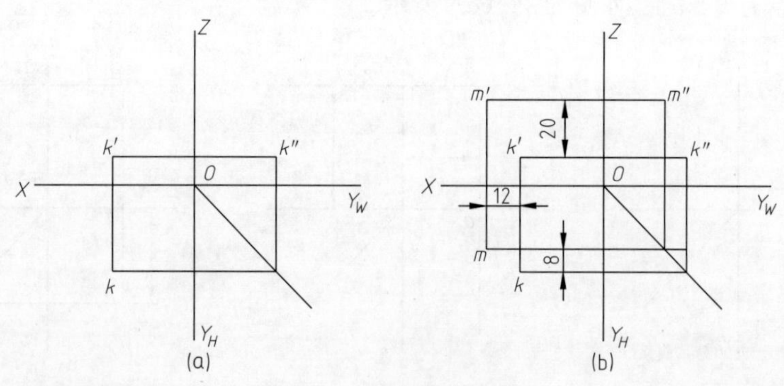

图 3-40 两点的位置图

二、直线的投影

（一）直线及直线上点的三面投影

本节所研究的直线，一般指有限长度的直线段。依据直线的正投影特性，其投影一般仍为直线，特殊情况下为一个点。依据两点可确定一直线，求直线的投影即可转化为求直线两端点的投影，即求直线两端点同面投影的连线，如图 3-41 所示，同面投影又称为同名投影，指几何元素在同一投影面上的投影。

若已知空间直线 AB 两端点的坐标，则可作出 A 点和 B 点的三面投影，如图 3-41 所示，同面投影相连 ab、$a'b'$、$a''b''$ 即为 AB 直线的三面投影。依据点的投影规律可以推论：已知直线的任意两个投影，可以确定唯一一条空间直线，从而可求得其第三投影。

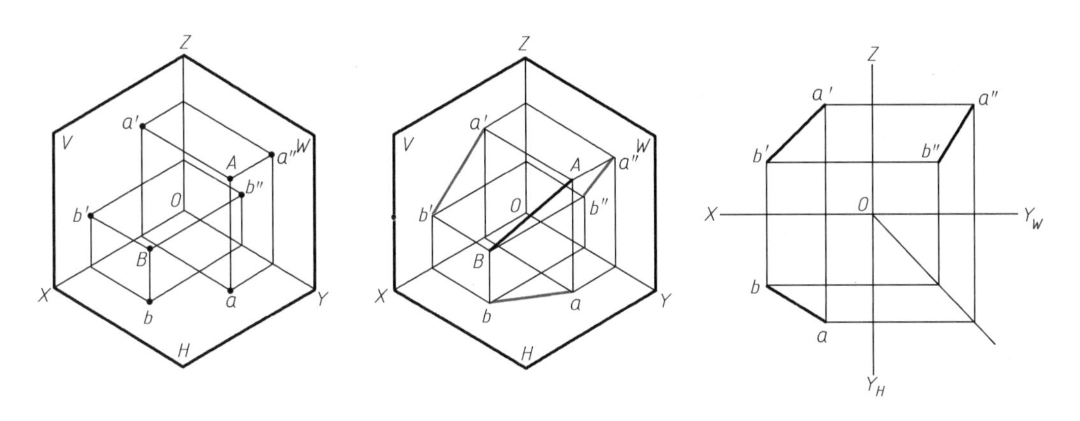

图 3-41　直线的三面投影

直线的投影特性

直线上点的投影必定在直线的同面投影上，符合点的投影规律，且分线段成比例。

如图 3-42 所示，C 为直线 AB 上的点，则 c、c'、c'' 的投影分别在 ab、$a'b'$、$a''b''$ 的投影上，且

$$AC/CB=ac/cb=a'c'/c'b'=a''c''/c''b''$$

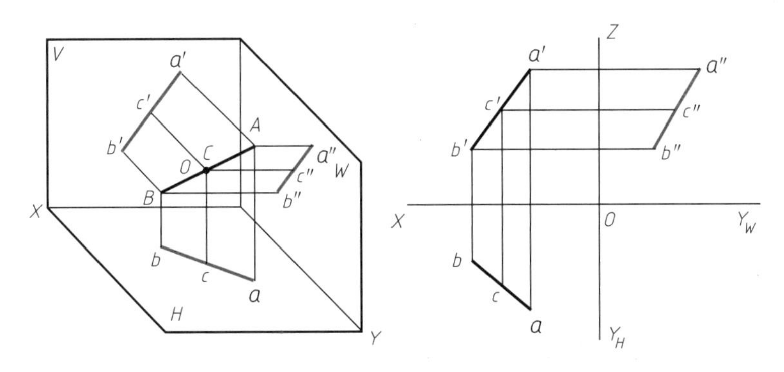

图 3-42　直线上点的投影

笔记

若点的三面投影都落在直线的同面投影上，且其三面投影符合一点的投影规律，则该点必在直线上。

（二）各种位置直线的投影特性

直线按其对投影面的相对位置分为一般位置直线和特殊位置直线，其中特殊位置直线又分为投影面平行线和投影面垂直线。

1. 一般位置直线

与三个投影面都倾斜的直线称为一般位置直线。如图 3-43 所示，AB 为一般位置直线，

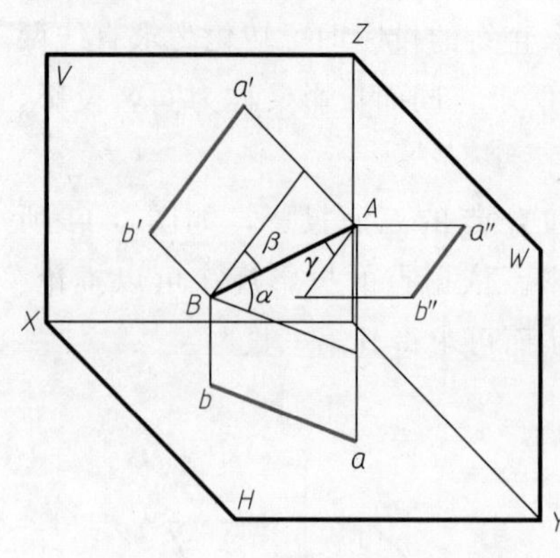

图 3-43 一般位置直线的投影

对 H、V、W 面都倾斜，则其两个端点到任一投影面的距离都不相等，即两端点的任一同面投影坐标都不相等。

由此得出一般位置直线的投影特性如下：

三个投影都倾斜于投影轴，投影长度小于线段实长。

2. 投影面平行线

平行于一个投影面而倾斜于另两个投影面的直线为投影面平行线，三种投影面平行线的轴测图、投影图、投影特性见表 3-7。

表 3-7 投影面平行线

名称	水平线	正平线	侧平线
轴测图			
投影图			
投影特性	(1)水平投影反映实长 (2)正面和侧面投影短于实长，且同时垂直于 Z 轴	(1)正面投影反映实长 (2)水平投影和侧面投影短于实长，且同时垂直于 Y 轴	(1)侧面投影反映实长 (2)水平投影和正面投影短于实长，且同时垂直于 X 轴

由此得出投影面平行线的投影特性：

(1) 在所平行的投影面上的投影反映实长；

(2) 在另外两个投影面上的投影为类似形，两个投影同时垂直于两投影面的共有投影轴。

3. 投影面垂直线

垂直于一个投影面的直线称投影面垂直线。它必平行于另两个投影面，三种投影面垂直线的轴测图、投影图、投影特性见表 3-8。

笔记

表 3-8　投影面垂直线

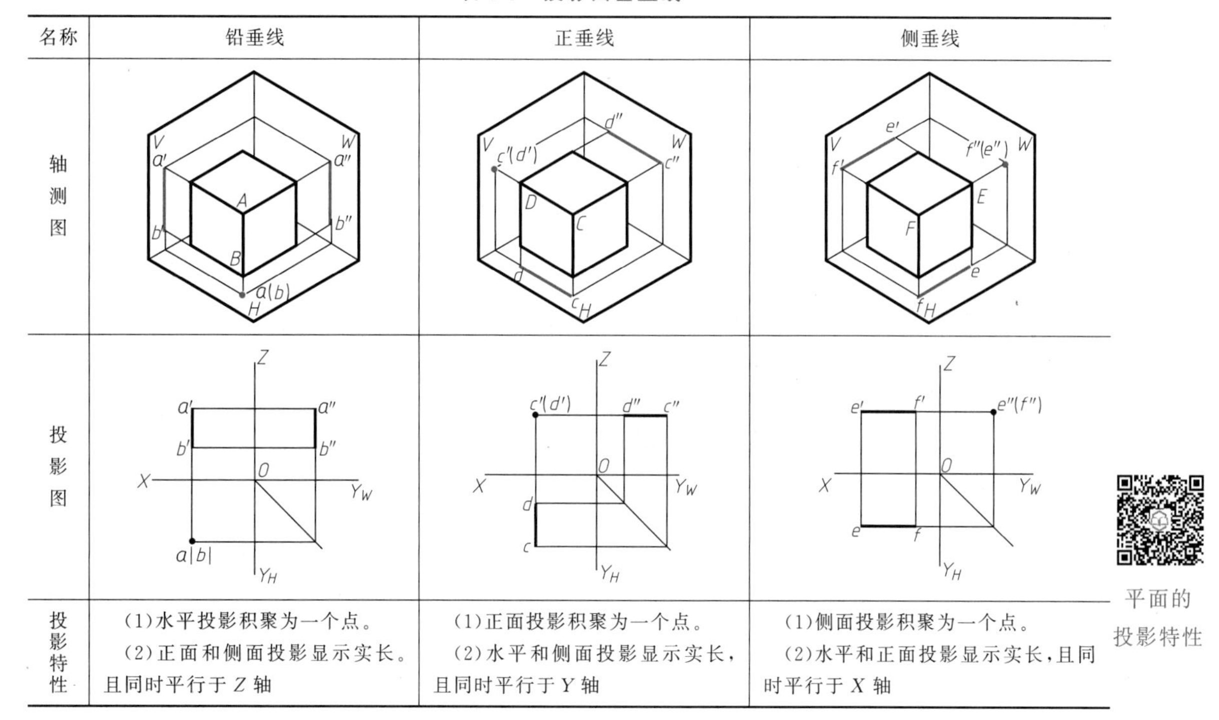

名称	铅垂线	正垂线	侧垂线
轴测图			
投影图			
投影特性	(1)水平投影积聚为一个点。 (2)正面和侧面投影显示实长。且同时平行于 Z 轴	(1)正面投影积聚为一个点。 (2)水平和侧面投影显示实长，且同时平行于 Y 轴	(1)侧面投影积聚为一个点。 (2)水平和正面投影显示实长，且同时平行于 X 轴

平面的投影特性

由此得出投影面垂直线的投影特性：

（1）在所垂直的投影面上的投影积聚成一点；

（2）在另外两个投影面上的投影均反映实长，两个投影同时平行于两投影面的共有投影轴。

三、平面的投影

平面是由若干条线围成的平面图形，平面可用下列几何元素表示，如图 3-44 所示。

（1）不在同一直线上的三点。

（2）直线和直线外一点。

（3）相交两直线。

（4）平行两直线。

（5）任意平面图形，如三角形、圆及圆弧或其他图形。

以上由几何元素表示的平面是可以相互转化的。

平面按其相对投影面的位置可分为一般位置平面和特殊位置平面，特殊位置平面又分为投影面垂直面和投影面平行面。

（一）一般位置平面的投影特性

一般位置平面是相对于三个投影面都倾斜的平面。

组成平面图形的有直线、曲线，直线围成的平面图形称为多边形，作图较简单，曲面围成的图形，暂不考虑。平面以多边形为例讲解，容易理解，平面的投影是平面上各点投影的集合，多边形平面的投影可简化为由围成该平面形的各条边线的同面投影连接而成。即为求各顶点的投影，如图 3-45（a）、（b）所示为一般位置平面△ABC 的三面投影图的作图过程。

一般位置平面的投影特性：

三个投影均为类似形，不反映实形。

笔记

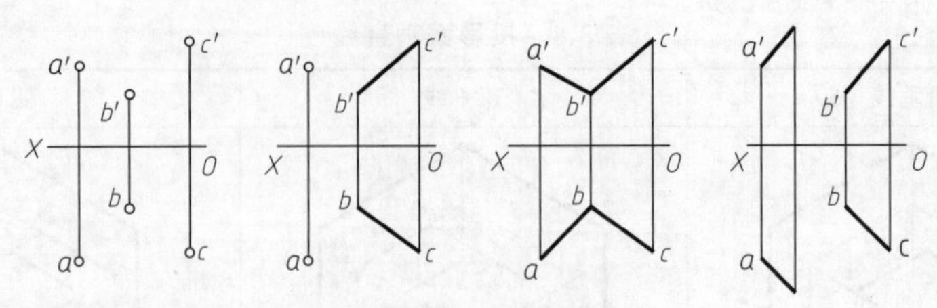

图 3-44 几何元素表示的平面

作平面多边形的轴测图时，可先作出其各顶点的轴测图，再将空间点及其同名投影依次分别连线即可。如图 3-45（c）所示为△ABC 的轴测图。

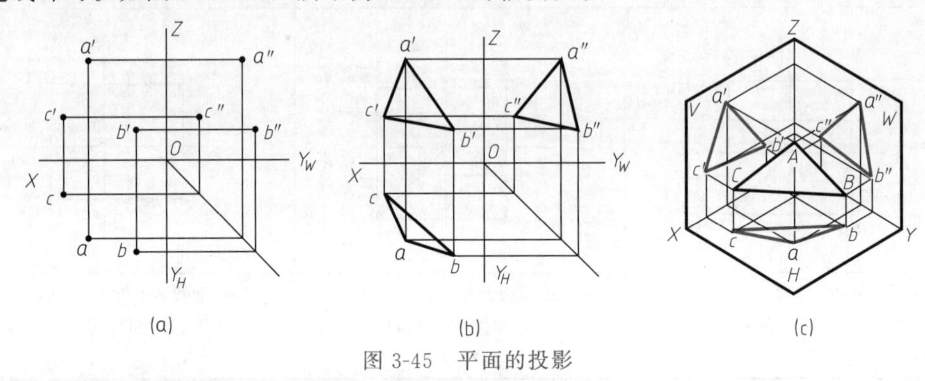

图 3-45 平面的投影

（二）特殊位置平面的投影特性

1. 投影面平行面

平行于一个投影面而垂直于另两个投影面的平面，称为投影面平行面。三个投影面平行面的轴测图、投影图、投影特性见表 3-9。

笔记

表 3-9 投影面平行面

名称	水平线	正平线	侧平线
轴测图	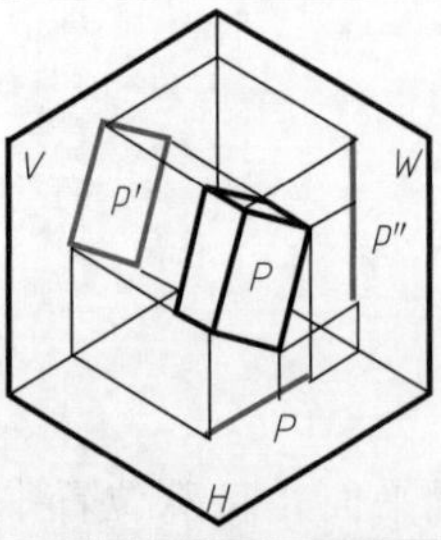	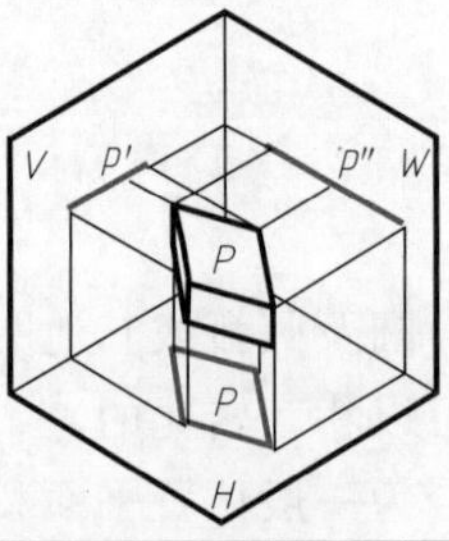	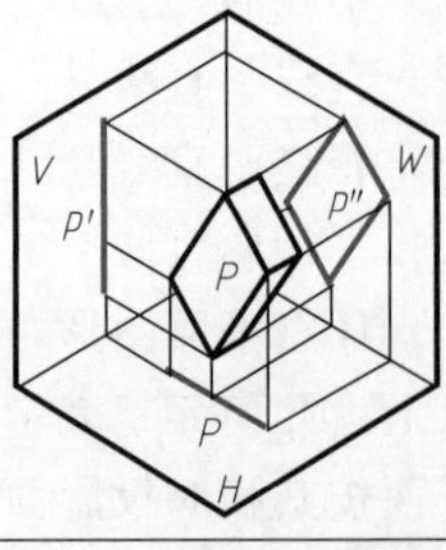
投影图	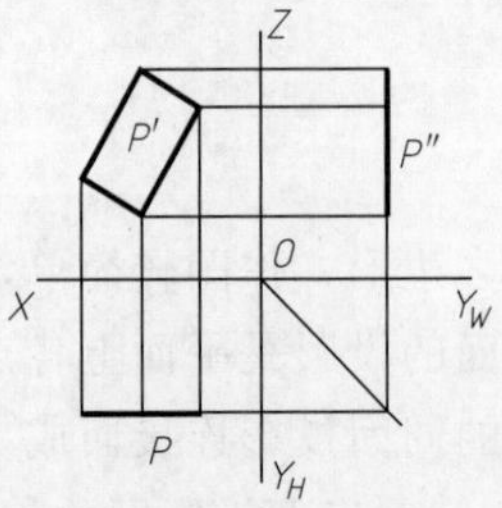	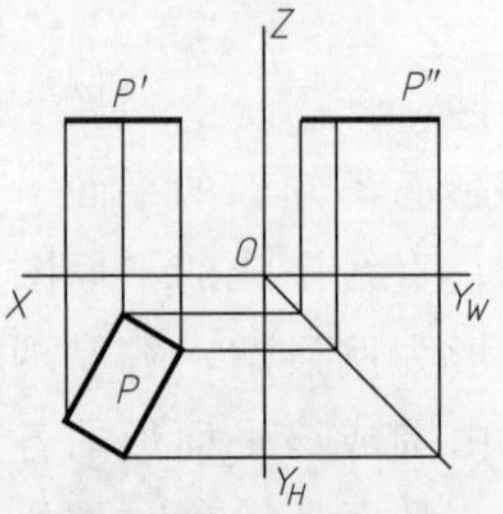	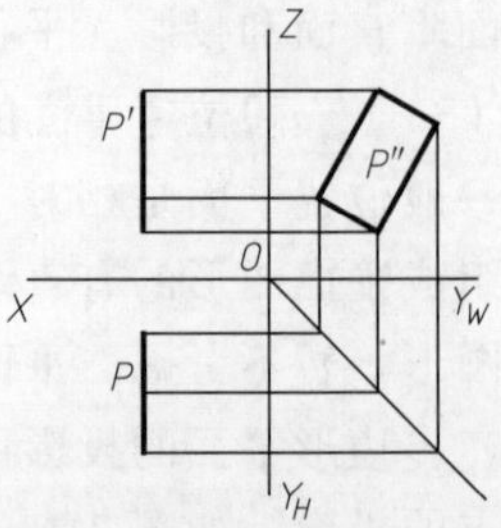
投影特性	（1）正面投影反映实形 （2）水平和侧面投影积聚为直线。且同时垂直于 Y 轴	（1）水平投影反映实形 （2）正面和侧面投影积聚为直线，且同时垂直于 Z 轴	（1）侧面投影反映实形 （2）水平和正面投影积聚为直线，且同时垂直于 X 轴

投影面平行面的投影特性：

（1）在所平行的投影面上的投影反映实形；

（2）在另外两个投影面上的投影均积聚为直线，且同时垂直于两投影面的共有投影轴。

2. 投影面垂直面

垂直于一个投影面而倾斜于另两个投影面的平面，称投影面垂直面。

三个投影面垂直面的轴测图、投影图、投影特性见表 3-10。

投影面垂直面的投影特性：

（1）在所垂直的投影面上的投影积聚为直线；

（2）在另外两个投影面上的投影均为空间平面的类似形。

表 3-10 投影面垂直面

名称	铅垂面	正垂面	侧垂面
轴侧图	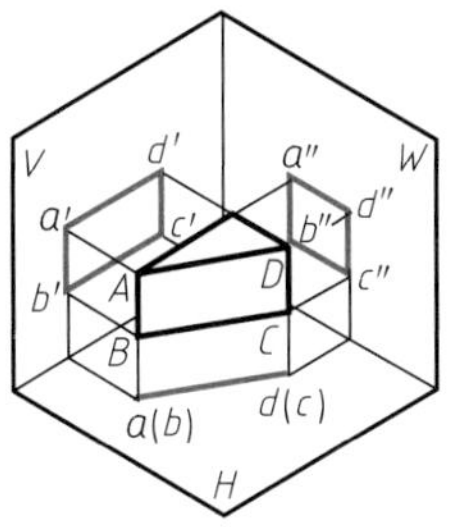	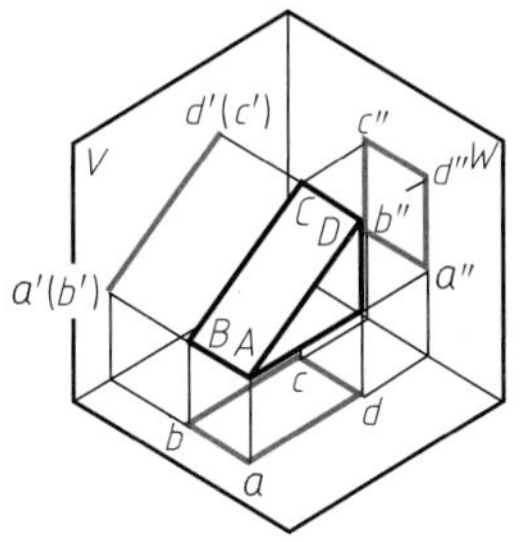	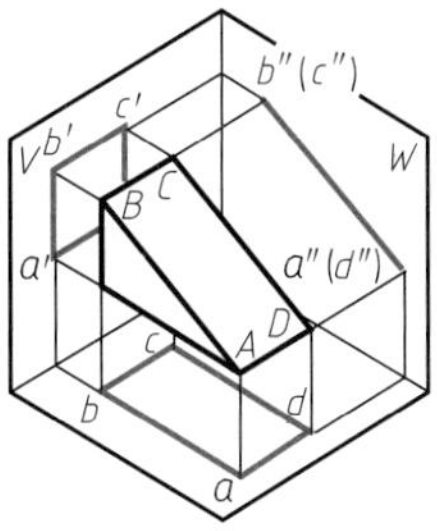
投影图	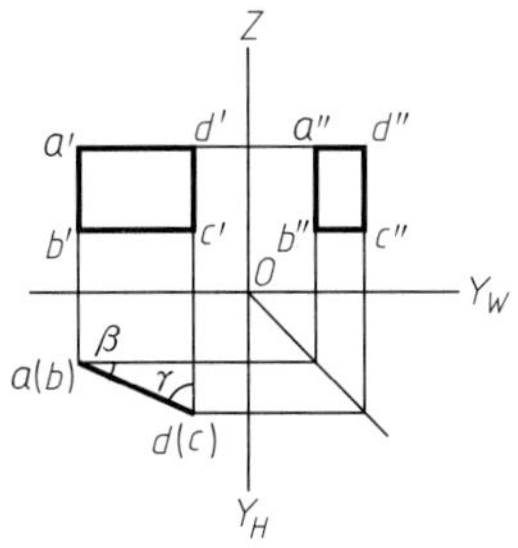	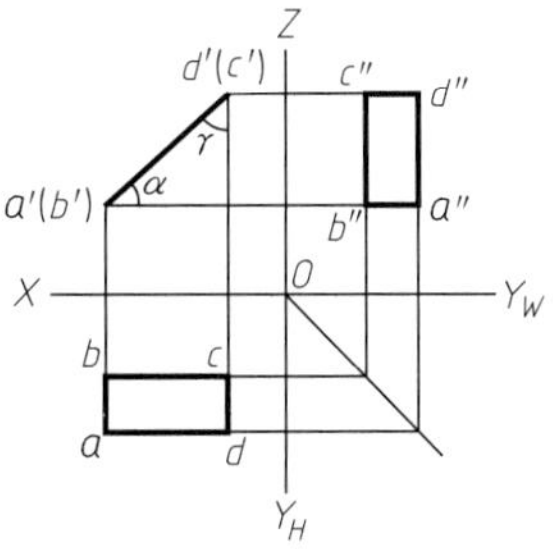	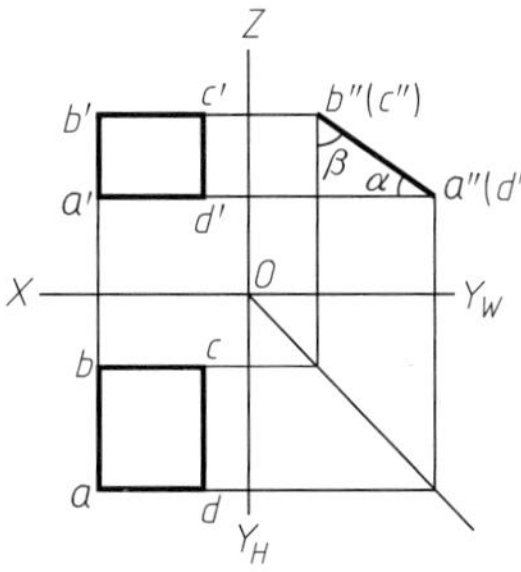
投影特性	（1）水平投影积聚为直线 （2）正面和侧面投影为类似形	（1）正面投影积聚为直线 （2）水平投影和侧面投影为类似形	（1）侧面投影积聚为直线 （2）水平投影和正面投影为类似形

笔记

第三部分 平面立体的投影

一、立体的分类

（一）按面分类

立体是由若干面（平面、曲面）围成，按面的形状来进行分类，分为平面立体与曲面立体。

1. 平面立体

完全由平面围成的立体称为平面立体。由棱柱、棱锥组成，本部分讲解其中的正棱柱、正棱锥。

（1）正棱柱：顶面、底面为正多边形，侧面为长方形且垂直于顶面、底面的平面体，侧面与侧面的交线称为侧棱，侧面与顶面、底面的交线分别称为顶边、底边，如图 3-46 所示。

（2）正棱锥：棱锥由一个多边形底面和具有一个共同顶点的若干个三角形侧面组成。正棱锥底面为正多边形，从顶点向底面作垂线，垂足为正多边形外接圆的圆心，如图 3-47 所示。

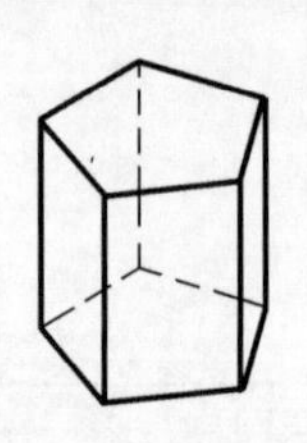
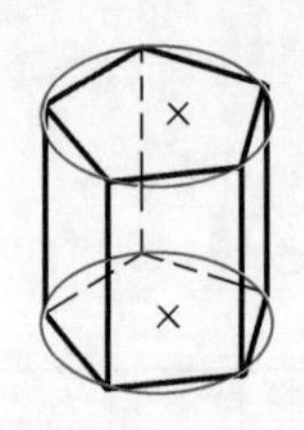

图 3-46 正五棱柱

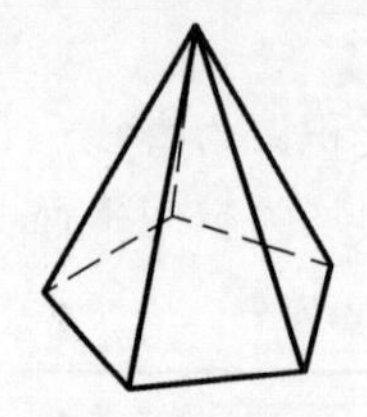
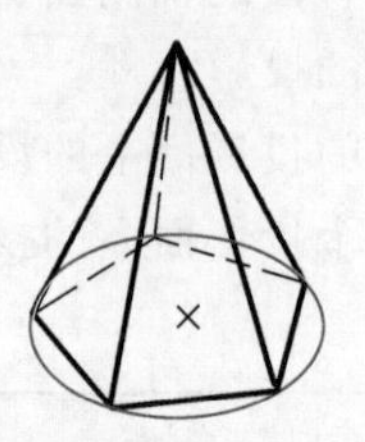
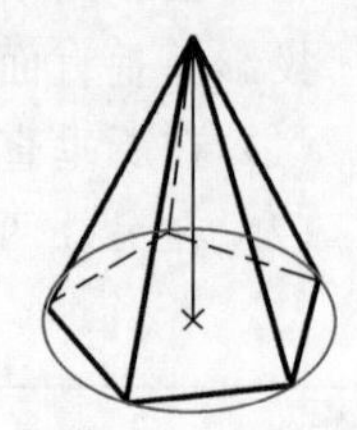

图 3-47 正五棱锥

2. 曲面立体

由平面和曲面或完全由曲面围成的立体称为曲面立体。曲面立体中最常见的是回转体。回转体是由基准平面形绕一个固定直线轴旋转而形成的立体。基准平面形外部任意位置的母线称为回转面的素线，素线绕一个固定直线轴旋转而形成曲面，素线上每一个点的运动轨迹为圆，如图 3-48 所示，粗实线面为基准平面，黑色粗实线为素线或母线。本部分只讲解圆柱、圆锥、圆球。

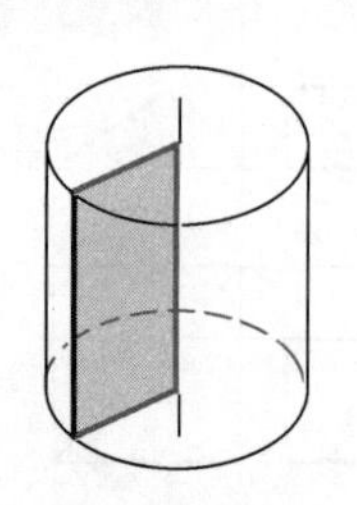
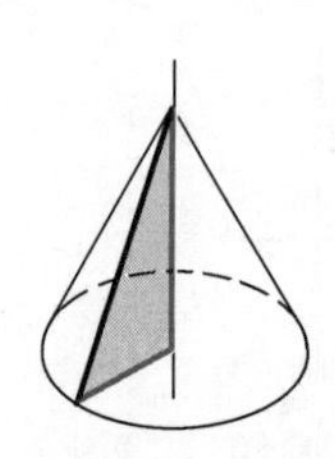
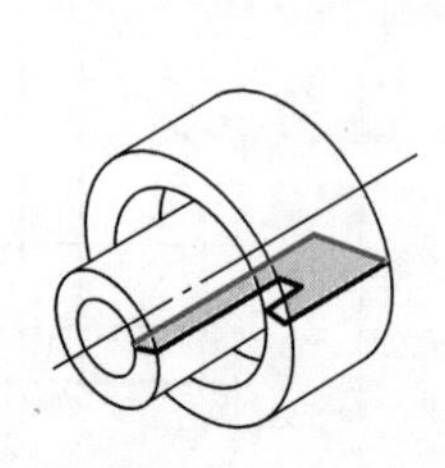
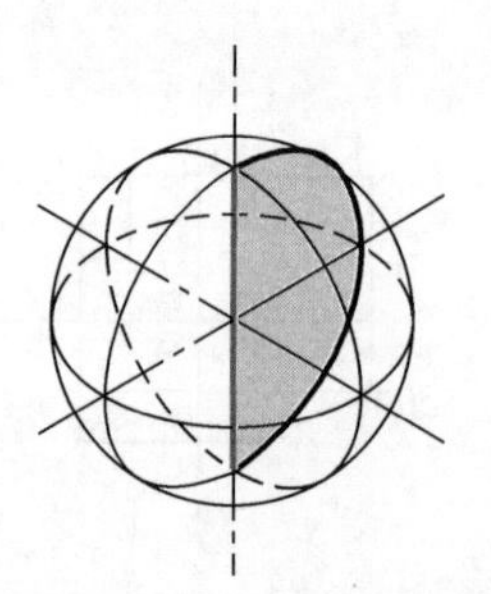

图 3-48 回转体

笔记

（二）按设计方法分类

随着计算机技术在设计领域的应用，点动成线，线动成面，面动成体。按照构形方法分类更加符合计算机辅助设计的思想，立体分为拉伸体、回转体、扫掠体、放样体。回转体在前面已经讲解，不再赘述。

拉伸体：由基准平面沿其法线方向运动拉伸形成的立体，红色粗实面为基准面，如图 3-49 所示。

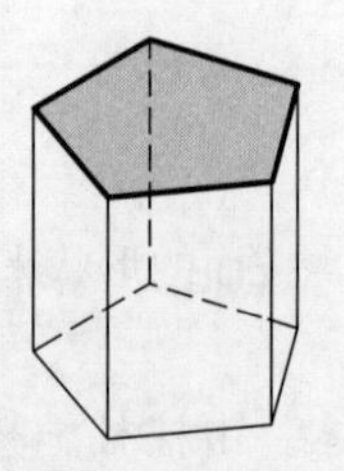
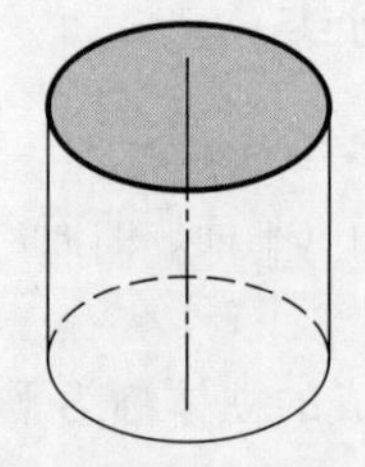

图 3-49 拉伸体

扫掠体：平面沿路径曲线运动形成的立体，如图 3-50 所示。

放样体：多个平面之间沿路径曲线和导向曲线运动形成的立体，如图 3-51 所示。拉伸体、回转体、扫掠体均可由放样生成。

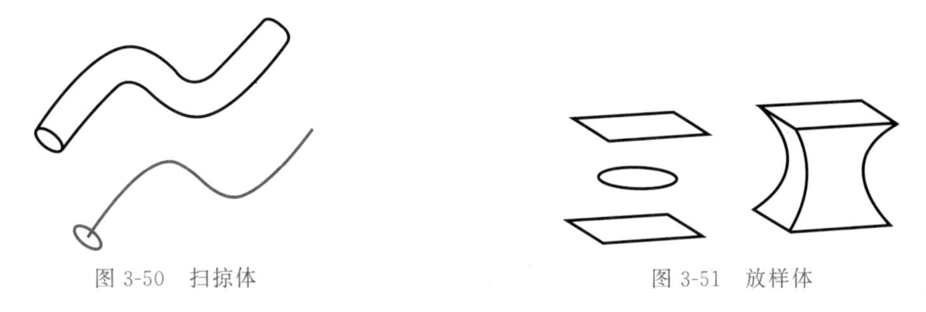

图 3-50 扫掠体

图 3-51 放样体

二、平面立体的投影

立体的投影是立体的所有面的投影。平面立体的各个表面均为平面多边形，面与面的交线称为棱线，绘制平面立体的投影可归结为绘制所有棱线的投影，然后判断其可见性。

（一）正棱柱的三视图

1. 分析

如图 3-52（a）所示为一个正六棱柱。它由六个长方形侧面、正六边形的顶面和底面组成。

棱柱及带切口棱柱的投影特性

放置：将顶面、底面平行于水平投影面，前、后侧面平行于正立投影面。

顶面、底面为水平面，即拉伸体的基准面与终止面为水平面，水平投影反映实形且两面重影，正面、侧面投影都积聚成直线段且同时垂直于 Z 轴。

六个侧面中，前后两个侧面为正平面，它们的正面投影反映实形，水平和侧面投影积聚成一直线。棱柱的其它四个侧面均为铅垂面，其水平投影积聚成直线，正面和侧面投影均为类似形。六个侧棱为铅垂线。根据以前所学直线、平面的投影规律，不难绘出正棱柱的三视图。

笔记

2. 正棱柱的三视图

如图 3-52（b）所示，正六棱柱三视图的作图步骤如下：

（1）作三视图的中心线。

（2）作顶面、底面最能反映形状、特征的图形。即水平投影正六边形。作出拉伸体基准面与终止面显实性的投影。

（3）作顶面、底面的其它两面投影。在 V 面、W 面积聚为两条直线，同时垂直于 Z 轴。

（4）作侧面的投影。六个侧面均为矩形，四个顶点中两个在顶面上，两个在底面上，连接四个顶点的投影即完成棱面投影，即完成拉伸体运动方向的侧棱线的投影，完成六棱柱的 V 面、W 面投影。

由图 3-52（b）可以看出正棱柱体的投影特征。当棱柱的底面平行于某一个投影面时，则棱柱在该面上的投影为全等的多边形，而另外两个投影则由数个矩形线框所组成。

3. 正棱柱表面上的点

由于棱柱各个表面均为平面，因此，求取棱柱表面上的点的投影可归结为在其所属平面

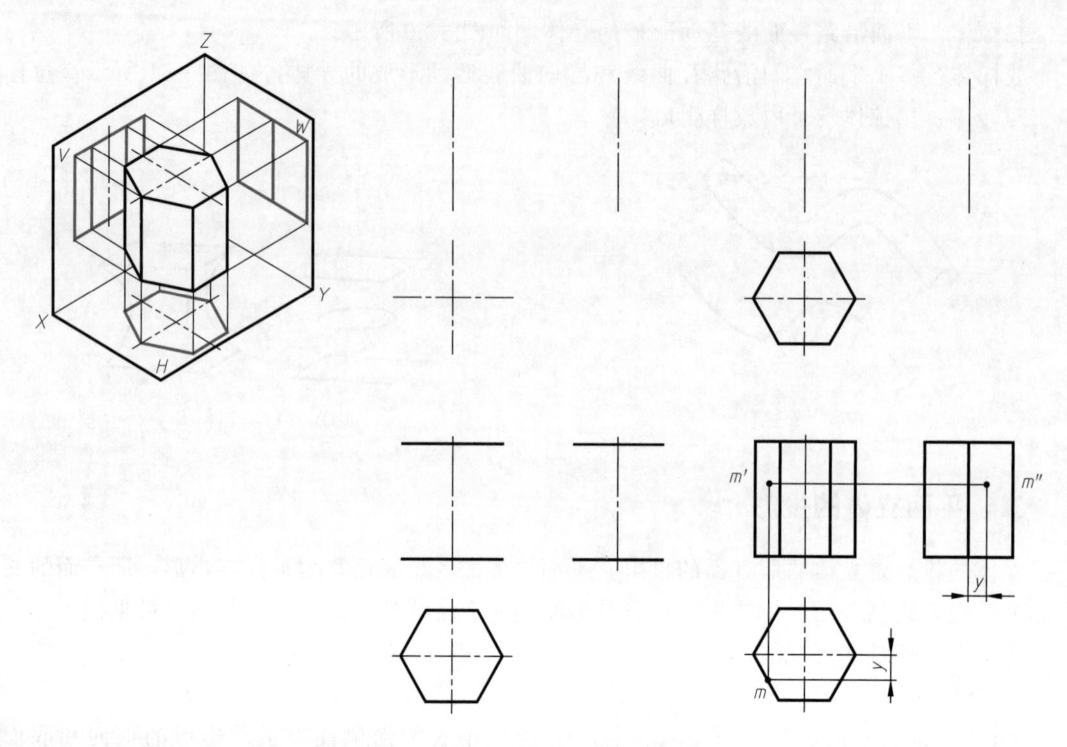

图 3-52　正六棱柱的三面投影

棱锥及节切口棱锥的投影特性

上找点。只要正确分析点所在的平面，根据点与平面的从属关系和点的投影规律可以方便地求出点的三面投影。

点的可见性：点所在的平面可见，则平面上的点可见，否则不可见。点所在平面有积聚性，其上点的投影不判断可见性。

如图 3-52（b）所示，已知棱柱表面上一点 M 的正面投影 m'，求 m 和 m''

根据点的投影规律，由于 m' 可见且处在长方形中间位置，应该是前侧面上的点，前侧面为铅垂面，由 m' 向下引垂线交俯视图积聚投影得点 m，m 点不判断可见性。根据三等规律，可方便地求出 m''，m'' 点可见。

若是位于上下底面上的点，在主视图和左视图都有积聚性，按点的投影规律较易求解。读者可自行分析。

（二）棱锥的三视图

1. 分析

如图 3-53（a）所示为四棱锥的轴测图。

放置：将四棱锥底面平行于水平投影面，四条边分别为正垂线和侧垂线，四个侧面中，两个为正垂面，两个为侧垂面，四条侧棱为一般位置直线。

2. 棱锥的三视图

如图 3-53（b）所示，四棱锥的三视图的作图步骤如下：

（1）作三视图的中心线；

（2）作底面最能反映形状、特征的图形，即水平投影长方形，长方形的四条边处于特殊位置；

（3）作底面的另两面投影；

（4）作顶点 S 的三面投影；

（5）作侧面的投影：棱锥的侧面为等腰三角形，一个顶点为 S，两个顶点在底面上，连接三个顶点的投影即完成侧面的投影，从而完成四棱锥的投影。

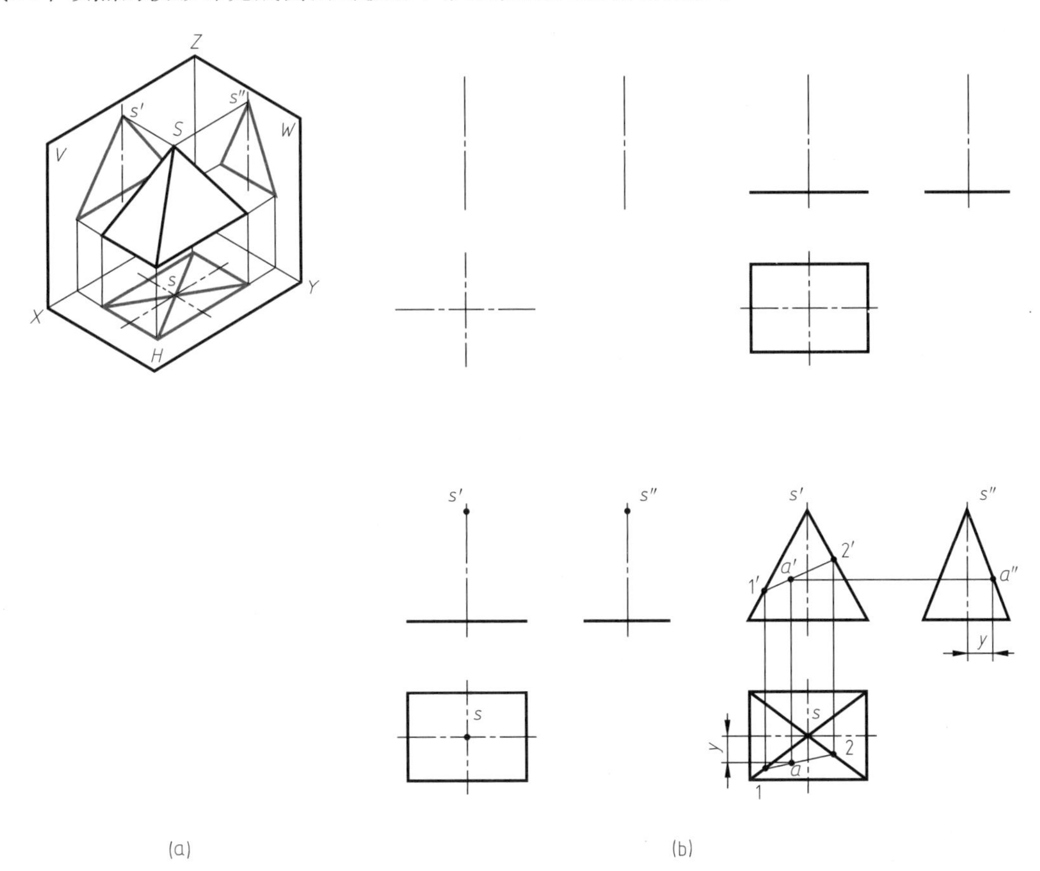

图 3-53 四棱锥的三面投影

笔记

3. 棱锥表面上的点

求棱锥表面上的点，与求取棱柱表面上的点一样，都可利用积聚性求点的投影。当点所在的面没有积聚性时，可借助于点在直线上，直线在平面上，求出点的投影，这种作图方法称为辅助直线法。

如图 3-53（b）所示，已知点 A 的正面投影 a'，求其余二面投影。

首先，根据可见性判断 A 点在前侧面上。过点 a' 作一条辅助线 $1'2'$，利用 1、2 两点在侧棱上，求出 1、2 两点的其它两面投影，根据点在直线上求出 a、a'' 点，A 点所在前侧面在俯视图上可见，a 点可见，A 点所在的侧面投影具有积聚性，a'' 点不判断可见性。

三、平面立体截交线的投影

如图 3-54 所示，切割立体的平面称为截平面，立体被平面截断后的部分称为截断体，截平面与立体表面的交线叫做截交线。截交线围成的平面称为截断面。

（一）截交线性质

（1）共有性：截交线既属于截平面又属于立体表面，是它们的共有线段。

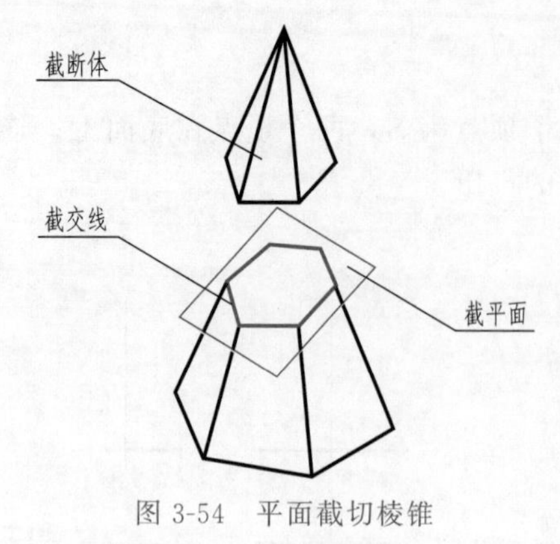

图 3-54　平面截切棱锥

(2) 封闭性：立体是由各个表面包围而成，故截交线是一个封闭的平面图形。

（二）平面立体的截交线

平面立体的截交线为平面多边形，其边数为截平面与平面立体表面相交的交线数量，求取截交线的过程，正是运用截交线的性质表面取点、线的原理进行的。也可以从设计的角度考虑，通过立体的合并，相差，交集构成。

各种位置正棱柱的截交线见表 3-11。

各种位置正棱锥截交线见表 3-12。

表 3-11　棱柱的截交线

截平面位置	垂直于顶面、底面	平行于顶面、底面	倾斜于顶面、底面	
截交线	长方形	正多边形	多边形(切到几个面为几边形)	
立体图				
三视图				

笔记

表 3-12　棱锥的截交线

截平面位置	平行于底面	过顶点	倾斜于底面	
截交线	正多边形(比实形小)	三角形	多边形(切到几个面为几边形)	
立体图				

续表

截平面位置	平行于底面	过顶点	倾斜于底面	
截交线	正多边形（比实形小）	三角形	多边形（切到几个面为几边形）	
平面图				

平面体模型的测绘

任务实施

大江截流四面石的绘测

绘制形体的三视图时，应遵循三视图的投影规律，直接采用无轴画法进行作图。实际作图时，还应注意以下几点：

（1）将形体在三面投影体系中摆正的前提下，应使主视图的投射方向能较多地反映形体各部分的形状和相对位置。

（2）作图时应先画作图基准线后作图，先打底稿后加深。如果不同的图线重合在一起，应按粗实线、虚线、细实线、细点画线的次序，以前遮后的方式绘制。

（3）作图时应根据“三等”规律，将三个视图配合起来作图，以免遗漏线条。

（4）俯、左视图的宽度尺寸，可分别在两个视图中以图形的前、后边界线或前、后对称线为基准使俯、左视图中的宽度尺寸对应相等，如图 3-32 所示。带切口棱台的模型可参考表 3-11，测绘中我们采用边测边画的形式，便于理解。

带切口棱柱的模型具体测绘步骤见表 3-13。

带切口棱锥的模型具体测绘步骤见表 3-14。

注：测绘中绘制草图的步骤省略。

笔记

表 3-13　带切口正五棱柱的测绘步骤

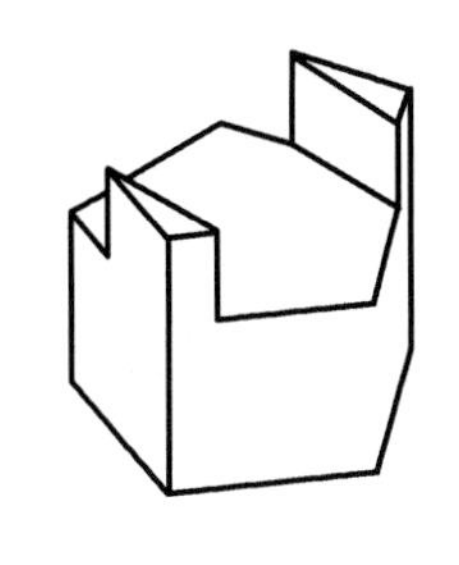	
放置：将带切口的五棱柱顶面与底面平行于水平投影面，后侧面平行于正立投影面。切口三个面垂直于正立投影面	立体可以认为是正五棱柱用三个平面截切而成

续表

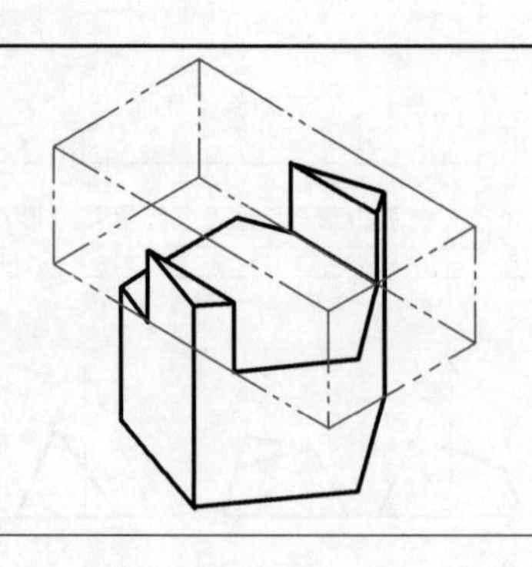	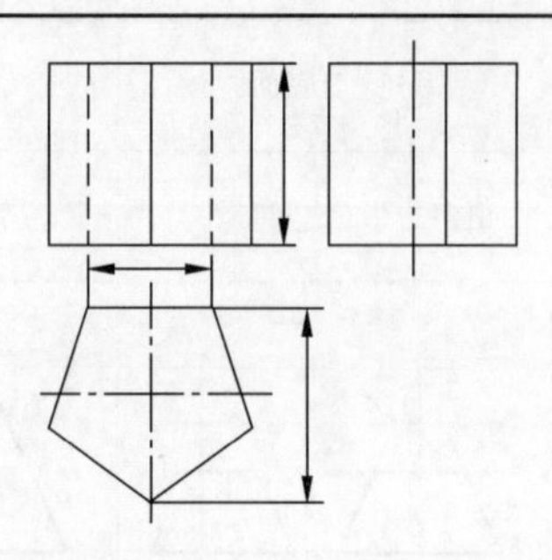
立体也可以认为是正五棱柱与长方体相差而成	用直尺测量正五棱柱边长、顶点至对边的长度和高，按正棱柱的作图步骤作出正五棱柱的三视图
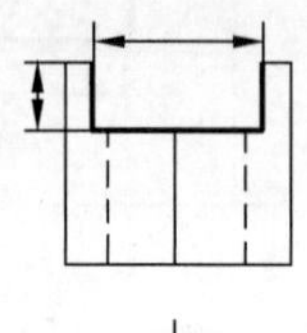 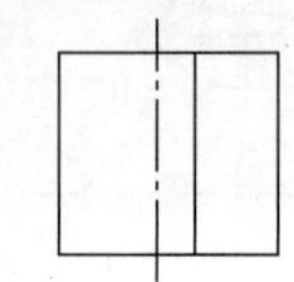 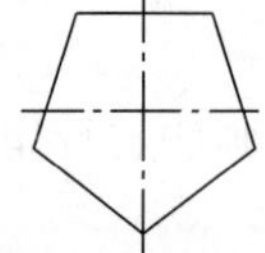	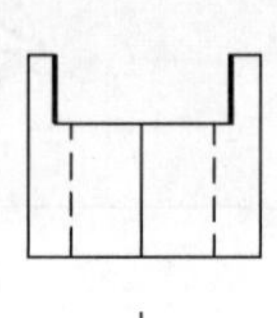 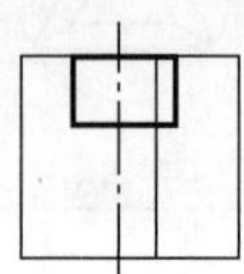 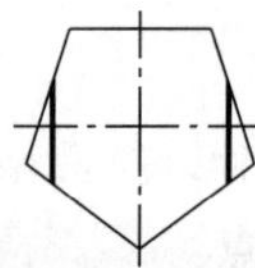
测量切口宽度与高度，作出切口的正面投影：三个面切棱柱，两个面为侧平面，一个面为水平面	作切口侧平面的投影：侧平面的正面、水平投影积聚为直线，侧面投影显示实形长方形（截平面与正五棱柱顶面、底面垂直，截交线为长方形）
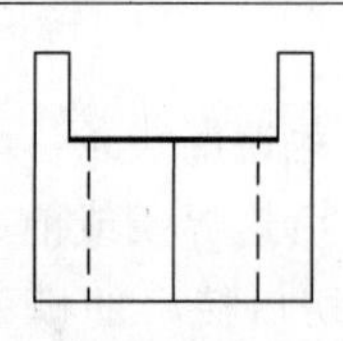 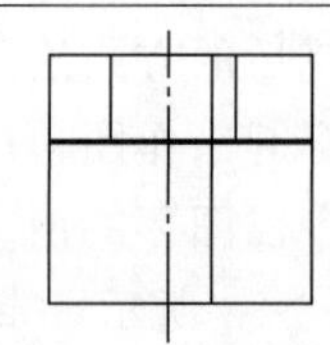 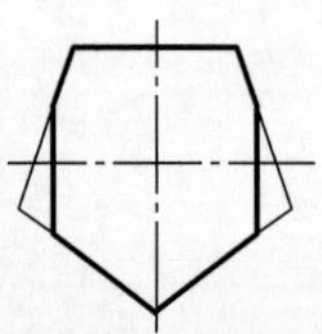	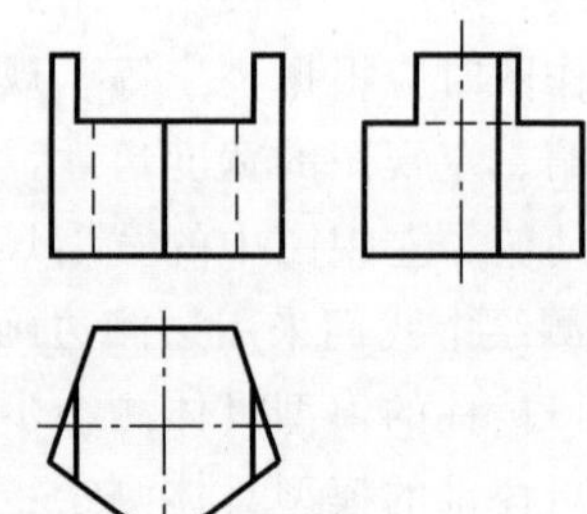
作切口水平面的投影：水平面，侧面投影积聚为一条直线，水平投影显示实形为正五边形的一部分（截平面与正五棱柱顶面、底面平行，截交线为正五边形）	判断可见性，擦去多余的线条，检查加深

表 3-14 带切口正三棱锥的测绘步骤

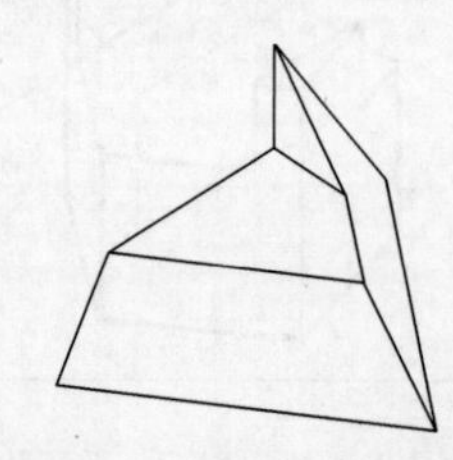	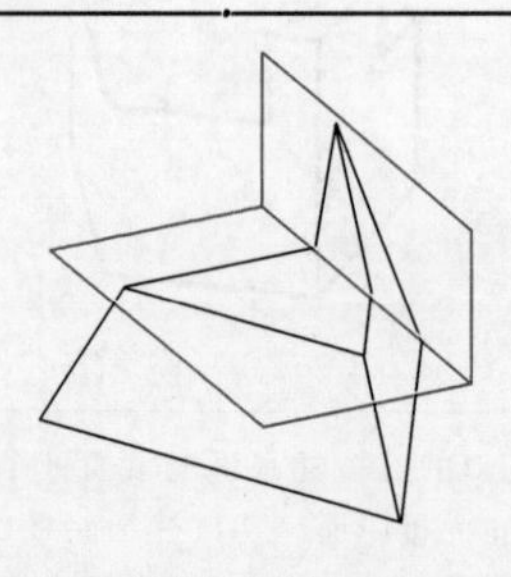

续表

放置：将带切口的正三棱锥底面平行于水平投影面，底面的一条边平行于正立投影面，两截断面垂直于正立投影面	立体可以认为是正三棱锥用两个平面截切而成
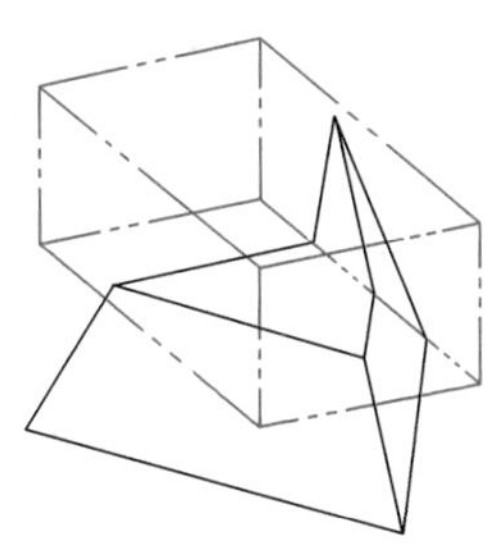	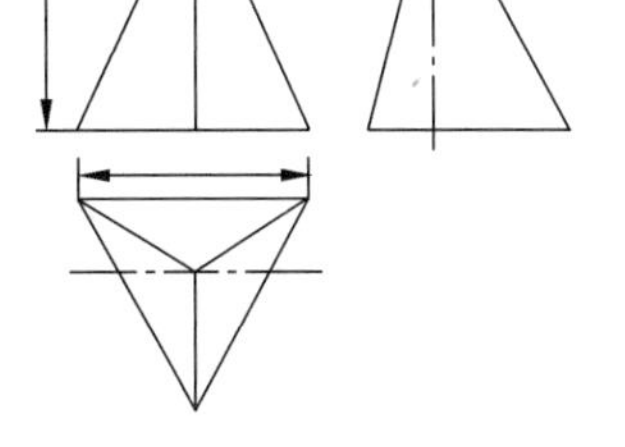
立体也可以认为是正三棱锥与长方体相差而成	用直尺测量正三棱锥的长度和高，按正三棱锥的作图步骤作出正三棱锥的三视图
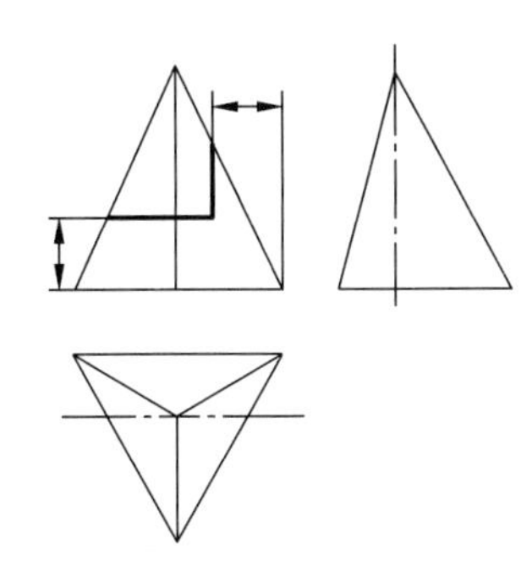	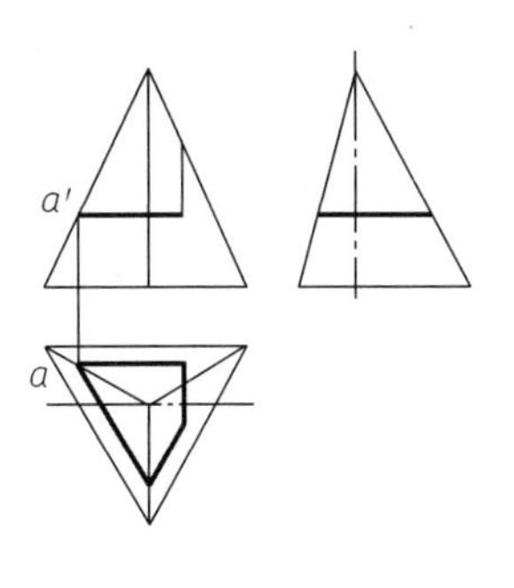
切口由水平面和侧平面组成，测量出切口的高与宽，作出主视图的积聚投影	作切口水平面的投影：正立投影与侧面投影积聚为直线，水平投影显示实形。根据长对正画出最左素线上的俯视图投影 a，完成比底面小的平行等边三角形
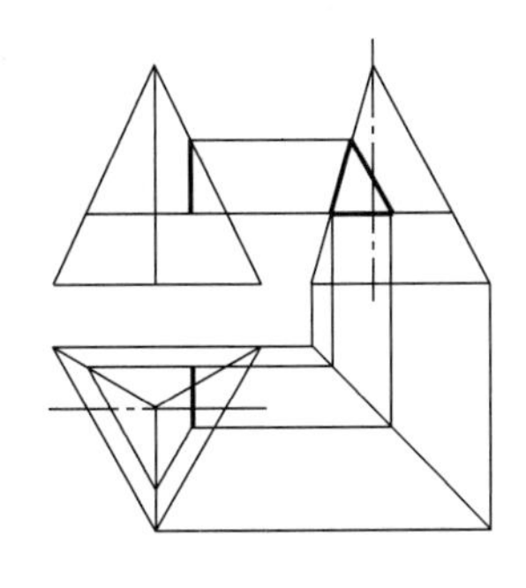	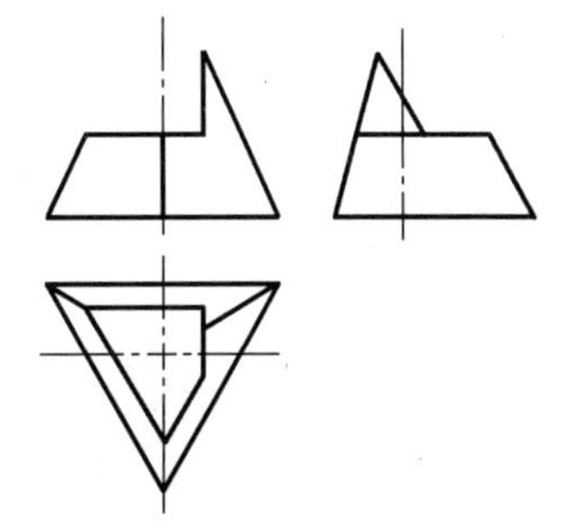
作侧平面截断面的投影：水平、正立投影面积聚为直线，侧面投影显示实形，截平面切到三个面，截交线为三角形，按点的投影作出侧面投影	判断可见性，擦去多余的线条，检查加深

笔记

课后任务

1. 观察图 3-55 光学瞄准镜调整架中“托板”的结构，用三视图的方式表达平面体结构，尺寸自定。

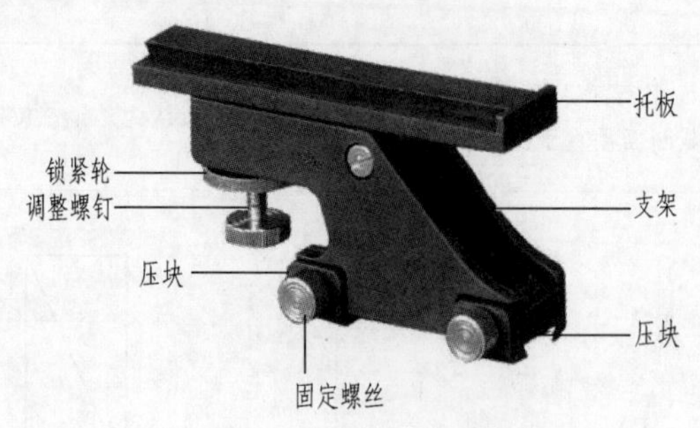

图 3-55 光学瞄准镜调整架

2. 完成习题集中的相关作业。

任务三 曲面体模型测绘

知识目标：

1. 掌握特殊曲面体回转体的投影特性；
2. 掌握回转体截交线的分析方法及绘图步骤。

能力目标：

1. 能够绘制回转体、简单曲面体的三视图；
2. 能正确分析、测量回转体及带切口回转体，利用点、面的投影正确作出三视图。

笔记

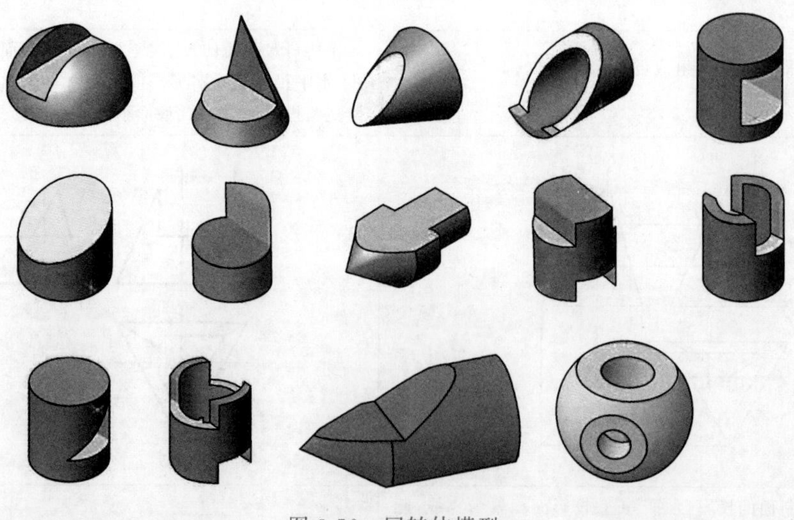

图 3-56 回转体模型

任务要求：

1. 了解一般零件的测绘方法；
2. 分析图 3-56 中物体的结构，绘制草图；
3. 绘制物体的三视图。

相关知识内容

一、圆柱的三视图

1. 分析

圆柱为长方形基准平面绕一直角边旋转一周而形成的回转体，也是由基准面为圆的拉伸体，圆柱表面由一个圆柱面和两个平面（圆形）组成。

如图 3-57 所示，放置上顶面、下底面平行于 H 面，上顶面、下底面为水平面，水平投影为圆，V 面、W 面的投影积聚为直线。

圆柱面可看成是基平面长方形最外围直线 AA_1 绕与之平行的轴线旋转而成。圆柱的轴线为一铅垂线，圆柱面为铅垂曲面，水平投影积聚为圆，与顶、底面投影重合，圆柱面的 V 面投影为前、后两半圆柱面重合的长方形，上、下两条线为圆柱面上、下圆的积聚投影，左右两条竖线为圆柱面的前、后圆柱面的转向轮廓线即最左、最右素线的投影。圆柱面的 W 面投影为左、右两半圆柱面重合的长方形，左右两条竖线为圆柱面的左、右的转向轮廓线即最前、最后的素线。圆柱的最左、最右、最前、最后素线称为圆柱的特殊素线。

圆柱的投影

2. 圆柱的三视图

图 3-57（b）为一圆柱体的三视图。作图步骤如下：

（1）作三投影图中的中心线。

（2）作顶面、底面最能反映形状、特征的图形即拉伸体基准面与终止面显实性的投影：顶面、底面为水平面，水平投影圆。

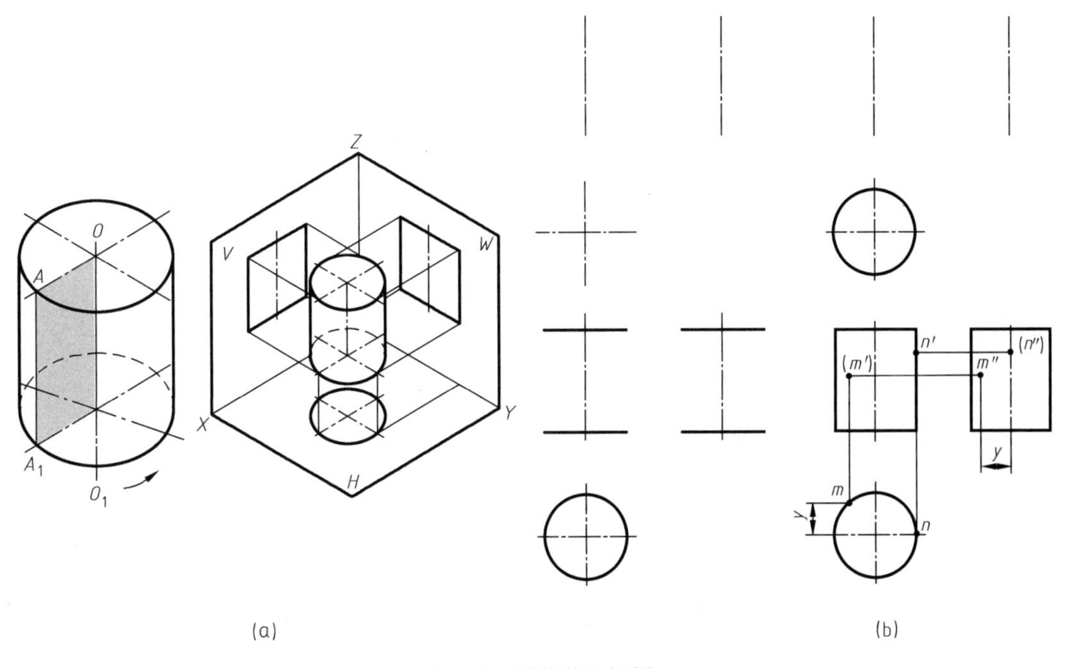

(a)　　(b)

图 3-57　圆柱的三视图

（3）作顶面、底面另两面投影：顶面、底面为水平面在 V 面、W 面的投影积聚两条水平线。

笔记

（4）作圆柱面的投影：圆柱面为铅垂面，水平投影积聚为圆，正面投影和侧面投影为长方形，简化为绘制回转体转向线的投影，完成圆柱的三面投影。

圆柱的投影是一个圆、两个长方形。

3. 圆柱表面上的点

圆柱表面上的点，在俯视图上有积聚性，一般可先求出其水平投影，然后再根据点的投影规律找到其余投影。

如图 3-57 所示，已知 M 点的正面投影和 N 点的侧面投影，求 M、N 点的其余两面投影。

根据 M 点主视图不可见，M 点处在后半个圆柱面上，圆柱面的水平投影有积聚性，由点的投影规律在圆周上求得 m。由投影规律得 m''；判断其可见性。由于 M 位于圆柱左半部分，因此，在左视图中可见。N 点为一个特殊点，根据其可见性，判断它在最右面的素线上，直接在俯视图中得到 n，在主视图中得到 n'。位于圆柱两端平面上的点，在主视图、左视图均有积聚性，便于求作，读者可自行分析。

圆锥的投影

二、圆锥的三视图

1. 分析

如图 3-58 所示放置。圆锥是由直角三角形基准平面绕一条直角边旋转一周形成的立体，圆锥表面由圆锥面和底面（圆形平面）组成。圆锥面可看成基平面直角三角形的 SA 直线（母线）绕与之相交的轴线旋转而成。顶点与底圆周任意一点相连，即为一条素线。素线与底面均倾斜一定的角度，因而圆锥面在三个投影面上都不会积聚。底圆平面为一个水平面，在主视图和左视图上积聚成线，在俯视图上反映实形。圆锥面的正面投影、侧面投影为等腰三角形，正面投影两腰线为最左、最右素线的投影，侧面投影两腰线为最前、最后素线的投影。

笔记

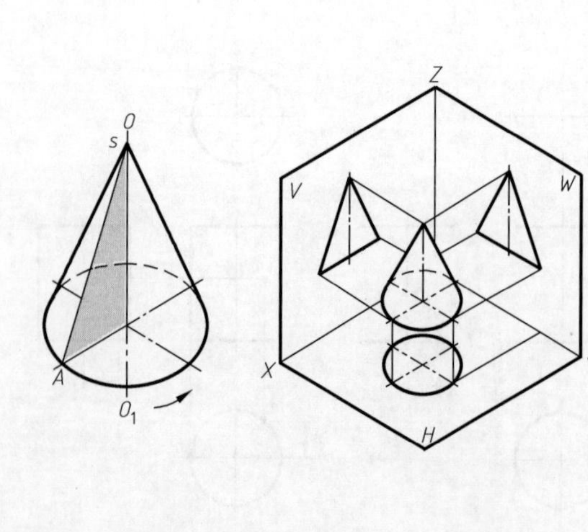

(a)

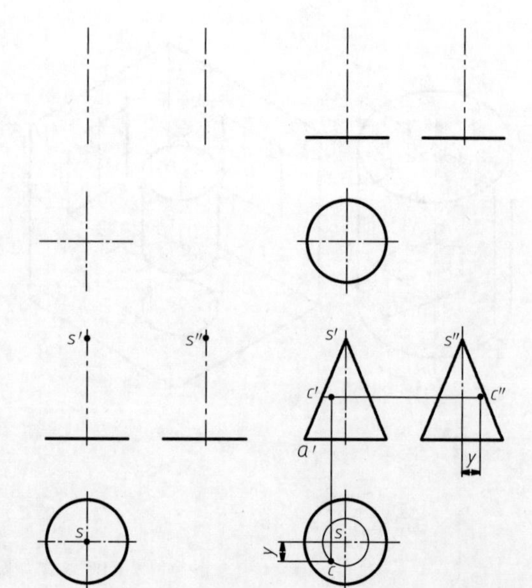

(b)

图 3-58 圆锥的三视图

2. 圆锥的三视图

图 3-58（b）为一个圆锥的三视图。作图步骤如下：

（1）作三投影图中的中心线。

（2）作底面最能反映形状、特征的图形：水平投影圆。

（3）作底面的另两面投影：底面为水平面，在 V 面、W 面上积聚成两水平线。

（4）作圆锥面的投影：正面投影、侧面投影为等腰三角形，正面投影两腰线为最左、最右的素线的投影，侧面投影两腰线为最前、最后素线的投影，完成圆锥面的三面投影。

3. 圆锥表面的点

圆锥表面上取点，没有积聚性可利用，可按点、线、面的从属关系求解，一般有辅助直线法和辅助平面法。如图 3-58（b）所示为已知 C 点的正面投影 c'，求解其余投影的过程，在此只讲解辅助平面法求点，辅助直线法求解的过程不再详述。过 c' 作一个平行于底面的辅助平面，与圆锥的截交线为圆，其水平投影反映实形。由点、线的从属关系，正面投影可见，得到 C 的水平投影 c。最后，由点的投影规律求得侧面投影 c''，n''点可见。

三、圆球的三视图

球及带切口球的投影

1. 分析

圆球是由半圆基准平面绕直径旋转一周形成的立体，表面为圆球面，由于球体的对称性，它的各面投影均为圆。

2. 圆球的三视图

图 3-59 是一个圆球的三视图。作图步骤如下：

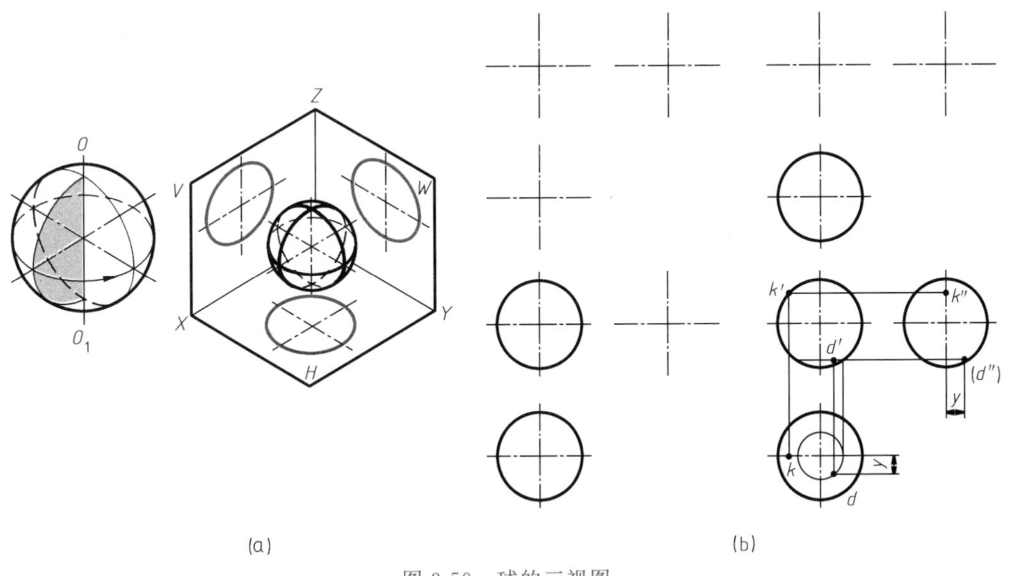

图 3-59　球的三视图

（1）作三投影图中的中心线。

（2）作 H 面投影圆，简化为平行于水平面赤道圆的投影。

（3）作 V 面投影圆，简化为平行于正立投影面赤道圆的投影。

（4）作 W 面投影圆，简化为平行于侧立投影面赤道圆的投影。

圆球是曲面体，三面投影是三个圆，分别为三个不同方向的赤道圆，三面投影都为曲面

笔记

可见与不可见部分的分界线。

3. 圆球表面上的点

如图 3-59（b）所示，已知点 D 的正面投影 d' 和 K 点的侧面投影 k''，求它们的另两面投影。圆球的投影在各投影面都不具有积聚性，且球面上没有直线，因此在球面上求点，必须使用辅助平面法。过 D 点作一辅助水平面，与球的截交线为圆，其水平投影反映实形，根据点的投影规律和 d' 的可见性，就可以求出 d 的位置（在上半球，可见）。然后，根据点的投影规律求出 D 点的侧面投影 d''。最后，判断可见性，由于 d'' 位于右半球，故不可见。K 点位于平行于正立投影面的赤道圆上，可直接按投影规律求解。

带切口圆柱的投影

四、曲面立体截交线的投影

回转体截交线是一个封闭的平面曲线，也具有共有性与封闭性。因此，画截交线时，根据它们的共有性，一般需要先求出截交线上若干个点，然后依次连接成为一条光滑线段。

带切口圆锥的投影

（一）圆柱的截交线

平面截切圆柱，有三种基本情况，见表 3-15。

（二）圆锥的截交线

平面截切圆锥，根据截平面位置不同，截交线有五种情况。见表 3-16。

表 3-15　圆柱的截交线形式

截平面的位置	垂直于轴线	平行于轴线	倾斜于轴线
截交线	圆	矩形	椭圆
截断体			
投影图			

笔记

表 3-16　圆锥的截交线的形式

截平面的位置	垂直于轴线	过锥顶	平行于轴线	平行于素线	倾斜于轴线
截交线	圆	三角形	双曲线	抛物线	椭圆
截断体					

续表

截平面的位置	垂直于轴线	过锥顶	平行于轴线	平行于素线	倾斜于轴线
截交线	圆	三角形	双曲线	抛物线	椭圆
投影图					

（三）圆球的截交线

平面截切圆球，所得截交线均为圆，如图 3-60 所示。圆的大小取决于截平面到球心的位置。截切后截平面与投影平面的相互位置，决定了投影图的形状。

带切口基本体尺寸的标注

曲面体模型的测绘

笔记

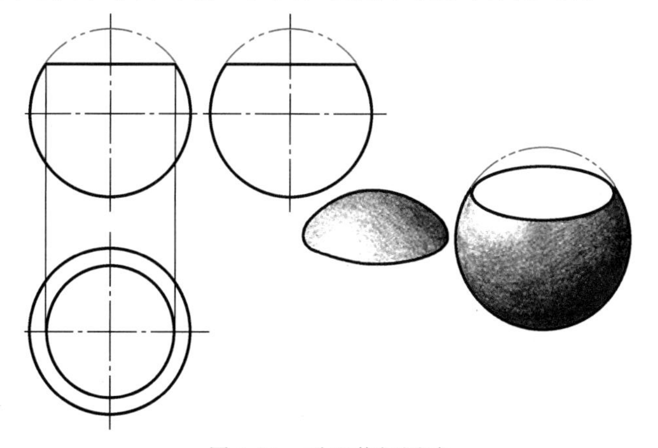

图 3-60　平面截切圆球

任务实施

绘制物体的任务实施如下：

带切口圆柱的测绘，具体步骤见表 3-17。

表 3-17　带切口圆柱的测绘步骤

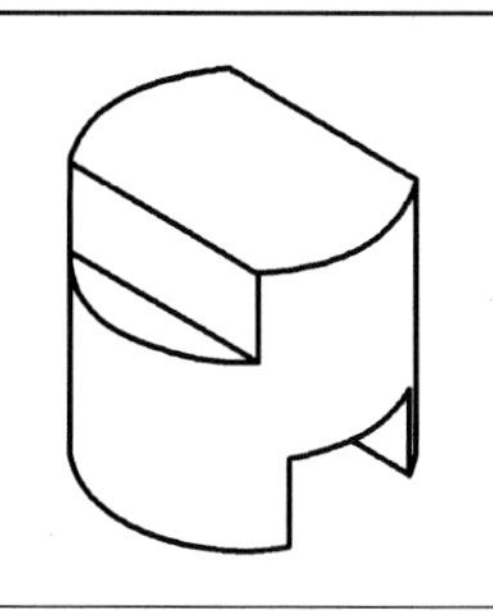	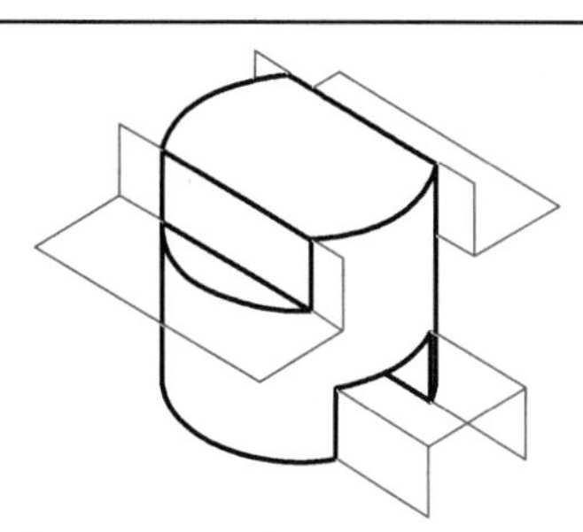
摆放：轴线垂直于水平面放置，切口垂直于正立投影面	立体可以认为是基本几何体圆柱用两个或 3 个平面截切立体形成

续表

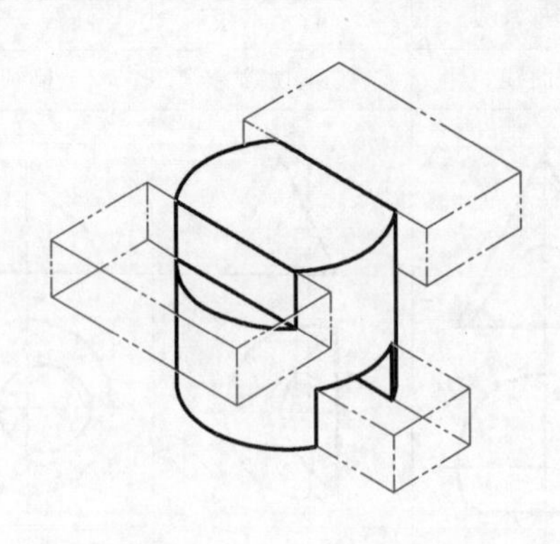	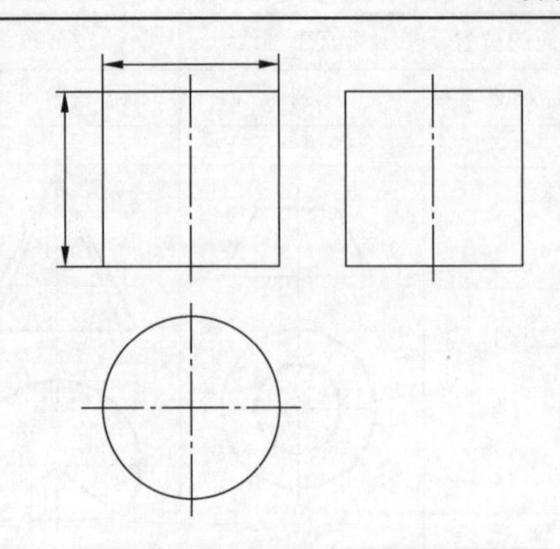
立体也可认为是基本几何体圆柱与平面体差集构形形成	用直尺测量出圆柱的直径与高，按投影规律绘制三视图
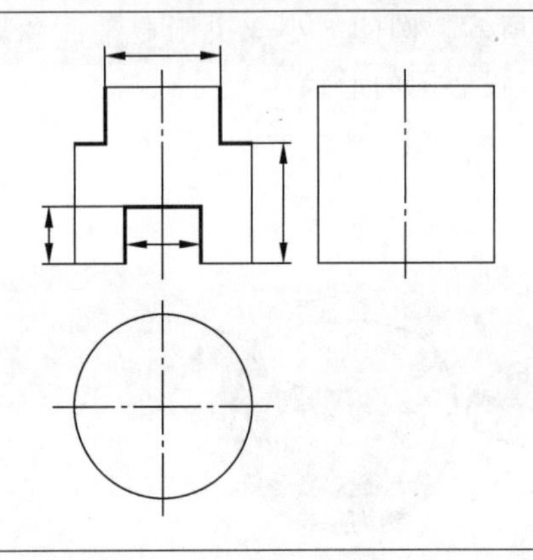	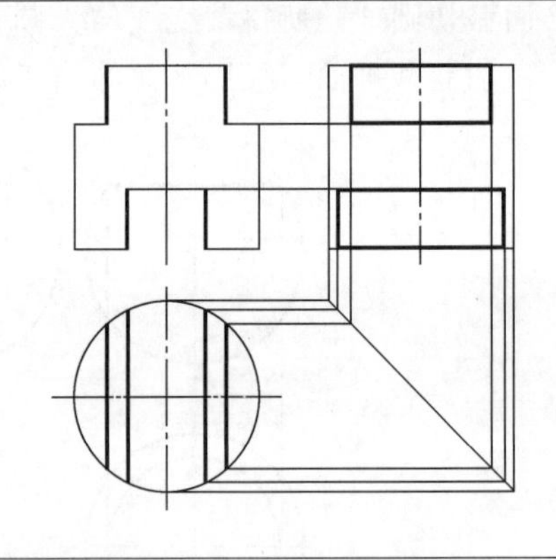
按所标尺寸测量出切口的宽度与深度，作出切口的积聚投影主视图，切口由侧平面与水平面组成	作切口中侧平面的投影：主视图、俯视图积聚为一条直线，左视图显示长方形实形（截平面切圆柱截交线为长方形）
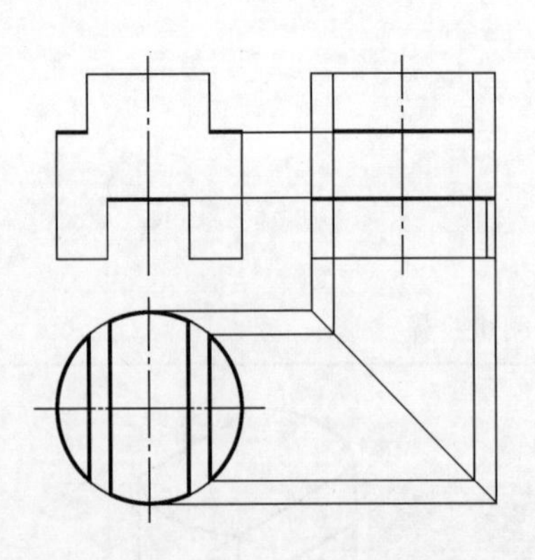	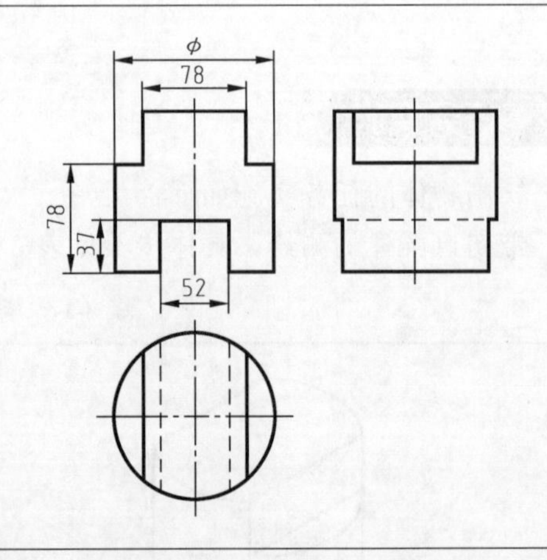
作切口中水平面的投影：主、左视图的投影积聚为直线，俯视图显示实形圆的一部分（截平面切圆柱截交线为圆）	判断可见性，擦去多余的线条，检查加深，并标注尺寸

带切口圆柱与圆锥以顶尖模型为例进行测绘，具体步骤见表 3-18。

测绘中绘草图的步骤省略。

表 3-18　顶尖的测绘步骤

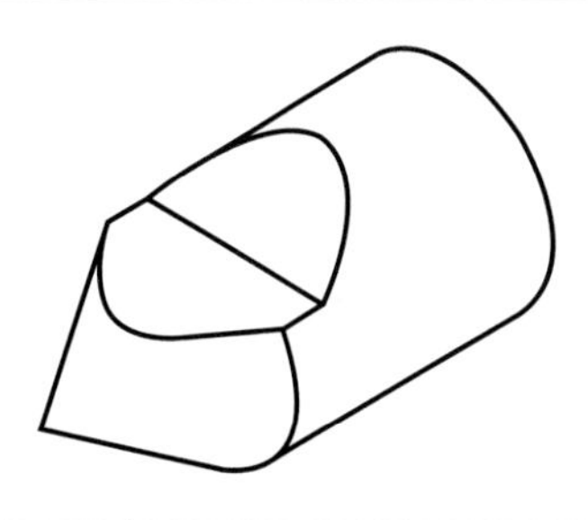	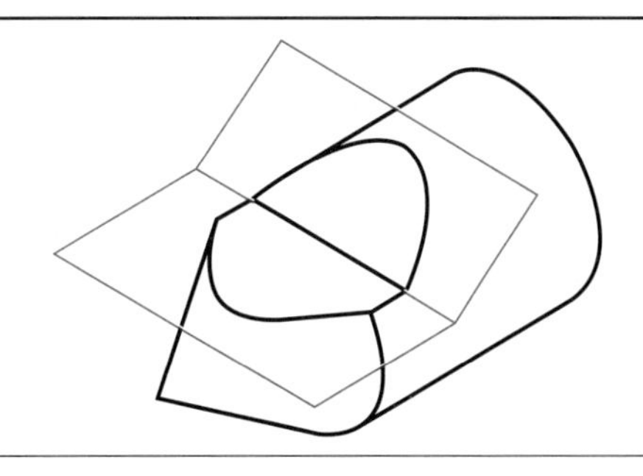
摆放：圆锥与圆柱的公共轴线水平位置，切口垂直于正立投影面	立体可以认为是圆柱、圆锥用两个平面截切立体形成
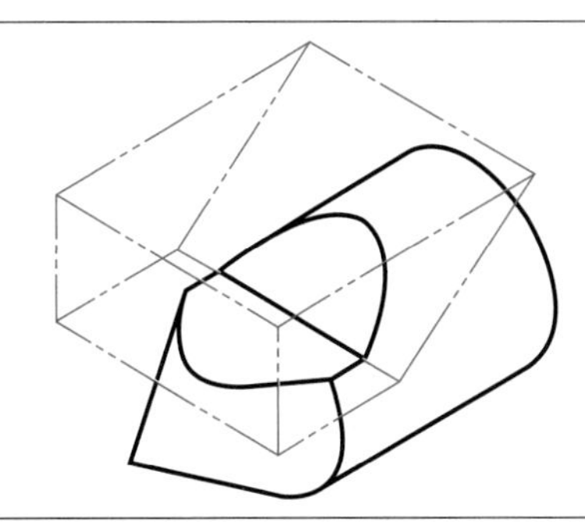	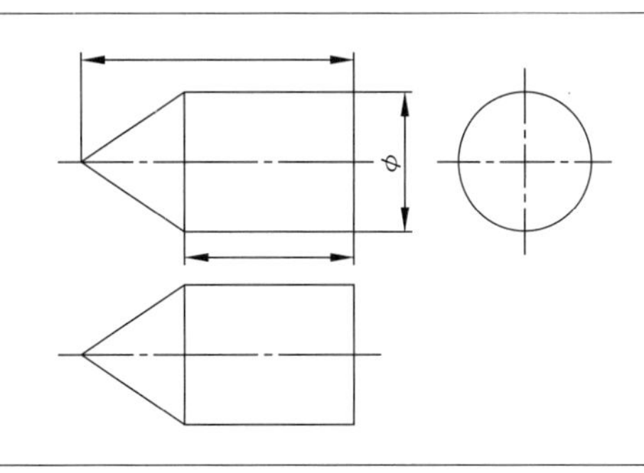
立体也可认为圆柱、圆锥与拉伸体四棱柱差集构形形成	用直尺测量圆柱的直径与高度、总高度，按投影规律绘出三视图
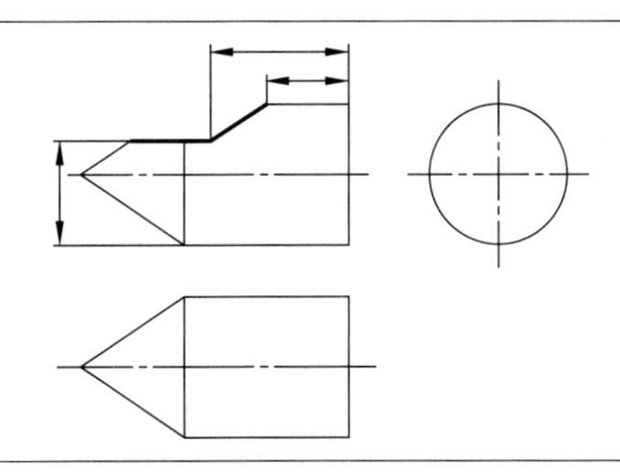	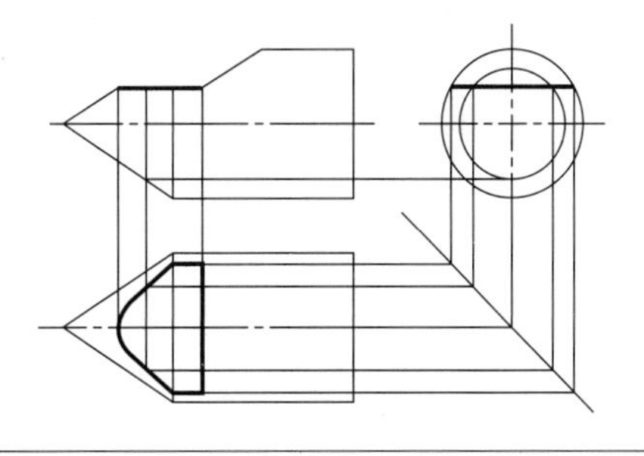
按所标尺寸测量切口，作出切口最能反映特征的投影：切口由水平面与正垂面组成，作出主视图的积聚投影	作切口水平面的投影：主、左视图积聚为直线，俯视图根据特殊点与一般点的作图顺序作出显示实形的双曲线与矩形的投影（截平面与回转轴线平行，圆锥截交线为双曲线，圆柱截交线为长方形）
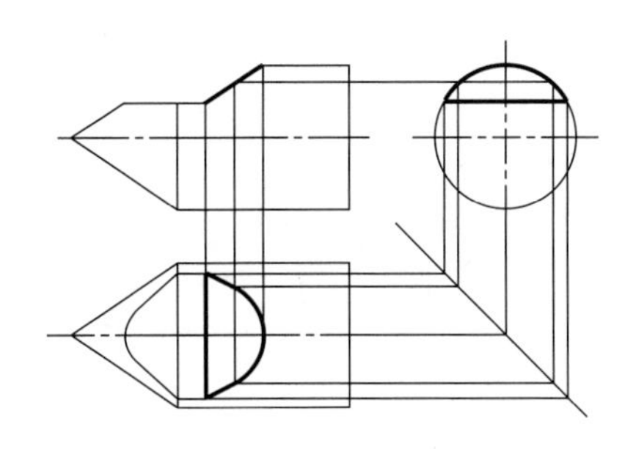	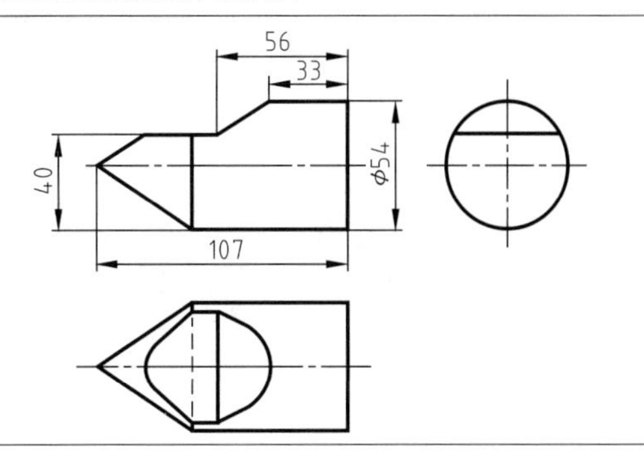
作切口正垂面的投影：主视图积聚为直线，左视图为类似形与圆柱圆的投影重合，俯视图根据特殊点与一般点的步骤作出椭圆的一部分的图形	判断可见性，擦去多余的线条，检查加深，并标注尺寸

笔记

课后任务

1. 观察图 3-55 光学瞄准镜调整架中“托板”的结构，用三视图的方式表达曲面体结构，尺寸自定。

2. 观察周围事物的构成方式，分析学习构成形体。

任务四 复杂模型测绘

知识目标：

1. 掌握组合体的形体分析法和线面分析法；
2. 掌握组合体三视图的绘图方法与步骤；
3. 掌握组合体的尺寸分析与标注方法。

能力目标：

1. 能熟练应用形体分析法和线面分析法，绘制组合体的三视图；

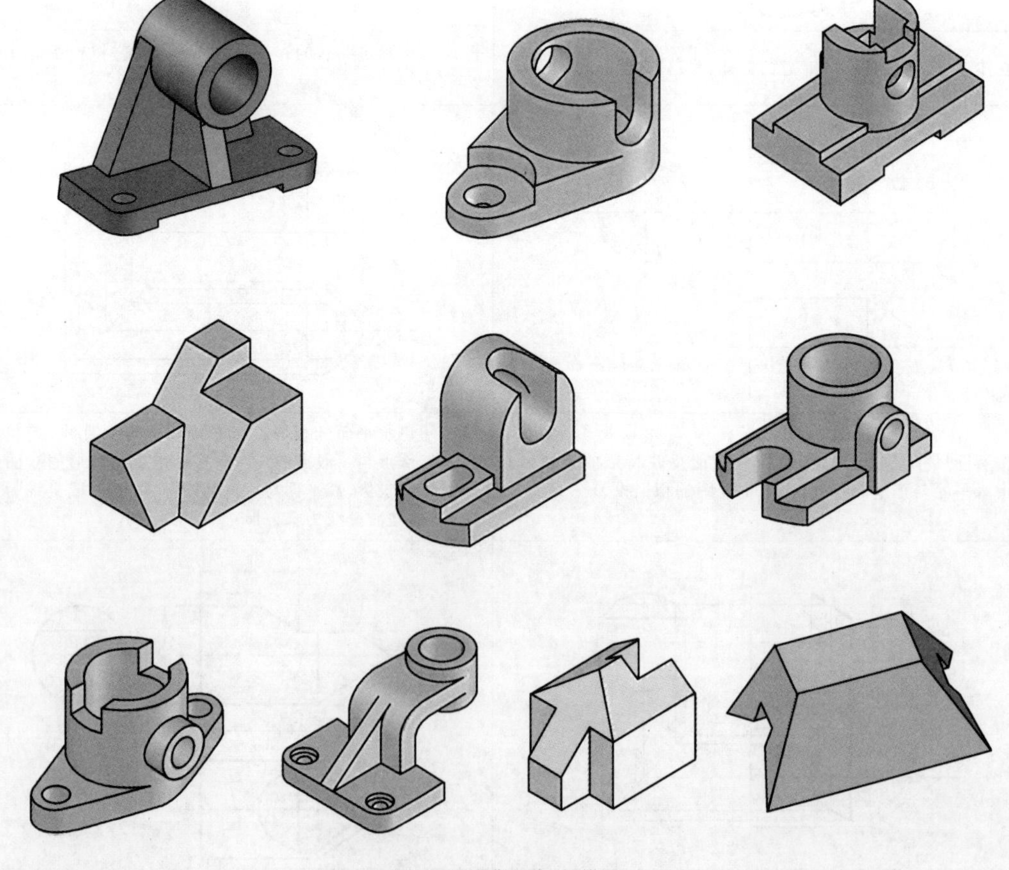

笔记

图 3-61 典型复杂模型

2. 能正确分析、测量组合体尺寸，绘制三视图并标尺寸。

任务要求：

1. 了解零件的测绘方法；
2. 分析图 3-61 中物体的结构，绘制草图。
3. 绘制物体的三视图。

相关知识内容

第一部分　组合体的形体分析

一、形体分析法

如图 3-62 所示的支承座，可看成是由圆筒、支承板、肋板和底版四部分组成的。多数机器零件可以看做是由若干基本体经过叠加、切割或穿孔等方式组合而成，这种由两个或两个以上的基本形体经过组合而得到的物体称为组合体。在对组合体画图、看图及尺寸标注过程中，通常假想把组合体分解成若干个基本几何体，搞清楚各基本几何体的形状、相对位置、组合形式及表面连接关系，这种分析方法称为形体分析法。这样就把一个复杂的问题分成几个简单的问题来解决。

组合体概述

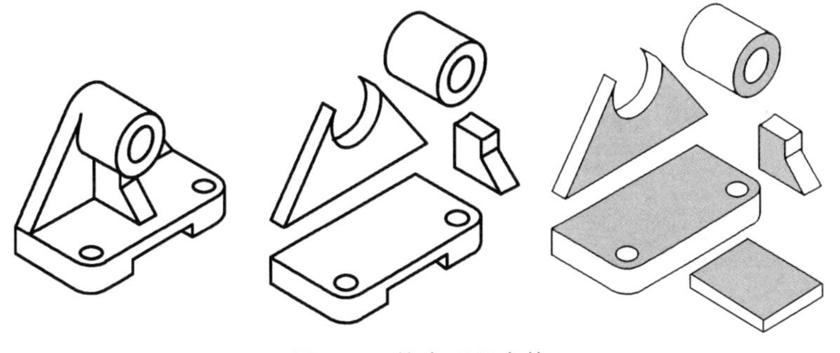

图 3-62　综合型组合体

笔记

二、组合体的组合形式

（一）组合体的组合方式

按组合体中各基本形体的相对位置关系以及形状特征，组合体的组合形式可分为三种形式：

（1）叠加型　组合体是由若干个基本体堆积、叠加而成的，如图 3-63 所示。

（2）切割型　组合体是由基本体经过切割或穿孔后形成的，如图 3-64 所示。

（3）综合型　组合体是既有叠加又有切割的两种方式形成的，如图 3-62 所示。

（二）组合体各几何体间相邻表面的连接形式

1. 叠合

如图 3-65（a）、（b）所示形体，由形体Ⅰ和形体Ⅱ叠加而成，宽度相等时，两形体的前、后两端的相邻面平齐，形成共面，不存在接缝面，两形体之间不画线，宽度不等时，存

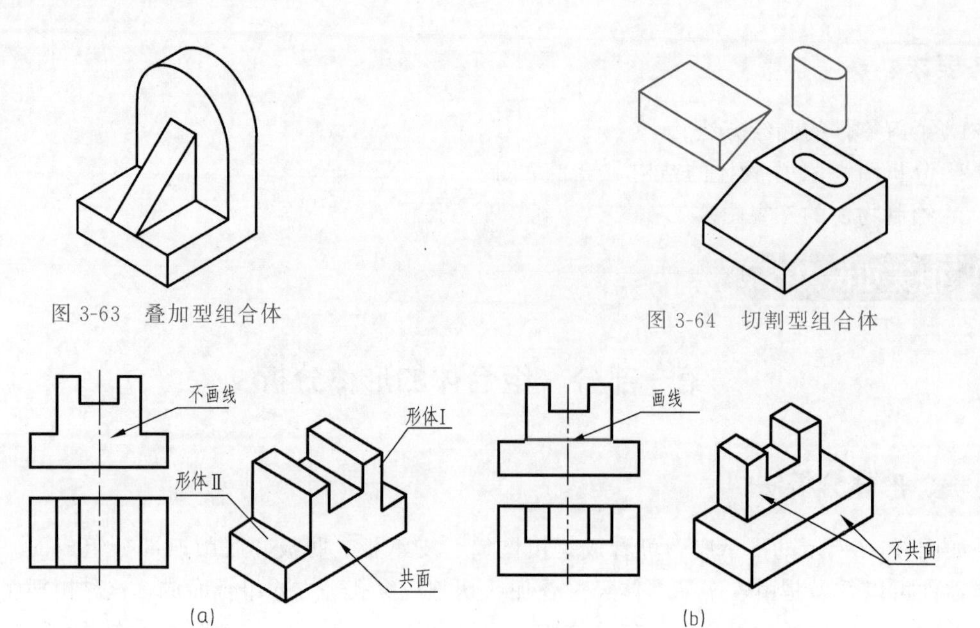

图 3-63 叠加型组合体

图 3-64 切割型组合体

图 3-65 组合体表面连接关系一

叠加型（叠合）组合体的画法

在分界面，两形体之间画线。

叠加型（相切）组合体的画法

2. 相切

两形体表面相切时，其相切处是圆滑过渡，没有分界线，故在视图上相切处不应画线。

如图 3-66 所示为摇臂的图形，由带切槽圆柱与耳板相切而成，耳板的前、后面与圆柱面相切，在相切处光滑过渡，不画线，但耳板顶面的投影应画至切点处，如图 3-66 所示的

笔记

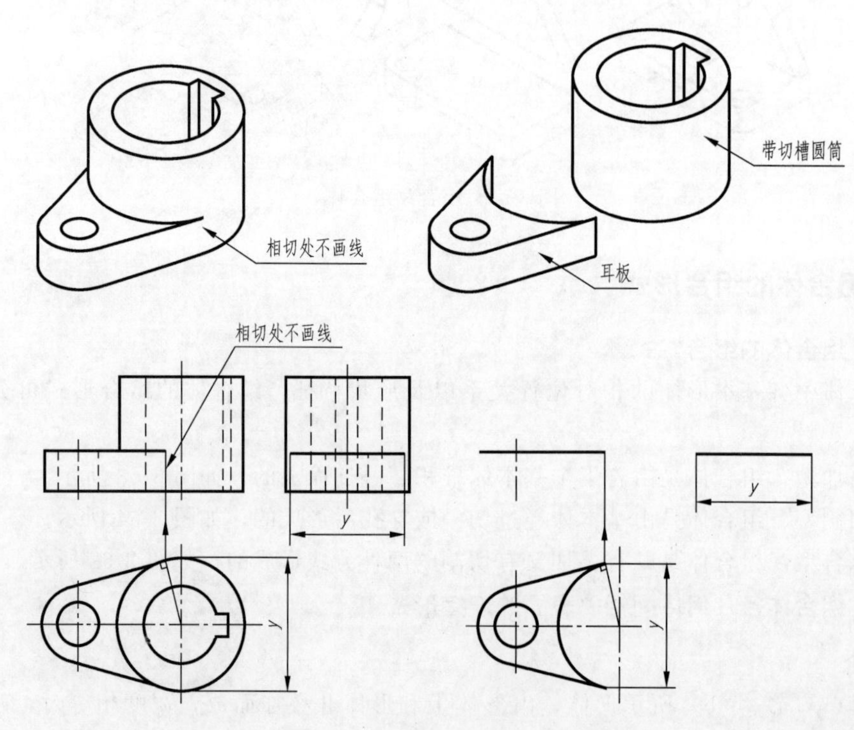

图 3-66 组合体表面连接关系二

投影分析。

有一种特殊情况必须注意，如图 3-67 所示：两个圆柱面相切时，当公共切平面倾斜或平行于投影面时，两圆柱面之间不画分界线；当圆柱面的公共切平面垂直于投影面时，应该画出两个圆柱面的分界线。

切割型组合体的画法

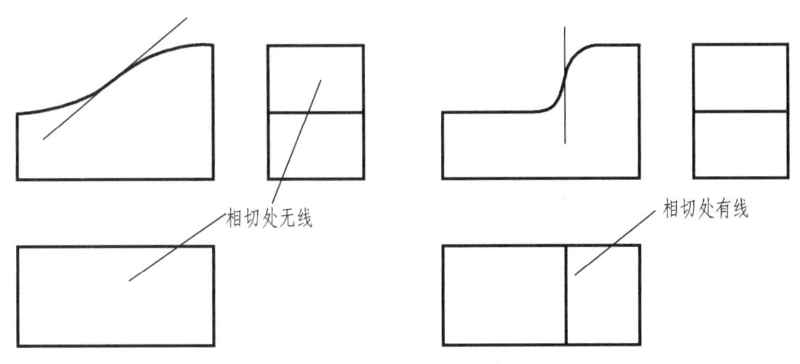

图 3-67　相切的特殊情况

3. 相交

立体相交包括平面立体相交、平面立体和曲面立体相交、曲面立体相交。如图 3-68 所示为平面立体与曲面立体相交即长方体耳板与圆柱相交，两表面相交处有交线，画出交线的投影。两形体表面相交又称为相贯，表面相交处产生的交线称为相贯线。在此重点讨论两回转体相交的相贯线的求法。

叠加型（相交）组合体的画法

图 3-68　平面体和曲面体相交

笔记

立体的形状千差万别，相贯线的形状也不同，但所有相贯线都具有以下特点：

① 共有性：相贯线是两立体表面的共有线，也是两曲面体表面的分界线，相贯线上的点是两立体表面的共有点；

② 封闭性：相贯线一般为封闭的空间曲线，特殊情况下可能是平面曲线或直线。

下面介绍不同直径两圆柱正交。

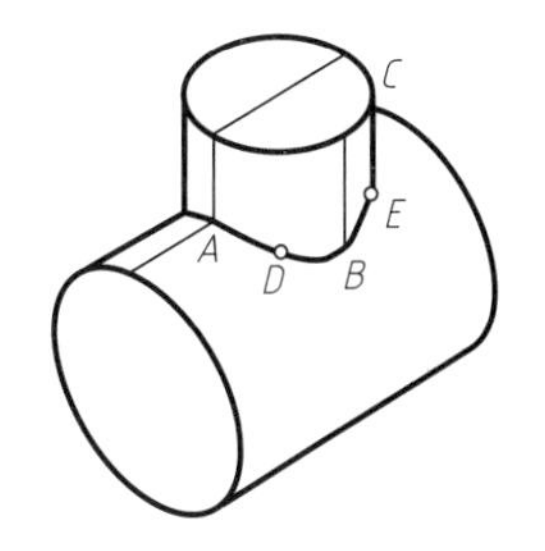

图 3-69　不等径两圆柱正交

① 利用投影的积聚性求相贯线　如图 3-69 所示，直立圆柱的直径小于水平圆柱的直径，它们的相贯线为封闭的空间曲线，且前后、左右对称。由于直立圆柱的水平投影和水平圆柱的侧面投影都有积聚性，所以相贯线的水平投影和侧面投影分别积聚在它们有积聚性的圆周上。因此，只要求作相贯线

的正面投影即可。作图步骤见表 3-19。

表 3-19 正交圆柱相贯线的画法

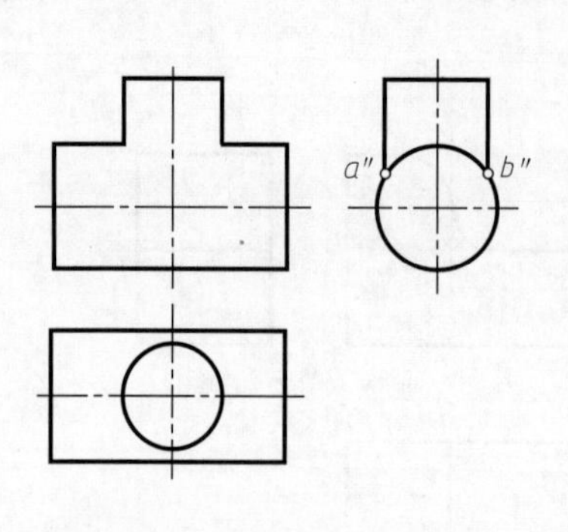	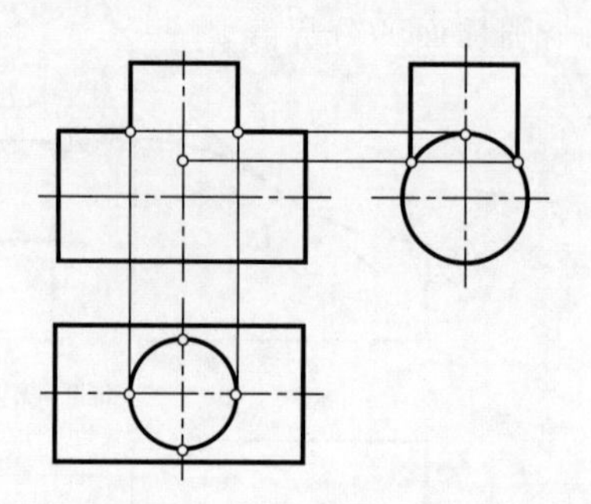
①两圆柱的三视图，相贯线为二圆柱的共同点，俯视图小圆，左视图中弧 AB 为相贯线在俯视图与左视图上的投影	②求作特殊点：根据“三等”规律就可以求出小圆柱的最前点、最后点、最左点和最右点
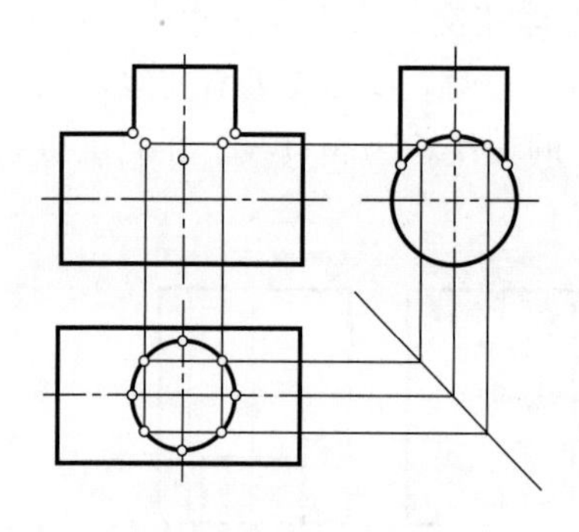	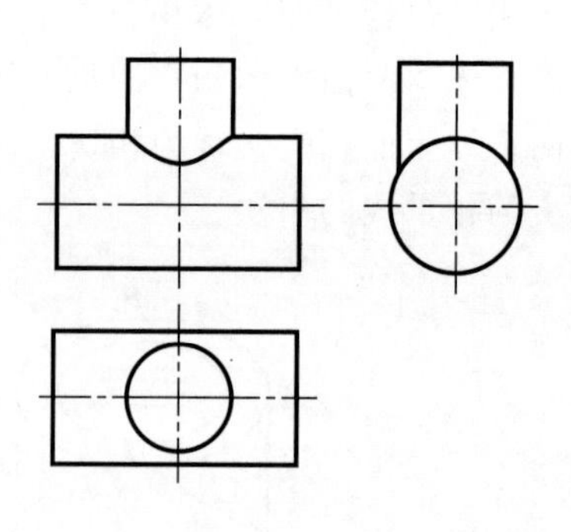
③求作一般点。在相贯线侧面投影确定两个一般位置点，然后由三视图的“三等”规律求出其正面投影	④光滑连接求出的各点即为相贯线的正面投影

笔记

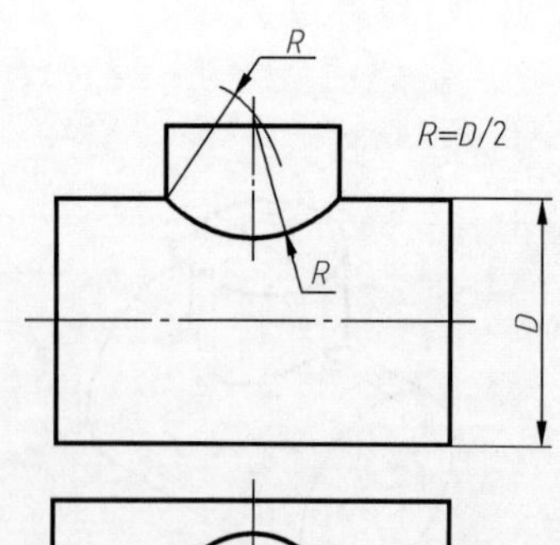

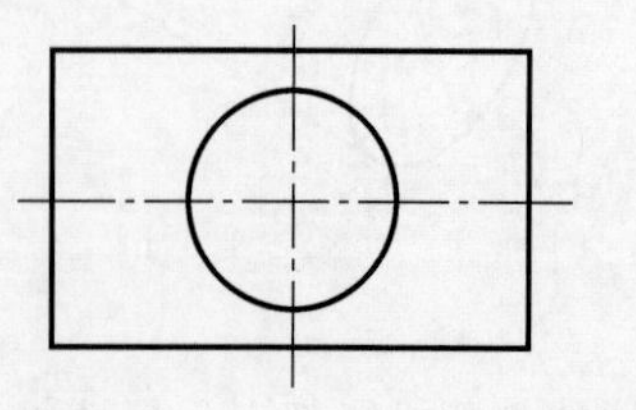

图 3-70 相贯线的简化画法

② 相贯线的简化画法 在不引起误解时，相贯线可以简化成圆弧。如图 3-70 所示，轴线正交且平行于正面的不等径两圆柱相贯，相贯线的正面投影可以用与大圆柱半径相等的圆弧来代替，这种情况在二者直径相差较大时，更接近于实际轮廓投影。

③ 正交两圆柱相对大小的变化引起相贯线的变化 见表 3-20。

④ 内、外圆柱表面相交的情况 圆柱孔与圆柱相交时，在孔口会形成相贯线，如图 3-71（a）所示，两圆柱孔相交时，在其内表面也会形成相贯线，如图 3-71（b）、（c）所示，内表面相贯线的作图方法与外表面相贯线相同。

⑤ 特殊相贯线 两回转体相交，交线一般为空间曲线，在特殊情况下，交线为平面曲线或直线，见表 3-21。

表 3-20 正交圆柱相贯线的变化

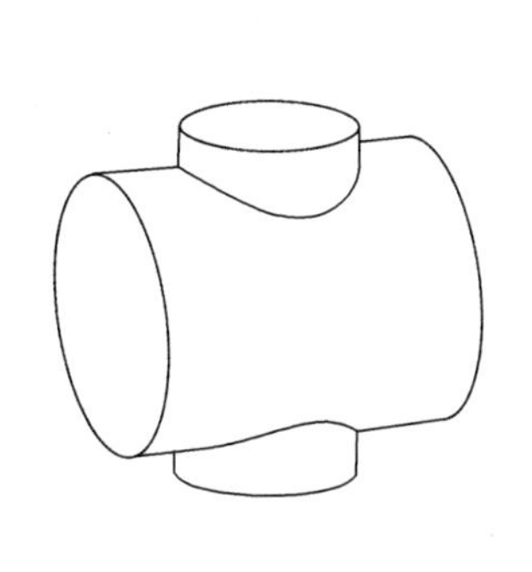

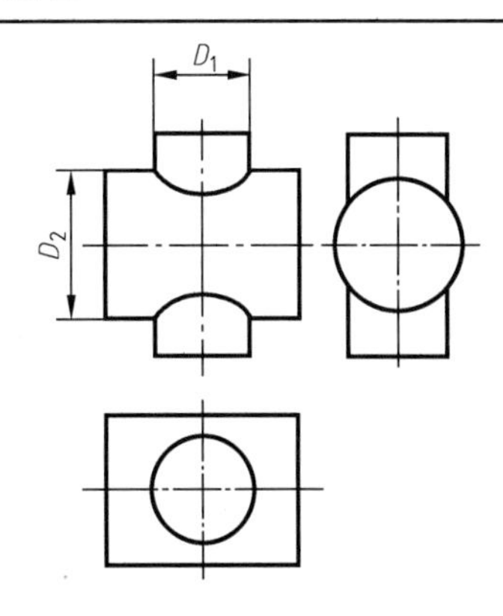

当 $D_1<D_2$ 时，相贯线为空间曲线，其正面投影为上、下对称的两条曲线

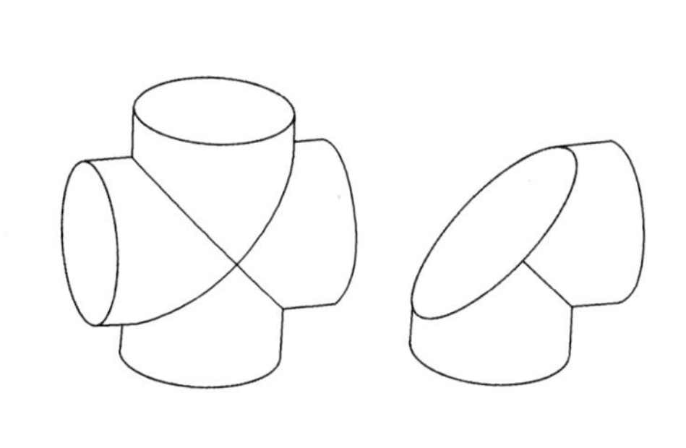

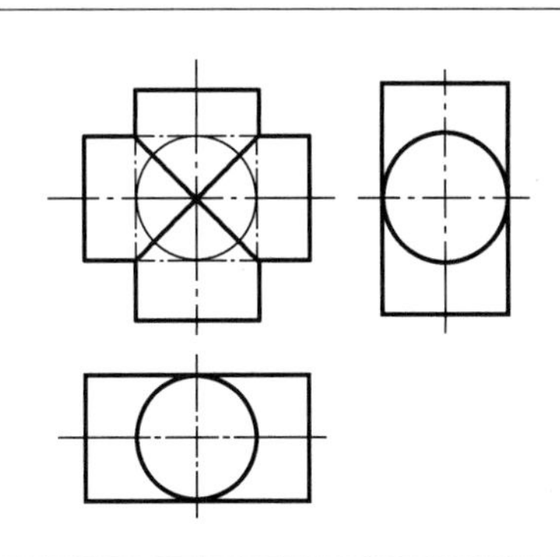

当 $D_1=D_2$ 时，则为等径相关，相贯线为两个相交的椭圆，其正面投影为正交两直线

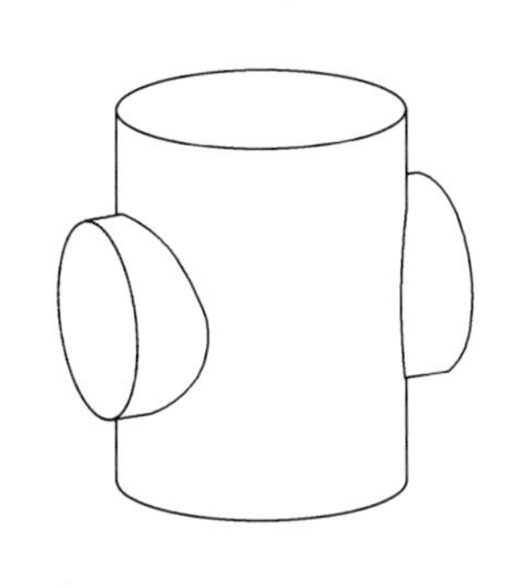

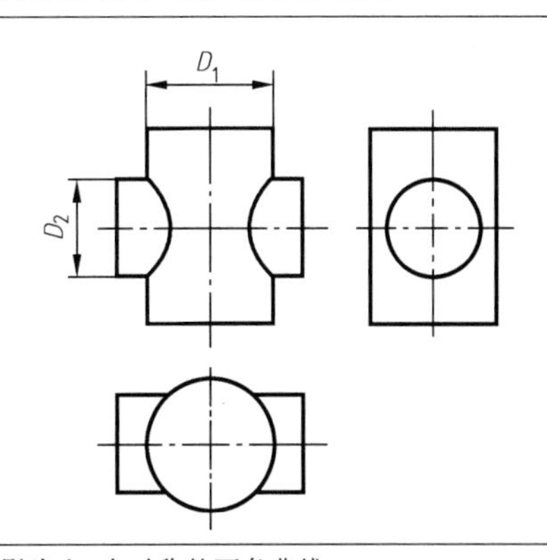

当 $D_1>D_2$ 时，相贯线为空间曲线，其正面投影为左、右对称的两条曲线

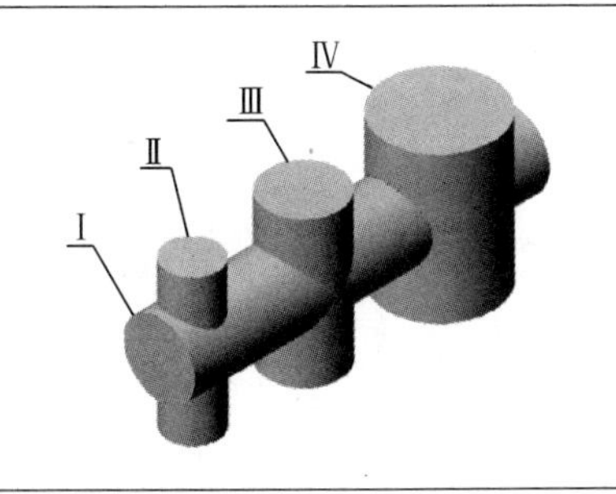

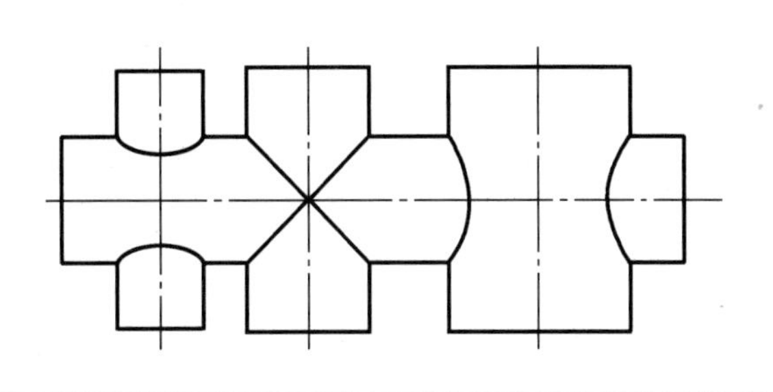

正交圆柱相贯线的变化组合

笔记

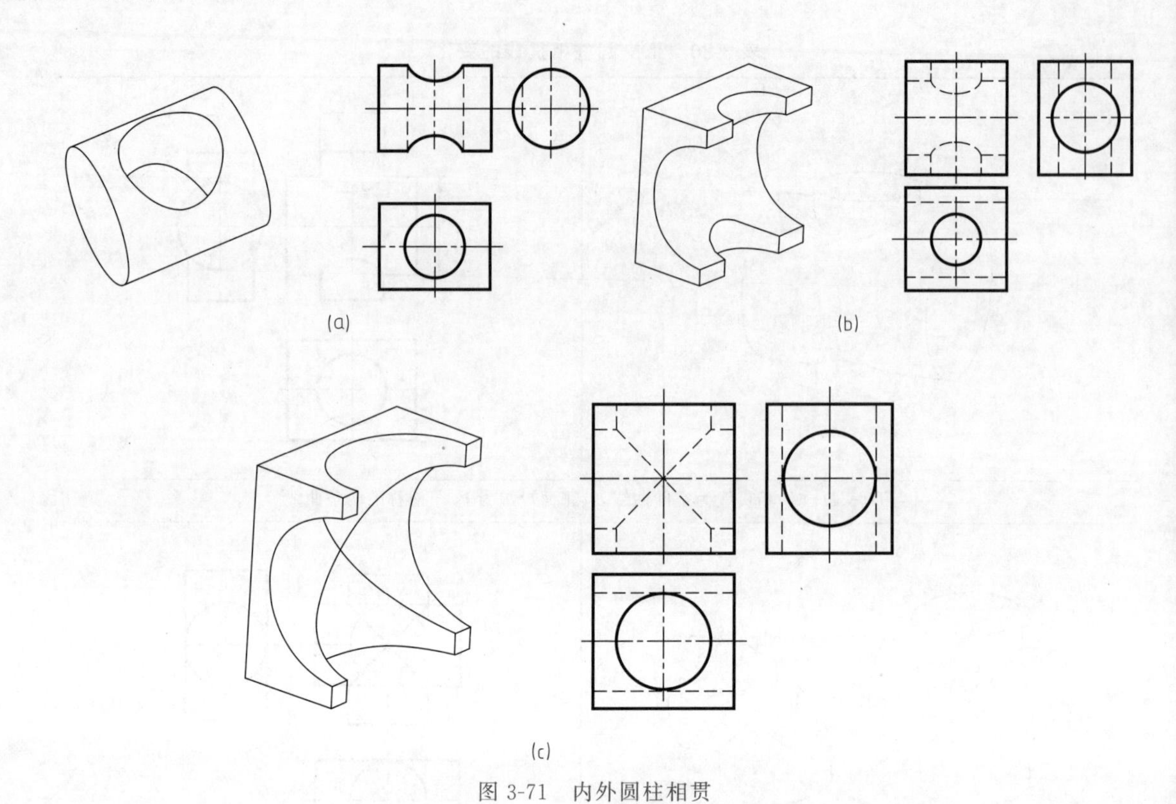

图 3-71 内外圆柱相贯

表 3-21 特殊相贯线

立体图	平面图	说明
		圆柱的轴线通过球体的球心，相贯线为圆
		圆锥与圆柱共轴，相贯线为圆

笔记

续表

立体图	平面图	说明
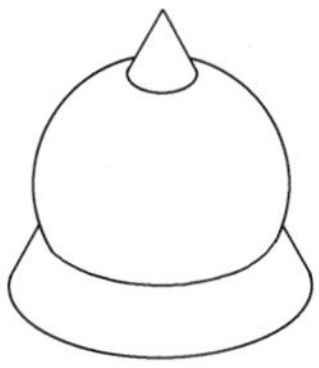	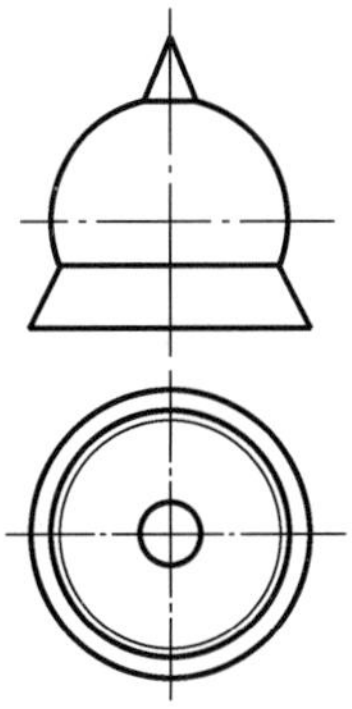	圆锥的回转轴线通过球体的球心，相贯线为圆
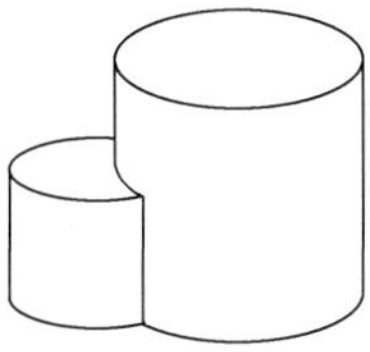	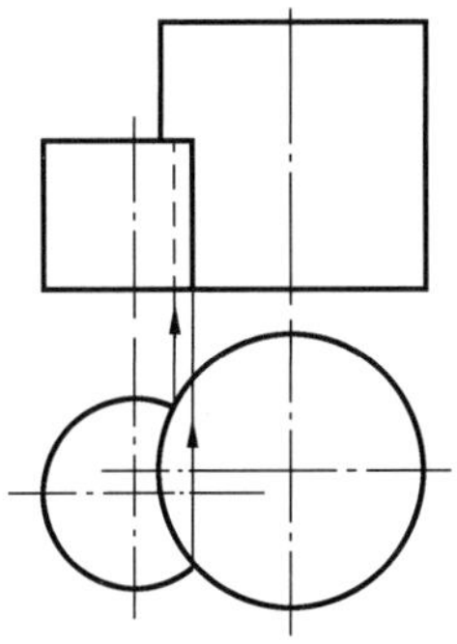	圆柱轴线互相平行，相贯线为圆弧与直线组成的空间线段
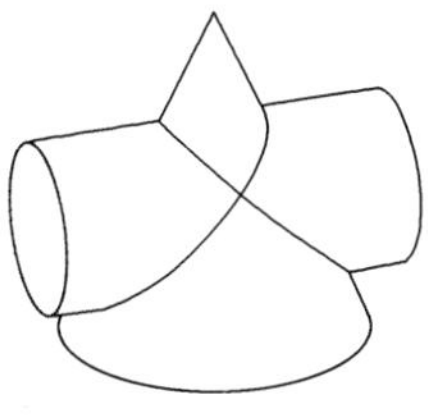	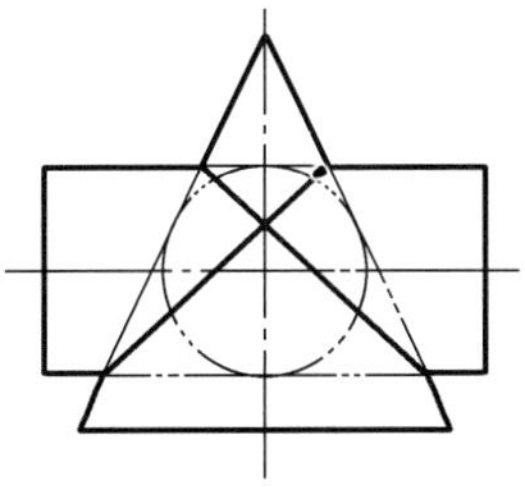	两正交且外切圆球的圆锥与圆柱相贯，相贯线为椭圆，在与两回转轴线平行的投影面内投影为直线

组合体的绘图方法

笔记

第二部分 组合体的尺寸标注

一、尺寸标注的基本要求

形体的三视图，只能表达物体的形状和结构，而真实大小和各组成部分的相对位置，则要通过尺寸标注来表达。尺寸标注包括三大类尺寸：定形尺寸、定位尺寸、总体尺寸。这一部分在项目二中已讲解，在此不再赘述。

组合体尺寸标注的基本要求是：

正确：尺寸标注符合《技术制图》《机械制图》国家标准的规定；

完整：尺寸标注能正确表达物体的形状、大小、结构，尺寸既不遗漏，也不多余；

清晰：尺寸标注布局要整齐、清楚，便于看图。

二、组合体的尺寸注法

标注尺寸应该能完全确定组合体的形状大小及各部分的相对位置。下面以图 3-72 所示支承座为例说明组合体尺寸标注的基本要求以及方法和步骤。

组合体的尺寸标注

1. 形体分析

带有两圆角的长方体底板，上部叠合有半圆柱形立柱、U 形凸台、左右筋板，半圆柱形立柱处挖有一半圆柱通孔，U 形凸台与圆柱形立柱相贯，左右筋板与圆柱形立柱相交。

2. 选定尺寸基准

标注定位尺寸时，首先要选取尺寸基准。一般选择组合体的对称平面、底面、重要端面或轴线作为基准，组合体在长、宽、高三个方向上确定其主要基准，尺寸较多时可增加辅助基准，主要基准与辅助基准之间要有尺寸联系。如图 3-72 所示，长度方向以左右对称面为基准，高度方向以底面为基准，宽度方向以背面为基准。

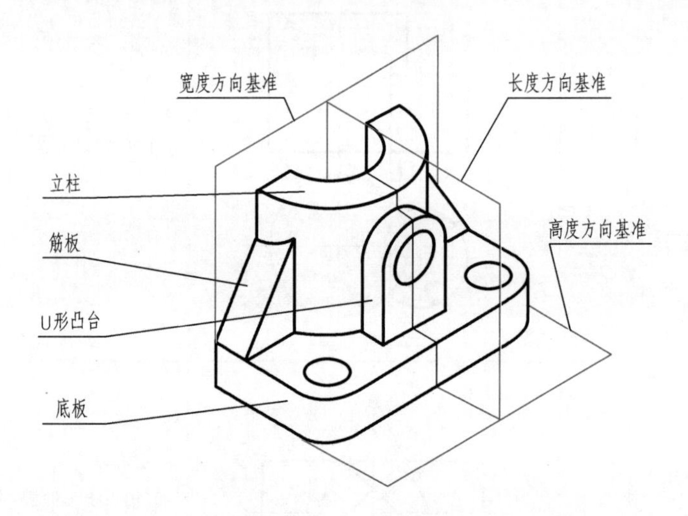

图 3-72 尺寸基准

笔记

3. 标注定形、定位尺寸、总体尺寸，调整完成尺寸标注

从组合体长、宽、高三个方向的主要基准和辅助基准出发依次注出各基本形体的定形、定位尺寸，尺寸标注要正确、完整，标注举例见表 3-22。

表 3-22 立体的定形、定位、总体尺寸的标注

18, 110, 55, 40, R20, R15, 2×φ16, 80	53, 30, φ20, R20, R35
底板尺寸	半圆筒尺寸

续表

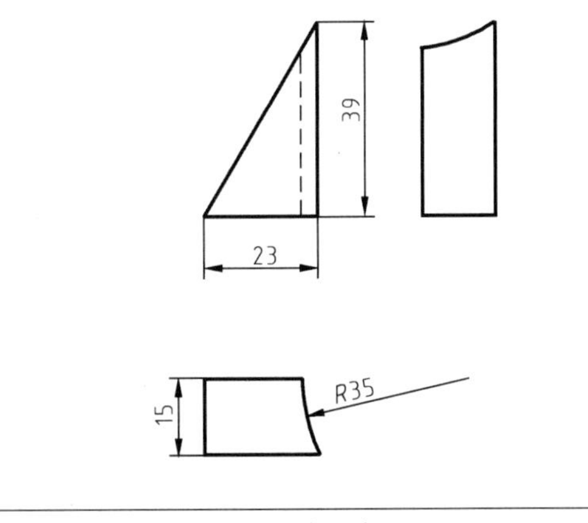	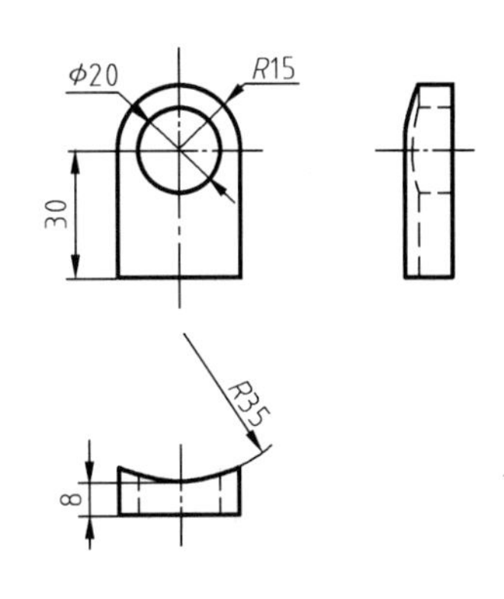
凸台尺寸	加强筋板尺寸
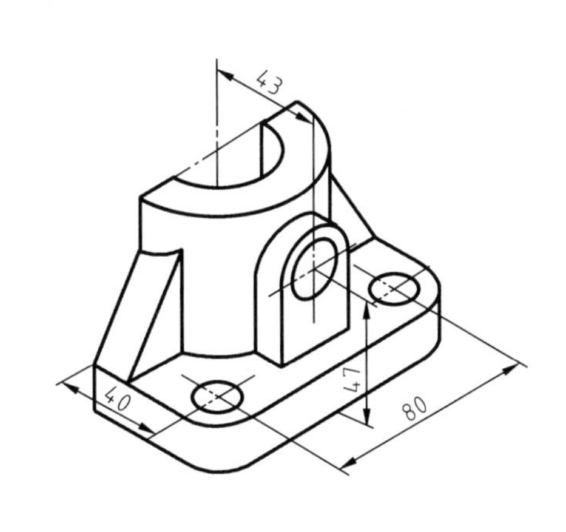	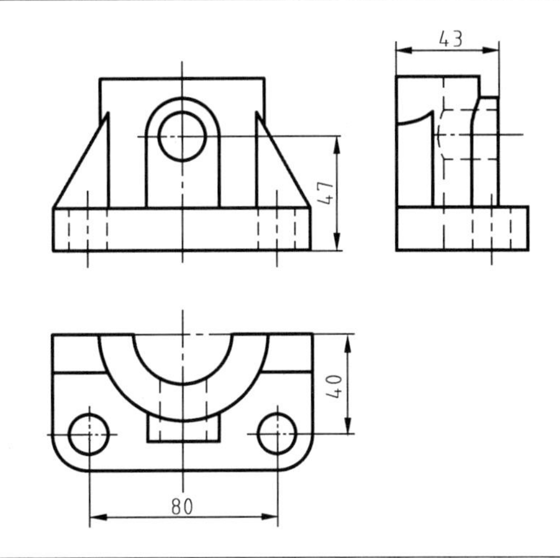
从各基准出发标注出四个部分的定位尺寸	
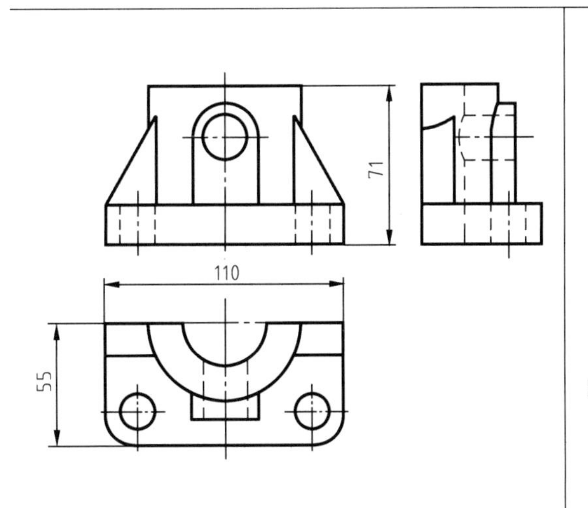	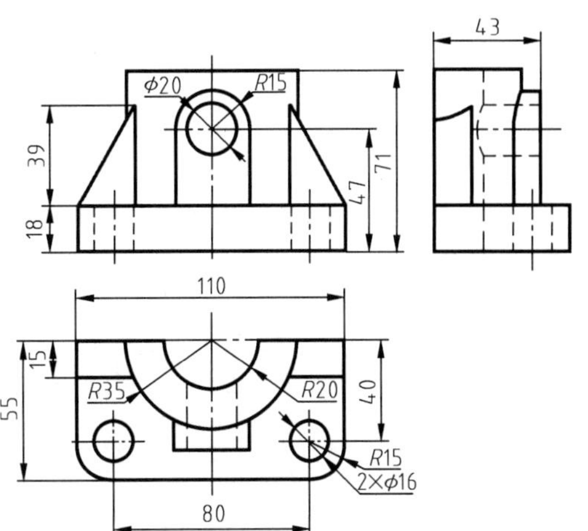
标注立体总体尺寸	根据尺寸基准，检查、调整尺寸。立柱的高度 53 由于有了总体尺寸而取消，调整相关尺寸，完成尺寸标注

笔记

三、尺寸标注的注意事项

尺寸标注要正确、完整、清晰，为了使尺寸标注清晰，应该注意问题见表 3-23。

表 3-23 尺寸标注的注意事项

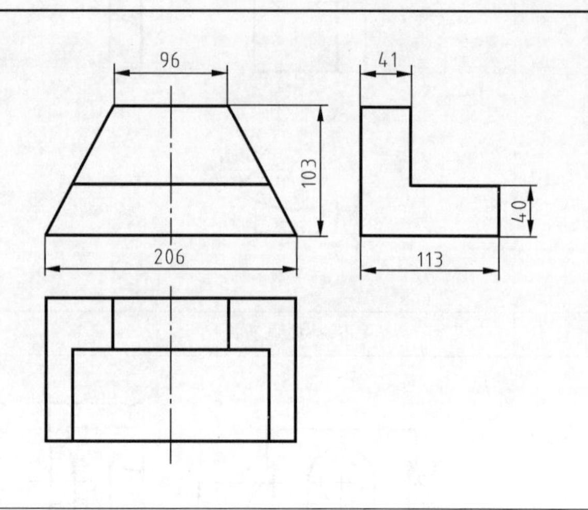	(1)突出特征。定形尺寸尽量标注在反映该部分形状特征的视图上。如左视图上部宽度 41，前部高 40
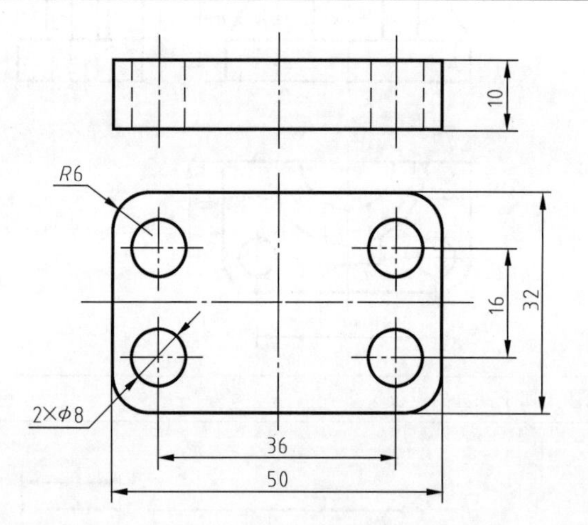	(2)尺寸相对集中。形体某个部分的定形和定位尺寸，应尽量集中标注在一个视图上，便于看图时查找。如上图主视图中将 96、103、206 三个尺寸集中标注在主视图上，便于画出梯形的图形。本图俯视图中尺寸 36、16、50、32、$R6$，便于画出带圆角的长方体
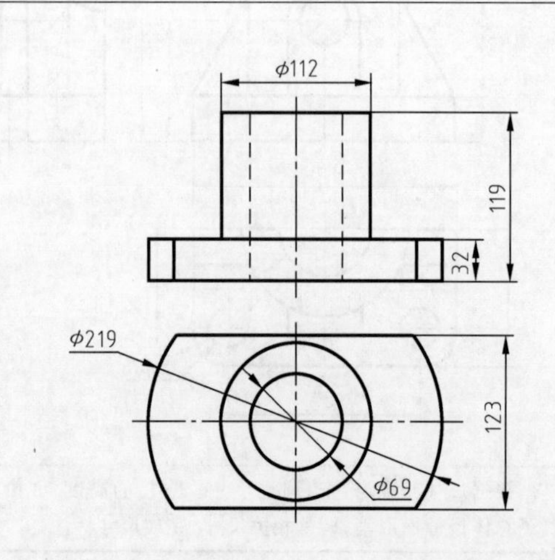	(3)圆的直径最好标注在非圆视图上，圆弧的尺寸标注在非圆的图形上。如立柱直径尺寸 112、底板直径 219 (4)虚线上尽量避免标注尺寸。如内孔直径 69，二者都冲突情况下，标注在实线圆上 (5)布局整齐。尽量将尺寸标注在视图的外面，与两视图有关的尺寸尽量布置在两视图之间，便于对照。同方向的平行尺寸，应使小尺寸在内，大尺寸在外，间隔均匀，避免尺寸线与尺寸界线相交。如高度尺寸 32、119。同方向的串联尺寸应排列在同一直线上，既整齐，又便于画图。如主视图和俯视图中的尺寸 119 和 123

任务实施

一、主视图的选择

主视图的选择要考虑立体的摆放和投射方向两个方面。

（1）立体的摆放：物体放置时，使其表面相对于投影面尽可能多地处于平行或垂直位置，便于作图；同时要考虑物体的自然安放位置。

（2）物体的投射方向：较多反映组合体形状和位置特征的某一面，即反映最大信息量的视图作为主视图的投射方向。

如图 3-73 所示，物体自然安放，两图比较，（b）图反映物体四个部分的形状，结构特征明显，信息量大，选（b）图作为主视图。

复杂模型的测绘

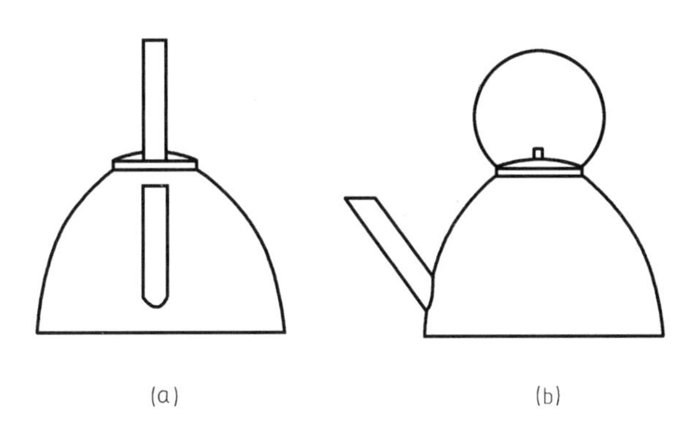

图 3-73　主视图的投影分析（一）

如图 3-74 所示，比较一下各个投射方向所得图形的特点，A 向与 B 向比较，A 向虚线较少，较好；C 向与 D 向比较，D 向较好，使其它图形虚线较少；A 向与 D 向比较，两个图形都反映了物体各部分的结构形状，A 向同时反映了圆筒与连接板的形状，因此，应选 A 向为主视图投射方向。主视图确定后，俯、左视图也就随之而定。

笔记

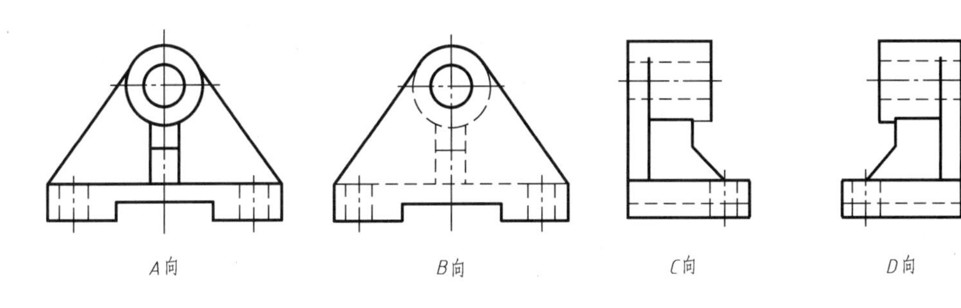

图 3-74　主视图的投影分析（二）

二、复杂模型的测绘方法与步骤

（1）切割式组合体的模型的测绘方法见表 3-24、表 3-25。

（2）综合式组合体以轴承座的模型为例，测绘方法见表 3-26。

表 3-24 带切口棱台的测绘步骤

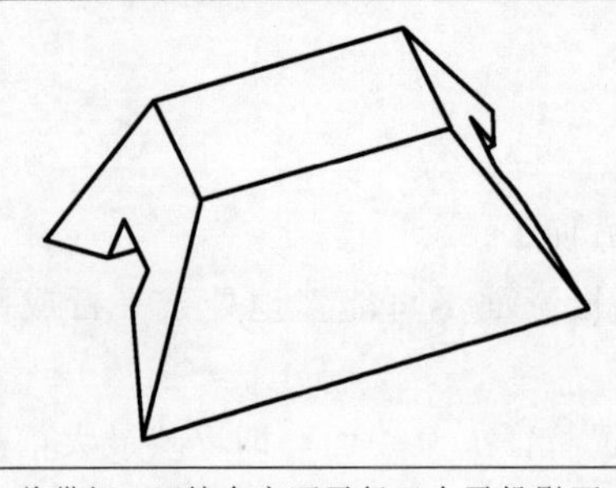	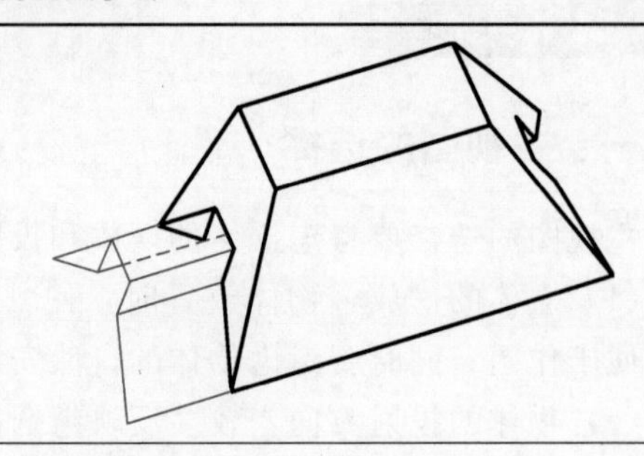
放置:将带切口四棱台底面平行于水平投影面,底面前后直线平行于正立投影面,左右直线平行于侧立投影面	基本几何体为四棱锥切去上部形成四棱台,由五个平面切割形成的立体
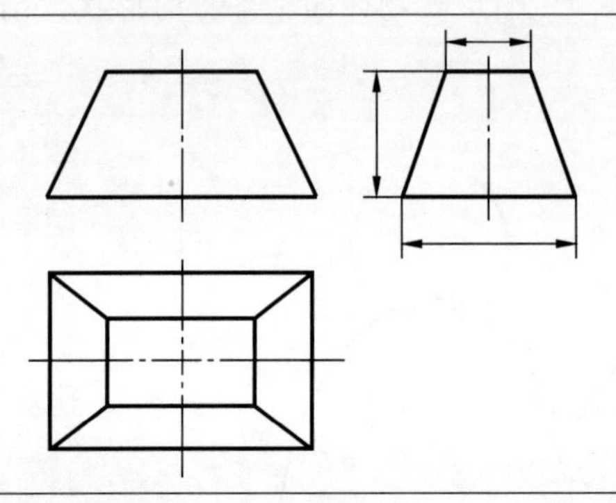	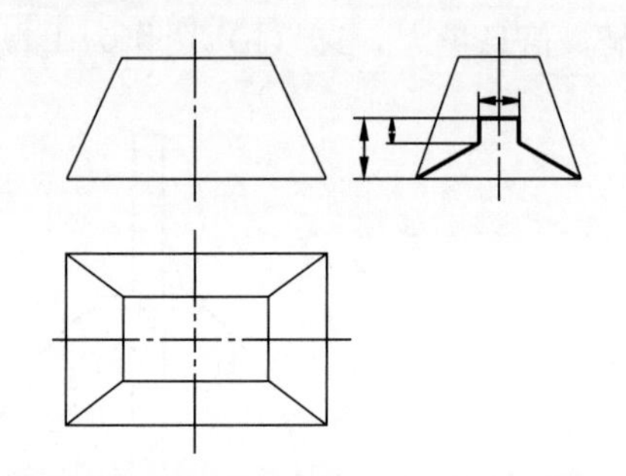
布图,定基准略。 四棱台的三视图:用直尺测量出图示的尺寸,按显实性、积聚性、类似性的特点作出四棱台的三视图	切口的积聚投影:切口由五个面组成,测量出切口的尺寸,作出切口五个面在 W 面的积聚投影
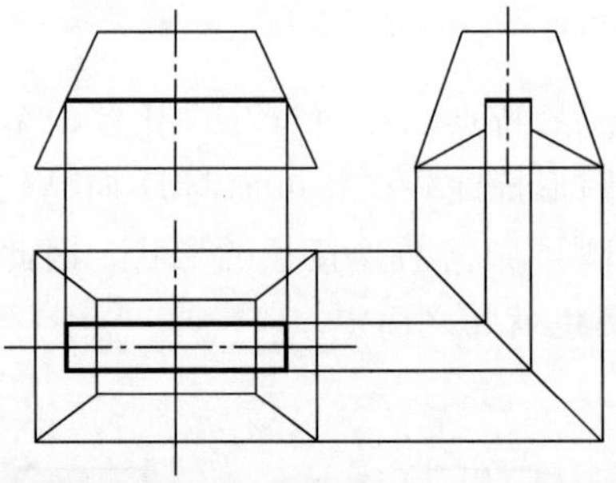	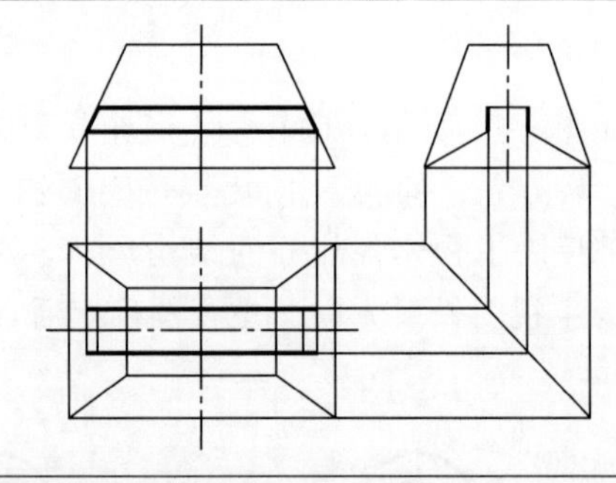
水平面的三视图:切口中上部截平面为水平面,俯视图显示实形长方形,主视图积聚为直线	正平面的三视图:切口的前、后截平面为正平面,主视图显示实形梯形,俯视图积聚为一条直线
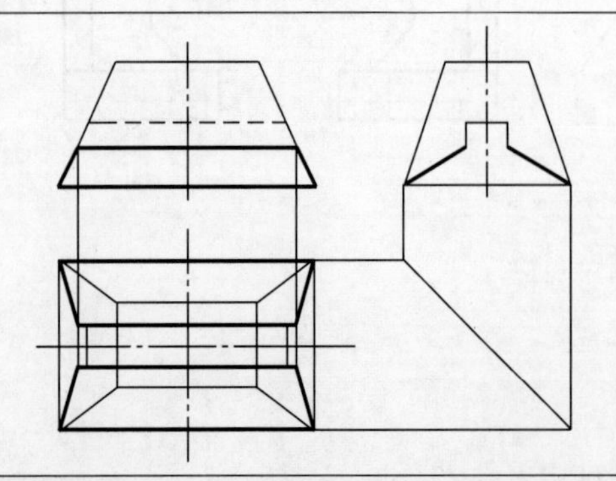	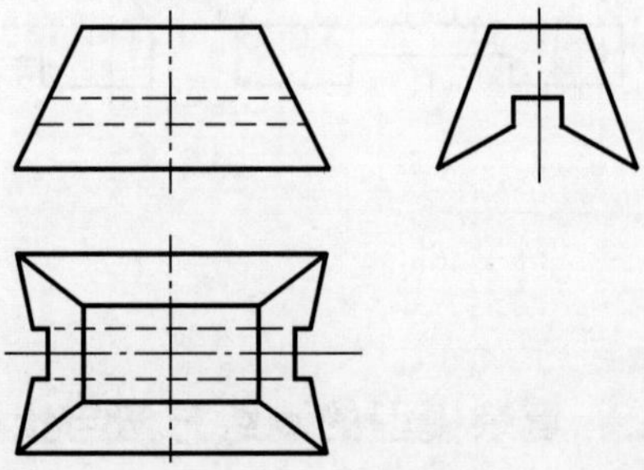 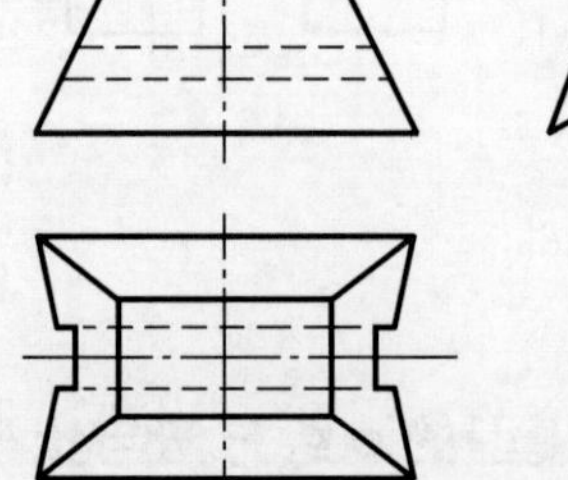
侧垂面的投影:前、后下部的截平面为侧垂面,左视图积聚为直线,主视图与俯视图的投影为梯形	判断可见性,擦去多余的线条,检查加深

笔记

表 3-25　切割式组合体模型的测绘步骤

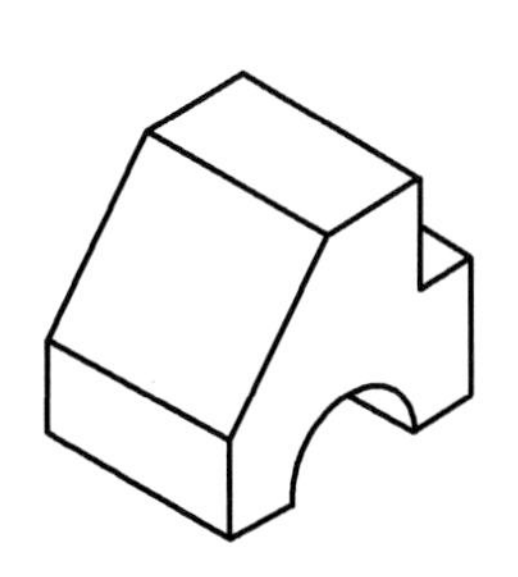	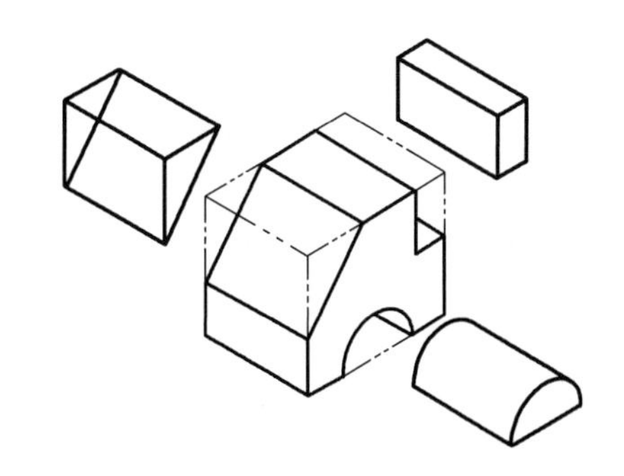
主视图：从右下向左上投影，底面平行于 H 面，后面平行于 V 面	从切割考虑，组合是由长方体切差去楔块、长方体、半圆柱所得，或由平面切长方体所得
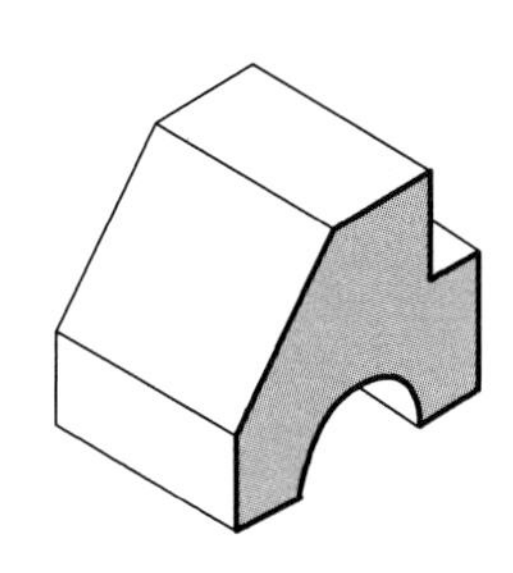	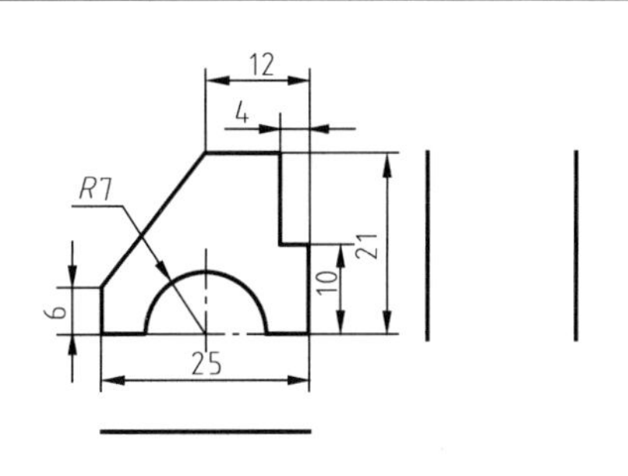
从设计角度考虑，由前面基准面沿 Y 轴反方向拉伸而来的拉伸体	布图、画基准略 基准面的图形：测量出所标位置尺寸，画出基准面的起始与终止面的三视图，特别注意最能反映形状特征的图形
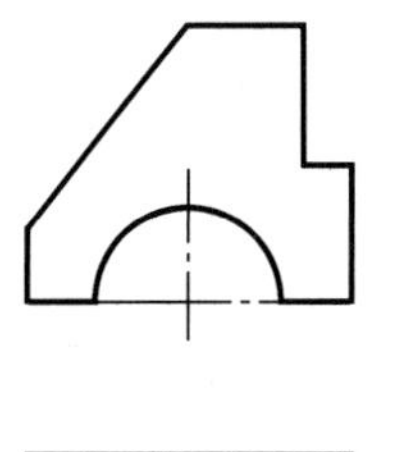 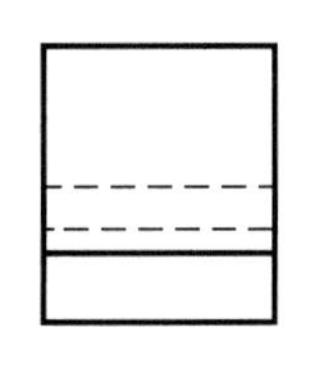 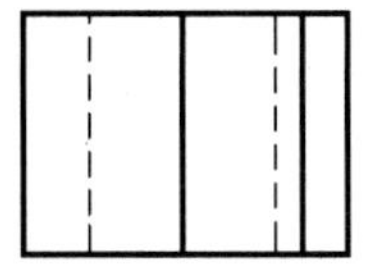	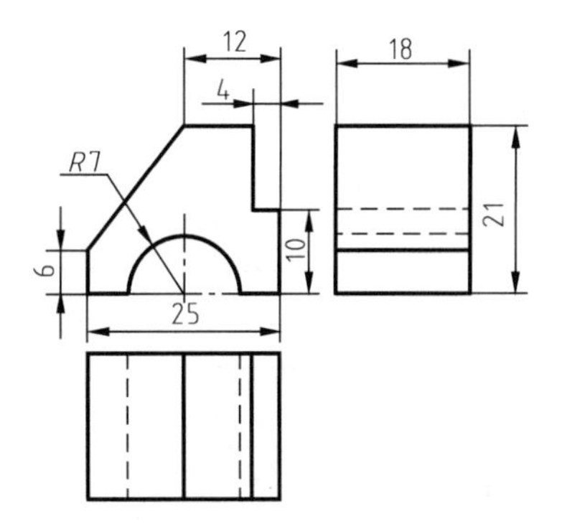
拉伸面的图形：主视图积聚为直线，俯视图、左视图为长方形	完成底稿后，仔细检查，修改错误并擦去多余图线，然后按机械制图规定的线型描深，调整所测量尺寸，完成尺寸标注

表 3-26 轴承座的测绘步骤

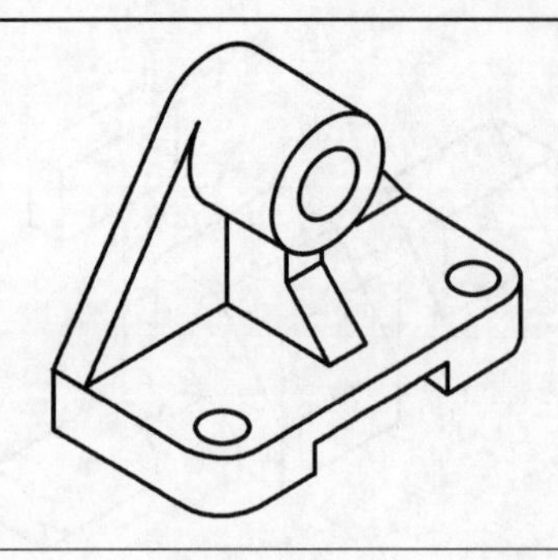	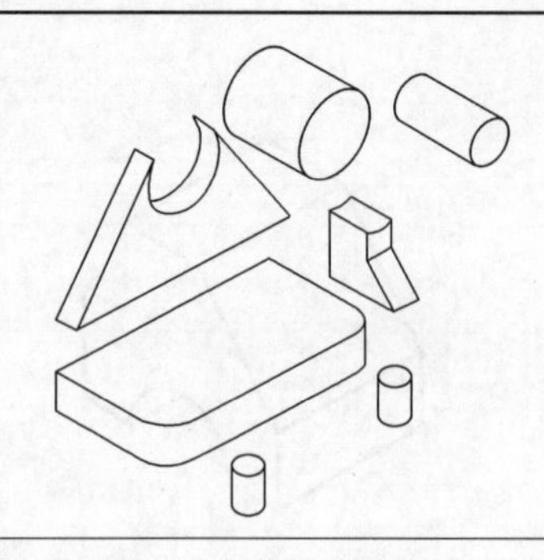
支承座由底板、连接板、圆筒、加强筋板四个部分组成，选择右下向左上的方向为主视图方向，底面平行于 H 面，最后面平行于 V 面	底板为切去两个圆柱的带两个圆角的长方体，底板与连接板、加强筋板叠合。上部为水平圆柱挖去圆柱，连接板为四棱柱挖去圆柱，圆筒与连接板相切，筋板为五棱柱挖去圆柱，与圆筒相交
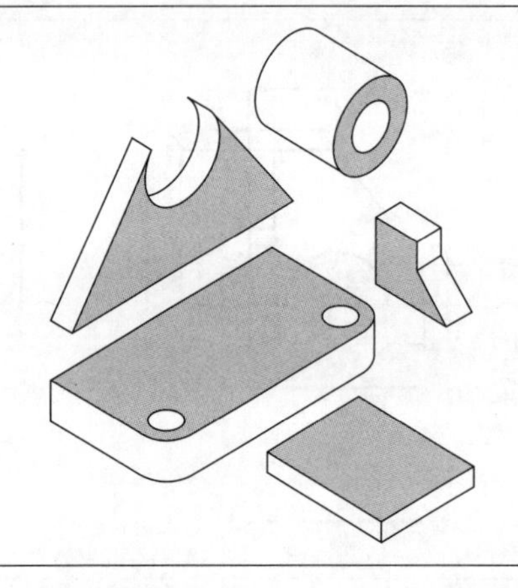	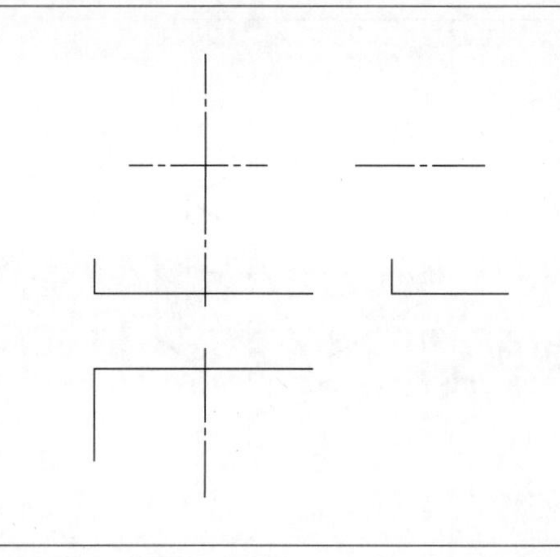
从设计考虑，底板为带圆角、圆孔的长方形的拉伸体，与拉伸体长方体相差所得，圆筒、连接板、加强筋板都为拉伸体，底板、连接板、加强筋板、圆筒相并	布图，作基准线：根据每个方向的最大尺寸，并考虑标注尺寸的位置，然后画出基准线，确定视图的位置，使各视图在图纸上布置匀称
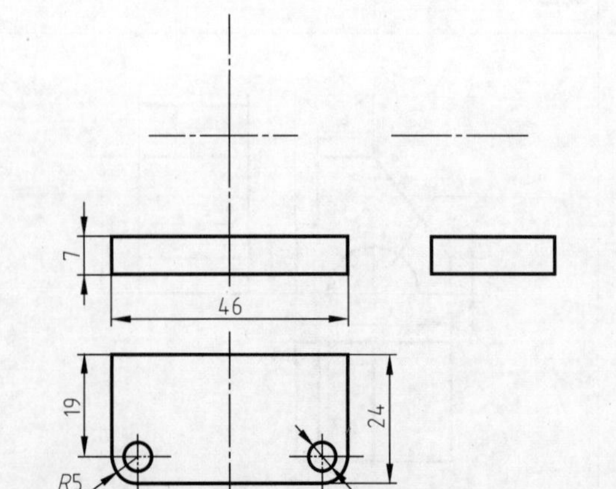	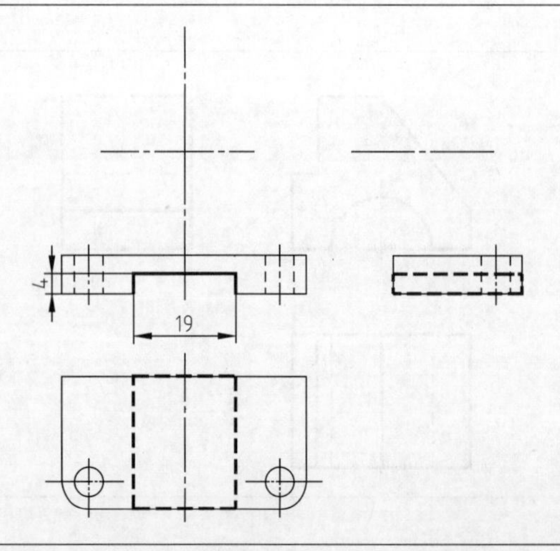
底板的三视图：测出图中所标注尺寸，作出带两孔、圆角的长方体底板的三视图	底板凹槽三视图：测量凹槽尺寸，作出长方体三视图，这一部分是去除的，注意主视图少一条线，为强调虚线加粗

笔记

续表

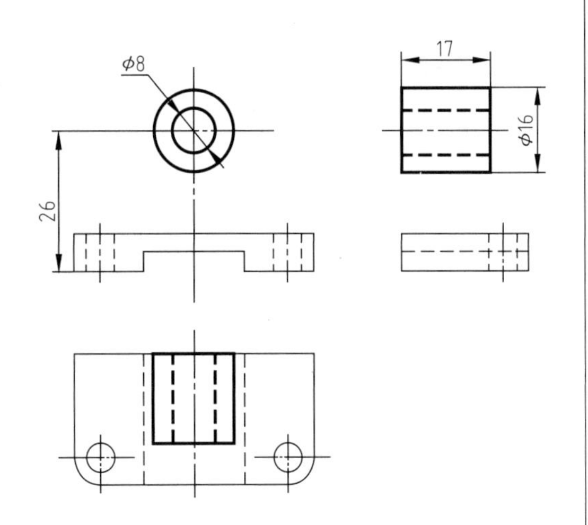	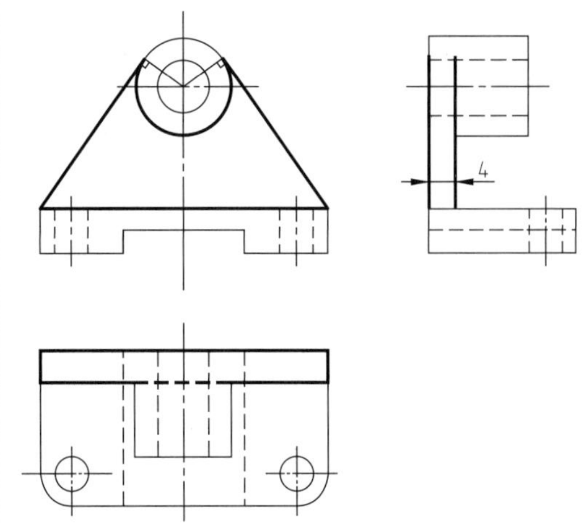
水平圆筒的三视图：测量出所标尺寸，按圆柱的作图步骤从最能反映形状特征的主视图开始为两同心圆，俯视图、左视图为长方形	连接板的三视图：连接板与圆筒相切，只要测量出厚度尺寸，从最能反映形状特征的主视图相切图形主视图开始作出连接板的图形，俯、左视图前后的积聚投影画至切点处
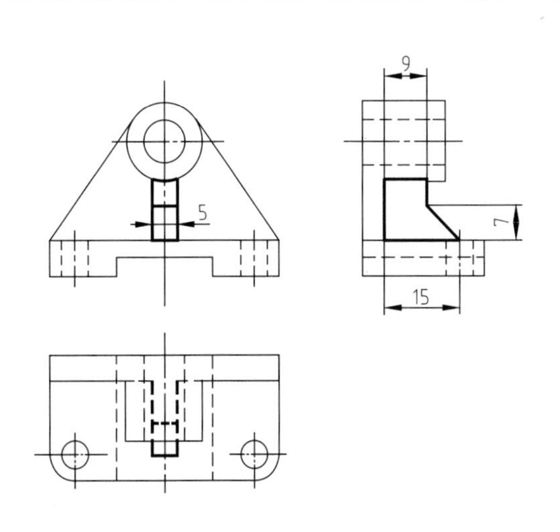	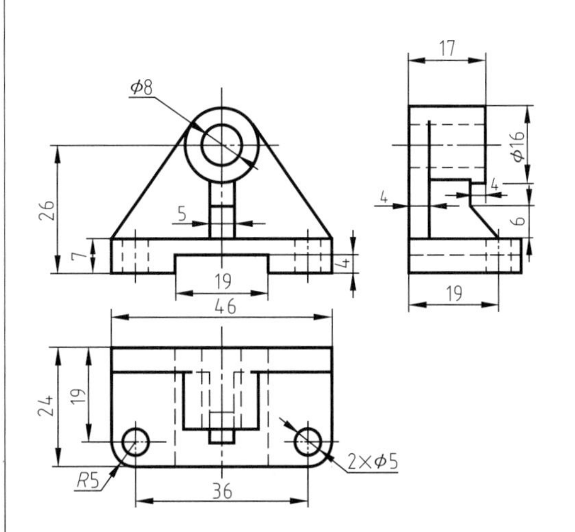
加强筋板的三视图：加强筋与圆筒相交，与底板、连接板叠合，从有积聚性的主视图开始作三视图，注意立体相连、相交处的图形	完成底稿后，仔细检查，修改错误并擦去多余图线，然后按机械制图规定的线型描深，调整所测量尺寸，完成尺寸标注

课后任务

1. 沙漏是常见的一种工艺品，图 3-75 由最简单的回转体造型变化为具有一定流线效果的造型，读者自行体会设计造型的变化，并分析其中涉及的相贯线特殊情况，尝试绘制每个结构的三视图。

2. 完成习题集中相关作业。

笔记

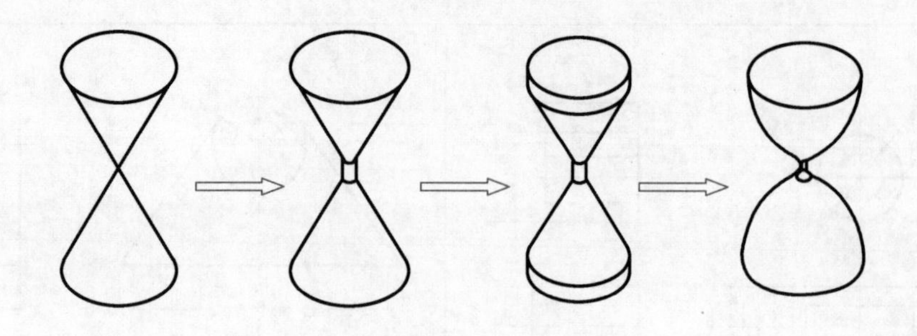

图 3-75 沙漏造型变化

任务五 复杂模型图识读

知识目标：

1. 掌握轴测图的定义、形成规律及投影特点；
2. 掌握组合体三视图的读图方法；
3. 明确空间各分角的概念，弄清第一角、第三角投影的概念与区别；
4. 掌握第三角投影作图方法。

能力目标：

1. 能正确运用形体分析法和线面分析法识读组合体三视图，并能够用轴测图表达；
2. 能由轴测图绘制三视图。

笔记

任务要求：

1. 由三视图想象出物体的形状，绘出轴测图，如图 3-76 所示。
2. 由两视图想象出物体的形状，绘出轴测图并画出第三视图，如图 3-77 所示。

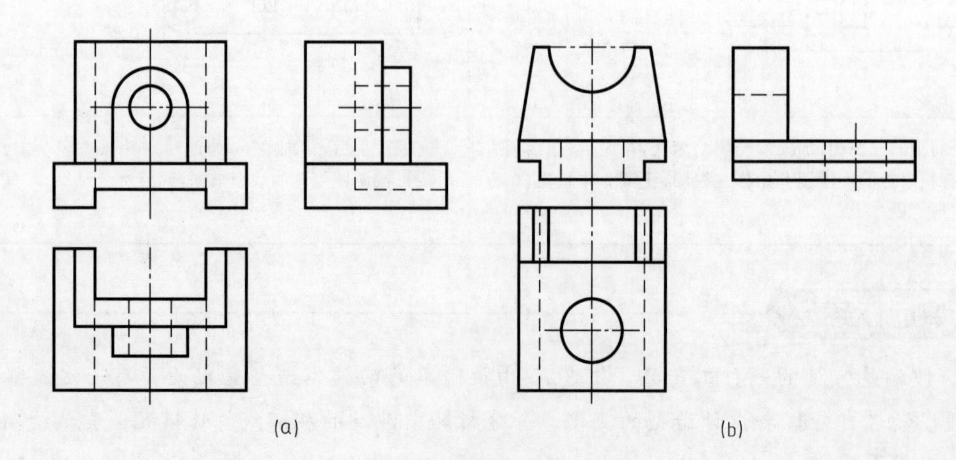

图 3-76 读懂模型的三视图

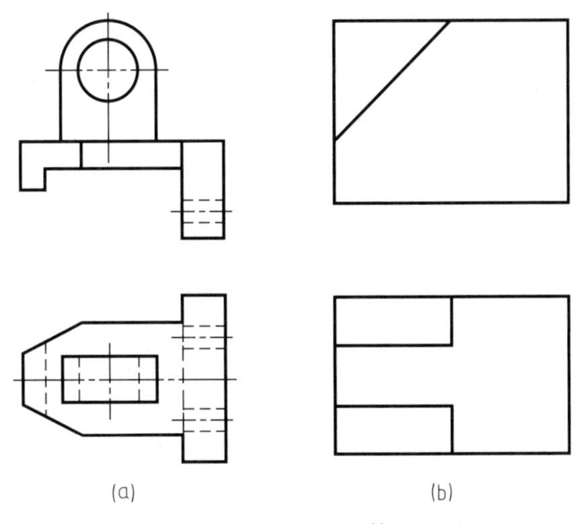

图 3-77 由两视图补画第三视图

相关知识内容

第一部分 轴测图

物体在相互垂直的两个或三个投影面上的正投影图，直观，作图简便，度量性好，但缺乏立体感。轴测图是一种能反映物体三维空间形状的单面投影图，直观性好，度量性好，但作图较繁，因此在工程中常被用作辅助图样。

一、轴测投影的基本知识

（一）轴测图的形成

笔记

如图 3-78 所示，物体（此图中为长方体）连同确定其空间位置的直角坐标系，用平行投影法一并投射到选定平面 P 上，P 面上所得到的具有立体感的投影，称为轴测图，P 面称为轴测投影面。

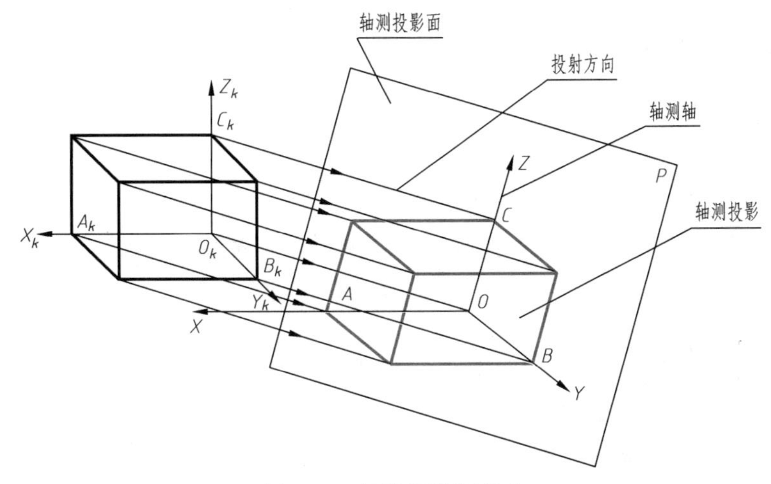

图 3-78 轴测投影的形成

（二）轴测图的参数

1. 轴测轴

如图 3-78 所示，空间直角坐标轴 O_kX_k、O_kY_k 及 O_kZ_k 在轴测投影面的投影 X、Y、Z，称为轴测轴。

2. 轴间角

如图 3-78 所示，轴测轴之间的夹角$\angle XOY$、$\angle YOZ$、$\angle ZOX$ 称为轴间角，其中任何一个不能为零，三个轴间角之和为 360°。

3. 轴向伸缩系数

如图 3-78 所示，轴测轴上的单位长度与相应投影轴上的单位长度之比称为轴向伸缩系数。OX、OY、OZ 的轴向伸缩系数分别用 p、q、r 表示，则

$$p=OA/O_kA_k$$
$$q=OB/O_kB_k$$
$$r=OC/O_kC_k$$

（三）轴测图的分类

1. 根据投射方向与轴测投影面的夹角的不同分类

（1）正轴测图　轴测投影方向（投射线）与轴测投影面垂直时投影所得到的轴测图。

（2）斜轴测图　轴测投影方向（投射线）与轴测投影面倾斜时投影所得到的轴测图。

平面体正等测图的画法

2. 根据轴向伸缩系数的不同分类

（1）正（或斜）等测轴测图　$p=q=r$，简称正（斜）等测图；

（2）正（或斜）二等测轴测图　$p=r\neq q$，简称正（斜）二测图；

（3）正（或斜）三等测轴测图　$p\neq q\neq r$，简称正（斜）三测图。

二、轴测投影的特性

笔记

轴测投影是用平行投影法绘制的一种投影图，因此具有平行投影法的基本特性：

物体上相互平行的线段，在轴测投影中仍相互平行。

由特性引申可知物体上平行于空间坐标轴的线段，其轴测投影平行于相应的轴测轴，且同一轴向的线段，其轴向伸缩系数都是相同的。

本部分介绍常用的正等测图与斜二测图的画法。

三、正等测轴测图

（一）正等测图的形成及参数

1. 形成方法

如图 3-79（a）所示，如果使三条坐标轴 OX、OY、OZ 对轴测投影面处于倾角都相等的位置，用正投影将物体向轴测投影面投射，所得到的轴测投影就是正等测轴测图，简称正等测图。

2. 参数

如图 3-79（b）所示，正等测图的轴间角均为 120°，作图时，一般将 OZ 轴画成竖直方向，然后再画出另外两个轴。三个轴向伸缩系数相等，$p=q=r=1$。

（二）平面立体的正等测图画法

坐标法是根据形体表面上各顶点的空间坐标，画出它们的轴测投影，然后依次连接各顶

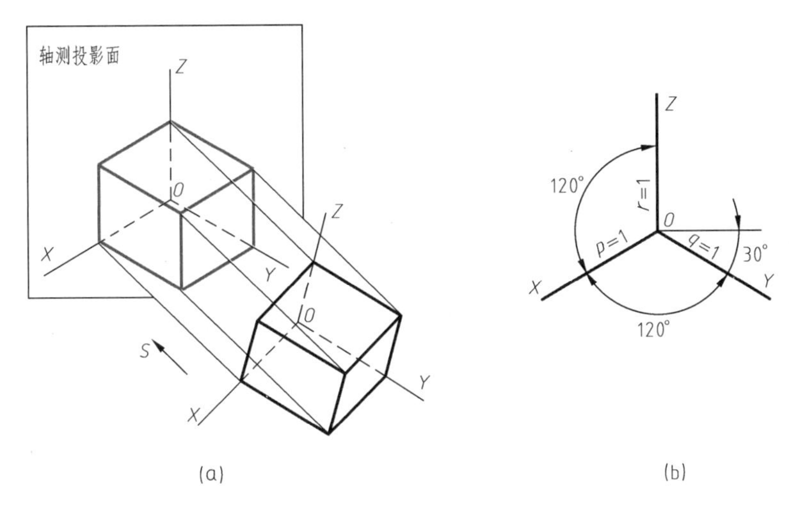

图 3-79 正等测图的形成及参数

点的轴测投影，即得形体的轴测投影。这是绘制正等测图的基本方法，可由此衍生出叠加法和切割法。为使图形清晰，在轴测图上一般不画虚线。

由正五棱柱的主、俯视图，作其正等测图的步骤如图 3-80 所示。

分析：由于正五棱柱前后对称，为了减少不必要的虚线，从顶面开始作图比较方便。故选择顶面的中心点作为空间直角坐标系原点，棱柱的轴线作为 OZ 轴，五边形外接圆两条垂直的中心线作为 OX、OY 轴。然后分别求出顶面各顶点的坐标，定出顶面各个顶点的轴测投影，再将五个顶点分别向下平移棱柱的高度 L，得到下底面各个顶点的轴测投影，依次连接各顶点和侧棱即可。

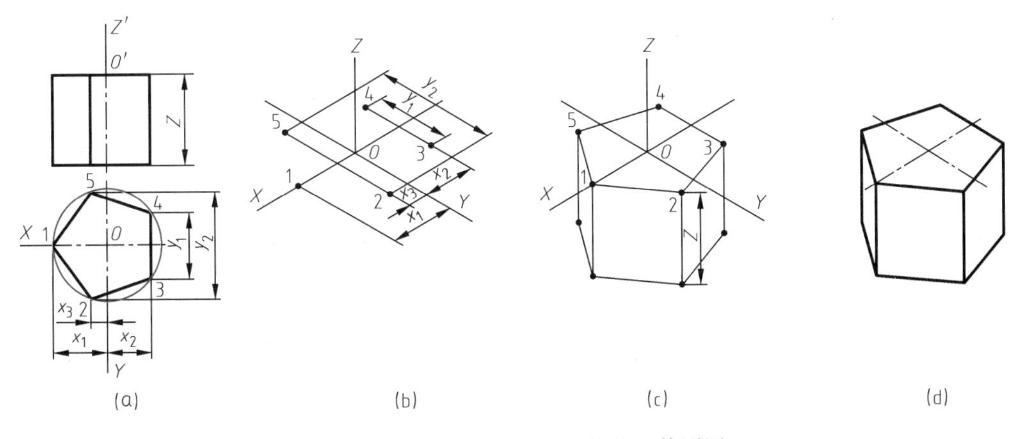

图 3-80 用坐标法画正五棱柱的正等测图

作图步骤：

(1) 定坐标轴 在正五棱柱的两视图中选定原点和坐标轴，如图 3-80 (a) 所示；

(2) 画轴测轴及各点的投影 根据棱柱上底面顶点的坐标，1 (x_1，0)，2 (x_3，$y_2/2$)，3 ($-x_2$，$y_1/2$)，4 ($-x_2$，$-y_1/2$)，5 (x_3，$-y_2/2$)，依次作出各个顶点的轴测投影，如图 3-80 (b) 所示；

(3) 连接各顶点 依次连接五个端点，得上底面的轴测投影。由五个端点沿 Z_1 轴量取

笔记

z，可得下底面五个端点的投影，如图 3-80（c）所示；

（4）检查、加深 依次连接下底面各个端点和侧棱，擦去不可见部分的轮廓线和作图线并加深，完成全图，如图 3-80（d）所示。

（三）回转体的正等测图画法

曲面体正等轴测图的画法

1. 圆的正等测图画法

在正等测图中，平行于坐标面的圆的正等测图都是椭圆，除了长短轴的方向不同外，画法都是一样的。

（1）四心近似法 平行于坐标平面的圆的正等测图通常采用四心近似画法。以平行于 XOY 坐标面的圆的正等测图为例，如图 3-81 所示，讲解椭圆四心近似画法。

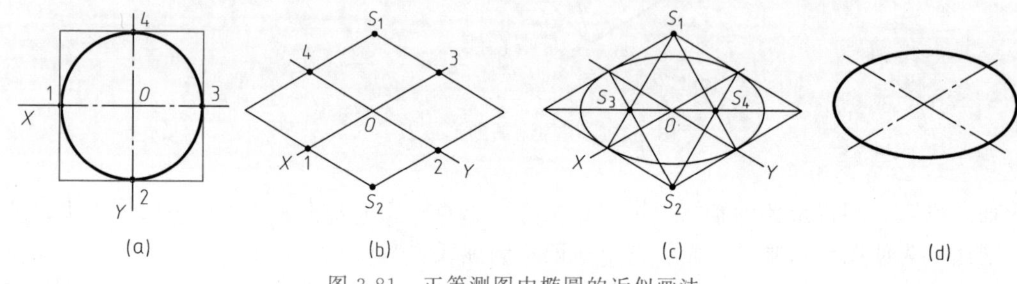

图 3-81 正等测图中椭圆的近似画法

作图步骤：

① 作圆的外切正方形，如图 3-81（a）所示；

② 作轴测轴，外切正方形的轴测投影图，如图 3-81（b）所示；

③ 连接 $S_1 1$、$S_1 2$、$S_2 3$、$S_2 4$、与长对角连线相交得到两个交点 S_3、S_4，S_1、S_2、S_3、S_4 即为四个圆心，如图 3-81（c）所示；

④ 分别以 S_3、S_4 为圆心，以 $S_3 1$、$S_4 3$ 为半径，在 1-4、2-3 之间作圆弧，以 S_1、S_2 为圆心，分别以 $S_1 1$、$S_2 3$ 为半径，在 1-2、3-4 之间作圆弧，四段圆弧光滑连接成椭圆，如图 3-81（d）所示。

（2）各种位置圆的正等测图的特点 作圆的正等测图时，必须弄清椭圆的长、短轴的方向。分析图 3-82 所示的图形（图中的菱形为与圆外切的正方形的轴测投影）即可看出，椭圆长轴的方向与菱形的长对角线重合，椭圆短轴的方向垂直于椭圆的长轴，即与菱形的短对角线重合。

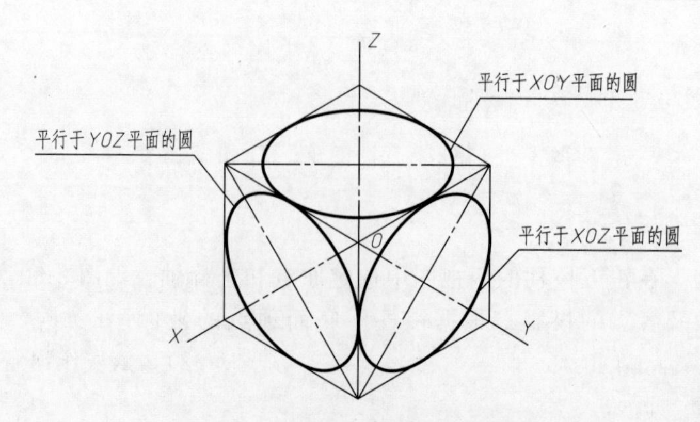

图 3-82 平行坐标面圆的正等测图

通过分析，还可以看出，椭圆的长、短轴和轴测轴有关，即：

① 圆所在平面平行 XOY 面时，它的轴测投影——椭圆的长轴垂直 OZ 轴，即成水平位置，短轴平行 OZ 轴；

② 圆所在平面平行 XOZ 面时，它的轴测投影——椭圆的长轴垂直 OY 轴，即向右方倾斜，并与水平线成 60°角，短轴平行 OY 轴；

③ 圆所在平面平行 YOZ 面时，它的轴测投影——椭圆的长轴垂直 OX 轴，即向左方倾斜，并与水平线成 60°角，短轴平行 OX 轴。

概括起来就是：平行坐标面的圆（视图上的圆）的正等测投影是椭圆，椭圆长轴垂直于不包括圆所在坐标面的那根轴测轴，椭圆短轴平行于该轴测轴。

2. 回转体的正等测图画法

画回转体的正等测图时，应首先画出其平行于坐标面的圆的正等测图——椭圆，进而画出两个椭圆的公切线，完成回转体的正等测图。

由圆柱的主、俯视图，正等测图的作图步骤如图 3-83 所示。

分析：如图 3-83 所示，圆柱的轴线与水平面垂直，上顶面、下底面是相互平行、大小相等的水平圆。其轴测投影为椭圆，可采用四心近似法画出。两椭圆中心距为圆柱的高。

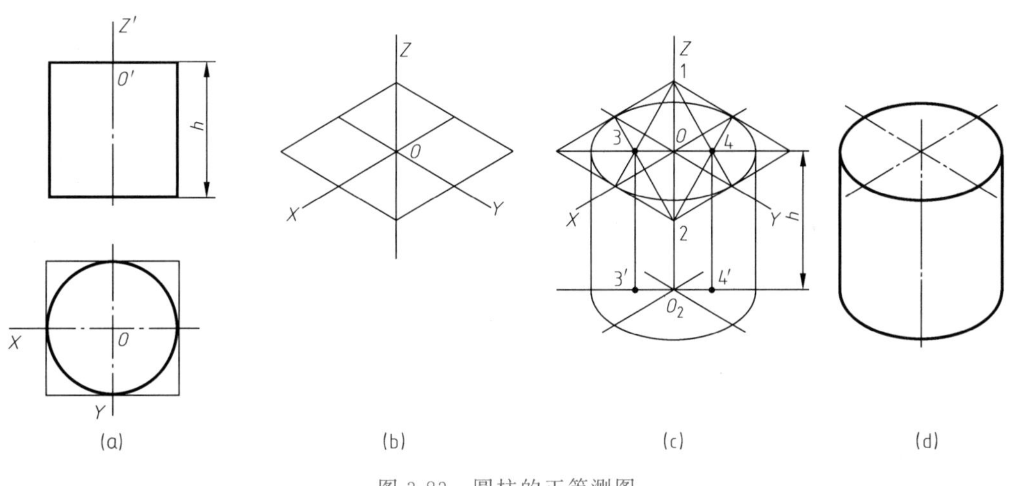

图 3-83　圆柱的正等测图

作图步骤：

① 在视图上定出坐标轴，在上底圆上作外切正方形，如图 3-83（a）所示；

② 画轴测轴，作上顶圆上外切正方形的轴测图，如图 3-83（b）所示；

③ 用四心法画出上顶面的轴测投影——椭圆。将椭圆圆心向下沿 Z 轴量取 h，用相同的方法画出底圆的轴测图（只画可见部分），如图 3-83（c）所示；

④ 作上、下两椭圆的公切线，描深，完成圆柱轴测图，如图 3-83（d）所示。

3. 圆角的正等测图画法

如图 3-84（a）所示长方体底板，其中包含圆角（1/4 柱面），轴测投影是椭圆的一部分。将平面立体的画法与圆柱体的画法结合起来。

作图步骤：

① 作长方体的轴测图，在其上表面上截取 1、2、3、4 四个切点，过切点 1、2，3、4 作相应棱线的 90°垂线，得交点 O_1、O_2 为近似圆弧的圆心，分别以 O_1、O_2 为圆心，R 为

笔记

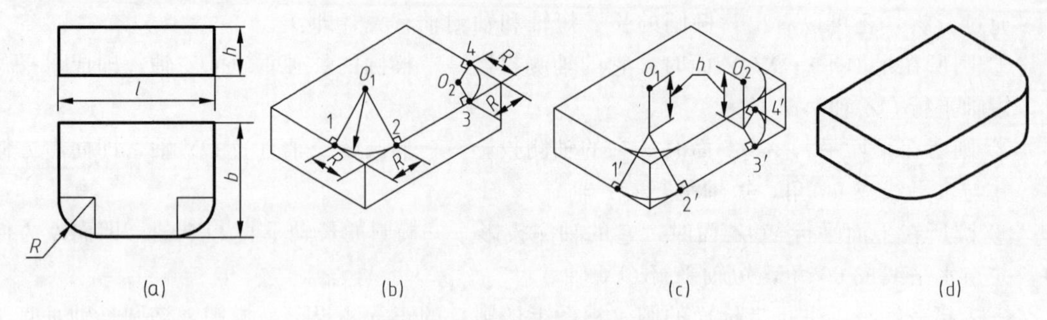

图 3-84 圆角的正等测画法

半径，作切点之间的圆弧，如图 3-76（b）所示。

② 将 O_1、O_2 及四个切点沿 Z 方向下移 h，以 R 为半径 画弧，在右端作上、下两圆弧的公切线，如图 3-76（c）所示。

③ 描深，完成圆角轴测图如图 3-76（d）所示。

斜二测图的画法

四、斜二测轴测图

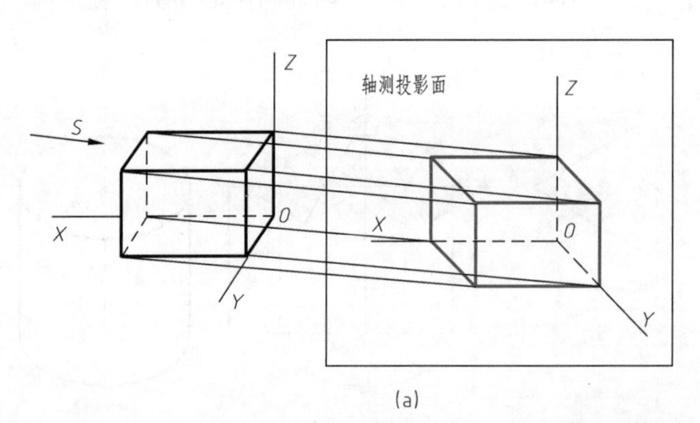

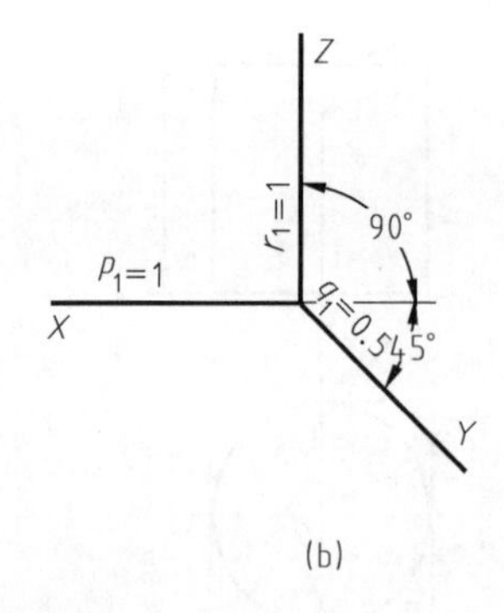

图 3-85 斜二测图的形成及参数

笔记

（一）斜二测图的形成及参数

1. 形成方法

如图 3-85（a）所示，如果使物体的 XOZ 坐标面对轴测投影面处于平行的位置，采用平行斜投影法也能得到具有立体感的轴测图，这样所得到的轴测投影就是斜二等测轴测图，简称斜二测图。

2. 参数

如图 3-85（b）所示，斜二测图中，$OX \perp OZ$ 轴，OY 与 OX、OZ 的夹角均为 135°，三个轴向伸缩系数分别为 $p_1 = r_1 = 1$，$q_1 = 0.5$。

（二）斜二测图的画法

斜二测图的画法与正等测图的画法基本相似，区别在于轴间角不同以及斜二测图沿 O_1Y_1 轴的尺寸只取实长的一半。在斜二测图中，物体上平行于 XOZ 坐标面的直线和平面图形均反映实长和实形，所以，当物体上有较多的圆或曲线平行于 XOZ 坐标面时，采用斜二测图比较方便。

已知立体的主、左视图，作立体的斜二测图的作图步骤如图 3-86 所示。

分析：为作图简便，在视图上选坐标时，使支座有圆的平面平行于 XOZ 坐标面，反映实形，底部长方体板与前部立板，后部立板之间为叠合，三者都为拉伸体，按顺序依次作出前、中、后三部分结构即可。

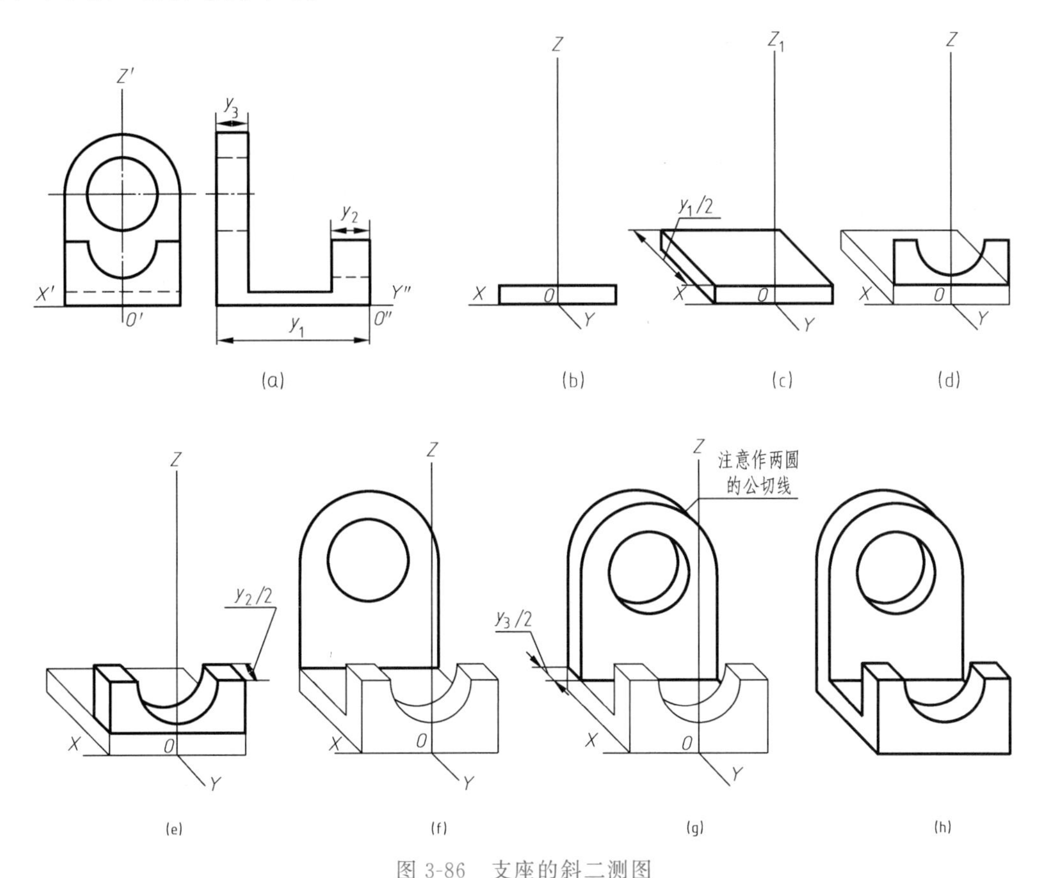

图 3-86　支座的斜二测图

轴测图的选择

笔记

作图步骤：

（1）定坐标　在投影图中选定坐标轴和原点，如图 3-86（a）所示；

（2）作底板轴测投影　画轴测轴，按原形作出底板基准面长方体的轴测图，不可见不画线，如图 3-86（b）、（c）所示；

（3）作前部立板的轴测图　按立板原形画出立板基准面，如图 3-86（d）、（e）所示；

（4）作后部立板的轴测图　按立板原形画出立板基准面，前立板与底板叠合，去除部分交线，如图 3-86（f）所示；沿 Y 方向，缩小一半画出后立板前表面，注意画出两个大圆的公切线，如图 3-86（g）所示。

（5）检查、加深　注意叠加处的线条，去掉多余线条，描深图线，完成支座的轴测图，如图 3-86（h）所示。

五、轴测图的选择

画轴测图时，应从图形的直观性和作图简便程度出发来选择轴测图的种类。对于平面体组成的物体，两种轴测图都可以采用，但正等测图的立体感较强，斜二测图的立体感相对较差，如图 3-87 所示。但对于像类似四棱柱状的物体，其正等测图的轮廓线有所重合，用斜二测图较好，如图 3-88 所示。

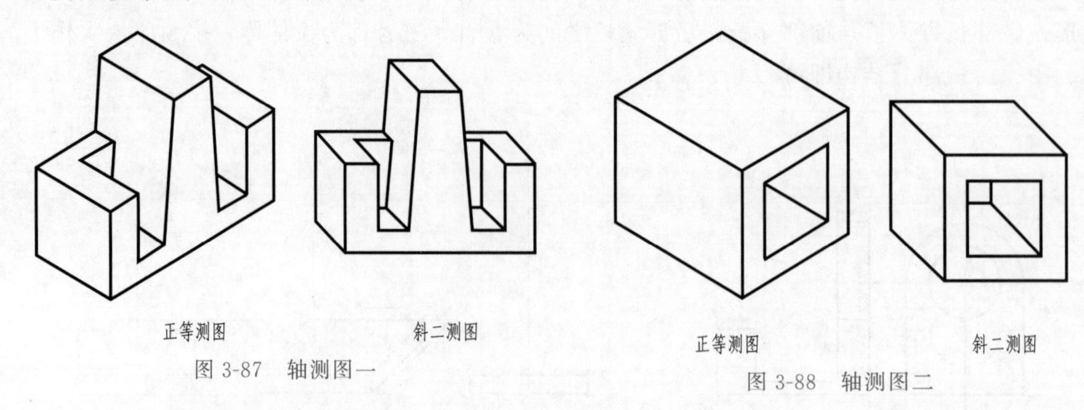

图 3-87 轴测图一

图 3-88 轴测图二

斜二测图所有平行于 XOZ 投影面的投影在轴测图中显示实形，圆的投影为圆，在其它方向圆的投影为椭圆，作图较困难。斜二测图适合单方向有圆的立体，并且使这个方向的圆平行于 V 投影面，立体感虽有欠缺，但作图较简单。

正等测图平行于投影面的圆在轴测图的投影为画法一致的椭圆，作图较为简便。正等测图适合于有两个或两个以上方向有圆的立体，更显其优点。

组合体的识读方法 1

第二部分 读组合体视图的方法

组合体读图是画图的逆过程，是一种从平面图形，通过思维、构思、在想象中还原成空间物体的过程。读图时，必须应用投影规律，分析视图中每一条线、每一个线框所代表的含义，再经过综合、判断、推论等空间思维活动，从而想象出各部分的形状、相对位置和组合方式，直至最后形成清晰而正确的整体形象。

笔记

一、搞清楚视图中图线和线框的含义

如图 3-89（a）所示，视图中的轮廓线可以有三种含义：

① 表示物体上具有积聚性的平面或曲面；

② 表示物体上两个表面的交线；

③ 表示曲面的轮廓素线。

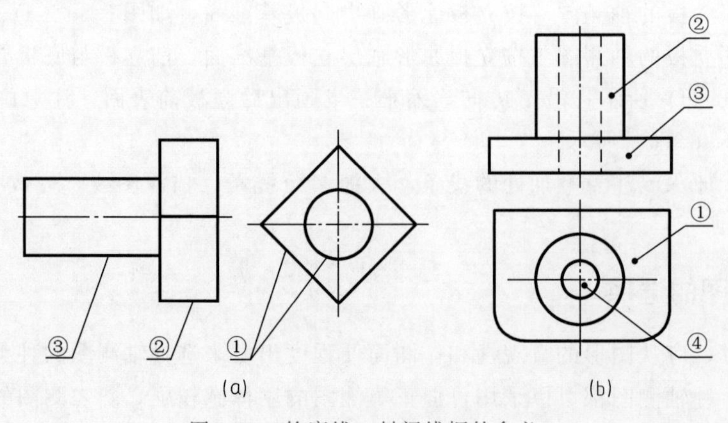

图 3-89 轮廓线、封闭线框的含义

如图 3-89（b）所示，视图中的封闭线框可以有四种含义：

① 表示一个平面；

② 表示一个曲面；

③ 表示平面与曲面相切的组合面；

④ 表示一个空腔。

二、几个视图联系起来读图

组合体的读图方法 2

一个投影只能表示三维形体的两个方向上的形状和相对位置，因此，单独的一个不加任何标注的视图是不能表达清楚空间形体的，多个视图才能很好表达物体。

如图 3-90 所示，它们的主视图都相同，但是实际上表达了三种不同形状的物体。所以，只有把主视图与其它视图联系起来识读，才能判断它们的形状。

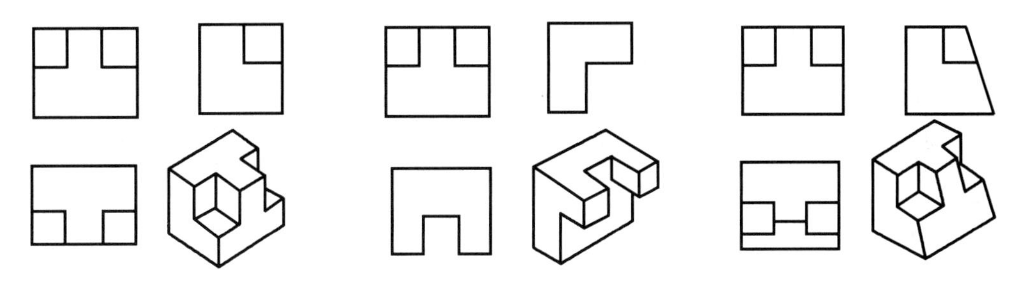

图 3-90　一个视图不能确定物体的形状

还有些图形，往往两个视图也不能唯一表达物体的形状。如图 3-91 所示，它们的主视图和俯视图都相同，但是也表达了三种不同形状的物体。实际上，还可以构思出更多不同形状的物体。由此可见，读图时必须将所给出的全部视图联系起来分析，才能正确想象出物体的形状。

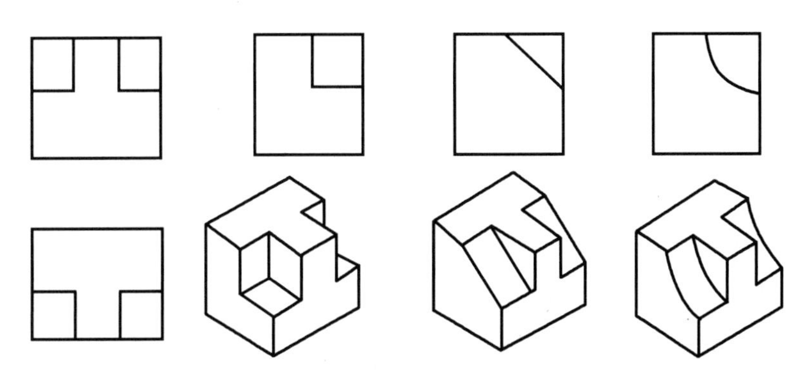

图 3-91　有时候两个视图也不能唯一表达物体

笔记

三、善于利用特征视图构思物体的形状

特征视图就是指反映形状特征最充分的视图。读图时，只要抓住特征视图，并从特征视图入手，再配合其他视图，就能较快地将物体的形状想象出来。

如图 3-92 所示，俯视图是反映形体特征最充分的视图，而主视图和左视图均为长方形，这一类物体可由特征基面拉伸形成立体为拉伸体。

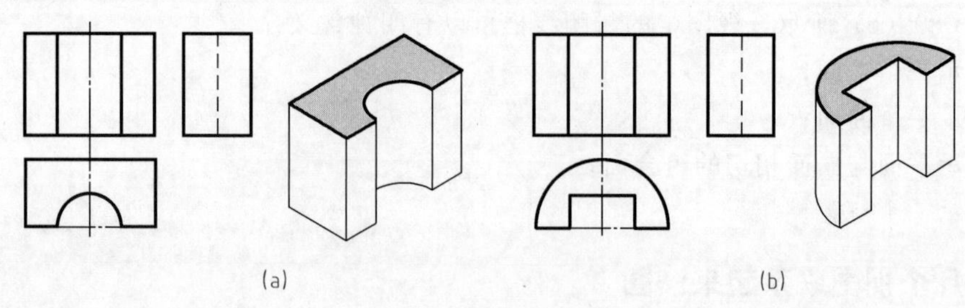

图 3-92 抓住特征视图

组合体每一组成部分的特征，并非总是集中在一个视图上，读图时要分别抓住反映该部分形状特征的视图想象其形状。对于组合体来说，形体特征又分为形状特征和位置特征。分析组成组合体的每一部分的形状时，要以反映该部分形状特征最明显的特征视图为主。而分析组合体各部分之间的相对位置和组合关系时，则要从反映形体间的位置特征最明显的视图来分析。

读图的过程是“由图想物”的过程，根据所给出的视图想象物体的空间形状，再与视图对照，修正想象中的物体形状，直到两者完全符合。

知识拓展

第三角简介

目前，国际上使用的两种投影制，即第一角投影（又称第一角画法）和第三角投影（又称第三角画法），中国、英国、德国和俄罗斯等国家采用第一角投影，而有些国家（美、英、日等）则采用第三角画法。为了便于阅读国外资料，增进国际间技术交流，现对第三角画法作以简要介绍。

笔记

一、第三角投影基本知识

如图 3-93（a）所示，三个互相垂直的投影面 V、H 和 W 将空间分成八个区域，每一区域称为一个分角，若将机件放在 H 面之上，V 面之前，W 面之左进行投射，则称第一角投影，如图 3-93（b）所示。若将机件放在 H 面之下，V 面之后，W 面之左进行投射，则

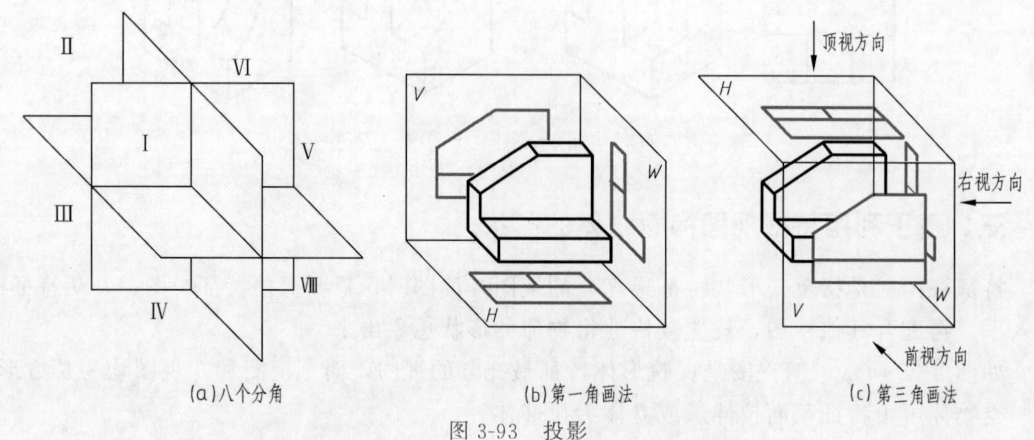

图 3-93 投影

称第三角投影，如图 3-93（c）所示。在第一角投影中，机件放置在投影面与观察者之间，形成人-物-面的相互关系，机件在第一角投影中得到的三视图是主视图、俯视图、左视图，如图 3-94（a）所示；而在第三角投影中，投影面位于观察者和机件之间，就如同隔着玻璃观察机件并在玻璃上绘图一样。即形成人-面-物的相互关系，机件在第三角投影中得到的三视图是前视图、顶视图、右视图，如图 3-94（b）所示。和第一角画法一样，即在同一张图上按正常位置配置时，则一律不注写视图名称，但要注意视图间的前后关系。

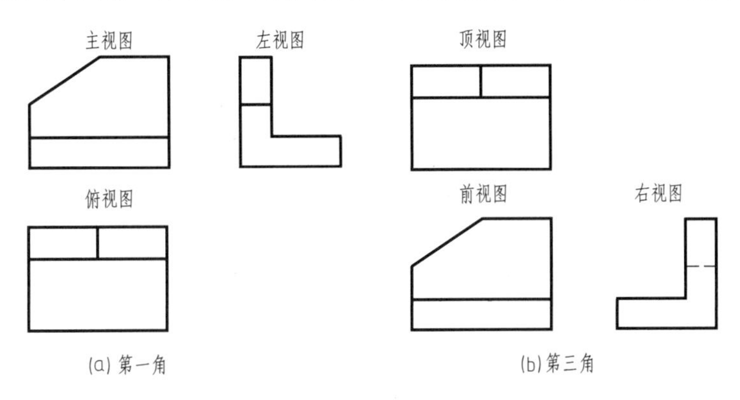

图 3-94　三视图

二、第三角画法的标志

国家标准（GB/T 14692—2008）中规定，采用第三角画法时，必须在图样上画出第三角投影的标志，其标志符号如图 3-95 所示。

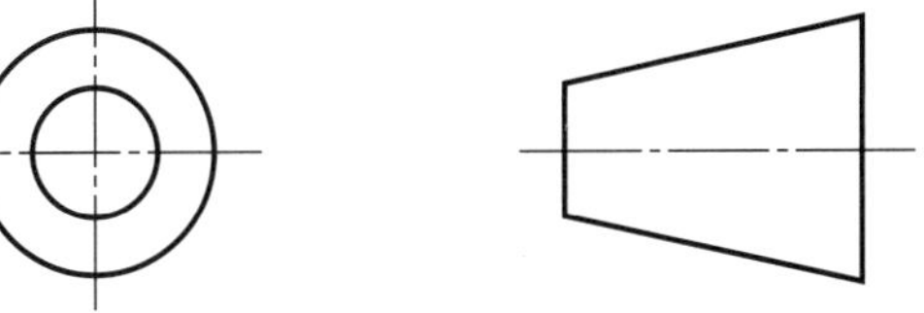

图 3-95　第三角画法识别符号

任务实施

一、读图方法与步骤

读组合体视图的基本方法是形体分析法，辅助方法是线面分析法。

（1）运用形体分析法读图，就是根据组合体三视图，看清视图，利用线面分析法即点、线、面的投影关系，分出每个线框。

（2）从最能反映物体形状、结构特征的图入手，三个图形联系起来，想象出每一个基本形体的形状。

（3）确定它们的相对位置和组合形式，综合想象出组合体的整体形状。具体分析过程见表 3-27，轴测图的作图采用的是叠加法，即将形体看作是由几个简单形体叠加而成的，按其相对位置逐个画出各简单形体的轴测图，从而完成整体的轴测图。

二、由二视图补画第三视图

具体作图步骤见表 3-28，所用的轴测图的画法为切割法，在轴测图中首先画出一个基本几何体，其次根据实际形体的切割情况从其上进行挖切，作出该形体的轴测图。表 3-29 为综合式组合体的图形，轴测图的作图采用的是叠加法，即将形体看作是由几个简单形体叠加而成的，按其相对位置逐个画出各简单形体的轴测图与另一视图，补全三视图。

笔记

表 3-27 立体的读图

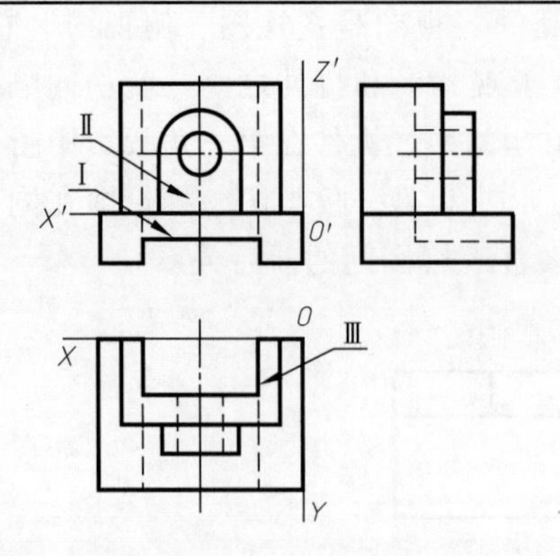	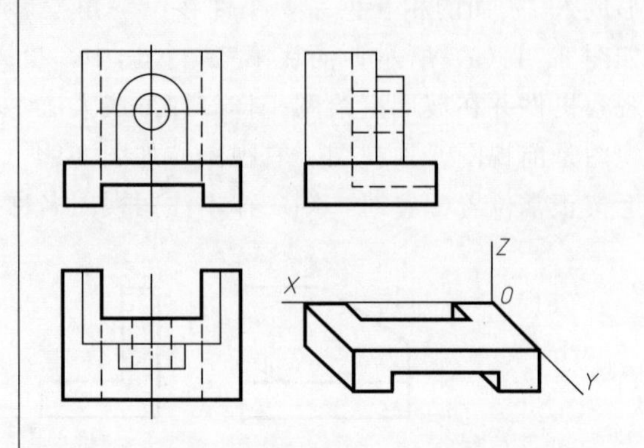
形体分析：立体由三个部分组成，只有平行于正立投影面的圆，其它方向为平面体，采用便于作图的斜二测图，在平面图上确定绘制轴测图的坐标系，X、Y、Z 轴，O 点	对投影，想形状：底板的三视图为近似长方形，由坐标法画出底板的形状，为长方体挖去两部分，在下面的作图中省略轴测轴
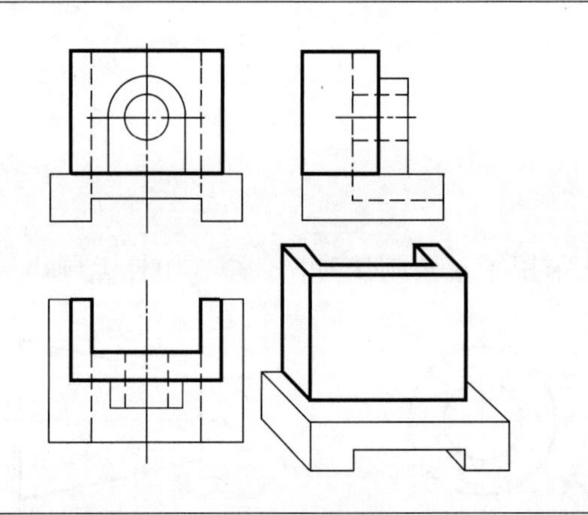	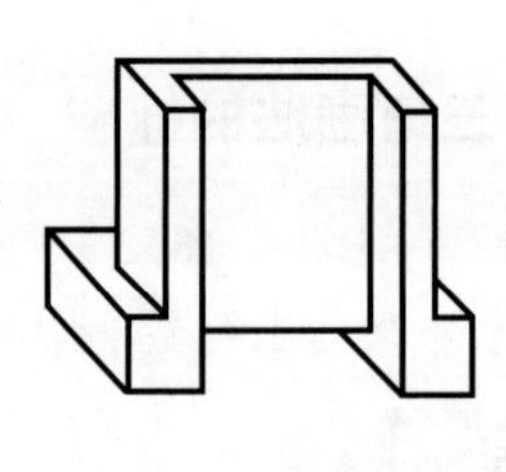
对投影，想形状：立板的三视图也为近似长方体，由叠加法画出立板的形状	注意：组合体为一个物体，立板与底板叠合，叠合后后面平齐为一个面
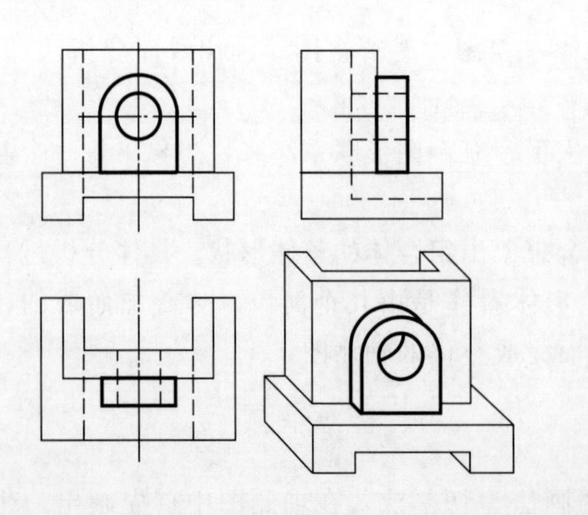	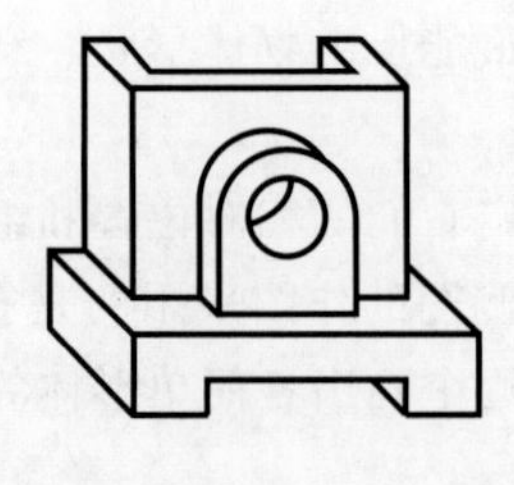
对投影，想形状：凸台的主视图最能反映物体的形状结构特征为倒U形，俯、左视图为长方形，凸台形状为下部长方体，上部半圆柱，与底、立板为叠合，挖通孔	想象出物体的整体形状

笔记

表 3-28　由二视图补画第三视图（一）

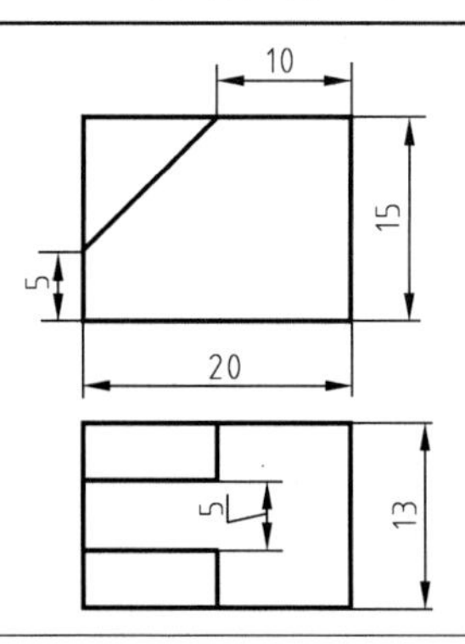

由立体的主、俯视图，补画第三视图

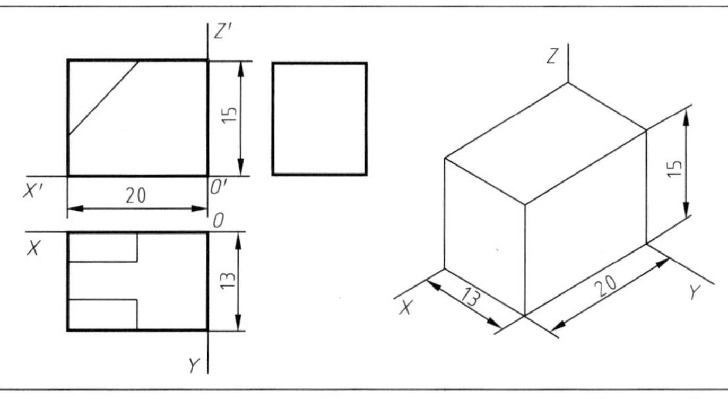

分析判断基本形体：该形体的主视图、俯视图外围轮廓为长方形，形体的基本几何体是长方体。在平面图上标注坐标轴与圆点，用正等测图作长方体，画出长方体左视图的长方形

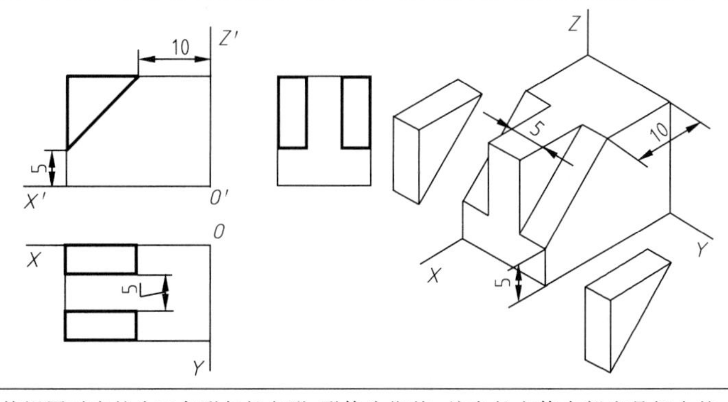

切口的形状：由主、俯视图对应的为三角形与长方形，形体为楔块，处在长方体内部应是切去的，按相对坐标作出轴测图，并补齐楔块的长方形左视图

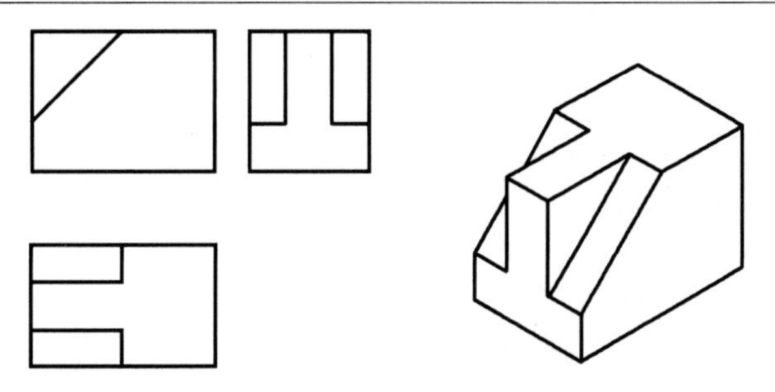

想象出物体的整体形状，检查描深

笔记

表 3-29 由二视图补画第三视图（二）

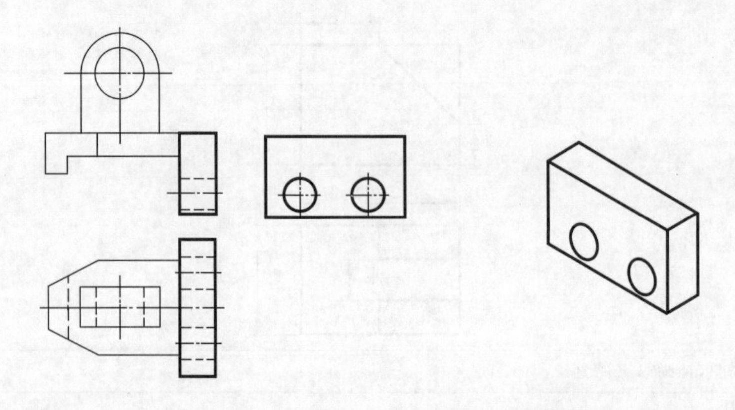

形体分析，对投影想形状：立体由三个部分组成，在平行于 V、W 面上都存在圆，轴测图采用正等测图，立板由主、俯视图为长方形判断立体为长方体，虚线为长方形且有回转轴线，应为圆柱孔，绘出左视图长方形和圆的图形

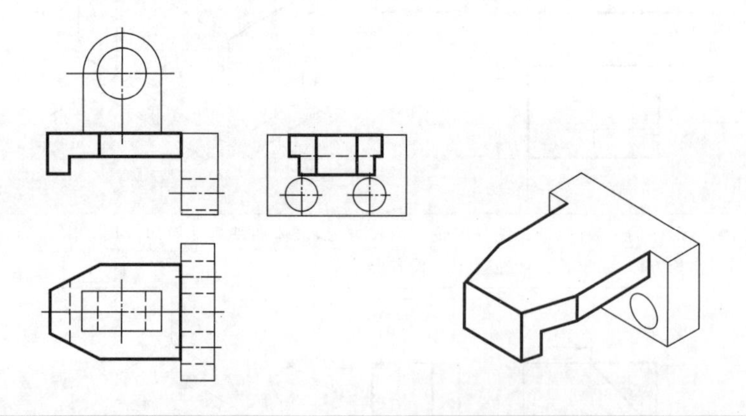

对投影想形状：水平板主视图为翻 L 形，俯视图为长方形切去一块，下部伴有虚线，形状如轴测图所示，水平板与立板为叠合，上表面平齐，所绘图形上表面为一个面，没有交线，根据线面分析法绘出左视图图形

笔记

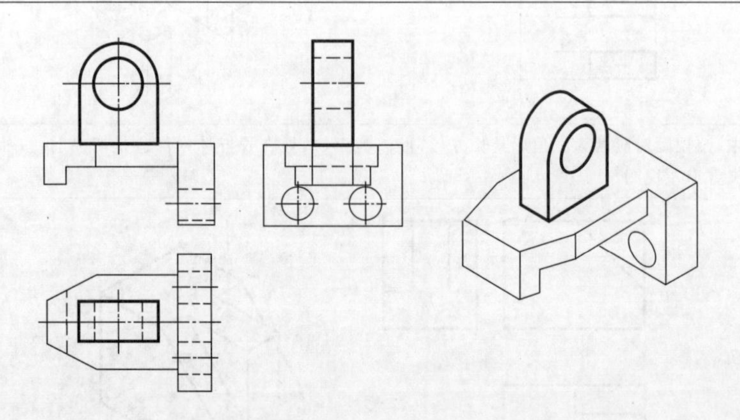

对投影想形状：上部立板主视图为反 U 形加内圆，俯视图为长方形加虚线，立体为挖去圆柱孔的反 U 形立体，根据线面分析法绘出左视图图形

续表

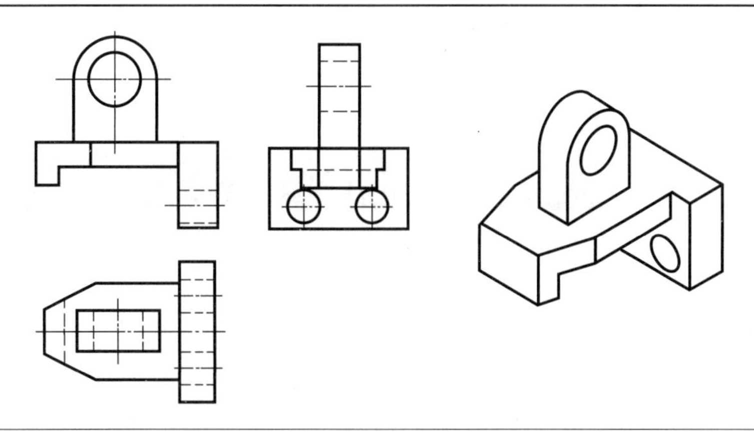

想象出物体的整体形状，检查描深

课后任务

观察生活中的各种立体图与机械制图中轴测图的区别。

笔记

项目四

全加工面零件的测绘

思政目标

1. 了解技术要求在机械化大生产中的作用，近年来我国现代大生产、自动化的发展成绩，增强民族自豪感。

2. 以轴类零件为切入点，通过补充介绍大国重器故事，了解大型轴经过铸造、锻造、加工，提高强度，强化创新意识和工匠精神。

任何一台机器、设备都是由许多零件按一定的装配关系和技术要求装配而成的，零件是组成机器的最小单元，这些零件按预定的方式连接起来，使彼此保持一定的相对关系，从而实现某种特定的功能。由零件装配成机器、设备时，往往根据不同的组合要求分成若干个装配单元，称为部件。为便于叙述，我们将机器、设备或其部件统称为装配体。零件与装配体是局部与整体的关系。

表达单个零件结构形状、大小及技术要求的图样称为零件图。它是加工、制造和检验零件的依据，又是设计和生产过程中的重要技术文件。参照下面的阀杆零件图，一张完整的零

笔记

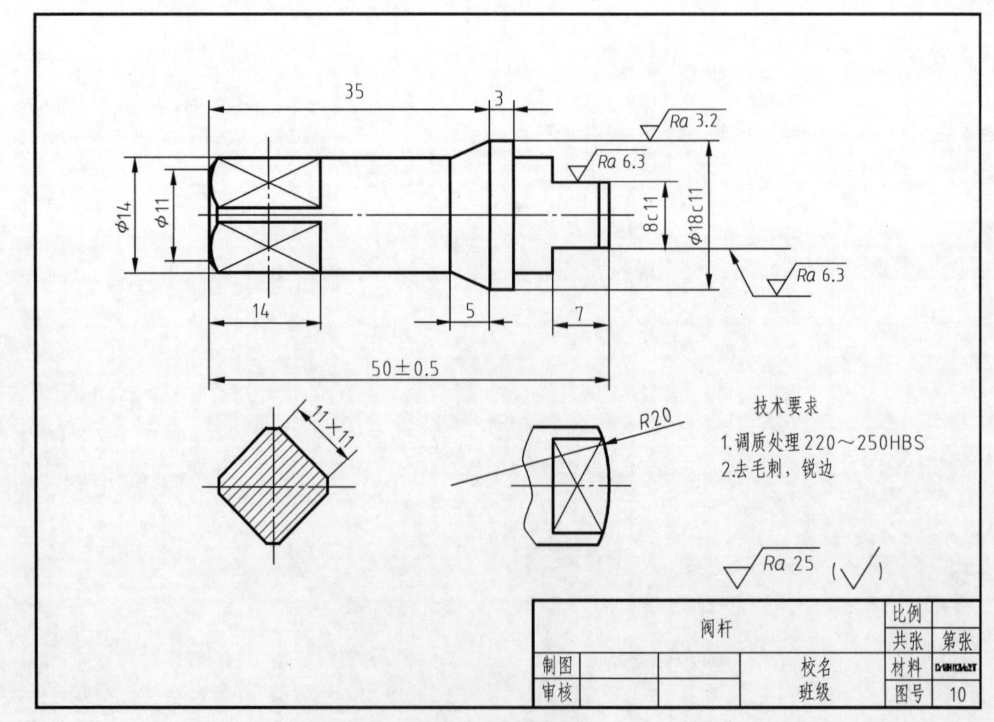

阀杆零件图

件图应包括以下内容：

（1）一组视图：包括视图、剖视图、断面图等表达方式，用于正确、完整、清晰地表达零件的结构。

（2）完整的尺寸：应正确、完整、清晰、合理地标注出制造、检验零件的全部尺寸。

（3）技术要求：用规定的符号、数字及文字说明零件在制造和检验过程中应达到的各项技术要求。如表面结构、极限与配合、几何公差、材料的热处理与表面处理要求等。

（4）标题栏：用于填写出零件的名称、材料、重量、数量、绘图比例、有关人员签名及日期等。

全加工面零件分不带螺纹全加工面零件、带螺纹全加工面零件，以两类零件的测绘进行讲解，最后讲解全加工面零件中的典型零件轴套类零件的测绘。

零件图的内容

任务一　不带螺纹全加工面零件测绘

知识目标：

1. 学习国家标准关于各种视图、单一剖切面的剖视图概念及其标注的有关规定；
2. 理解视图、单一剖切面剖视图的种类、应用及表达重点；
3. 理解零件图的组成；
4. 掌握高精度零件的测绘方法；
5. 掌握零件技术要求的标注方法。

能力目标：

通用正确的方法测绘不带螺纹全加工面零件，并且根据不同机件的特点，合理选择剖切方法和剖切位置，正确、完整、清晰地绘制零件的视图，书写技术要求、标注尺寸，完成部

笔记

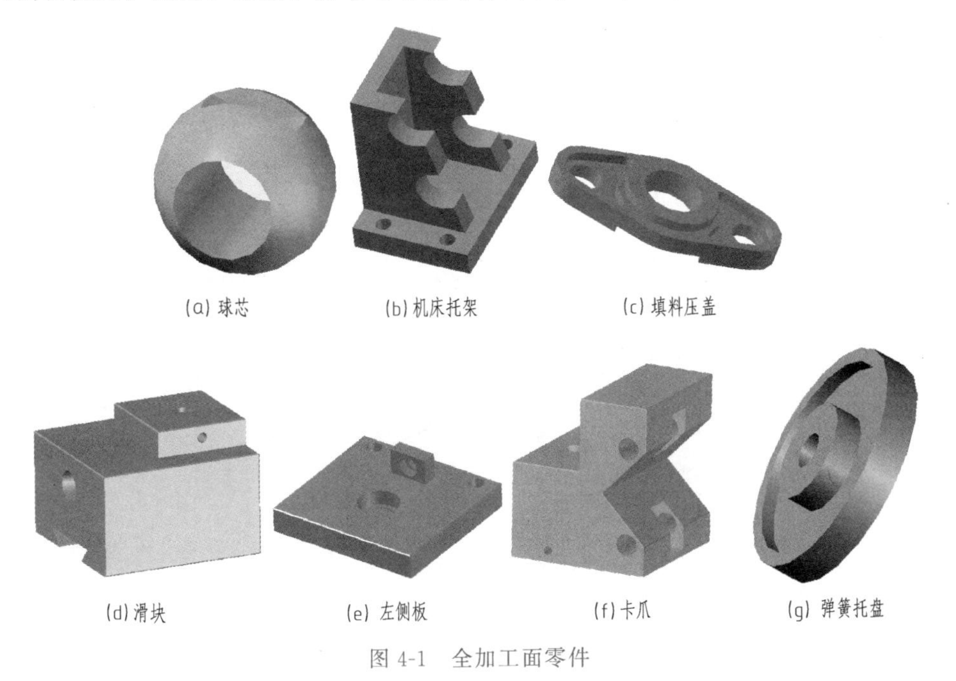

图 4-1　全加工面零件

分不带螺纹全加工面零件的零件图。

任务要求：

1. 分析图 4-1 各零件在装配体中的作用；
2. 测量各零件的尺寸并合理标注，绘制草图；
3. 选择合适的表达方案，绘制零件图。

相关知识内容

第一部分　视　图

在生产实际中，零件的内外结构千变万化，三视图难以将物体表达清楚，国家标准《技术制图》《机械制图》对零件的外部形状和内部结构规定了多种表达方法。根据国家标准《技术制图　图样画法　视图》（GB/T 17451—1998）《机械制图　机件上倾斜结构的表示法》（GB/T 24739—2009）及《机械制图　图样画法　视图》（GB/T 4458.1—2002）的规定，视图通常包括基本视图、向视图、局部视图和斜视图四类。

零件外形的表达

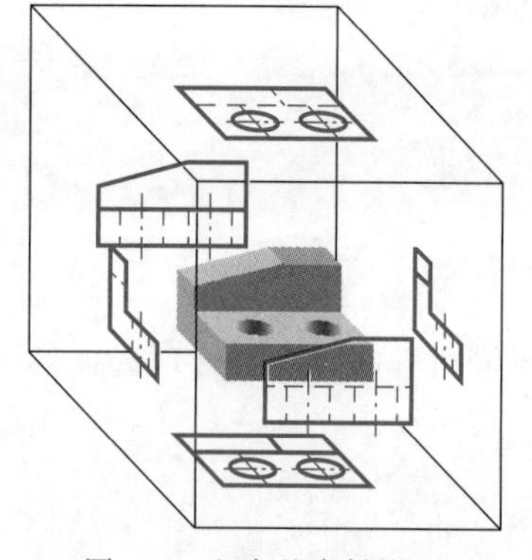

图 4-2　六个基本投影面

一、基本视图

制图标准中规定，以正六面体的六个面为基本投影面，如图 4-2 所示，把零件放置在空的正六面体内，使之处于观察者与基本投影面之间，将零件分别向六个基本投影面投射，得到六个基本视图：主视图、俯视图、左视图、右视图（自右向左投射）、仰视图（自下向上投射）、后视图（自后向前投射）。

各基本投影面的展开方法如图 4-3 所示，展开后各视图的配置如图 4-4 所示。

笔记

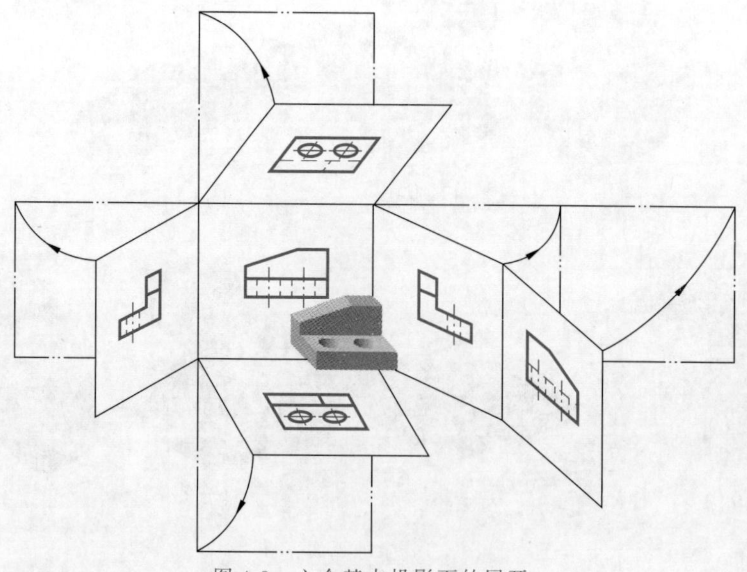

图 4-3　六个基本投影面的展开

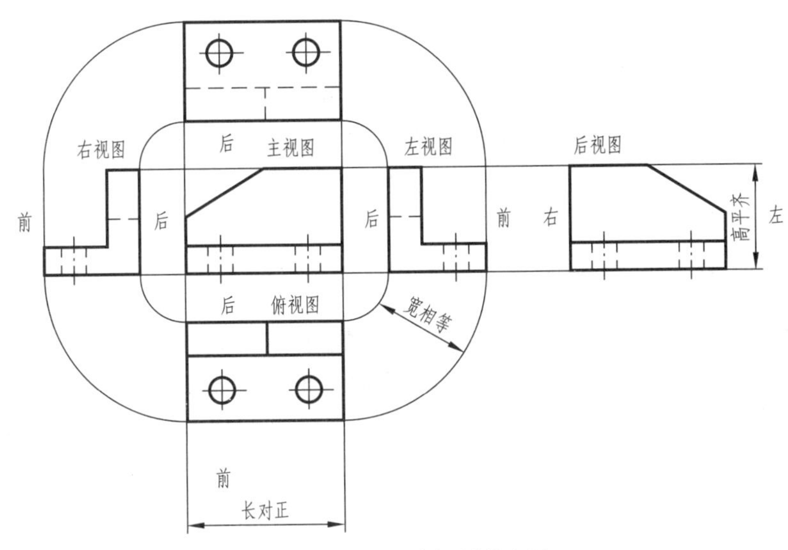

图 4-4　六个基本视图的配置

基本视图的投影规律如下：

（1）投影规律：六个基本视图要保持“长对正、高平齐、宽相等”的投影规律，即主视图、俯视图和仰视图长对正；主视图、左视图、右视图和后视图高平齐；左视图、右视图、俯视图和仰视图宽相等。

（2）位置关系：六个基本视图的配置，反映了零件的上下、左右和前后的位置关系，如图 4-4 所示。应特别注意，左、右视图和俯、仰视图靠近主视图的一侧，都反映零件的后面，而远离主视图的一侧，都反映零件的前面。

六个基本视图按图 4-4 所示位置配置时，称为按投影关系配置，一律不标注视图的名称。

笔记

二、向视图

1. 向视图的画法

基本视图是按规定的位置配置的视图，而向视图是可以自由配置的视图，是基本视图的另一种表达方式，是移位（不旋转）配置的基本视图。相比于基本视图，向视图的配置更加灵活。如图 4-5 中的 *B*、*C*、*D*、*E* 向视图分别是没有按基本视图的位置配置的右视图、仰

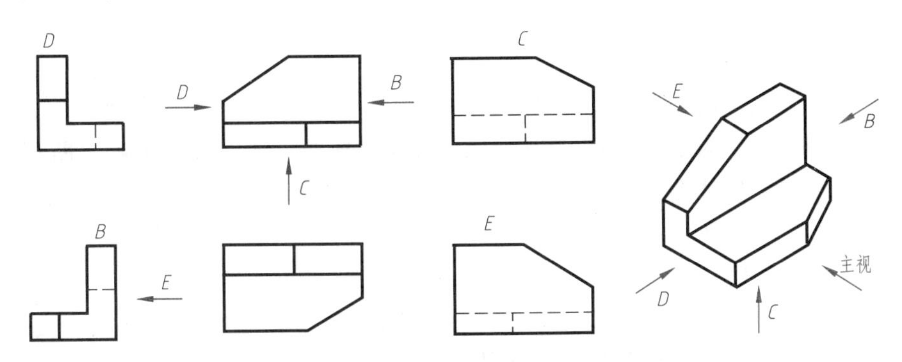

图 4-5　向视图及其标注

视图、左视图和后视图。

2. 向视图的标注

为便于查找自由配置后的向视图，必须在对应视图的上方标注“×”（“×”为大写的拉丁字母），在相应视图的附近，用箭头指明投射方向并标注相同字母，如图 4-5 所示。

注：为使所获向视图与基本视图一致，表示投射方向的箭头应尽可能配置在主视图上，表示后视图投射方向的箭头最好配置在左视图或右视图上。

三、局部视图

将零件的某一部分向基本投影面投射所得的视图称为局部视图。

如图 4-6 所示零件，画出机件的主、俯视图后，底板和圆柱形立柱已表达清楚，两凸台未表达清楚，有了左视图则左凸台能表达清楚，而底板和立柱为重复表达，为此，将左凸台向基本投影面投射，只画出基本视图的一部分，即左凸台采用局部视图，则使表达更清晰，右凸台同样作图。

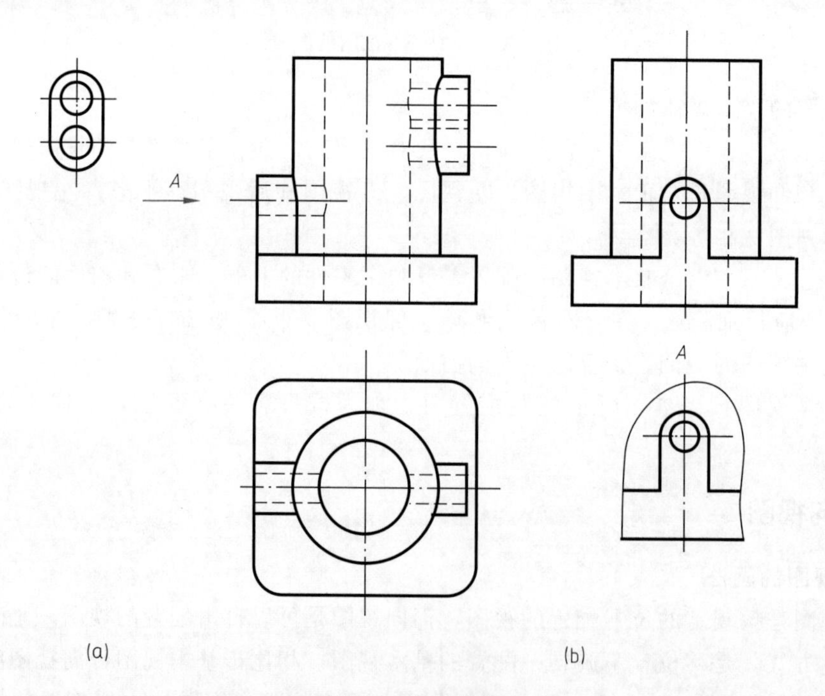

图 4-6 局部视图

笔记

1. 局部视图的画法

局部视图是从完整的图形中分离出来的，必须与相邻的其它部分假想地断裂。视图断裂处应以波浪线或双折线表示，如图 4-6 所示 A 向局部视图。波浪线应不超出断裂机件的轮廓线，应画在机件的实体上，不可画在中空处。当局部视图的外形轮廓线成封闭时，则不必画出断裂边界线，如图 4-6（a）所示。

2. 局部视图的标注

（1）局部视图可以按向视图配置和标注，如图 4-6 所示 A 向局部视图。

（2）局部视图若按基本视图配置，与相应的基本视图之间无其它图形隔开时，则不必标注，如图 4-6 所示右凸台的局部视图。

四、斜视图

将零件向不平行于任何基本投影面的辅助投影面投射所得到的视图称为斜视图。

如图 4-7 所示，基本视图不能显示零件倾斜部分的实形，给画图和看图带来一定的困难，可设置一平行于零件表面的正垂面的辅助投影面，然后以垂直于倾斜表面的方向，向辅助投影面投射，再将投影面旋转到与其垂直的基本投影面重合的位置，就得到反映零件倾斜表面实形的斜视图，避免了倾斜结构在视图上的复杂投影。

1. 斜视图画法

斜视图一般只要求表达出倾斜部分零件的形状，因此，斜视图的断裂边界以波浪线或双折线绘制，如图 4-7（a）所示。

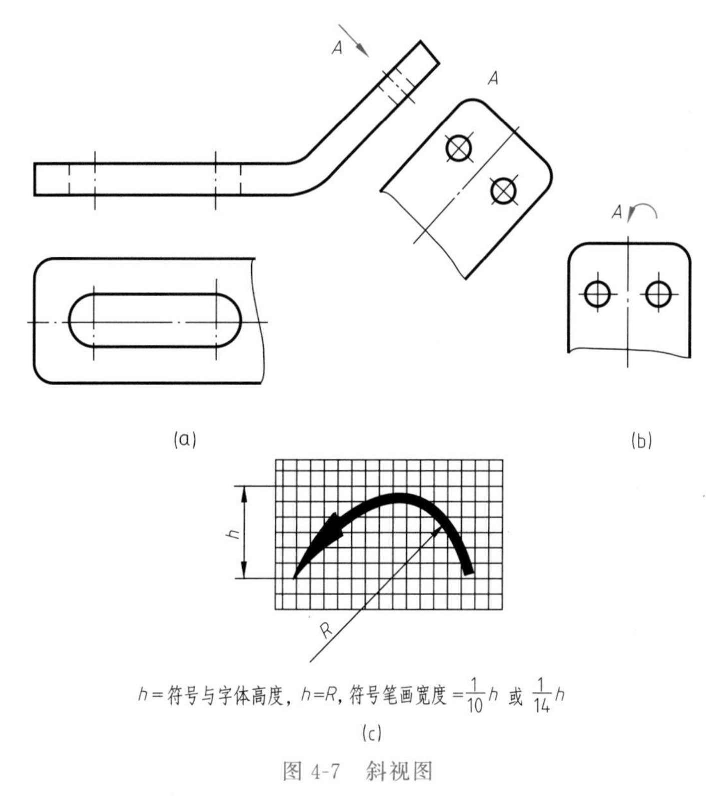

图 4-7　斜视图

注：辅助投影面必须垂直于某一基本投影面，且平行于零件的一部分。

2. 斜视图的标注

斜视图标注方法与向视图相同。

斜视图通常按投影关系配置，必要时也可配置在其他适当位置。在不致引起误解时，允许将图形旋转，这时用旋转符号“↶”表示旋转方向，箭头方向表示旋转的实际方向，表示视图名称的拉丁字母“×”写在旋转符号箭头端如“A↶”，如图 4-7（b）所示。如需标注旋转角度允许将旋转角度注写在字母之后。旋转符号的画法如图 4-7（c）所示。

第二部分　单一剖切面的剖视图

视图中，机件的内部结构多用虚线来表示，当零件内部形状较为复杂时就出现较多虚

笔记

线，虚线影响图形清晰，给看图、画图和标注尺寸带来困难。为此，GB/T 4458.6—2002中规定了剖视图的表达方法，主要用来表达机件的内部结构；对于轴上的键槽、销孔、机件的肋、轮辐等实心件的断面形状，用断面图表达。

一、剖视图的基本概念

（一）剖视图的形成

如图 4-8 所示，假想用剖切面将机件剖开，将处在观察者和剖切面之间的部分移去，而将其余部分向投影面投射所得到的图形称为剖视图，简称剖视。如图 4-9 所示，(a)、(b) 分别为物体的剖视图与视图，可见采用剖视后，零件内部不可见轮廓成为可见，用粗实线画出，省略了虚线，这样图形更清晰，便于看图和画图。

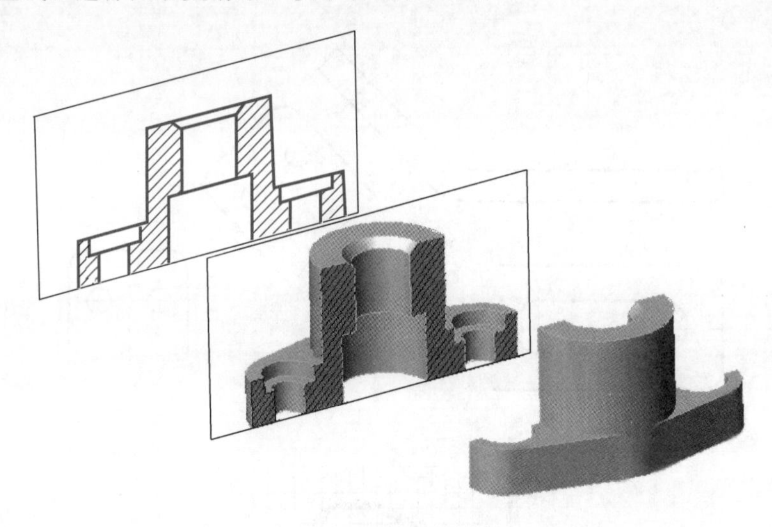

图 4-8 剖视的概念

笔记

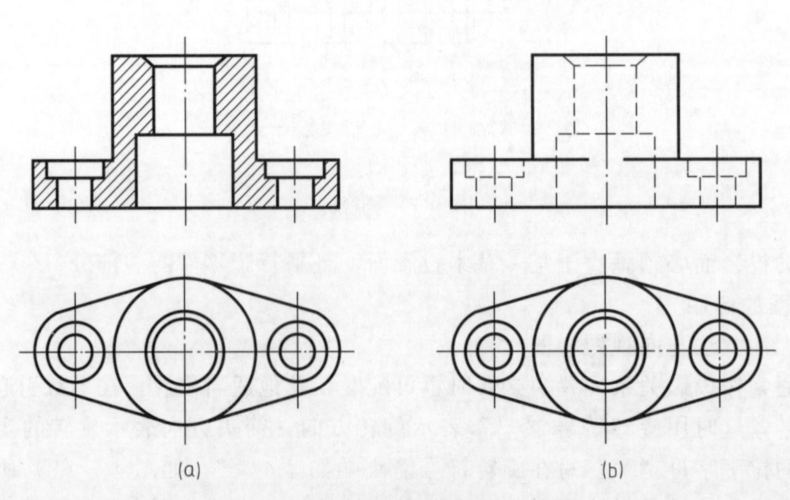

图 4-9 机件剖视图与视图的比较

（二）剖视图的画法

(1) 剖切面的位置。为了清晰地表示零件内部真实形状，一般剖切面应平行于相应的投影面，并通过零件孔、槽的轴线或与零件的对称平面相重合。

（2）图形的完整。剖视图是一种假想画法，并没有真正将机件剖开，一个视图画成剖视，其它视图仍应完整画出或以完整机件作原型再进行剖切。

（3）图形的清晰。剖视图中的不可见轮廓，在其它视图中已表达清楚时，可省略不画，如图 4-9（a）主视图中不画虚线；若画少量虚线既可减少视图的数量，又可以使机件的表达更清晰，也可画出必要的虚线，如图 4-10 所示。

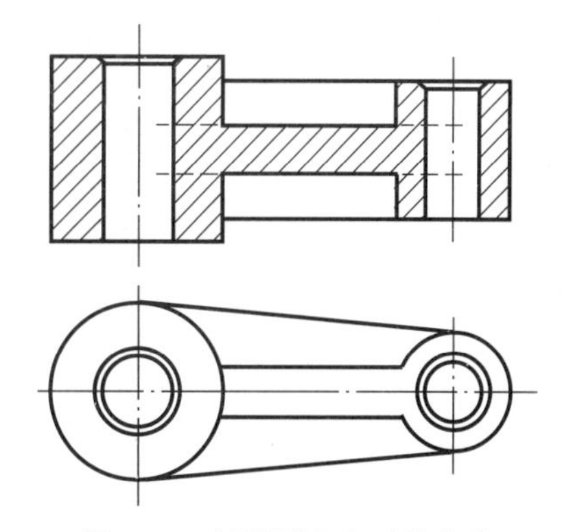

图 4-10　剖视图中必要的虚线

（4）剖面符号。剖视图中，剖切面与机件相交的实体剖面区域应画出剖面符号。为使图形更有层次感，在剖面区域内画出与零件材料相应的剖面符号，各材料剖面符号见表 4-1。

表 4-1　材料的剖面符号

材料	剖面符号	材料	剖面符号	材料	剖面符号
金属材料(已有规定符号者除外)		型砂、填砂、陶瓷刀片、硬质合金刀片等		木材纵剖面	
非金属材料(已有规定符号者除外)		混凝土		木材横剖面	
线圈绕组元件		钢筋混凝土		木质胶合板	
玻璃及供观察用的其它透明材料		液体		格网(筛网、过滤网等)	

笔记

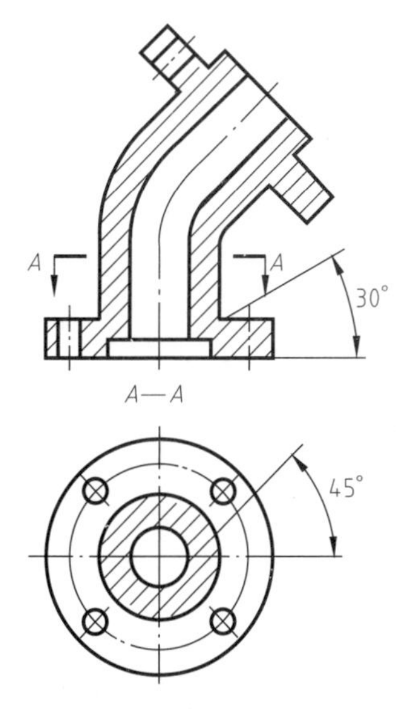

图 4-11　剖面线的画法

金属材料的剖面符号简称剖面线，应画成与主要轮廓线或剖面区域对称线成 45°的一组等间隔的平行细实线。同一张图样上，同一机件的剖面线应方向和间隔一致。如图形的主要轮廓线或剖面区域的对称线与水平线成 45°或接近 45°时，该图形的剖面线可画成与主要轮廓线或剖面区域的对称线成 30°或 60°的平行线，如图 4-11 所示，剖面线之间的距离视剖面区域的大小而定。

（三）剖视图的标注

（1）一般应在剖视图的上方标注“×-×”（×为大写拉丁字母），便于找出剖视图与其它视图的投影关系。如图 4-11 所示，在相应的视图上标注三个要素：

① 剖切线“——·————·———”。表示剖切位置的线，用细点画线表示，画在剖切符号之间，可省略标注。

② 剖切符号“┌↓　┐↓”。指示剖切面起、迄和转折位置

(用粗实线表示，线宽为 d，线长约为 5mm，画时应尽可能不与图形的轮廓线相交)，在起、迄处剖切符号外侧画上与剖切符号垂直的箭头表示投射方向。

③ 在视图剖切符号附近注上字母，字母一律水平书写。

(2) 省略标注。

① 当视图与剖视图之间按投影关系配置且无其它图形隔开时，可省略表示投射方向的箭头；

② 当单一剖切面通过零件的对称平面剖切，可省略剖切符号与字母，如图 4-9 所示。

二、剖视图的分类

剖视图中假想的剖切面分为剖切平面和剖切曲面，在此只介绍剖切平面。根据剖切面的数量及剖切面的组合方式进行分类，剖切面分为：单一剖切面、几个平行的剖切面、几个相交的剖切面（交线垂直于某一投影面）。每一种剖视图又按剖切面剖开机件的范围不同，分为全剖视图、半剖视图和局部剖视图。

1. 单一剖切面的全剖视图

零件的外形简单，内部结构复杂时，可用一个剖切平面将物体完全剖开，剖切平面可以平行于基本投影面、也可以不平行于基本投影面。如图 4-9 所示，为剖切平面平行于正立投影面所画的全剖视图，符合省略标注的条件可不标注。

如图 4-12 所示，用不平行于基本投影面的剖切平面剖开零件的倾斜部分，将剖切部分向辅助投影面投射，表达其内部形状。图形通常按斜视图的配置形式配置，在不致引起误解的情况下，也允许将图形旋转。

标注：单一剖切平面的斜剖视图必须加以标注。

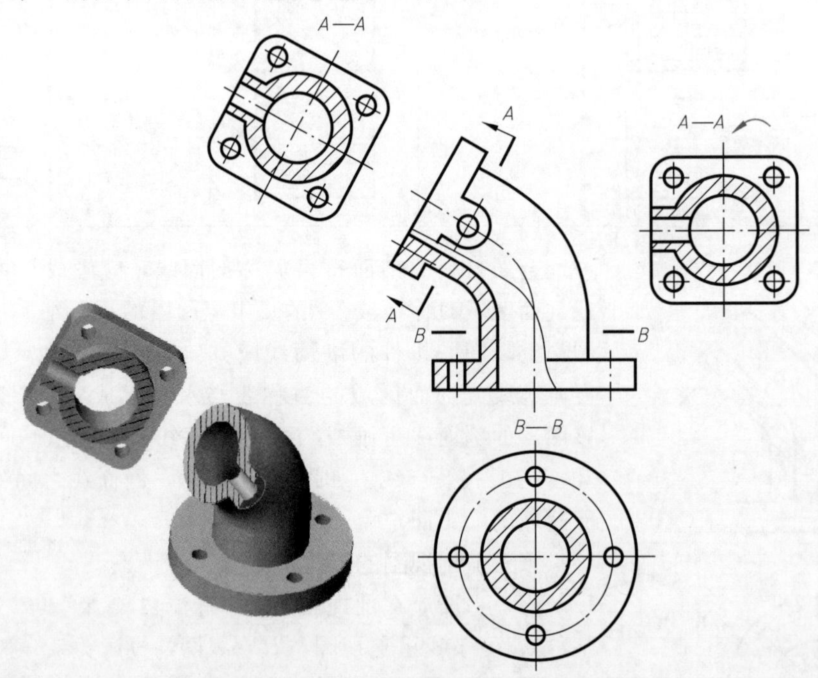

图 4-12 单一斜剖切面剖切的全剖视图

2. 单一剖切平面剖切的半剖视图

当零件具有对称平面时，向垂直于对称平面的投影面上投射所得的图形，可以以对称中心线为界，一半画成剖视，另一半画成视图，这种组合的图形称为半剖视图，如图 4-13 所示。半剖视图适用于内、外形状均需表达的对称或不对称部分已表达清楚的基本对称的机件。

画半剖视图时的注意事项：

（1）半剖视图中，半个剖视图和半个视图的分界线规定画成点画线，而不是粗实线。

（2）半剖视图中，零件的内部形状已由半个剖视图表达清楚的部分，另半个视图中的虚线不必画出。

标注：符合省略标注的条件，可以不加标注，如图 4-13 所示。必须标注时按全剖视图标注。

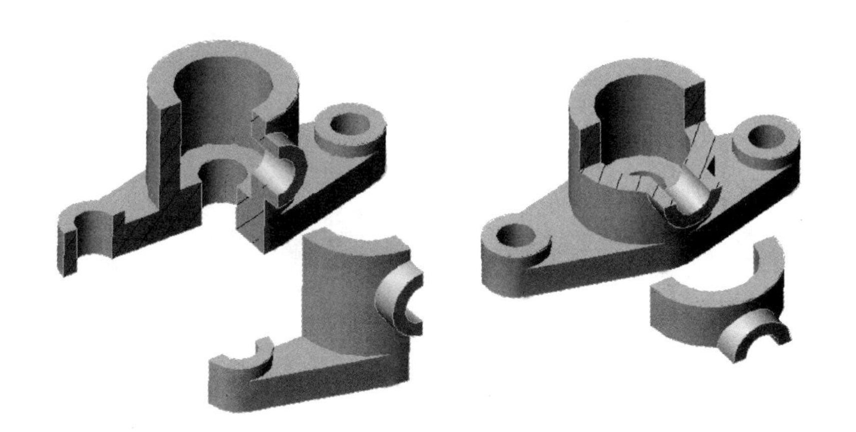

单一剖切面的剖视图

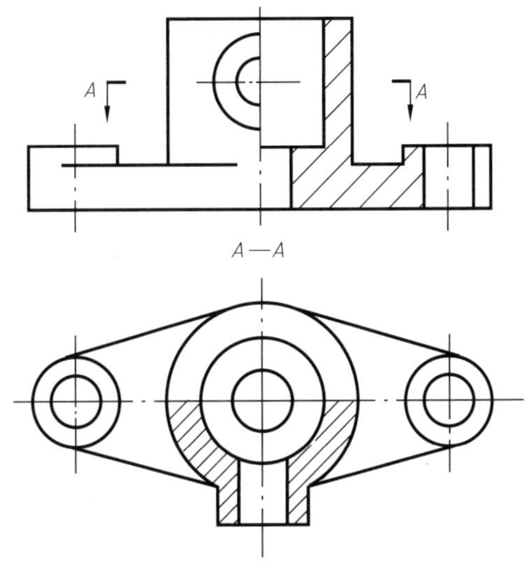

图 4-13　半剖视图

笔记

3. 单一剖切平面剖切的局部剖视图

用剖切面局部地剖开机件所得的剖视图称为局部剖视图，如图 4-14 所示。

局部剖视适用于局部的内、外形状都需要表达的零件或不宜采用半剖视图、全剖视图的场合，其剖切范围的大小，取决于需要表达的内外形状。但应注意，在同一视图中，不宜多处采用局部剖视图，否则图形显得凌乱。

标注：剖切平面为单一剖切面，剖切位置明显时，局部剖视图的标注一般可省略。

注意：(1) 局部剖视图中，视图与剖视图的分界线为波浪线，如图 4-14 所示，波浪线表示实体断裂面的投影，不应与图样的其他图线重合，如图 4-15 所示，实体轮廓外，通孔内没有断裂痕迹，不能画波浪线，如图 4-14 俯视图所示。

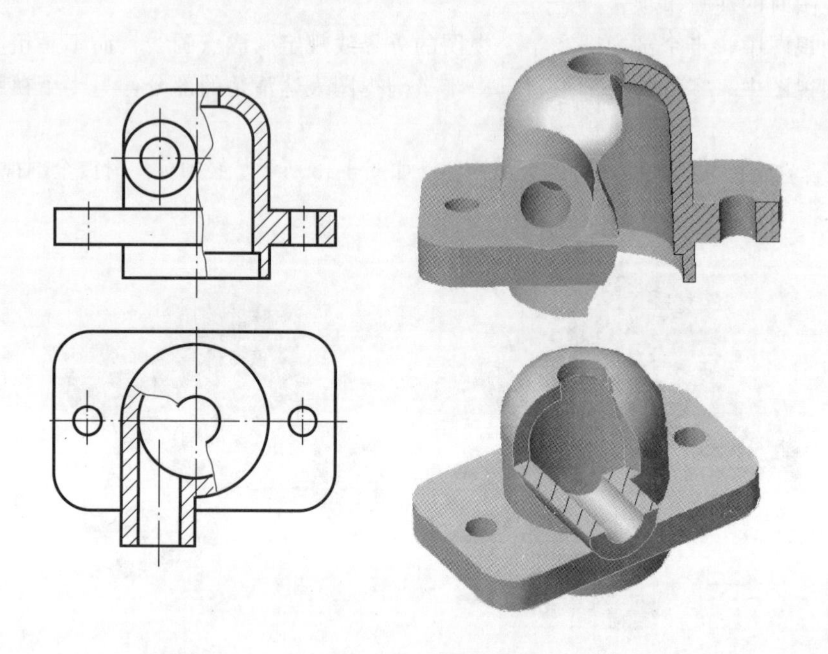

图 4-14　局部剖视图

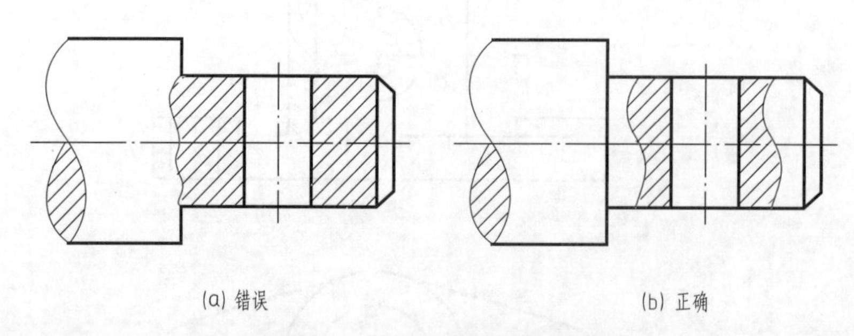

图 4-15　波浪线的错误画法

笔记

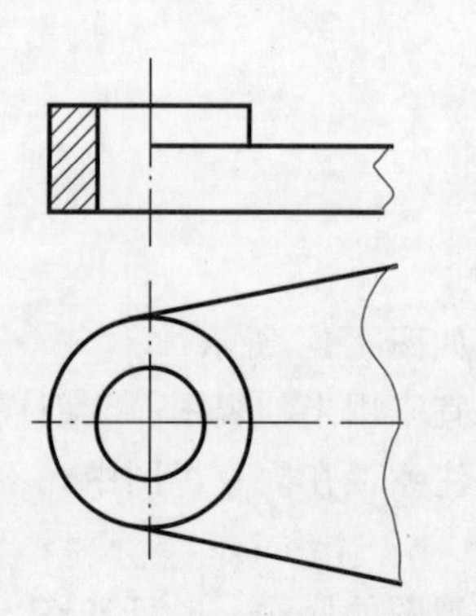

图 4-16　可用中心线代替波浪线

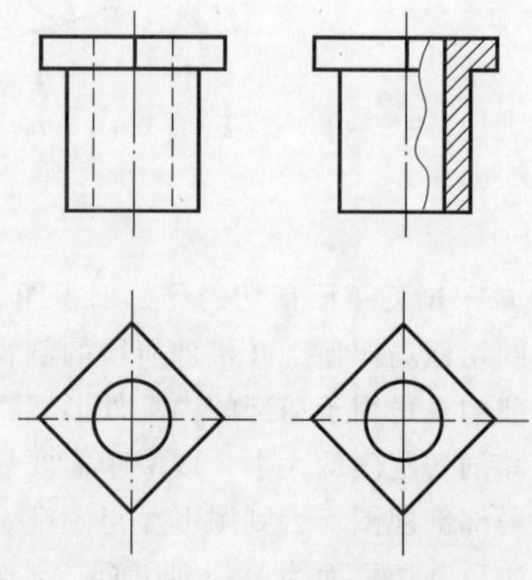

图 4-17　不宜采用半剖视图

（2）当被剖切的局部结构为回转体时，允许将该结构的中心线作为局部剖视图与视图的分界线，如图 4-16 所示。当对称机件在对称中心线处有图线而不便于采用半剖视图时，应采用局部剖视图表示，如图 4-17 所示。

第三部分　零件图的技术要求

零件图是制造和检验零件的重要依据，零件图中除了图形和尺寸外，还需注明零件在制造和检验时需达到的技术要求。零件的技术要求包括表面结构、极限与配合、几何公差、材料的特殊加工或检验及热处理要求等。材料的类型及热处理要求见附录。

一、表面结构

粗糙度

表面结构涉及的国家标准有：

GB/T 131—2006《产品几何技术规范（GPS）　技术产品文件中表面结构的表示法》

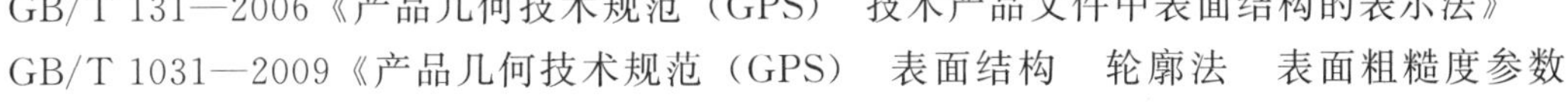

GB/T 1031—2009《产品几何技术规范（GPS）　表面结构　轮廓法　表面粗糙度参数及其数值》

GB/T 3505—2009《产品几何技术规范（GPS）　表面结构　轮廓法　术语、定义及表面结构参数》

表面结构对零件的配合质量、抗拉强度、耐磨性、抗腐蚀性、抗疲劳强度都有很大的影响。表面结构是由粗糙度轮廓参数（R 轮廓）、波纹度轮廓参数（W 轮廓）和原始轮廓参数（P 轮廓）构成的，各种轮廓所具有的特性都与零件表面功能密切相关。在此只介绍粗糙度轮廓参数。

笔记

粗糙度轮廓就是指加工后的零件表面轮廓中具有较小间距和谷峰的那部分。它所具有的微观几何特性称为表面粗糙度，一般是由所采用的加工方法和（或）其它因素形成的。经过机械加工后所得的零件表面，不管多光滑，在金相显微镜下观察都是凹凸不平的，如图 4-18 所示。

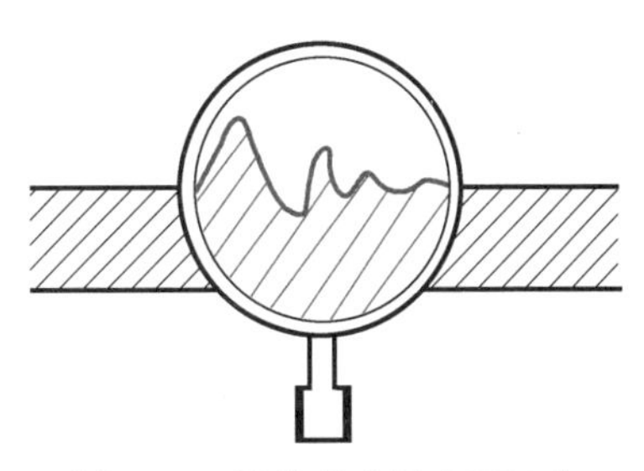

图 4-18　零件的实际表面结构

1. 表面粗糙度的评定参数

表面粗糙度的评定参数，国标规定了多种参数，本部分只介绍常用的轮廓算术平均偏差 Ra 和轮廓最大高度 Rz。

如图 4-19 所示，轮廓算术平均偏差 Ra 定义为在取样长度内，轮廓偏距绝对值的算术

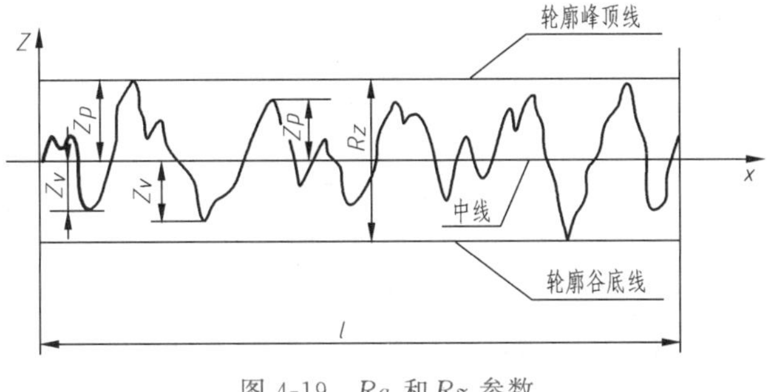

图 4-19　Ra 和 Rz 参数

平均值，即 $Ra=\frac{1}{l}\int_0^l |Z(x)|\mathrm{d}x$。

轮廓的最大高度 Rz 定义为在取样长度内，轮廓峰顶线与轮廓谷底线之间的距离。

2. 表面结构图形符号

（1）表面结构图形符号　表面结构图形符号及意义见表 4-2。表面结构图形符号在图样上用细实线画出。

表 4-2　表面结构图形符号及意义

	符号	含义及说明
基本图形符号		仅用于简化代号标注，没有补充说明时不能单独使用
扩展图形符号		去除材料的方法获得的表面
		不去除材料获得的表面，也可保持上道工序形成的表面
完整图形符号	允许任何工艺　去除材料　不去除材料	三个图形符号还可分别用文字表达为 APA、MRR、NMR 用于报告和合同的文本中
工件轮廓各表面的图形符号		视图上封闭轮廓的各表面有相同的表面结构要求时的符号。如果标注引起歧义时，各表面应分别标注

（2）表面结构图形符号尺寸　图 4-20 和表 4-3 给出了表面结构图形符号的比例和尺寸，尺寸见表 4-2。其中 $H_1=1.4h$（h 为字体高度），$H_2=3h$，小圆直径均为字体高 h，符号的线宽 $d'=h/10$。

笔记

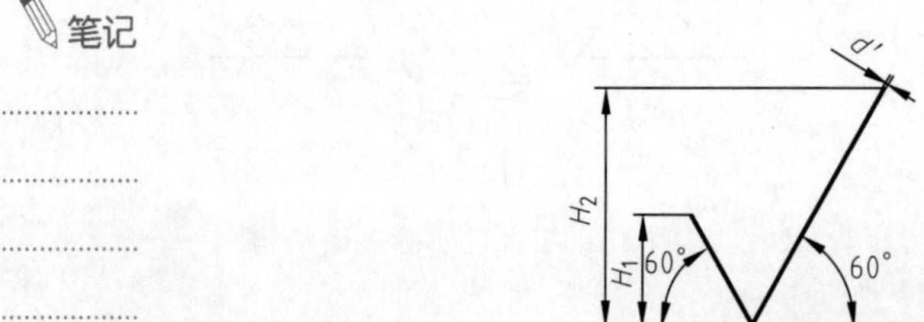

图 4-20　表面结构图形符号画法

表 4-3　表面结构图形符号尺寸

数字和字母高度 h	2.5	3.5	5	7	10	14	20
符号线宽 d' 字母线宽 d	0.25	0.35	0.5	0.7	1	1.4	2
高度 H_1	3.5	5	7	10	14	20	28
高度 H_2（最小值）	7.5	10.5	15	21	30	42	60

在表面图形符号的基础上注上表面特征及有关规定项目后即组成了表面结构完整图形符号。

3. 表面结构要求在图样和其它技术文件中的标注方法

表面结构要求对每一表面一般只标注一次，并尽可能注在相应的尺寸及其公差的同一视图上，除非另有说明，所标注的表面结构要求是对完工零件表面的要求，标注示例见表 4-4。

表 4-4　表面结构要求标注图例

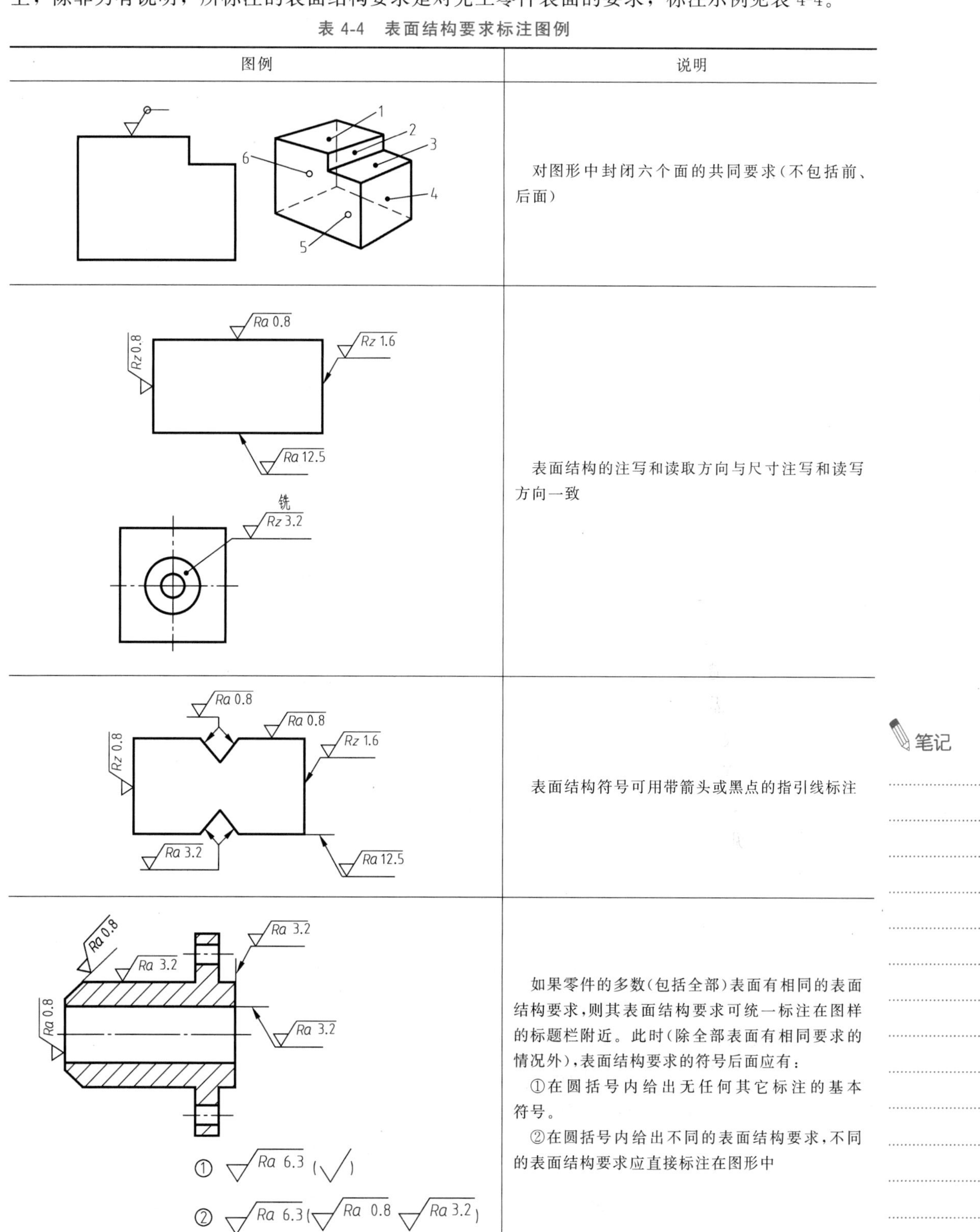

图例	说明
1 2 3 4 5 6	对图形中封闭六个面的共同要求(不包括前、后面)
Ra 0.8　Rz 0.8　Rz 1.6　Ra 12.5　铣 Rz 3.2	表面结构的注写和读取方向与尺寸注写和读写方向一致
Ra 0.8　Ra 0.8　Rz 0.8　Rz 1.6　Ra 3.2　Ra 12.5	表面结构符号可用带箭头或黑点的指引线标注
Ra 0.8　Ra 3.2　Ra 3.2　Ra 0.8　Ra 3.2 ① Ra 6.3 (√) ② Ra 6.3 (Ra 0.8　Ra 3.2)	如果零件的多数(包括全部)表面有相同的表面结构要求,则其表面结构要求可统一标注在图样的标题栏附近。此时(除全部表面有相同要求的情况外),表面结构要求的符号后面应有: ①在圆括号内给出无任何其它标注的基本符号。 ②在圆括号内给出不同的表面结构要求,不同的表面结构要求应直接标注在图形中

笔记

续表

图例	说明
	当多个表面具有相同的表面结构要求或图纸空间有限时，可以采用简化注法。用带字母的完整符号，以等式的形式，在图形或标题栏的附近，对有相同表面结构要求的表面进行简化注法
	表面结构和尺寸可以标注在延长线上或分别标注在轮廓线或尺寸界线上
	标注在几何公差框格的上方

4. 表面粗糙度的确定

（1）表面粗糙度的确定方法

表面粗糙度需根据各个表面的工作要求及精度等级来确定，测绘时常用四种方法：

① 用相关仪器测量出有关的数据，再参照我国国标中的数值加以圆整确定；

② 用粗糙度样块进行比较确定；

③ 类比法，参考同类零件粗糙度的要求来确定，表面粗糙度的表面特征、经济加工方法及应用举例见表 4-5；

④ 根据零件的配合性质、尺寸公差等级及形位公差值，经查阅手册来确定，相关参数推荐值见附录五。

（2）表面粗糙度的确定原则

① 一般情况下，零件的接触表面比非接触表面的粗糙度要求高。

② 摩擦表面应比非摩擦表面光滑；零件表面有相对运动时，相对速度越高，所受单位面积压力越大，粗糙度要求较高。

③ 对于间隙配合，配合的间隙越小，表面应越光滑；对于过盈配合，载荷越大，表面应越光滑，过盈配合为了保证连接的可靠性亦应有较高要求的粗糙度。

④ 在配合性质相同的条件下，零件尺寸越小则粗糙度要求越高；轴比孔的粗糙度要求高。

⑤ 要求密封、耐腐蚀或装饰性的表面应较光滑。

⑥ 受周期载荷的表面粗糙度要求应较高。

表 4-5　表面粗糙度的表面特征、经济加工方法及应用举例

表面微观特性		$Ra/\mu m$	加工方法	应用举例
粗糙表面	可见刀痕	25	粗车、粗刨、粗铣、钻、毛锉、锯断	半成品粗加工过的表面：非配合的加工表面，如端面、倒角、钻孔、齿轮或带轮侧面、键槽底面、垫圈接触面等
	微见刀痕	12.5		
半光表面	可见加工痕迹	6.3	车、刨、铣、镗、钻、粗铰	轴上不安装轴承、齿轮处的非配合表面；紧固件的自由装配表面，轴和孔的退刀槽等
	微见加工痕迹	3.2	车、刨、铣、镗、磨、拉、粗刮、滚压	半精加工表面，箱体、支架、盖面、套筒等和其它零件结合而无配合要求的表面；需要发蓝的表面等
	看不见加工痕迹	1.6	车、刨、铣、镗、磨、拉、刮、滚压、铣齿	接近于精加工表面，箱体上安装轴承的镗孔表面，齿轮的工作面
光表面	可辨加工痕迹	0.8	车、镗、磨、拉、刮、精铰、磨齿、滚压	圆柱销、圆锥销；与滚动轴承配合的表面；卧式车床导轨面；内、外花键定心表面等
	微辨加工痕迹	0.4	精铰、精镗、磨、滚压	要求配合性质稳定的配合表面；工作时受交变应力的重要零件；较高精度车床导轨面
	不可辨加工痕迹	0.2	精磨、珩磨、研磨	精密机床主轴锥孔、顶尖圆锥面；发动机曲轴、凸轮轴工作表面；高精度齿轮齿面
极光表面	暗光泽面	0.1	精磨、研磨、普通抛光	精密机床主轴颈表面、一般量规工作表面；汽缸套内表面、活塞销表面等
	亮光泽面	0.05	超精磨、精抛光、镜面磨削	精密机床主轴颈表面、滚动轴承的滚珠；高压油泵中柱塞和柱塞套配合的表面
	镜状光泽面	0.025		
	镜面	0.006	镜面磨削、超精研	高精度量仪、量块的工作表面；光学仪器中的金属镜面

二、极限与配合

笔记

1. 互换性的概念

在现代化生产中，制造出的一批规格相同的零件，在装配时，无需经过挑选和修配，任意取轴和带孔的各一个零件都能达到要求，便可装到机器上，并满足使用要求，零件的这种特性称为互换性。零件的互换性给使用、维修带来很大的方便。零件的互换性是由尺寸公差来实现的。

2. 公差

零件在加工过程中因机床精度、材料变形、刀具磨损、测量等因素，加工出的零件尺寸必然有误差，为了保证零件具有互换性，必须将零件的尺寸控制在一定的范围内，允许零件尺寸有一个变动量，这个允许的尺寸变量就是尺寸公差，简称公差。公差的有关术语见表 4-6，其图解见图 4-21。

表 4-6　公差的有关术语

名称	解释	计算示例及说明	
		孔	轴
公称尺寸 A	由图样规范确定的理想形状要素的尺寸，零件图上标注的尺寸	设 $A=50$ 孔的尺寸为 $\phi 50H8(^{+0.039}_{0})$	$A=50$ 轴的尺寸为 $\phi 50k7(^{+0.045}_{+0.002})$

续表

名称	解释	计算示例及说明	
		孔	轴
实际尺寸	实际测量所得的尺寸		
极限尺寸	尺寸要素允许的尺寸的两个极端		
上极限尺寸 A_{max}	尺寸要素允许的最大尺寸	$A_{max}=50.039$	$A_{max}=50.045$
下极限尺寸 A_{min}	尺寸要素允许的最小尺寸	$A_{min}=50$	$A_{min}=50.002$
尺寸偏差（简称偏差）	某一尺寸减其公称尺寸所得的代数差		
上极限偏差	上极限尺寸与其公称尺寸的代数差	上极限偏差= $50.039-50=+0.039$	上极限偏差= $50.045-50=+0.045$
下极限偏差	下极限尺寸与其公称尺寸的代数差	下极限偏差= $50-50=0$	下极限偏差= $50.002-50=+0.002$
尺寸公差（简称公差）T	上极限尺寸减下极限尺寸之差，或上极限偏差减下极限偏差之差，它是允许尺寸的变动量，是一个没有符号的绝对值	$T=\|50.039-50\|=\|(+0.039)-0\|=0.039$	$T=\|50.045-50.002\|=\|(+0.045)-(+0.002)\|=0.025$
零线	在极限与配合图解中，表示公称尺寸的一条直线。以其为基准确定偏差和公差。通常，零线沿水平方向绘制，正偏差位于其上，下偏差位于其下	如图 4-22	

尺寸公差

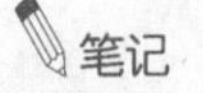
笔记

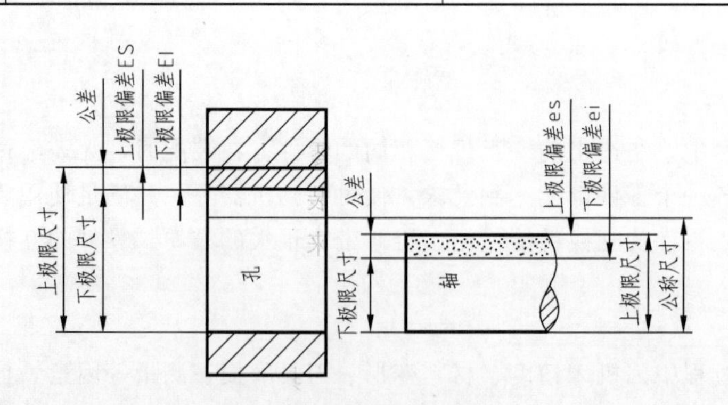

图 4-21 公差术语图解

3. 尺寸公差带

如图 4-22 所示为公差与配合图解（简称公差带图）。在公差带图中，由代表上、下极限偏差的两条直线所限定的一个区域称为公差带。孔的公差带用剖面线表示，轴的公差带用涂黑表示。公差带一是表示公差带大小，一是表示公差带相对于零线的位置。标准规定公差带大小由标准公差决定，公差带位置由基本偏差决定。

4. 标准公差

国家标准将标准公差分为 20 个等级，分别用 IT01、IT0、IT1、IT2～IT18 表示。其中

IT01 公差等级最高，IT0、IT1 依次降低，相同公称尺寸的标准公差由 IT01 至 IT18，标准公差数值则由小到大，表明精度由高到低；还可看到，同一公差等级，因公称尺寸由小到大，而公差数值也相应由小到大。但应说明，公差值不同，是由于尺寸的变化，零件加工的误差也随着变化的缘故，因此，应将其看成具有同等精度。标准公差表见表 4-7。

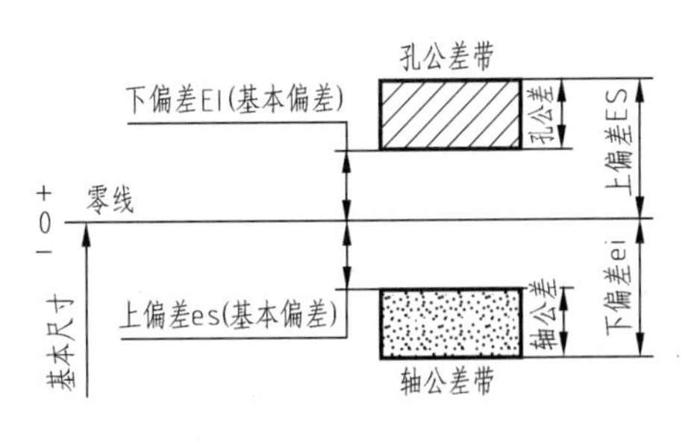

图 4-22　公差带图

表 4-7　公称尺寸小于 500mm 的标准公差（摘自 GB/T 1800.1—2009）

公称尺寸/mm	公差等级/μm																			
	IT01	IT0	IT1	IT2	IT3	IT4	IT5	IT6	IT7	IT8	IT9	IT10	IT11	IT12	IT13	IT14	IT15	IT16	IT17	IT18
≤3	0.3	0.5	0.8	1.2	2	3	4	6	10	14	25	40	60	100	140	250	400	600	1000	1400
>3~6	0.4	0.6	1	1.5	2.5	4	5	8	12	18	30	48	75	120	180	300	480	750	1200	1800
>6~10	0.4	0.6	1	1.5	2.5	4	6	9	15	22	36	58	90	150	220	360	580	900	1500	2200
>10~18	0.5	0.8	1.2	2	3	5	8	11	18	27	43	70	110	180	270	430	700	1100	1800	2700
>18~30	0.6	1	1.5	3	4	6	9	13	21	33	52	84	130	210	330	520	840	1300	2100	3300
>30~50	0.7	1	1.5	4	4	7	11	16	25	39	62	100	160	250	390	620	1000	1600	2500	3900
>50~80	0.8	1.2	2	3	5	8	13	19	30	46	74	120	190	300	460	740	1200	1900	3000	4600
>80~120	1	1.5	2.5	4	6	10	15	22	35	54	87	140	220	350	540	870	1400	2200	3500	5400
>120~180	1.2	2	3.5	5	8	12	18	25	40	63	100	160	250	400	630	1000	1600	2500	4000	6300
>180~250	2	3	4.5	7	10	14	20	29	46	72	115	185	290	460	720	1150	1850	2900	4600	7200
>250~315	2.5	4	6	8	12	16	23	32	52	81	130	210	320	520	810	1300	2100	3200	5200	8100
>315~400	3	5	7	9	13	18	25	36	57	89	140	230	360	570	890	1400	2300	3600	5700	8900
>400~500	4	6	8	10	13	20	27	40	63	97	155	250	400	630	970	1550	2500	4000	6300	9700

5. 基本偏差

基本偏差是公差带靠近零线的那个极限偏差。国家标准规定孔和轴分别有 28 种基本偏差，并用拉丁字母表示，规定大写字母表示孔的基本偏差，小写字母表示轴的基本偏差。由此构成了基本偏差系列，如图 4-23 所示。

笔记

基本偏差值确定了公差带的一个极限偏差，另一个极限偏差由标准公差确定。若已知某尺寸的基本偏差和标准公差，即可确定该尺寸的两个极限偏差。

孔的公差数值，它的基本偏差 H 为下极限偏差为 0，根据公称尺寸 30 和公差等级 IT6，查附表得标准公差为 0.013mm，则 ϕ30H6 孔的上极限偏差为 ＋0.013mm，书写为 $\phi 30^{+0.013}_{\ \ 0}$。

6. 配合

配合指的是公称尺寸相同的相互结合的孔和轴的公差带之间的关系。

根据机器的设计要求和生产实际的需要，国家标准将配合分为三类：

（1）间隙配合　具有间隙（包括最小间隙等于零）的配合，此时孔的公差带完全在轴的公差带之上，如图 4-24 所示，孔的尺寸≥轴的尺寸。

（2）过盈配合　具有过盈（包括最小间隙过盈等于零）的配合，此时孔的公差带完全在轴的公差带之下，如图 4-25 所示，轴的尺寸≥孔的尺寸。

（3）过渡配合　可能具有间隙或过盈的配合，此时孔和轴的公差带相互交叠，如图 4-26 所示，轴和孔的尺寸互有大小。

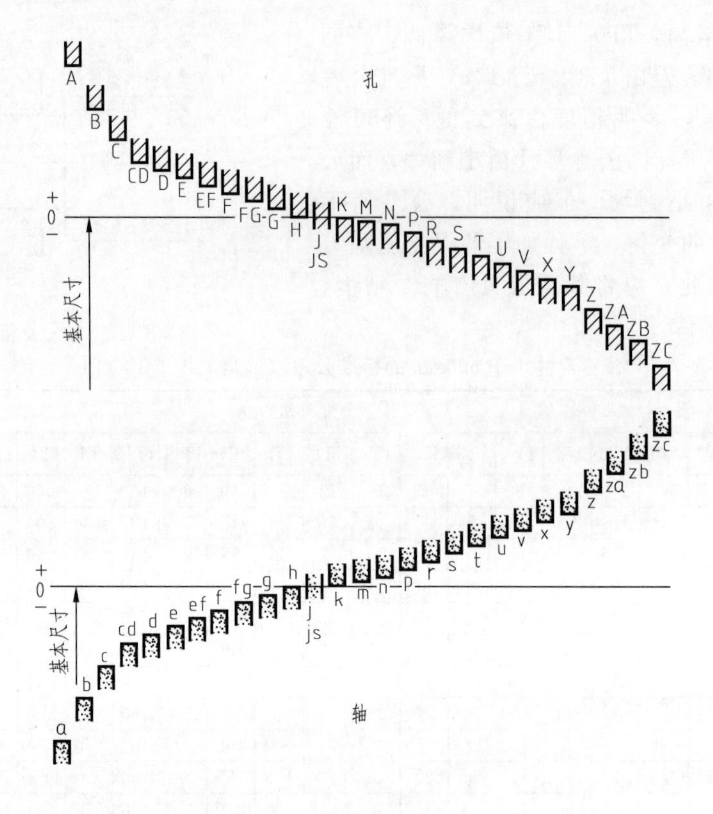

图 4-23 基本偏差系列

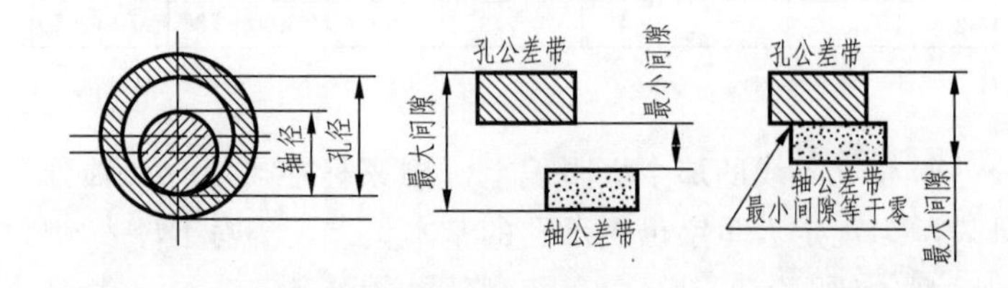

图 4-24 间隙配合

笔记

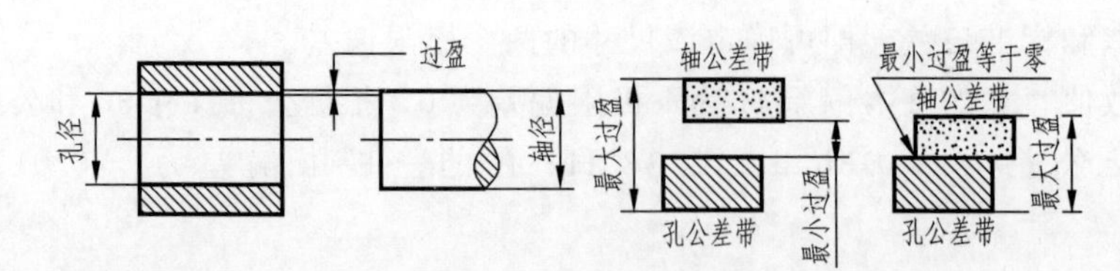

图 4-25 过盈配合

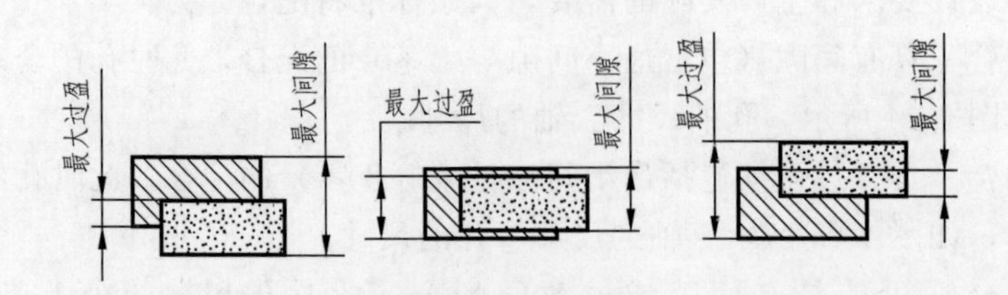

图 4-26 过渡配合

7. 基准制

公称尺寸相同的孔和轴相配合，任何一种孔的公差带与任何一种轴的公差带结合都能形成一种配合，配合过多不利于设计与生产，为了简化起见，国家标准规定两种配合制度，即基孔制和基轴制。

（1）基孔制 基本偏差为一定的孔的公差带，与不同基本偏差的轴的公差带形成各种配合的一种制度称为基孔制。

基孔制配合中的孔称为基准孔，国家标准规定基准孔的基本偏差为下极限偏差且偏差值为零，基准孔的代号为 H。如图 4-27 所示。ϕ50H7 的基准孔与轴 ϕ50g6 之间的间隙配合，与轴 ϕ50js6，ϕ50n6 之间的过渡配合，与轴 ϕ50p6 之间的过盈配合。

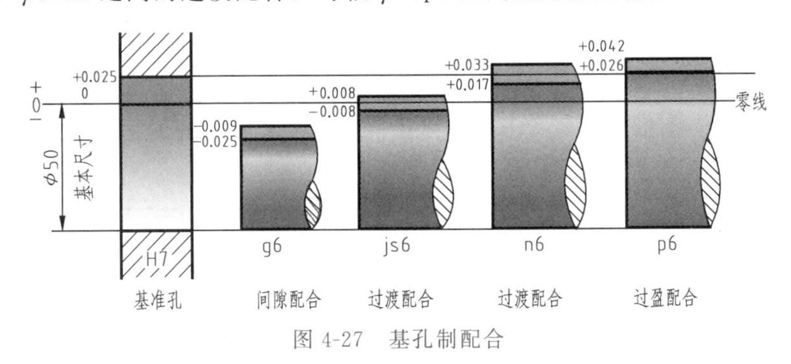

图 4-27 基孔制配合

（2）基轴制 基本偏差为一定的轴的公差带，与不同基本偏差的孔的公差带形成各种配合的一种制度称为基轴制。

基轴制配合中的轴称为基准轴，国家标准规定基准轴的基本偏差为上极限偏差且偏差值为零，基准轴的代号为 h。如图 4-28 所示。ϕ50h5 的基准轴与孔 ϕ50N6 之间的过盈配合，与孔 ϕ50js6、ϕ50M6 之间的过渡配合，与孔 ϕ50G6 之间的间隙配合。

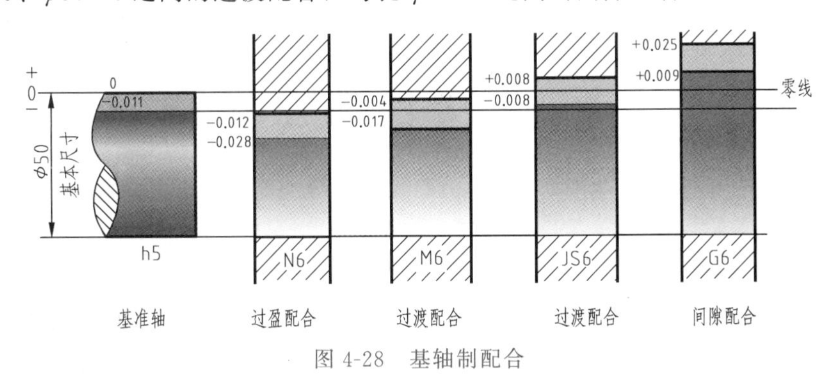

图 4-28 基轴制配合

笔记

8. 极限与配合的标注

（1）在装配图上的标注 在装配图上标注配合代号时，在公称尺寸后面用一分式注出；分子为孔的公差代号（由基本偏差代号和公差等级数值组成），分母为轴的公差代号。用配合零件的极限偏差标注配合尺寸时，孔的公称尺寸和极限偏差值注在尺寸线的上方，轴的公称尺寸和极限偏差值注在尺寸线的下方，标注如图 4-29 所示。

（2）在零件图上的标注 在零件图上标注尺寸公差，有三种形式：只注公差代号（适用于大批量生产）；只注偏差数值（适用于单件小批量生产）；同时注写公差带代号和偏差数值（应将偏差数值用括号括起来）。标注示例见图 4-30。

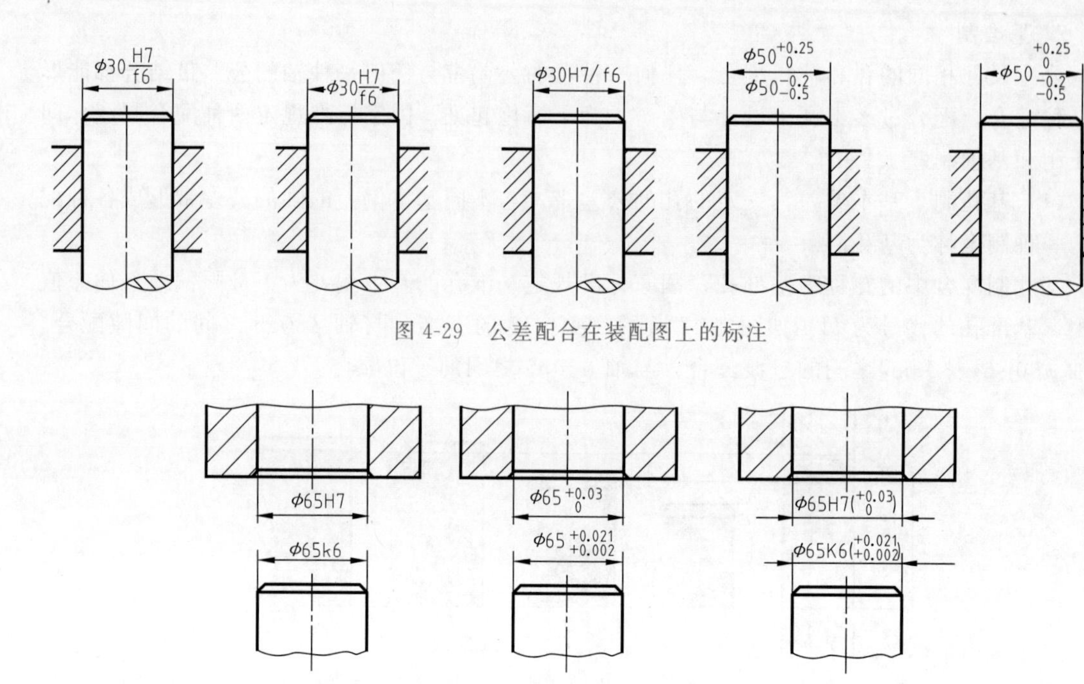

图 4-29 公差配合在装配图上的标注

图 4-30 公差配合在零件图上的标注

在标注偏差数值时，上极限偏差应注写在公称尺寸的右上方，下极限偏差应注写在公称尺寸的右下方且与公称尺寸在同一底线上。上下极限偏差的小数点必须对齐。当上、下极限偏差值相同时，可集中注写在公称尺寸后，并在偏差与公称尺寸之间注写出“±”符号，偏差数值高度与公称尺寸相同。

9. 公差与配合的识读

$$\phi 30\ \frac{\mathrm{H7}}{\mathrm{f6}}$$

笔记

应读作：公称尺寸为直径 30（mm），公差等级为 7 级，基本偏差为 H 的基准孔，与相同公称尺寸，公差等级为 6 级，基本偏差为 f 的轴所组成的间隙配合；

ϕ30f6 应读作：公称尺寸为直径 30（mm），公差等级为 6 级，基本偏差为 f 的与基准孔间隙配合的轴。

10. 极限与配合的选择

一般优先采用基孔制，因为加工相同精度等级的孔要比轴困难，而且可以减少定值刀具。如配合件中有标准件，一般根据标准件选择基准制，优先配合选用见表 4-8。

表 4-8 优先配合选用说明

基孔制	基轴制	说明
H11/c11	C11/h11	间隙非常大，用于很松的、转动缓慢的动配合；要求大公差与大间隙的外露组件；要求装配方便或高温时有相对运动的配合
H9/d9	D9/h9	间隙很大的自由转动配合。用于高速、重载的滑动轴承或大直径的滑动轴承；大跨距或多支点的支承配合
H8/f7	F8/h7	间隙不大的转动配合。用于一般转速转动配合；当温度影响不大时，广泛应用在普通润滑油（或润滑脂）润滑的支承处；也用于装配较易的中等定位配合

续表

基孔制	基轴制	说明
H7/g6	G7/h6	间隙很小的滑动配合。用于不回转的精密滑动配合或缓慢间隙回转的精密配合
H7/h6 H8/h7 H9/h9 H11/h11	H7/h6 H8/h7 H9/h9 H11/h11	均为间隙定位配合,零件可自由装拆,而工作时一般静止不动。用于不同精度要求的一般定位配合、缓慢移动或摆动配合。在最大实体条件下的间隙为零,在最小实体条件下的间隙由公差等级决定
H7/k6	K7/h6	装配较方便的过渡配合。用于稍有振动的定位配合;加紧固体可传递一定的载荷
H7/n11	N7/h6	不易装拆的过渡配合。用于允许有较大过盈的精密定位或紧密组件的配合;加键能传递大转矩或冲击性载荷。由于拆卸较难,一般大修理时才拆卸
H7/p6	P7/h6	过盈定位配合,即小过盈配合。用于定位精度特别重要时,能以最好的定位精度达到部件的刚性及对中的性能要求,而对内孔承受压力无特殊要求,不依靠配合的坚固性摩擦负荷。装配时用锤子或压力机
H7/s6	S7/h6	中等压入配合,在传递较小转矩或轴向力时不需加紧固件,若承受较大载荷或动载荷时,应加紧固件。装配时用压力机,或用热胀孔,冷缩轴法
H7/u6	U7/h6	压入配合,不加紧固件能传递和承受大的转矩和动载荷。装配时用热胀孔或冷缩轴法

11. 公差等级的选择

几何公差

合理选择公差等级，就是为了更好地解决机械零、部件的使用要求与制造工艺成本之间的矛盾，在满足使用要求的前提下，尽量采用较大的公差值以降低成本，各种加工方法所能达到的公差等级见表 4-9。

表 4-9 各种加工方法所能达到的公差等级

公差等级	加工方法	应用
IT3、IT4	研磨	用于精密仪表、精密机件的光整加工
IT5	研磨、珩磨、精磨精铰、粉末冶金	用于一般精密配合,IT6～IT7 在机床和较精密的仪器、仪器制造中应用最广
IT6		
IT7	磨削、拉削、铰孔、精车、精镗、精铣、粉末冶金	
IT8		
IT9	车、镗、铣、刨、插	用于一般要求,主要用于长度尺寸的配合处,如键和键槽的配合
IT10		
IT11	粗车、粗镗、粗铣、粗刨、插、钻、冲压、压铸	尺寸不重要的配合,IT12、IT13 也用于非配合尺寸
IT12、IT13		
IT14	冲压、压铸	用于非配合尺寸
IT15～IT18	铸造、锻造	

笔记

三、几何公差（GB/T 1182—2018）

实际（形状和位置）要素对公称（形状和位置）要素所允许的变动量称为几何公差。机器中某些精确度较高的零件，不仅需要保证其尺寸公差，而且还要保证其几何（形状和位置）公差。

1. 几何公差的基本概念

如图 4-31 所示为一理想形状的销轴，而加工后的实际形状则是轴线变弯了，产生了形状误差。

如图 4-32 所示为一同轴圆柱，加工后的实际位置却是两圆柱的轴线不在同一条线上了，因而产生了位置误差。

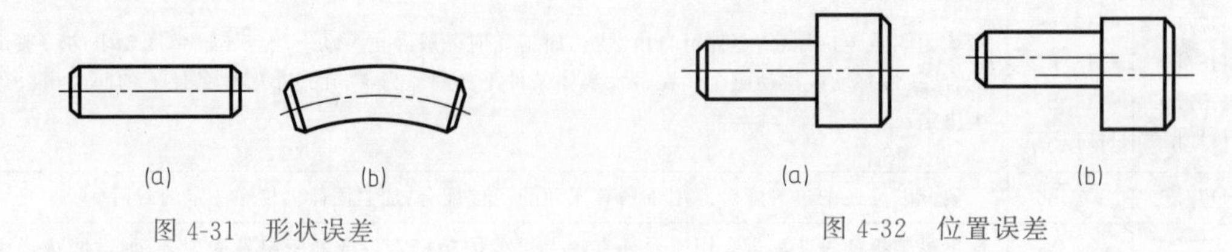

图 4-31 形状误差　　图 4-32 位置误差

2. 基本术语

（1）要素——指组成零件的点、线、面。

（2）被测要素——给出了形状或位置公差的点、线、面。

（3）基准要素——用来确定理想被测要素方向或位置的要素。

（4）公差带——由一个或几个理想的线或面所限定的、由线性公差值表示其大小的区域。

3. 公差特征项目及符号

国家标准规定了 19 个几何公差特征项目，每一项目用一个符号表示，见表 4-10。

表 4-10 几何公差特征项目及符号

公差类型	几何特征	符号	有或无基准要素
形状	直线度	—	无
	平面度	⏥	无
	圆度	○	无
	圆柱度	⌭	无
	线轮廓度	⌒	有或无
	面轮廓度	⌓	有或无
方向	平行度	//	有
	垂直度	⊥	有
	倾斜度	∠	有
位置	位置度	⌖	有或无
	同轴(同心)度	◎	有
	对称度	⌯	有
跳动	圆跳动	↗	有
	全跳动	⌰	有

注：国家标准 GB/T 1182—2018 规定项目特征符号线型为 $h/10$，符号高度为 h（同字高）其中，平面度、圆柱度、平行度、跳动等符号的倾斜角度为 75°。

笔记

4. 几何公差在图样上的标注

（1）公差框格　用公差框格标注几何公差时，公差要求注写在划分成两格或多格的矩形框格内，框格线、图形符号、基准符号的线宽 $=h/10$。既不是细实线，也不是粗实线，如图 4-33 所示。

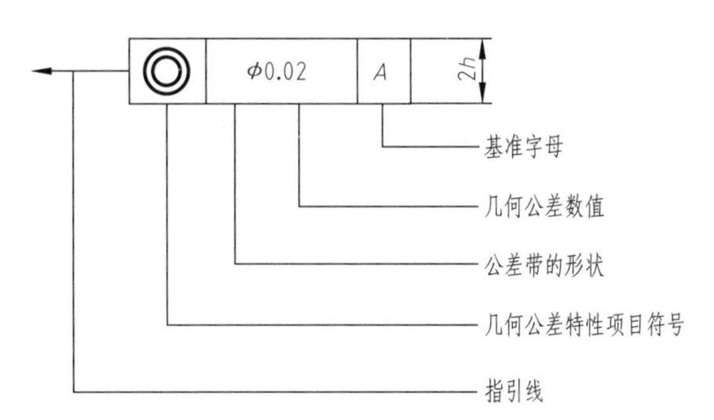

图 4-33 几何公差的框格

当某项公差应用于几个相同要素时，应在公差框格的上方被测要素的尺寸之前注明要素的个数，并在两者之间加上符号“×”，如图 4-34（a）所示。

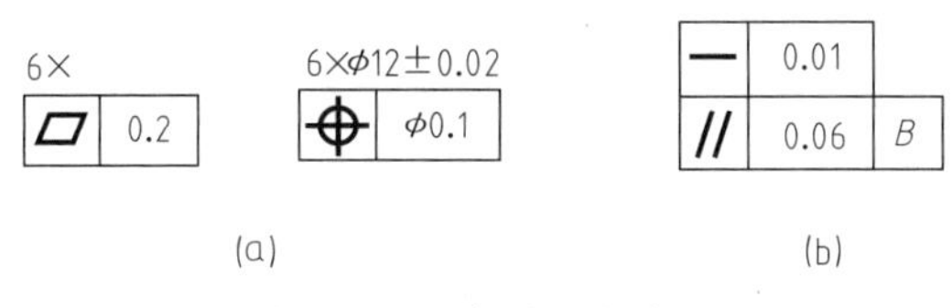

图 4-34 几何公差的书写

如果需要就某个要素给出几种几何特征的公差，可将一个公差框格放在另一个的下方，如图 4-34（b）所示。

（2）被测要素的标注

① 当公差涉及要素的中心线、中心面或中心点时，箭头应位于相应尺寸线的延长线上，如图 4-35（a）所示。

② 当公差涉及轮廓线或轮廓面时，箭头指向该要素的轮廓线或其延长线上，并应明显地与尺寸线错开，如图 4-35（b）所示。

笔记

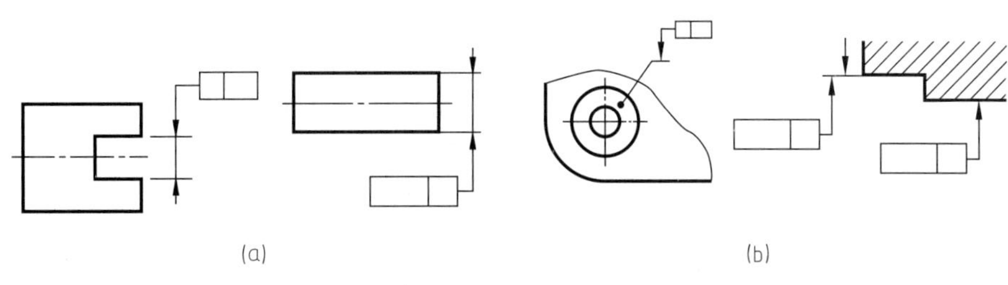

图 4-35 被测要素标注示例

（3）基准要素 与被测要素相关的基准用一个大写字母表示。基准标注在基准方格内，与一个涂黑的或空白的三角形相连以表示基准，如图 4-36 所示，涂黑的与空白的基准三角形含义相同。

① 当基准要素是轮廓线或轮廓面时，基准三角形放置在要素的轮廓线或其延长线上（明显地与尺寸线箭头错开），如图 4-37 所示，基准三角形也可放置在该轮廓面引出线的水平线上。

② 当基准是尺寸要素确定的轴线、中心平面或中心点时，基准三角形应放置在该尺寸线的延长线上，如图 4-38 所示，如果没有足够的位置标注基准要素尺寸的两个尺寸箭头，则其中一个箭头可用基准三角形代替，如图 4-38（b）、（c）所示。

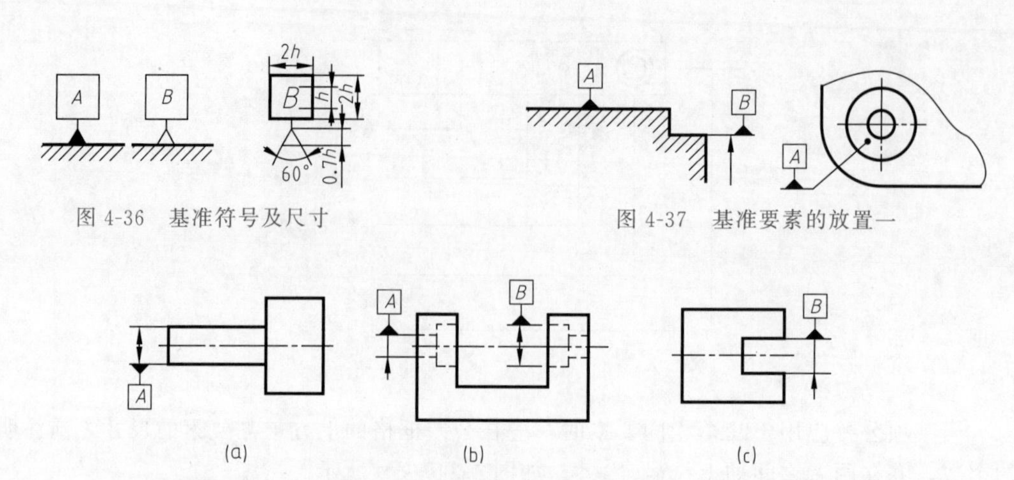

图 4-36 基准符号及尺寸

图 4-37 基准要素的放置一

图 4-38 基准要素的放置二

③ 如果只以要素的某一局部作为基准，则用粗点画线示出该部分并加注尺寸。如图 4-39 所示。

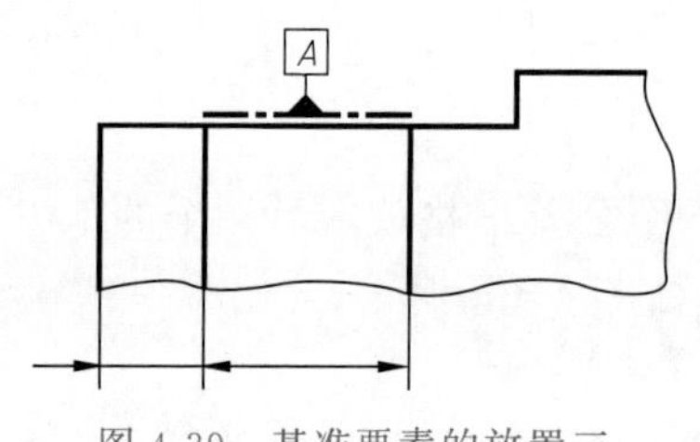

图 4-39 基准要素的放置三

5. 零件图上标注几何公差的实例

解释气门阀杆图中几何公差的含义（图中部分尺寸省略），如图 4-40 所示。

（1）直径为 16 的圆柱的圆柱度为 0.005。

（2）M8 的螺纹的回转轴线对 ϕ16 圆柱的回转轴线的同轴度公差为 ϕ0.1。

（3）ϕ750 的球面对于直径为 16 圆柱的回转轴线的圆跳动为 0.03。

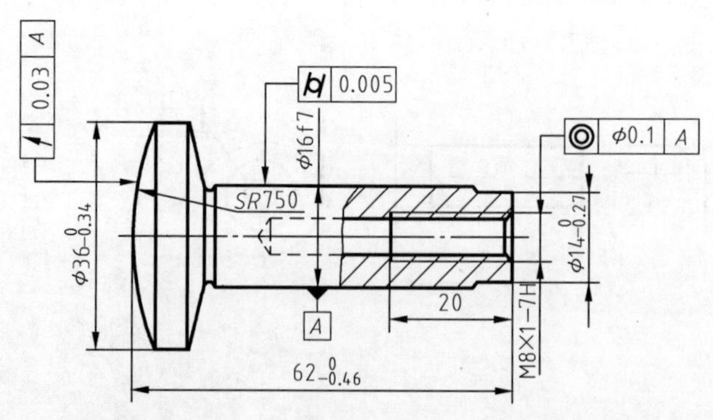

图 4-40 零件图上标注形位公差示例

四、其它技术要求的注写

零件的作用不同，所使用的材料也各不相同，在零件图标题栏的“材料”栏中注明材料牌号。常用材料的名称、标准、牌号、性能与应用举例，如附录 18、19 所示。

为改变零件材料的性能，表面处理、热处理零件较常用，当零件需要全部进行处理时，可在技术要求中用文字说明，否则在图形中标注。常用的热处理和表面处理代号、名词解释及应用举例，如附录 20 所示。

第四部分　高精度零件的测绘

低精度零件的测绘方法在前面已讲解过，在此不再赘述，本部分只讲解高精度零件尺寸的测量方法。

一、测量工具

对于零件高精度尺寸的测量使用游标卡尺、千分尺、万能角度尺。

(1) 游标卡尺主要用来测量工件的长度、中心高、回转面直径、孔和槽的深度、孔的中心距等，具体测量方法如图 4-41 所示

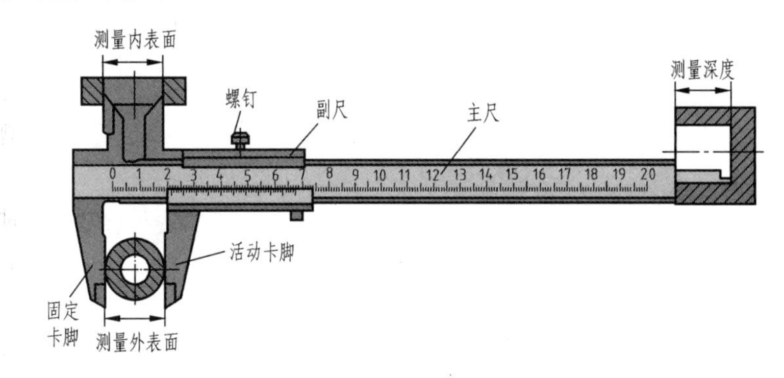

图 4-41　游标卡尺的测量方法

(2) 千分尺有外径千分尺、内径千分尺、螺纹千分尺和杠杆千分尺等多种类型，是比游标卡尺更精密的测量仪器，其中最常用的是外径千分尺和内径千分尺，具体测量方法如图 4-42 所示。

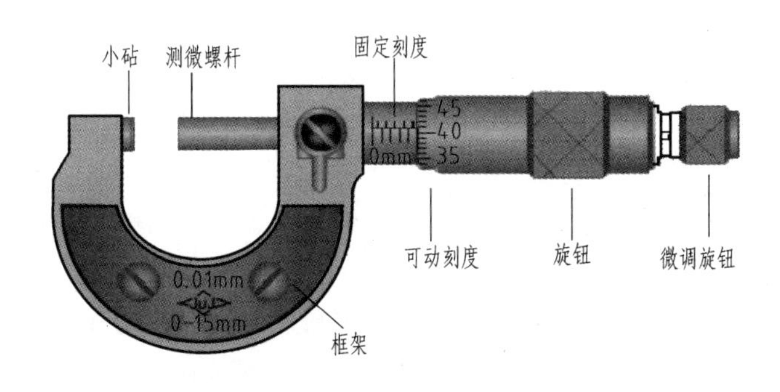

图 4-42　千分尺的测量方法

(3) 万能角度尺又称万能量角器，是一种专门用来测量工件内、外角度的量具，它的测量范围：外角为 0°～320°，内角为 40°～220°。测量时要先根据零件角度的大小组装角度尺，然后使角度尺上两个测量面与零件被测表面接触，拧紧制动螺帽，从刻度尺上直接读数，具体测量方法如图 4-43 所示，当测量工件的内角时，工件的实际角度应是 360°减去角度尺的读数值。

(4) 测量零件上螺纹结构一般使用螺纹规，如图 4-44 所示。

笔记

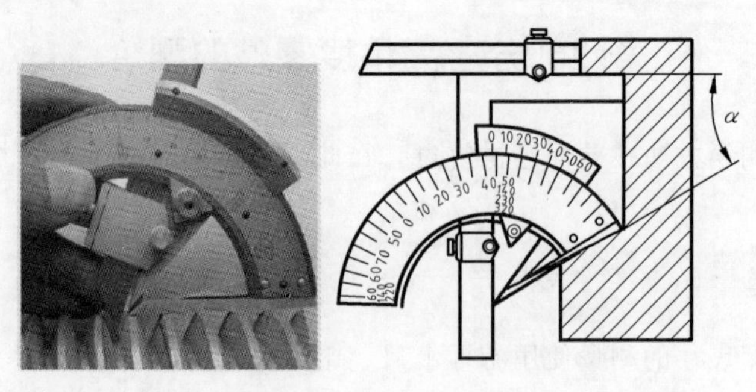

图 4-43 万能角度尺的测量方法

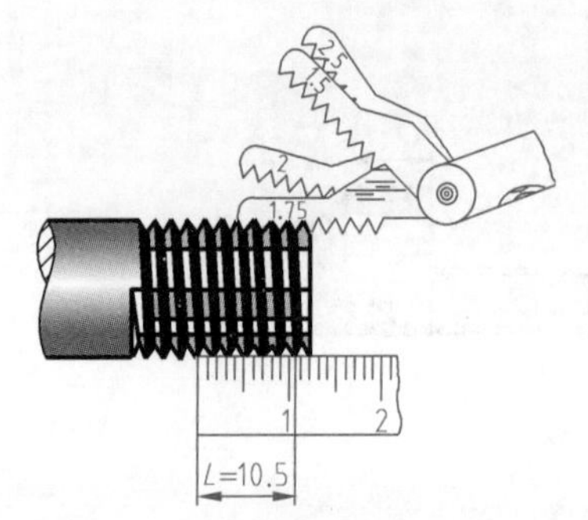

图 4-44 螺距的测量方法

二、尺寸测量的注意事项

（1）要注意测量方向。如测量曲轴或偏心轴时，要注意偏心方向和偏心距离，测量轴类零件的键槽时要注意其圆周方向的位置。

（2）测量两零件的配合尺寸时，最好同时测量两个配合零件的相应尺寸，以校对测量尺寸是否正确，减少差错。

（3）测量磨损零件时，尽可能选择在未磨损或磨损较少的部位测量，并参考其配合零件的相关尺寸，或参考有关的技术资料予以确定。

（4）零件铸造、锻造、切削等加工中的工艺结构，如倒角、退刀槽等，结构虽小，但要表达完整。

三、实测尺寸的圆整与协调

笔记

按实物测量出来的尺寸都应尽可能采用优先数和优先数系进行优化设计，更重要的是可以采用更多的标准刀具、量具来缩短加工周期、降低成本、提高生产效率。在对尺寸进行圆整与协调时通常遵循以下原则：

（1）测量所得的尺寸都尽可能采用标准数和优先数系。对因磨损、碰伤等原因而使尺寸变动的零件进行分析，标注复原后的尺寸。

（2）对标准结构的尺寸，如倒角、圆角、键槽和退刀槽等结构和螺纹大径等尺寸，测量后的尺寸不能随意圆整，还要按国标进行标准化，以方便制造。

（3）有配合关系的尺寸，一般只测出其公称尺寸（如配合的孔和轴的直径尺寸），其配合性质和公差等级，应根据零件在机器中的作用进行分析后，查阅有关资料确定，并从有关手册中的公差和配合表中查出其偏差值。如零件与标准件相配合，可通过标准零部件的型号查表确定。

四、技术要求的注写

1. 材料的选择

（1）根据零件在机器中的作用，结合有关标准，参阅有关手册来初步确定。

（2）类比的方法，通过观察零件的颜色、加工方法和表面状态等，与同类型的零件所用材料进行类比，或者查阅有关图纸、材料手册等，确定零件的材料。

2. 几何量精度的确定

对于零件的极限与配合、几何公差、表面结构的确定，要考虑零件的结构及各结构的作用和重要程度，既要满足零件的使用要求，又要兼顾加工制造的工艺性和经济性。一般用三种方法确定：

（1）用相关仪器测量出有关的数值，再参照我国国标中的数值加以圆整确定。

（2）用类比法，参考同类零件表面结构的要求来确定。

（3）根据零件的配合性质，经查阅手册来确定。

凡是不便于用符号表示，而在制造时或加工后又必须保证的条件的要求都可用文字的形式集中注写在图纸中，其内容参阅有关资料手册，用类比法确定。

知识拓展

对于机件的筋、轮辐及薄壁等，如按纵向剖切，这些结构都不画剖面符号，而用粗实线将它与其邻接的部分分开。当零件回转体上均匀分布的肋、轮辐、孔等结构不处于剖切平面上时，可将这些结构旋转到剖切平面上画出。若干直径相同且成规律分布的孔（圆孔、螺孔和沉孔），可以仅画出一个或几个，其余只需用点画线表示其中心位置，如图 4-45 所示。

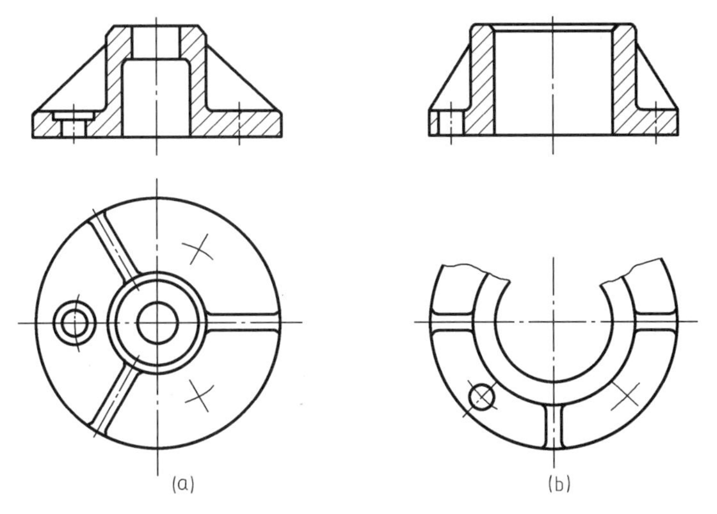

图 4-45 回转体上均匀分布的肋、孔的画法

笔记

任务实施

以卡爪（图 4-1）为例讲解测绘过程。

（1）选择主视图方向：以最能反映物体的形状结构特征的方向作为主视图方向，V 形槽处于左方，垂直于正立投影面。

（2）分析零件的视图表达方案，绘制零件草图的视图。

（3）分析尺寸基准，在视图上注出尺寸、测量尺寸并给定技术要求。卡爪与小轴有配合，采用游标卡尺测量孔的公称尺寸，孔与小轴之间为过渡配合，对应表 4-8 选择配合公差为 H8，圆内孔的粗糙度小于其它表面的粗糙度为 1.6μm，卡爪下部有凹槽与滑块凸台叠合结合，两端用圆柱销固定，上部用螺钉穿过卡爪与滑块相连，凹槽长、宽、高给出公差，销孔的表面的粗糙度为 1.6μm，螺钉孔的表面的粗糙度为 6.3μm。中间方形孔安放滚动轴承，为使滚动轴承很好的固定，防止晃动，给出方形孔的宽度公差，公差等级选 7～9 级。

(4) 绘制零件工作图。根据零件实测大小和图纸大小，确定绘图比例，合理布图，完成零件图工作图。

(5) 注写标题栏、技术要求。零件材料先从外观判断是钢、铸铁、铸钢、有色金属等大类别，再根据零件的作用和工作条件，对比同类型产品，选定材料的牌号。完成后的零件工作图如图 4-46 所示。

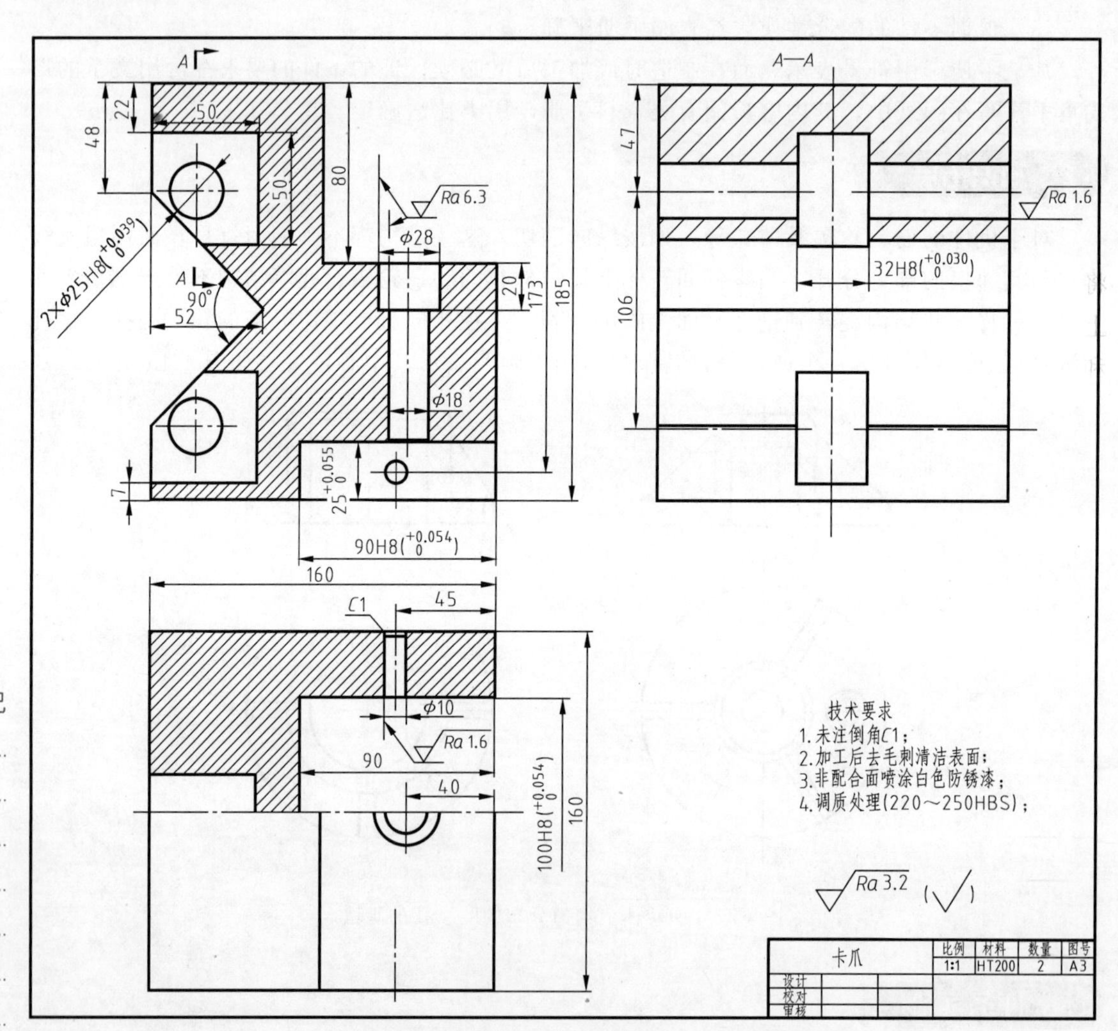

图 4-46 卡爪零件图

课后任务

1. 我国海岸线较长，近年来多艘军舰连续下海，同学们从网上或其它渠道查找我国军舰所用零件的材料、性能，加以讨论。

2. 完成习题集中相关作业。

任务二 带螺纹全加工面零件测绘

知识目标：

1. 理解螺纹的类型和标注方法；
2. 掌握螺纹的绘制方法。

能力目标：

能用正确的方法测绘带螺纹全加工面零件，并且根据不同机件的特点，合理选择剖切方法和剖切位置，正确、完整、清晰地绘制零件的视图，书写技术要求、标注尺寸，完成部分不带螺纹全加工面零件的零件图。

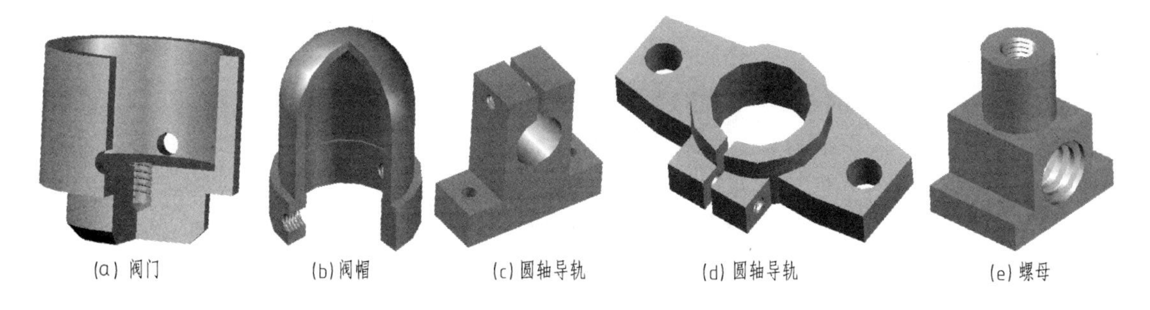

图 4-47 各种带螺纹的全加工面零件

任务要求：

1. 了解图 4-47 各零件在装配体中的作用；
2. 测量各零件的尺寸并合理标注；
3. 选择合适的表达方案，绘制零件图。

笔记

相关知识内容

一、螺纹的形成与要素

1. 螺纹的形成

螺纹是指在圆柱或圆锥表面上，沿螺旋线形成的具有特定断面形状（等腰三角形、直角三角形、梯形、矩形等）的连续凸起和沟槽。在圆柱或圆锥外表面上的螺纹称为外螺纹，在圆柱或圆锥内表面上的螺纹称为内螺纹。内、外螺纹一般成对使用。

螺纹的加工方法很多，图 4-48（a）所示为车床上车削外螺纹的情况，车削内螺纹也可以在车床上进行，如图 4-48（b）所示。加工直径较小的光孔，可先用钻头钻出光孔，再用丝锥攻丝得出螺纹，如图 4-48（c）所示。

2. 螺纹的要素

螺纹的要素包括牙型、直径、螺距和导程、线数、旋向五要素。

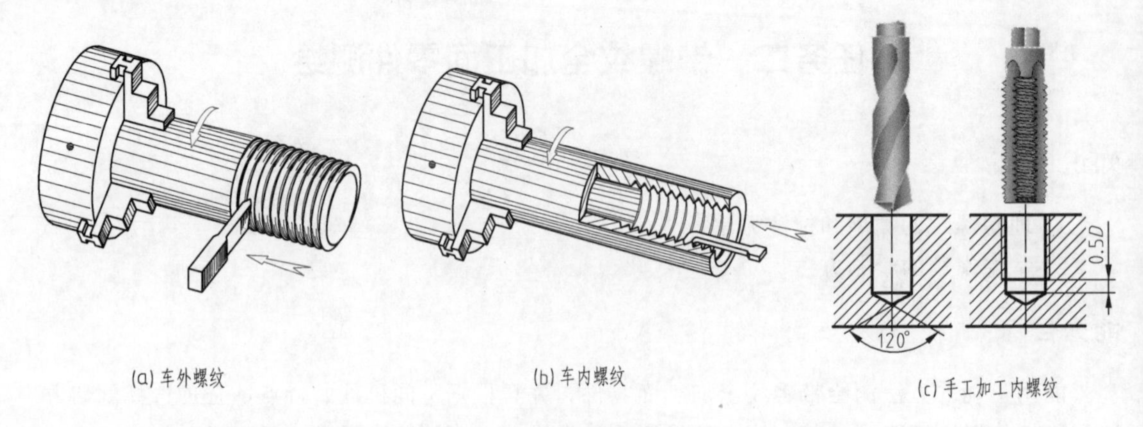

图 4-48 螺纹的加工方法

(1) 螺纹牙型 在螺纹轴线平面内的螺纹轮廓形状称为螺纹牙型，如图 4-49 所示。常见的牙型有等腰三角形、梯形、矩形等。不同的螺纹牙型有不同的用途。

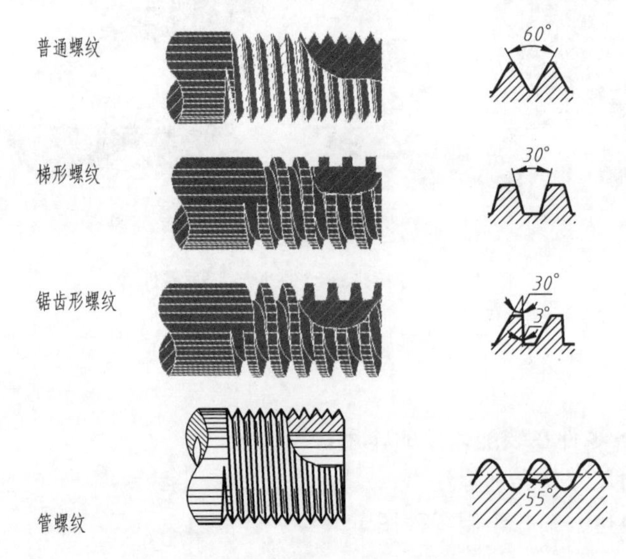

图 4-49 常用标准螺纹的牙型

笔记

(2) 直径 螺纹的直径分大径、小径和中径。外螺纹的大径、小径、中径分别用 d、d_1 和 d_2 表示，内螺纹分别用 D、D_1 和 D_2 表示，如图 4-50 所示。

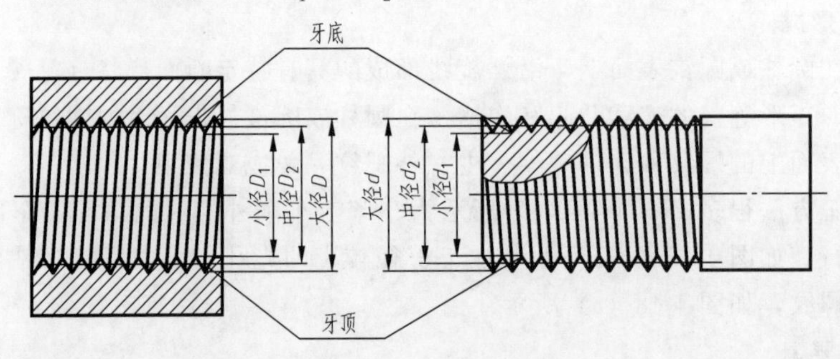

图 4-50 螺纹的直径

大径 D（d）：与外螺纹的牙顶或内螺纹的牙底相重合的假想圆柱或圆锥的直径。公称直径是代表螺纹尺寸的直径，一般指螺纹大径。

小径 D_1（d_1）：与外螺纹牙底或内螺纹牙顶相重合的假想圆柱或圆锥的直径。

中径 D_2（d_2）：中径圆柱或中径圆锥的直径。该圆柱（或圆锥）母线通过圆柱（或圆锥）螺纹上牙厚与牙槽宽相等的地方。

（3）线数 n　螺纹有单线和多线之分，线数只有一个起始点的螺纹，称为单线螺纹；具有两个或两个以上起始点的螺纹，称为多线螺纹，如图 4-51 所示。

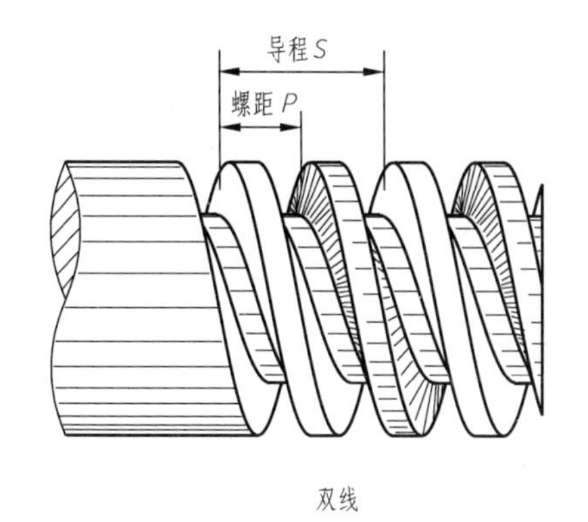

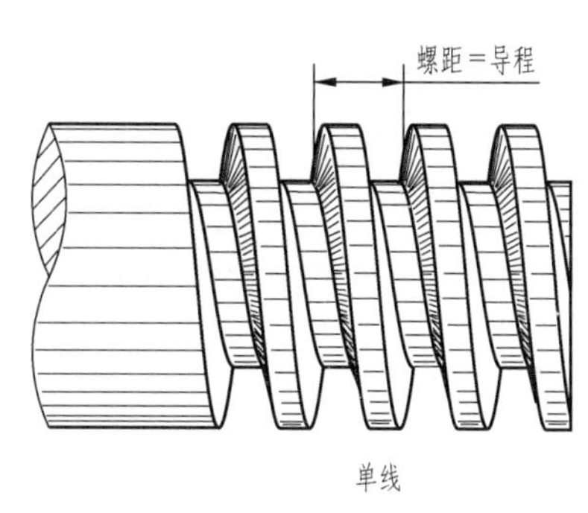

图 4-51　单线螺纹与双线螺纹

（4）螺距和导程　相邻两牙体上的对应牙侧与中径线相交两点间的轴向距离称为螺距，以 P 表示。最邻近的两同名牙侧与中径线相交两点间的轴向距离称为导程，以 P_h 表示。单线螺纹的螺距和导程相等 $P=P_h$；多线螺纹 $P=P_h/n$。

螺纹的画法及标注

（5）旋向　螺纹分为左旋和右旋两种。顺时针旋转为旋入的螺纹为右旋螺纹。反之为左旋螺纹，如图 4-52 所示。

注意：螺纹由牙型、直径、螺距和导程、线数和旋向五要素所确定，只有这五要素都相同的内、外螺纹才能相互旋合。

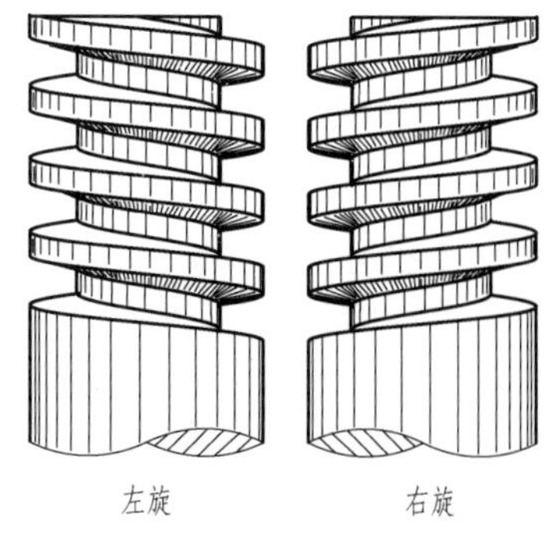

图 4-52　右旋螺纹和左旋螺纹

笔记

二、螺纹的规定画法

1. 内、外螺纹的画法

在垂直于螺纹轴线的投影面的视图上，牙顶圆的投影用粗实线绘制，牙底圆用细实线画约 3/4 圈。在比例画法中，螺纹小径可按 0.85 倍大径绘制。

在平行于螺纹轴线的投影面的视图上，螺纹的牙顶和螺纹终止线用粗实线绘制，牙底用细实线绘制，此时，螺杆的倒角或倒圆部分的牙底细实线也应画出。当内螺纹为不可见时，螺纹的所有图线均用虚线绘制，如图 4-53 所示为内螺纹的画法，如图 4-54 所示为外螺纹的画法。

2. 内、外螺纹旋合的画法

在螺纹连接中，内外螺纹旋合的部分应按外螺纹的画法绘制，其余部分仍按各自的画法绘制，如图 4-55 所示。应注意，内、外螺纹的所有参数必须相同时才能旋合在一起，所以相旋合的内、外螺纹牙顶和牙底的图线必须分别对齐。

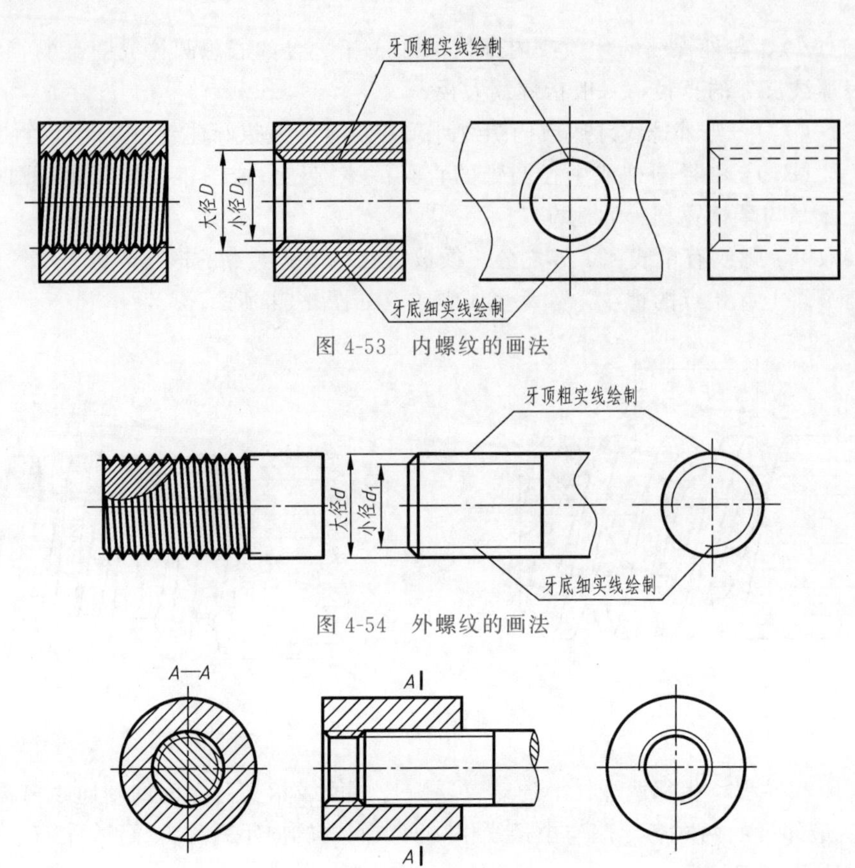

图 4-53 内螺纹的画法

图 4-54 外螺纹的画法

图 4-55 内、外螺纹旋合时的画法

三、螺纹种类和规定标记

1. 螺纹按标准化程度分类

(1) 标准螺纹：牙型、直径和螺距符合标准的螺纹。

(2) 特殊螺纹：牙型符合标准，而直径或螺距不符合标准的螺纹。

(3) 非标准螺纹：牙型不符合标准的螺纹。

2. 螺纹按用途分类

(1) 连接螺纹：起连接作用的螺纹。

(2) 传动螺纹：传递运动与动力的螺纹。各种类型的螺纹和规定标记见表 4-11。

表 4-11 螺纹的种类、代号及标记

螺纹种类		螺纹特征代号	标注示例	代号的识别	标注要点说明
连接螺纹	粗牙普通螺纹	M	M20－5g6g－s	粗牙普通螺纹，公称直径为 20，右旋，中径、顶径公差带分别为 5g、6g，短旋合长度 普通外螺纹公差带用小写字母表示	1. 粗牙螺纹不注螺距，细牙螺纹标注螺距 2. 右旋省略不注，左旋以“LH”表示（各种螺纹皆如此） 3. 中径、顶径公差带相同时，只注一个公差带代号 4. 中等旋合长度不标注 5. 螺纹标记应直接注在大径的尺寸线或延长线上
	细牙普通螺纹				

续表

螺纹种类		螺纹特征代号	标注示例	代号的识别	标注要点说明
连接螺纹	非螺纹密封的管螺纹	G	$G1\frac{1}{2}A$	非螺纹密封的管螺纹，尺寸代号为 $1\frac{1}{2}$ 英寸（1英寸等于25.4mm），右旋	1. 非螺纹密封的管螺纹，其内、外螺纹都是圆柱管螺纹 2. 外螺纹的公差等级代号分为A、B两级，内螺纹不标记
	螺纹密封的管螺纹	R Rc Rp	$Rp\frac{1}{2}$	圆柱内螺纹，尺寸代号为1/2，右旋	1. 螺纹密封的管螺纹，只注螺纹特征代号、尺寸代号和旋向 2. 管螺纹一律标注在引线上，引出线应由大径处引出或由对称中心线处引出
传动螺纹	梯形螺纹	Tr	$Tr36\times P_h12(P6)-7H$	梯形螺纹，公称直径为36，双线，导程12，螺距6，右旋，中径公差带为7H，中等旋合长度	1. 两种螺纹只标注中径公差带代号 2. 旋合长度只有中等旋合长度（N）和长旋合长度（L）两组，中等旋合长度规定不标注 3. 螺纹标记应直接注在大径的尺寸线或延长线上
	锯齿形螺纹	B	B40×7-8C-LH	锯齿形螺纹，公称直径为40，单线，螺距7，左旋，中径公差带为8C，中等旋合长度	

3. 螺纹的规定标记

各类标准螺纹的规定画法是相同的，国标规定用规定标记来区分各类螺纹。

（1）普通螺纹、梯形螺纹、锯齿形螺纹的规定标记

单线螺纹：

螺纹特征代号　公称直径×螺距—中径公差带　顶径公差带—旋合长度—旋向

多线螺纹：

螺纹特征代号　公称直径×P_h 导程（P 螺距）—中径公差带　顶径公差带—螺纹旋合长度—旋向

规定标记的注意事项：

① 公称直径在此为螺纹的大径。

② 粗牙普通螺纹不标注螺距。

③ 左旋螺纹以“LH”标记，右旋螺纹一般省略标记。

④ 公差带代号包括中径公差带代号和顶径公差带代号，外螺纹用小写字母表示，如6h。内螺纹用大写字母表示，如6H。如果中径公差带代号与顶径公差带代号相同，则只标注一个公差带代号，常用的中等公差精度螺纹（公称直径≥1.6mm的6g和6H）不标注公差带代号。

⑤ 旋合长度分为三种，分别为短旋合长度（S）、中等旋合长度（N）、长旋合长度（L）。由于中等旋合长度应用较多，为了简化，可省略标注（N）。

（2）管螺纹的规定标记

笔记

管螺纹分为用螺纹密封的管螺纹和非螺纹密封的管螺纹，规定标记如下。

螺纹密封的管螺纹：螺纹特征代号 尺寸代号 旋向代号

非螺纹密封的管螺纹：螺纹特征代号 尺寸代号 公差带等级代号—旋向代号

管螺纹标记的注意事项：

① 非螺纹密封的外管螺纹，公差等级代号分为 A、B 两级。

② 管螺纹的尺寸代号，是管子单位为“英寸”的孔径数值，而不是管螺纹的大径，作图时可根据其代号在附录中查出螺纹的大径。

③ 右旋螺纹不标注旋向，当螺纹为左旋时，在外螺纹的公差等级代号之后加注“-LH”；在内螺纹的尺寸代号之后加注“LH”。

管螺纹标注为用指引线从螺纹大径上引出标注，与其它螺纹的标注不同。

任务实施

以螺母（图 4-47）为例讲解测绘过程。

（1）选择主视图方向：以最能反映物体的形状、结构特征的方向作为主视图方向，主视图采用全剖视，大螺纹孔水平放置，小螺纹孔垂直放置。

（2）分析零件的视图表达方案，绘制零件草图的视图。采用主视图、左视图两个基本视图。

（3）分析尺寸基准，在视图上注出尺寸、测量尺寸并给定技术要求。螺纹用螺纹规测量螺距，游标卡尺测量小径，查表进行标准化，零件与其它零件有接触部分粗糙度较高，为 3.2μm，其余为 6.3μm。

（4）绘制零件工作图。根据零件实测大小和图纸大小，确定绘图比例，合理布图，完成零件图工作图。

（5）注写标题栏、技术要求，完成后的零件工作图如图 4-56 所示。

笔记

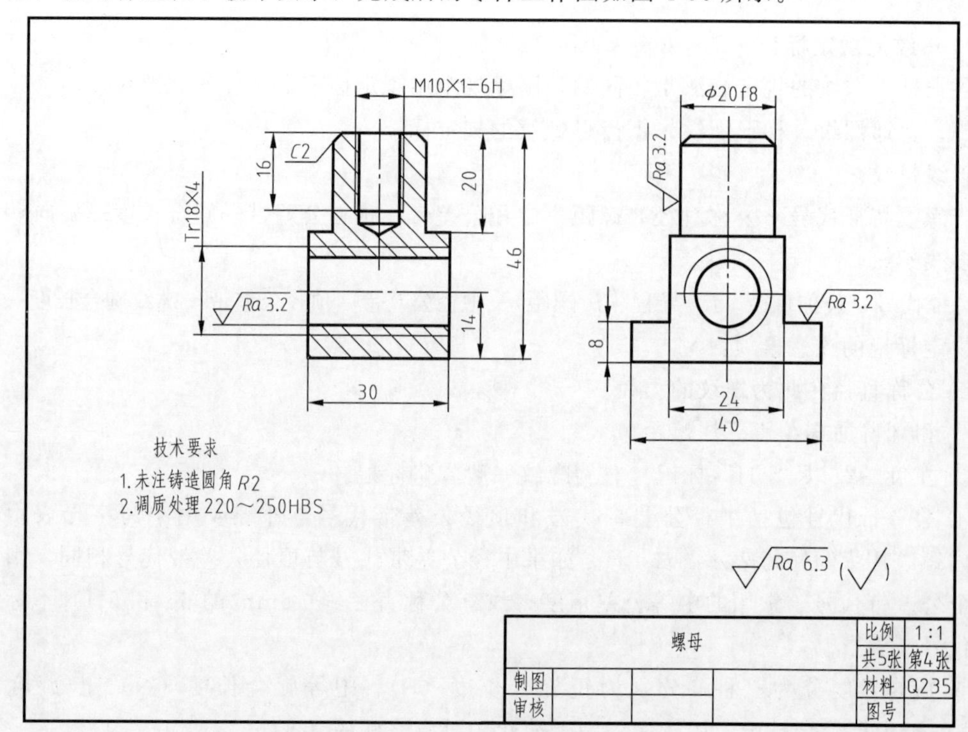

图 4-56 螺母零件图

课后任务

1. 观察生活中灯、杯子等相关物体上螺纹的形状，加以区分，讨论。
2. 完成习题集相应作业。

任务三 轴套类零件测绘

知识目标：

1. 学习国家标准关于各种断面图、局部放大图及简化画法概念及其标注的有关规定。
2. 理解断面图的种类、应用及表达重点；
3. 理解轴类零件机械加工工艺结构；
4. 掌握零件视图选择的方法；
5. 掌握零件图的尺寸标注方法；
6. 掌握轴类零件的特点、视图表达、尺寸标注特点、工艺结构的表达。

能力目标：

能正确测绘轴类零件，完成完整的轴类零件图（图形表达完整、简洁，尺寸标注正确、完整、清晰、合理，技术要求标注经济实用）。

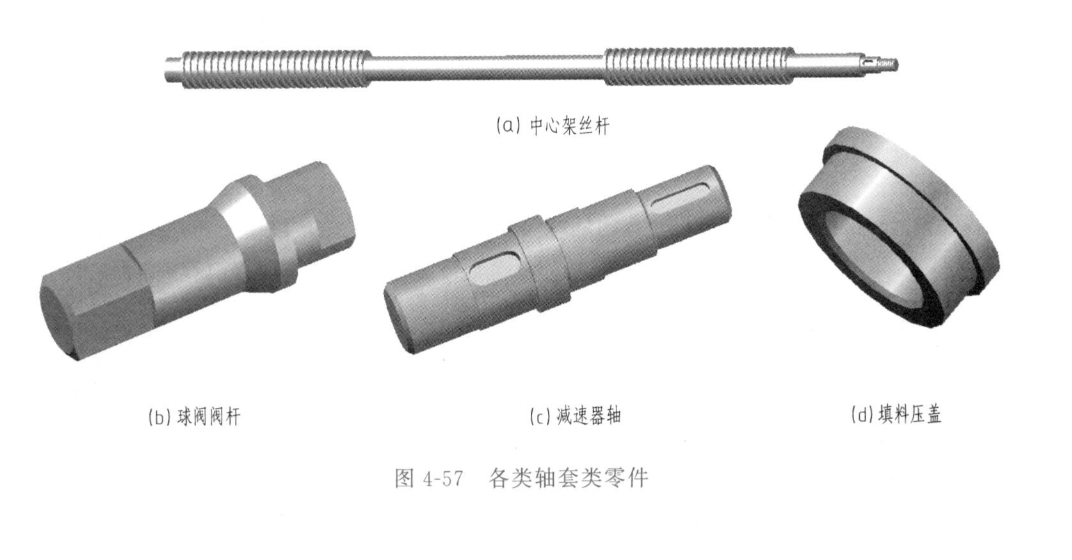

(a) 中心架丝杆

(b) 球阀阀杆　(c) 减速器轴　(d) 填料压盖

图 4-57 各类轴套类零件

笔记

任务要求：

1. 了解图 4-57 各零件在装配体中的作用；
2. 测量各零件的尺寸并绘制草图；
3. 选择合适的表达方案，绘制零件图。

相关知识内容

第一部分 零件简介

一、零件结构特征

轴套类零件是机器中经常使用的典型零件，起支承、传递动力、转矩、导向和承受载荷的作用。如图 4-58 所示，轴一般两端由滚动轴承支承，带动中间齿轮，齿轮一端为轴肩，一端由轴套紧定固定，从轴类零件的结构特征看，如图 4-57（a）～（c）所示，它们都是长度大于直径的旋转零件，通常为回转体，轴上加工有键槽、螺纹、内孔、销孔、沟槽等结构。

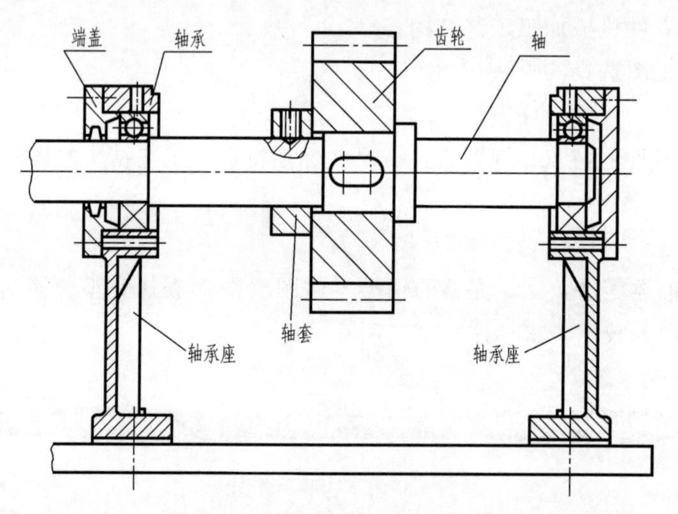

图 4-58 轴及其在机器中的作用

笔记

套类零件是指带有孔且壁厚较薄的回转体零件，通常起支承和导向作用。通常加工有倒角、沟槽、圆孔和凸肩等结构，其主要表面为同轴度要求较高的内、外旋转表面。

二、尺寸的测量

零件测量的准确度与测量工具的精确度密切相关，测量前要先确定草图上要测量的尺寸大小和精度要求，选择合适的测量工具，量具的量程要与该零件的尺寸相适应。

轴套类零件的测量主要确定内外径大小、轴向长度、内外螺纹尺寸、孔深、内外圆锥面、键槽和退刀槽大小等，用游标卡尺、千分尺进行测量；螺纹公称直径应采用游标卡尺测量；螺距用螺纹规测量。

由测量工具直接测量的轴套类零件的轴径尺寸要经过圆整，使其符合国家标准推荐的尺寸系列，有配合要求的要与配合件尺寸相匹配。长度尺寸要直接测量，不要用各段轴的长度累加计算总长。键槽尺寸应根据轴径或孔径的公称尺寸，查阅国家标准，取标准值。网纹滚花尺寸可根据滚花标准 GB/T 6403.3—2008 给出。

轴类尺寸一般按加工顺序标注。

三、技术要求

1. 表面结构

轴套类零件上有配合的内、外表面及轴向定位端面的粗糙度值较小，支承轴颈的表面粗糙度 Ra 为 0.2～3.2μm，配合轴颈的表面粗糙度 Ra 为 0.8～0.6μm，非配合表面的表面粗糙度 Ra 为 6.3～12.5μm。套类零件孔的表面粗糙度 Ra 为 0.16～1.6μm，要求高的精密孔可达 0.04μm，外圆表面粗糙度 Ra 为 0.8～12.5μm。

2. 极限与配合

轴套类零件的尺寸公差包括直径和长度两个方向，精密轴颈的直径尺寸精度为 IT5 级，重要轴颈的直径尺寸精度为 IT6～IT8 级，一般轴颈为 IT8 级，长度方向按使用要求或装配要求给定公差，相关内容可查表 4-8。

3. 几何公差

轴类零件主要表面有圆度、圆柱度、同轴度、垂直度要求，对支承轴颈的形状公差一般应有圆度、圆柱度要求，其公差值应限制在直径公差范围内，轴向定位端面与轴心线要有垂直度要求。

套类零件主要表面一般有圆度、圆柱度、直线度要求，内、外圆柱面有同轴度要求，孔的形状公差一般为尺寸公差的 1/2～1/3，对长度较长的套类零件，除有圆度要求外，还应对孔提出圆柱度要求，外圆表面形状公差应控制在外径尺寸公差范围内。

轴套类零件的形状公差通常用类比法或通过查资料来确定。

4. 材料与热处理

轴类零件工作时承受弯曲应力、扭转应力或交变应力作用，轴颈处还承受较大的摩擦力。对高转速、受较大载荷、精度高的曲轴、汽轴机传动轴等零件需要有一定的疲劳强度、足够的韧性、高强度和耐磨性，常用合金结构钢（20Cr，40MnB 等）和高级优质合金结构钢（38CrMoAlA），多采用调质、表面淬火、渗碳、渗氮等热处理；对中等载荷、中等精度要求的机床主轴、减速器轴等要求具有良好的综合性能、较高的硬度和耐磨性，常用 35、45 等结构钢，一般进行正火或调质处理；对受力不大、低转速的轴常用碳素结构钢和球墨铸铁，一般不进行热处理。套类零件工作时受力不大，一般考虑工作表面有一定的耐磨性和良好的综合力学性能、硬度，常用钢、铸铁、青铜或黄铜等材料，如 T10A、20 球墨铸铁、合金铸铁等，一般进行正火、退火、调质、渗碳、淬火等热处理。

第二部分 断 面 图

一、断面图的概念

假想用剖切平面将机件某处切断，仅画出断面的图形，称为断面图，简称断面，如图 4-59 所示，绘出了 $A—A$ 处的剖视图与断面图，断面图表达某些结构更清晰、简洁。断面图常用于表达轴上键槽、角钢、加强肋、小孔、轴类等零件，机件的肋、轮辐等实心件的断面形状，一般用断面图表达。断面图分为移出断面图和重合断面图。

注意：画断面图时，剖切平面一般应垂直于所要表达零件结构的轴线或轮廓线。

断面图的画法

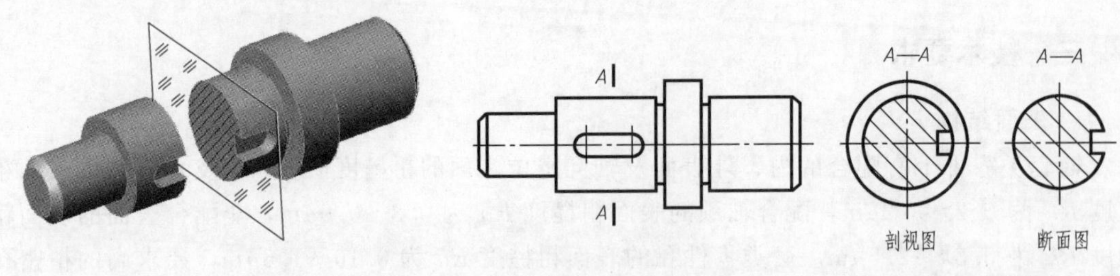

图 4-59 断面图的形成

二、移出断面图

画在零件视图轮廓线外部的断面图称为移出断面图。移出断面图的轮廓线用粗实线绘制。移出断面图的配置与标注见表 4-12。

表 4-12 移出断面图的配置与标注

配置	标注	
	对称的移出断面图	不对称的移出断面图
配置在剖切线或剖切符号延长线上	不必标出字母与剖切符号	不必标注字母
配置在其它位置	A—A 不必标注投射方向	B—B 应标注剖切符号、投射方向和字母
按投影关系配置	A—A　B—B 不必标注投射方向	

笔记

续表

配置	标注	
	对称的移出断面图	不对称的移出断面图
配置在视图中断处	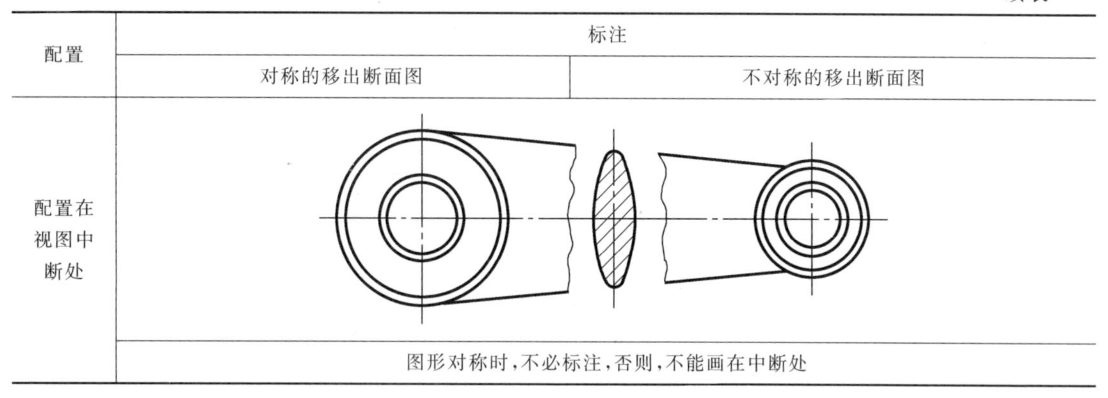	
	图形对称时,不必标注,否则,不能画在中断处	

注意事项：

（1）当剖切平面通过回转面形成的孔或凹坑的轴线时，这些结构按剖视绘制，如图 4-60 所示。

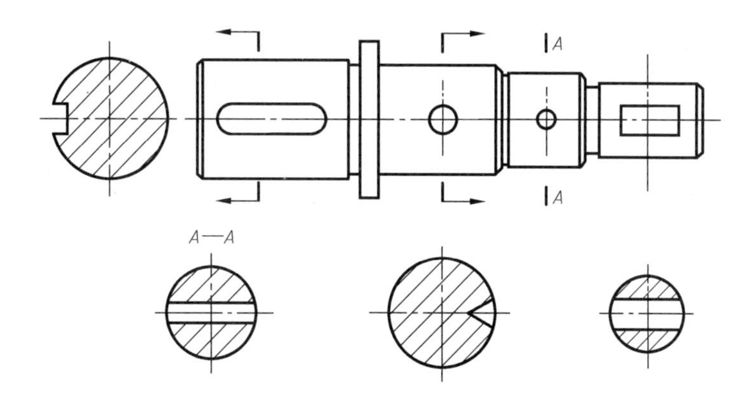

图 4-60　带有孔或凹坑的断面图

笔记

（2）当剖切平面通过非圆孔，会导致出现完全分离的两个断面时，这些结构按剖视绘制，如图 4-61 所示。

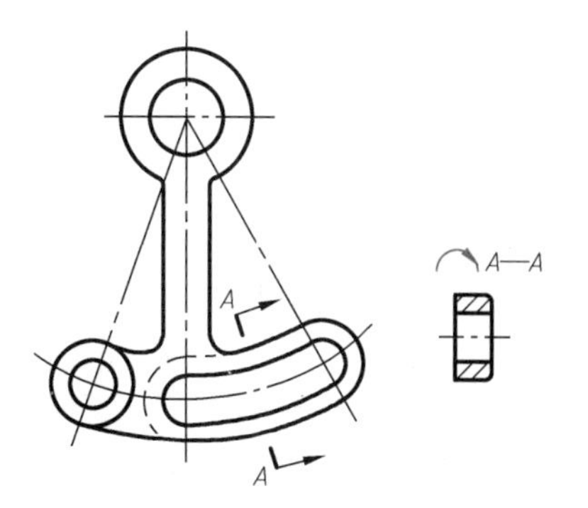

图 4-61　按剖视绘制的断面图

三、重合断面图

断面图画在零件视图轮廓内称为重合断面图。重合断面图的轮廓线用细实线绘制。当视图中的轮廓线与重合断面图的图形重叠时，视图中的轮廓线仍应连续画出，不可间断，如图 4-62 所示。

标注：配置在剖切符号上的不对称重合断面图，不必标注字母，当不致引起误解时，可省略标注，如图 4-62 所示。对称的重合断面图，不必标注，如图 4-63 所示。

四、局部放大图

当机件上的某些细小结构在原图形中表达得不清楚时，或不便于标注尺寸时，可采用局

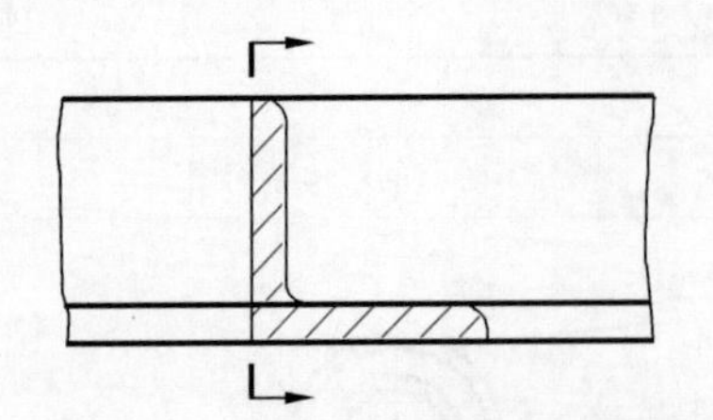

图 4-62 视图轮廓线应连续画出

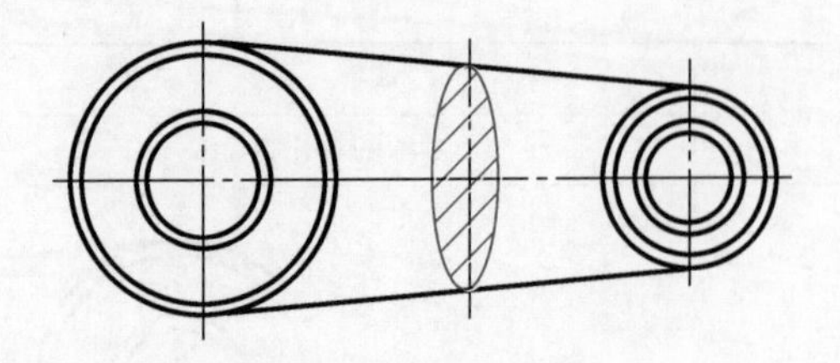

图 4-63 对称的重合断面图

部放大图。

将机件的部分结构，用大于原图形所采用的比例画出的图形，称为局部放大图，图形可画成视图、剖视图和断面图多种图形。

绘制局部放大图时，一般应用细实线圈出被放大部位，并应尽量把放大图配置在被放大部位的附近。当同一机件有几处需放大的部位时，必须用罗马数字按顺序标明放大的部位，并在局部放大图的上方标注出相应的罗马数字和采用的比例，如图 4-64（a）所示。当机件上仅有一处需放大的部位时，在局部放大图的上方只须注明所采用的比例。必要时可用几个图形表示同一个被放大部位的结构，如图 4-64（b）所示。

局部放大图及简化画法

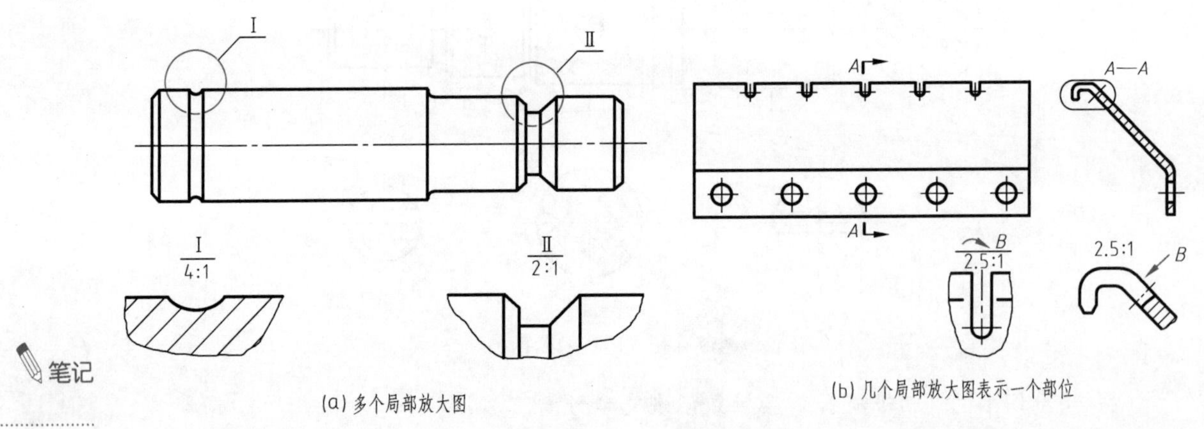

(a) 多个局部放大图

(b) 几个局部放大图表示一个部位

图 4-64 局部放大图

笔记

五、简化画法

（1）零件上对称结构的局部视图，如键槽、方孔等，可按图 4-65 所示的第三角画法表示。

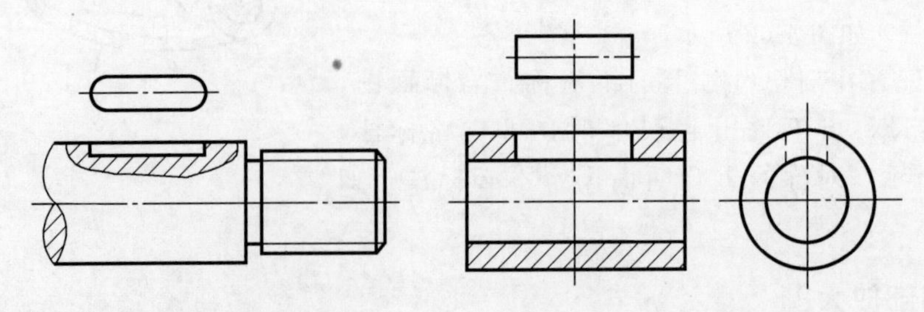

图 4-65 零件上对称结构局部剖视图的简化画法

（2）较长的机件（轴、杆、型材、连杆等），沿长度方向的形状一致或按一定规律变化时，可断开后缩短绘制，如图 4-66 所示。

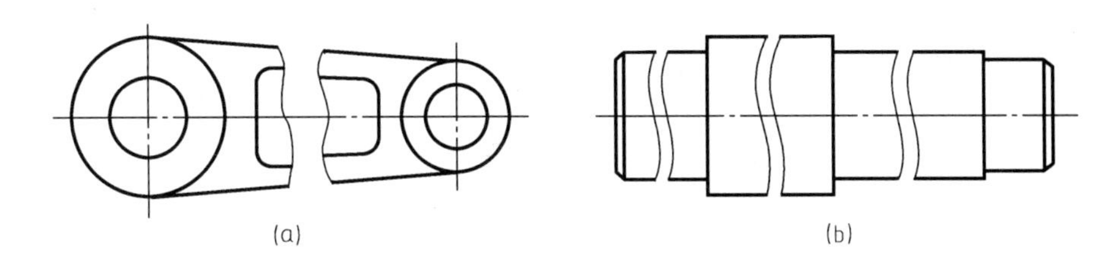

图 4-66　较长机件视图的断开缩短画法

（3）对于网状物、编织物或机件上的滚花部分，可以在轮廓线附近用细实线示意画出，并在图上或技术要求中注明这些结构的具体要求，如图 4-67 所示。

（4）当回转体上的平面不能充分表达时，可用平面符号（相交的两细实线）表示，如图 4-68 所示。

（5）机件上的一些较小结构，如在一个图形中已表达清楚时，其它图形可简化或省略，如图 4-69 所示。

（6）机件上斜度不大的结构，如在一个图形中已表达清楚时，其它图形可按小端画出，如图 4-70 所示。

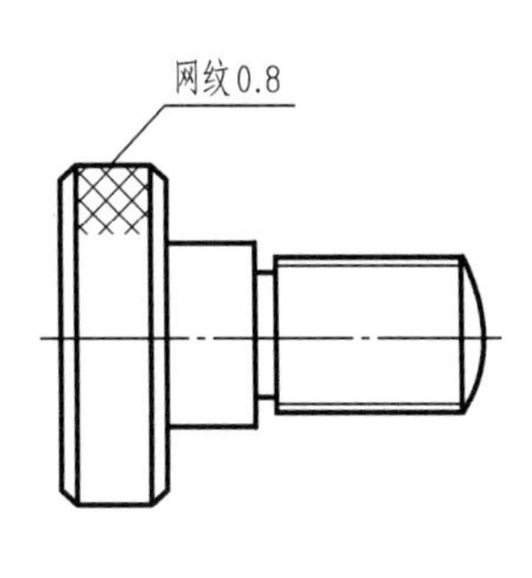

图 4-67　滚花的画法

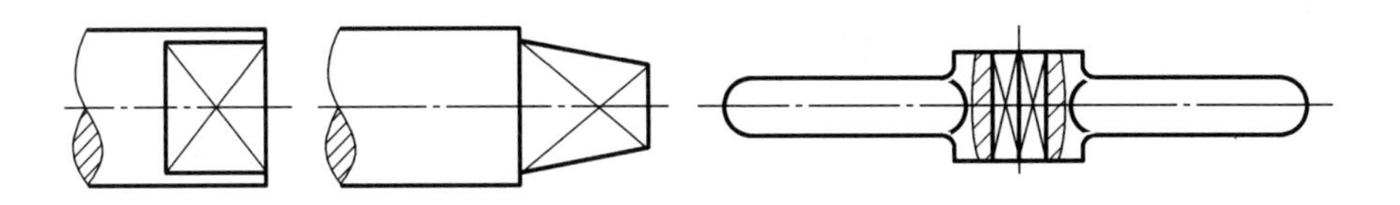

图 4-68　表示平面的简化画法

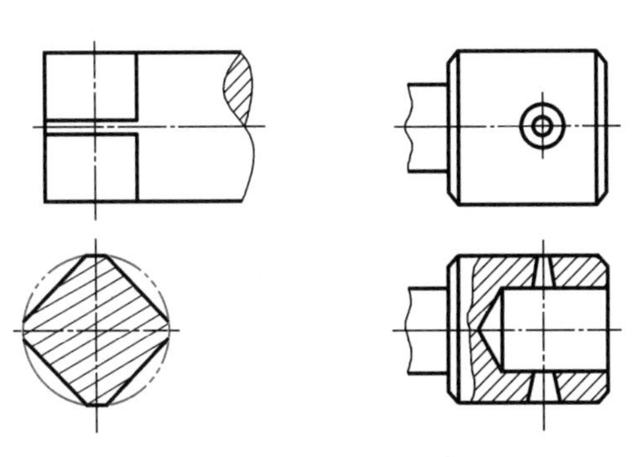

图 4-69　机件上较小结构的简化画法

图 4-70　斜度不大结构的简化画法

笔记

第三部分　零件图的视图选择

零件图的视图选择是指在分析零件的结构特点、使用功能及加工方法的基础上，选用适当的视图、剖视图、断面图等表达方案，正确、完整、清晰、简洁地表达零件的结构形状。表达方案应表达清楚零件各组成部分的内外形状及相对位置，作图力求简便且便于加工。表达方案的确定主要考虑视图数目的选择、视图中表达方法的选择和视图的配置。

一、主视图的选择

零件的视图选择

主视图是一组视图的核心，选择恰当与否，直接影响着其它视图的选择，关系到读图、绘图是否方便。为此，选择主视图应从两方面考虑：零件的安放状态，零件的投射方向。

1. 零件的安放状态

（1）加工位置原则 零件图的作用主要是为零件加工提供图纸，为机器装配提供参考。加工位置原则是指主视图所表示的零件位置尽量与该零件的主要工序的装夹位置一致，便于读图。如轴、套、轮和盘类零件多在车床、磨床上加工，主视图上常将其回转轴线水平放置，如图 4-71 所示。

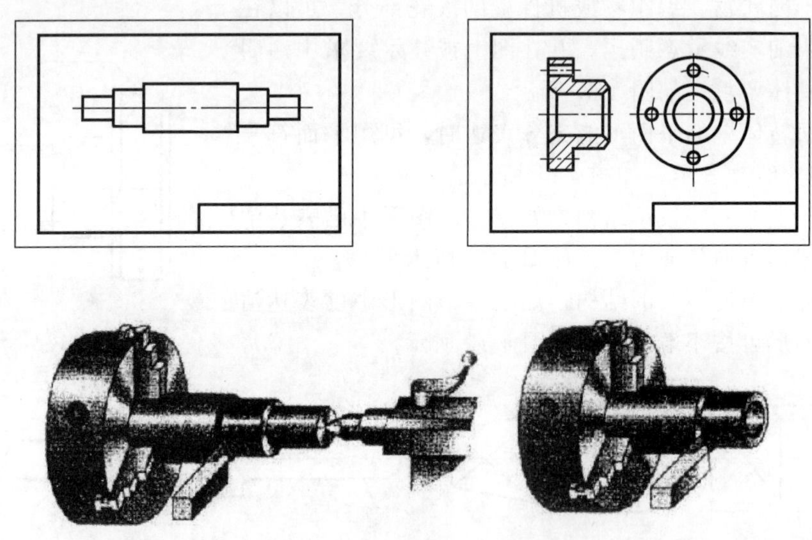

图 4-71 零件按加工位置放置

笔记

（2）工作位置原则 对于加工位置多变的零件应尽量与零件在机器部件中的工作位置相一致，这样便于想象出零件的工作情况。对于叉架、壳体类在加工中位置多变的零件，常按其工作位置来选择主视图。如图 4-72 所示的吊车吊钩和汽车拖钩的零件图，就反映了零件的工作位置。

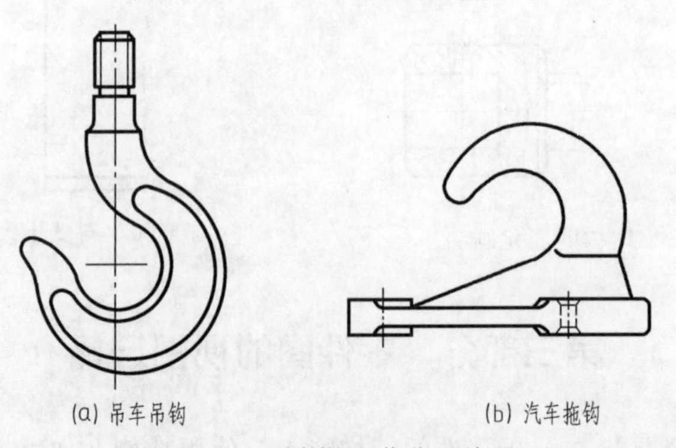

(a) 吊车吊钩　　(b) 汽车拖钩

图 4-72 零件按工作位置放置

（3）自然安放 有一些零件无明显的主要加工位置，又无固定的工作位置（工作中是运动件），可采用自然安放，以最能反映形状结构特征方向作为主视图方向。对于工作位置倾斜，则可将它们的主要部分放正，以利于布图和标注尺寸，如图 4-73 所示。

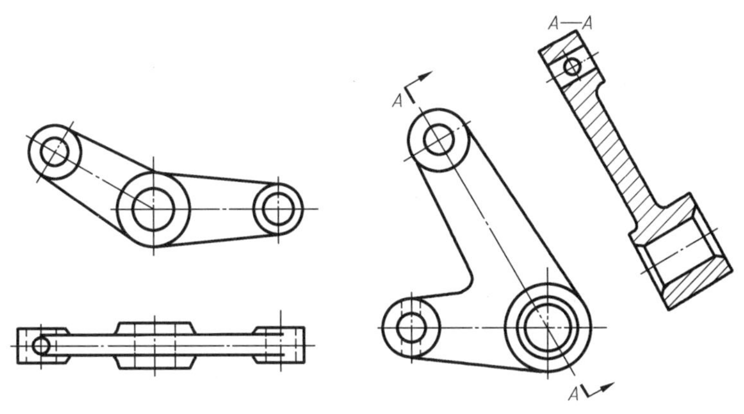

图 4-73　零件自然安放位置

2. 确定主视图的投射方向

主视图的投射方向尽可能多地表达出零件各部分的形状、结构特征。如图 4-74 所示的活动钳身，从三个方向作图，图（a）反映了活动钳身的结构特征，显示的信息量较大，选择图（a）方向作为主视图方向。

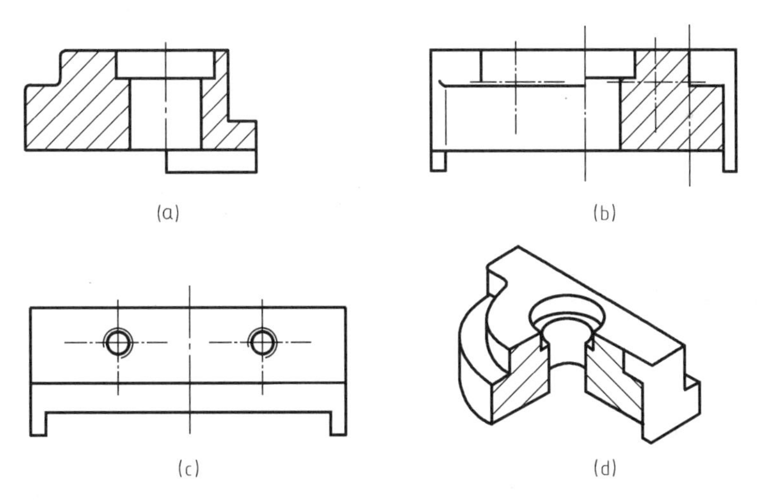

图 4-74　主视图的选择

笔记

在选择主视图时，应当根据零件的具体结构及其加工、使用情况加以综合考虑，以反映形状特征原则为主，并尽量做到符合加工位置和工作位置。对于在机器中工作时斜置的零件，为便于画图和读图，应将其放正。

二、其它视图的选择

选定主视图后，应根据零件结构形状的复杂程度，选择其它视图。其它视图主要作为主视图的补充，各有侧重，相互弥补，才能完整、清晰地表达零件的结构形状。在选用视图、剖视图等各种表达方法时，还应考虑绘图、读图的方便，力求减少视图数目，简化图形。为此，应广泛应用各种简化画法。

如图 4-75（a）所示为一底座的立体图，它由底板、立柱、上部圆柱形凸台、左右凸台、前方三棱柱加强筋以及内部两个凹槽共七部分组成。这一零件属于箱体类零件，结构较复杂，主视图按工作位置放置，物体左、右对称，我们比较一下它的两种表达方案。

主视图采用半剖视图表示物体的内部结构和外部形状，左侧采用局部剖视图表达底部孔的深度。图 4-75（b）为第一种表达方案，采用俯视外形图表达物体的外部形状，仰视图表达内部孔的大小及位置，左视图表达左右凸台的形状及外部形状，为表达加强筋的厚度采用移出断面图。

图 4-75（c）为第二种表达方案，俯视图为表达物体内部孔的结构采用局部剖，为表达底座凹坑的形状画虚线，省略了一个局部视图。左视图和断面图与第一种方案相同。两种方案相比较，第二种表达方案较好。

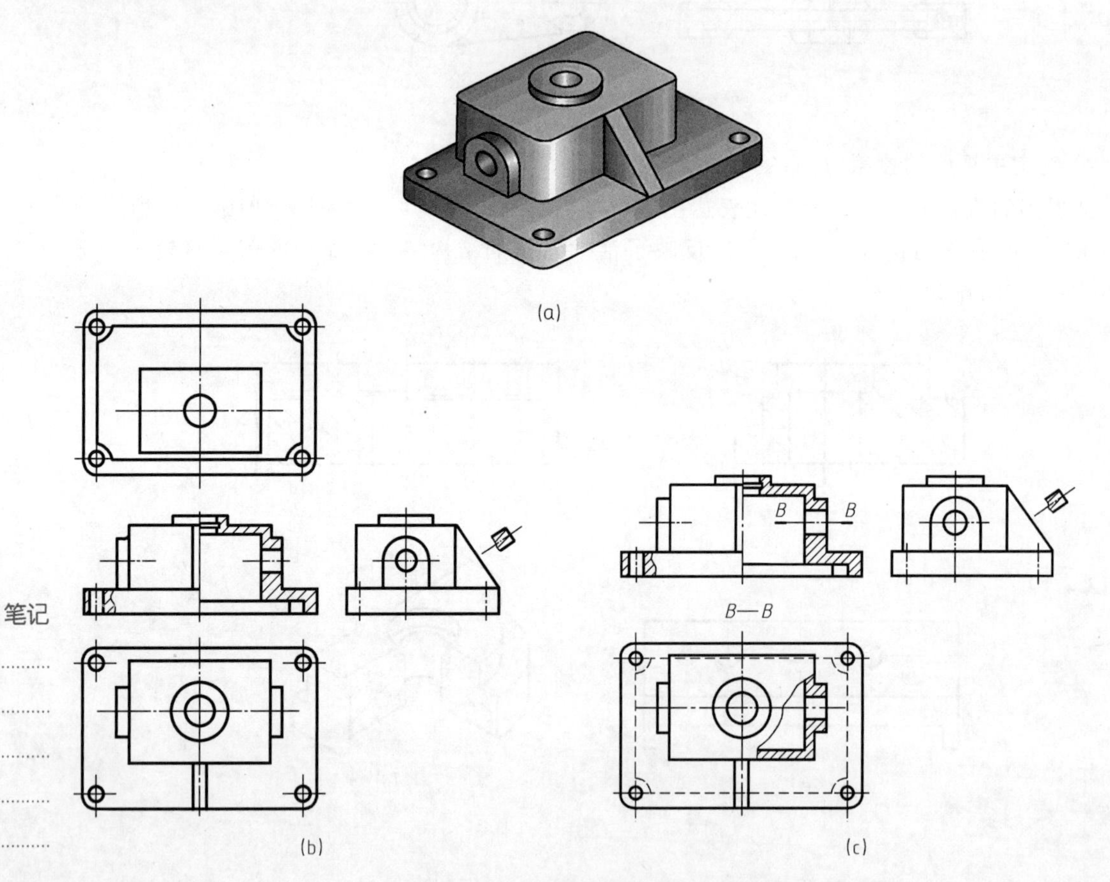

笔记

图 4-75 典型零件的视图表达方案

第四部分 零件图的尺寸标注

在零件图上，视图只能表达零件的形状结构，零件各部分的大小是由所注尺寸来确定的，尺寸是制造、检验零件的重要依据。在零件图上标注尺寸，应做到正确、完整、清晰、合理。前面几个项目中已介绍了尺寸标注的基本规定，本部分着重讨论在零件图中，应怎样标注尺寸才能切合生产实际，即尺寸标注合理性的问题。为了使所注尺寸合理，尺寸标注应满足设计要求和工艺要求，具体应考虑以下几个方面的内容。

一、合理选择尺寸基准

零件的尺寸标注

零件的尺寸基准，是指零件装配到机器上或加工测量时，用以确定其位置的一些面、线或点。根据用途不同，基准可分为设计基准和工艺基准。

设计基准——确定零件在机器中位置的一些面、线或点。

工艺基准——零件在加工或测量时确定位置的一些面、线或点。

可作为设计基准或工艺基准的面、线、点主要有：对称平面、主要加工面、结合面、底平面、端面、轴肩平面；轴线、对称中心线；圆心、球心等。应根据零件图的设计要求和工艺要求，结合实际情况恰当选择尺寸基准。

如图 4-76 所示为蜗轮轴零件图，其轴线既是径向设计基准，又是径向工艺基准，由此标注径向尺寸 $\phi40$、$\phi35$、$\phi30$ 等。为了保证蜗轮和蜗杆啮合准确，选用蜗轮轴端面 B 为轴向尺寸设计基准，标注尺寸 56、164。右端面 A 为轴向尺寸工艺基准，标注尺寸 50，便于测量。

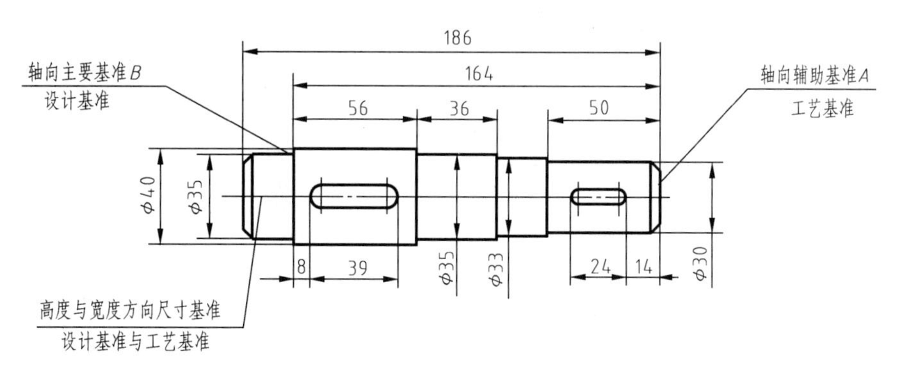

图 4-76 蜗轮轴的尺寸基准

笔记

一般来说，从设计基准标注尺寸，可以满足设计要求和功能要求。而从工艺基准标注尺寸，则便于加工和测量。

所以，选择尺寸基准的一条首要原则是：凡是影响产品性能、工作精度和互换性的主要尺寸，必须从设计基准直接注出。例如图 4-76 中的 $\phi40$、$\phi35$、$\phi30$、56、164 等。

其次，任何一个零件都有长、宽、高三个方向（或轴向、径向两个方向）的尺寸，每个方向至少要有一个基准。同一方向上有多个基准时，其中必定有一个是主要的，称为主要基准，其余则为辅助基准，主要基准与辅助基准之间应有尺寸联系。如图 4-76 中的 164。

标注尺寸时，应尽量使设计基准与工艺基准统一起来，称为“基准重合原则”，这样既能满足设计要求，又能满足工艺要求。当两者不能统一时，要按设计要求标注尺寸，在满足设计要求前提下力求满足工艺要求。

二、尺寸的标注形式

尺寸的标注形式有链状式、坐标式和综合式。

1. 链状式

如图 4-77 所示，尺寸 A、B、C、D 依次注成链状，后一个尺寸以前一个尺寸为基准，其尺寸误差受前面所注尺寸误差的影响。

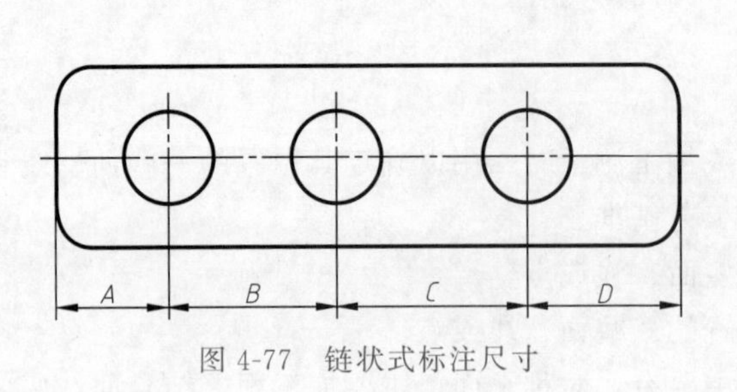

图 4-77 链状式标注尺寸

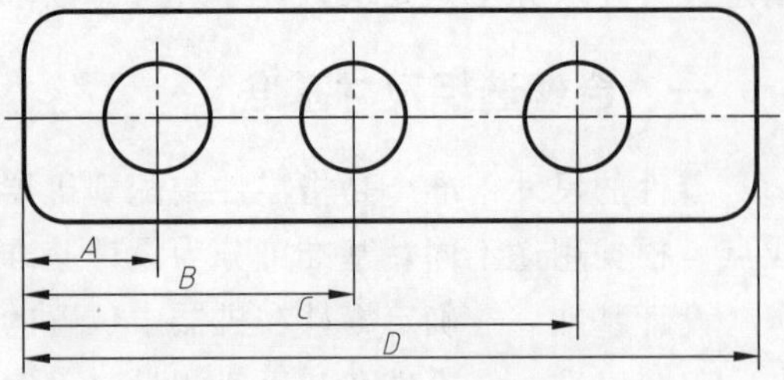

图 4-78 坐标式标注尺寸

2. 坐标式

如图 4-78 所示，图上所有的尺寸都从同一基准注起。轴的各段尺寸相互间没有误差影响。

3. 综合式

综合式是链状式和坐标式的综合，如图 4-79 所示，此种标注方法在尺寸标注中用得最多。

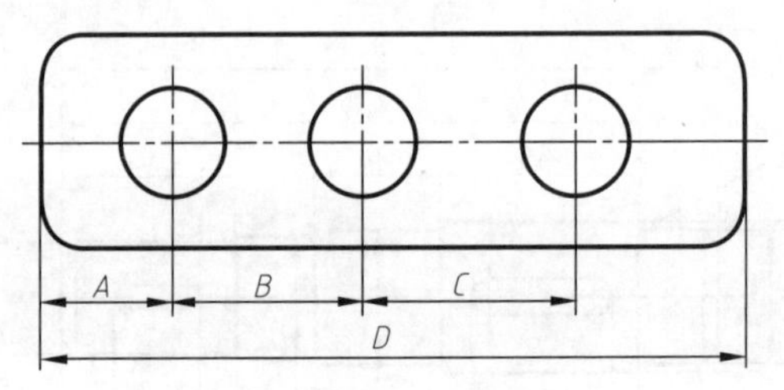

图 4-79 综合式标注尺寸

三、合理标注尺寸应注意的问题

1. 考虑设计要求

笔记

(1) 重要尺寸一定要直接注出，以满足设计要求，如图 4-76 所示蜗轮轴零件图中，键槽尺寸 39 直接注出。又如图 4-80 (a) 中的配合件，连接处的长度尺寸 8 和各自深度应直接注出。

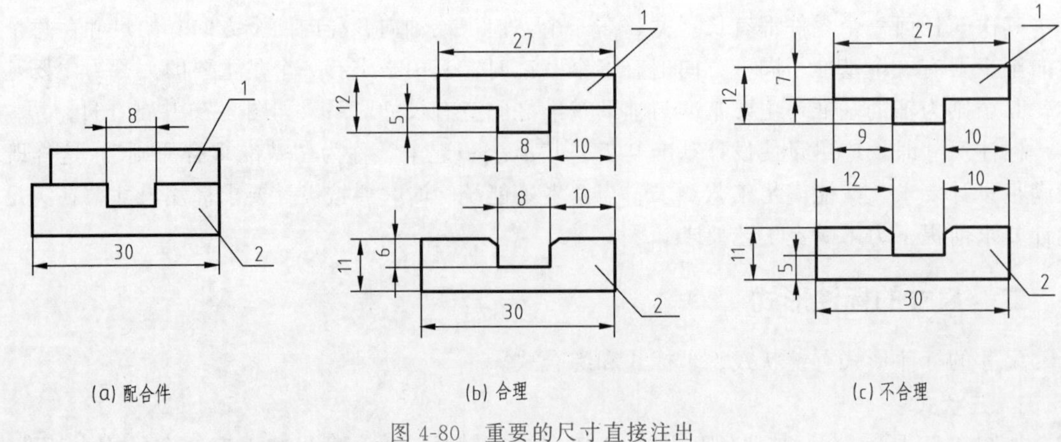

(a) 配合件 (b) 合理 (c) 不合理

图 4-80 重要的尺寸直接注出

(2) 避免注成封闭尺寸链。封闭尺寸链由一组首尾相接的尺寸组成，如图 4-81 (a) 所示。封闭尺寸链在加工时难以保证所有尺寸的精度要求，为此，常常将其中不太重要的尺寸作为开环，不标注其尺寸，如图 4-81（b）所示。

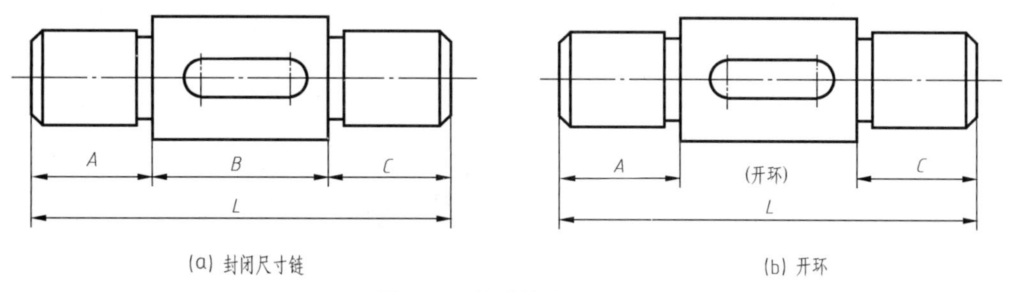

图 4-81　尺寸链和开口环

2. 考虑工艺要求

在标注尺寸时，还应考虑加工方法的要求。

（1）按加工顺序标注尺寸。如图 4-82（a）所示的轴，尺寸的标注就是考虑了加工的顺序。在图 4-82（b）中，车 $\phi40$ 外圆，下料保证长度 186；在图 4-82（c）中，车工 $\phi35$，保证长度 164；在图 4-82（d）中掉头依次车出 $\phi35$、$\phi33$ 和 $\phi20$，分别保证长度 36 和 50。

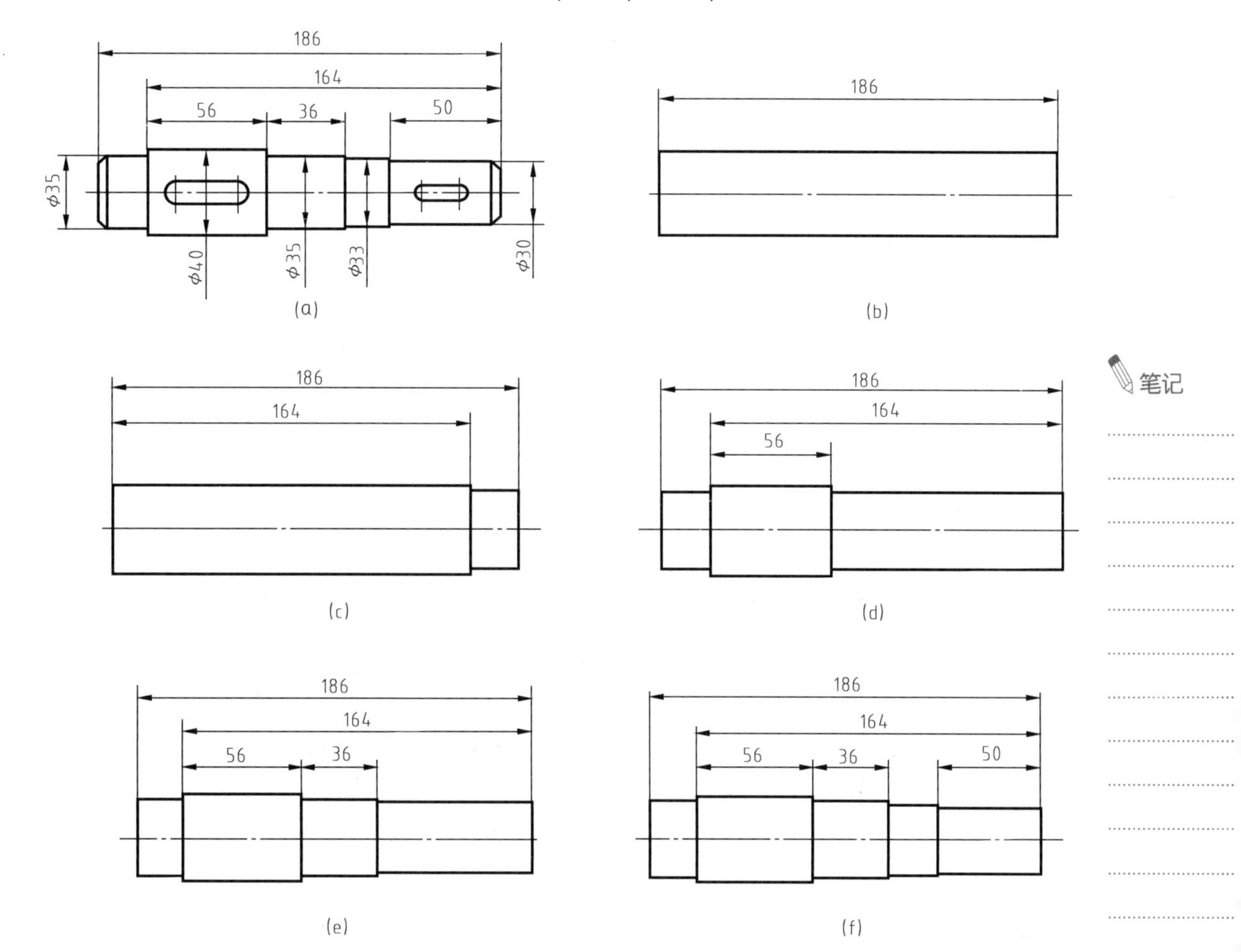

图 4-82　按加工顺序标注尺寸

(2) 按加工方法标注尺寸。零件的加工方法有车、铣、刨、磨、钻等，一个零件要制成成品，常常要经过多种方法多道工序才能完成，在标注尺寸时，应按不同的加工方法分类集中标注尺寸。如图 4-76 所示，键槽是在铣床上铣削而成，故将有关尺寸集中于两处标注，这样便于读图。

(3) 考虑测量方便标注尺寸。如图 4-83、图 4-84 所示，所标尺寸既能满足设计要求，又便于测量。

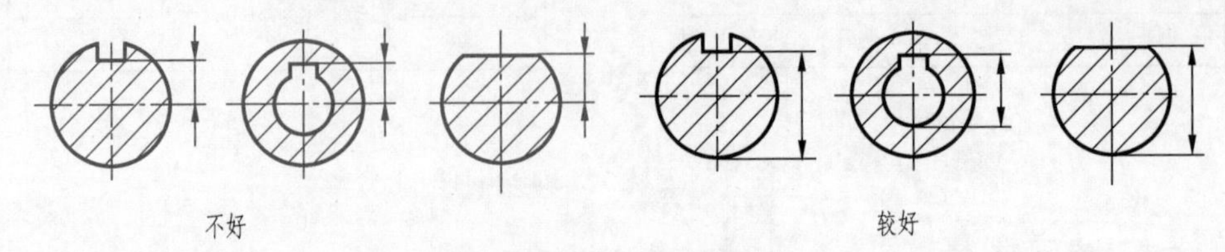

图 4-83 尺寸标注便于测量（一）

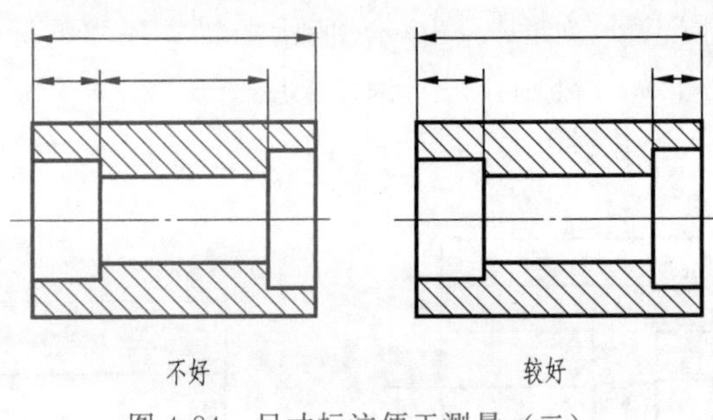

图 4-84 尺寸标注便于测量（二）

零件的工艺结构

第五部分 机械加工工艺结构

笔记

1. 倒角和倒圆

为了便于装配，要去除零件上的毛刺、锐边，通常将尖角加工成倒角。为避免轴肩处的应力集中，该处加工成圆角。圆角和倒角的尺寸系列可查阅标准 GB/T 6403.4—2008。其中倒角为 45°时，用代号 C 表示，与轴向尺寸 n 连注成 Cn。如果倒角不是 45°时，则要注出角度，如图 4-85 所示。

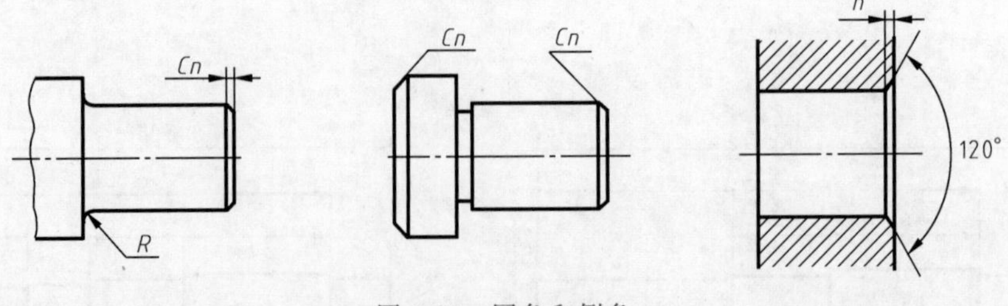

图 4-85 圆角和倒角

2. 钻孔

零件上常有各种不同用途和不同形式的孔，这些孔常用钻头加工而成。图 4-86 (a) 是用钻头加工出的通孔。用钻头加工出的盲孔和阶梯孔，留有钻头头部锥形部分形成的锥坑，图样上常把锥顶角画成 120°，但图样上不注出角度，钻孔深度也不包括锥坑在内，如图 4-86（b）。在图 4-86（c）阶梯孔中，在大孔与小孔直径变化的部分，形成一个圆锥面，也应画成 120°。

3. 退刀槽

在车削零件时，为防止损坏刀具，预先在零件上车出一个槽子，给退刀提供空间，这个槽子称为退刀槽。退刀槽的尺寸注法有两种，一是宽度×直径，如图 4-87（a）所示；一是宽度×深度，如图 4-87（b）所示。

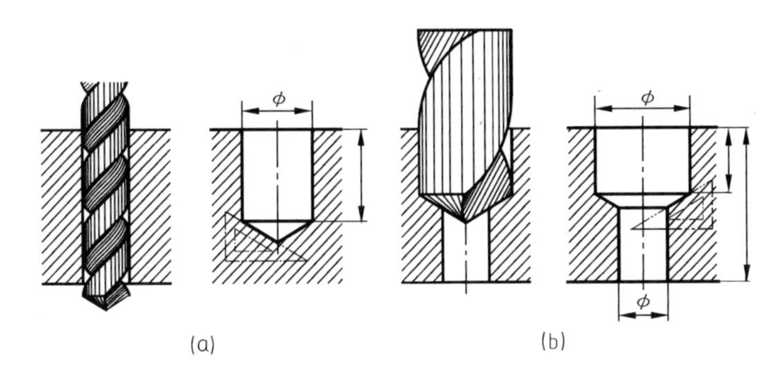

图 4-86　钻孔

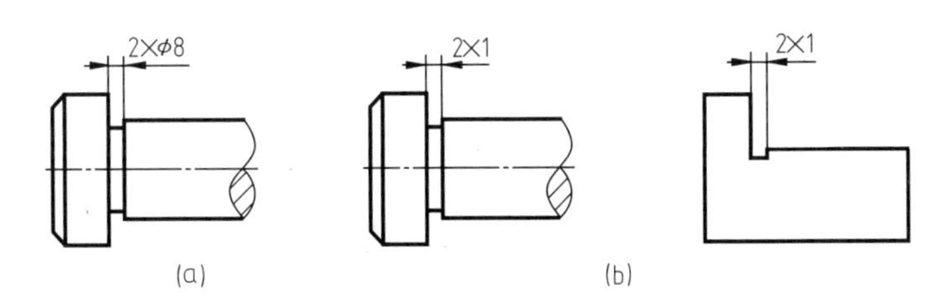

图 4-87　退刀槽的尺寸注法

轴类零件的读图

笔记

任务实施

1. 结构分析

以减速器输出轴（图 4-57）为例来讲解轴的测绘。输出轴采用锻件毛坯，输出轴的工作环境：电动机转动通过皮带轮带动输入轴转动，通过输入轴上的小齿轮与输出轴上的大齿轮互相啮合，将动力传送到输出轴，从而实现减速目的。

输出轴由 5 处不同直径的圆柱组成，为连接从动齿轮，在两段轴颈上加工有两个键槽；ϕ30 两处轴颈连接滚动轴承，为使右端滚动轴承能与轴肩很好地靠在一起，加工了退刀槽，这四段轴颈的尺寸精度要求高。

2. 零件的表达方案，绘制草图

一般主视图按加工位置，即将轴线水平放置来表达，尽可能使键槽向前以表达其形状；用移出断面图或局部剖视图表示键槽的深度和孔的形状、大小；对于轴上的砂轮越程槽或退刀槽等细小结构，必要时应绘制局部放大图。

3. 尺寸标注与技术要求

在草图的基础上标注所测量的尺寸，尺寸的测量用游标卡尺，注意带键槽与安装滚动轴承四个轴段的公称尺寸，查附录三极限与配合选择配合等级，为保证轴很好运转，注意带键槽轴段与安装滚动轴承轴段的同轴度公差，同样这四个轴段与键槽部分的粗糙度相对较低，所有的加工面与粗糙度比对板比较标注粗糙度。为提高轴的综合机械性能进行调质处理。

4. 其它

绘制零件工作图如图 4-88 所示。

轴类零件的测绘

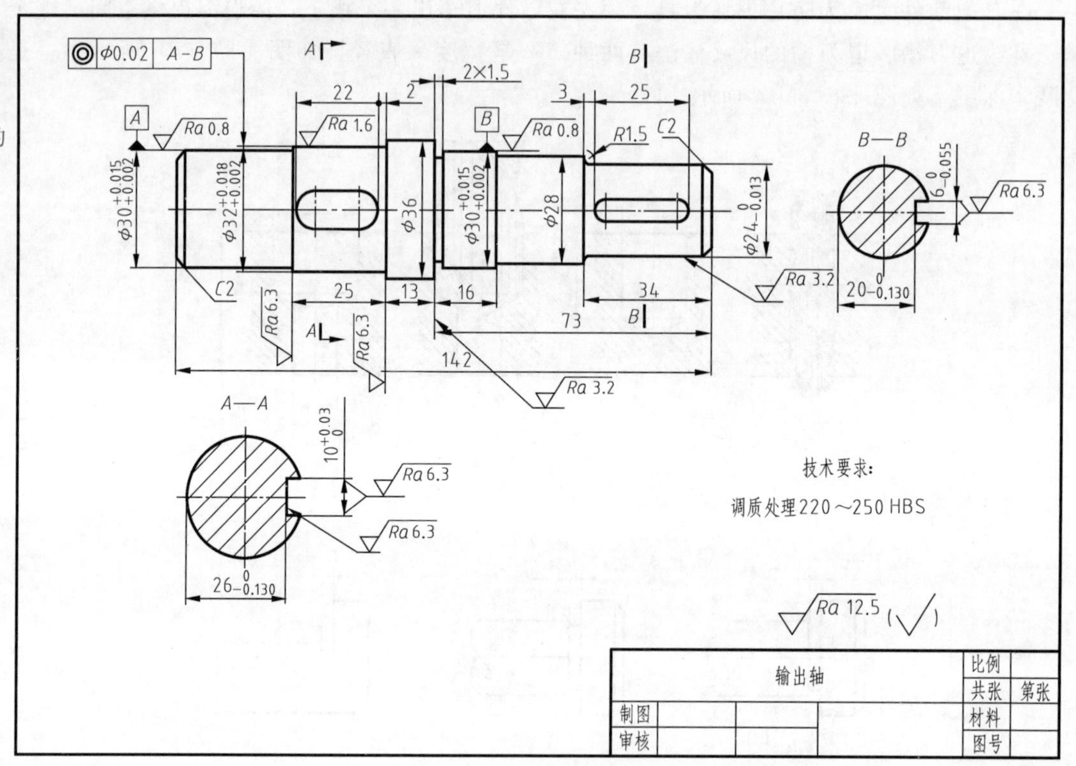

图 4-88 输出轴零件图

笔记

课后任务

1. 按教师要求完成装配体中轴类零件的测绘。

2. 查找蜗轮轴、发动机轴等轴的相关资料，了解我国在轴制造中的能力与世界顶尖制造的差距，与书中轴比较，结构、加工方法、性能的不同。

项目五

部分加工面零件的测绘

思政目标

1. 以箱体类零件为切入点，通过箱体常用毛坯材料铸铁价廉、吸振、耐磨的特性介绍，引导学生树立最适合的就是最好的观念。

2. 以箱体类、拨叉类、盘盖类零件为切入点，通过补充介绍中国机床制造业发展状况，激发学生勤奋学习热情。

3. 以零件图学习为切入点，了解重要图纸泄密给企业造成危害的案例，介绍知识产权保护法，牢固树立保密意识。

任务一　箱体类零件测绘

知识目标：

1. 了解零件上常见铸造工艺结构；
2. 理解铸造工艺结构的画法及部分热处理方法；
3. 掌握箱体类零件的特点、视图表达、尺寸标注特点、工艺结构。

能力目标：

能正确测绘箱体类零件，完成完整的箱体类零件图，工艺结构表达正确。

任务要求：

齿轮油泵泵体、支座及球心阀阀体的立体图如图 5-1、图 5-2 所示，了解零件的作用，

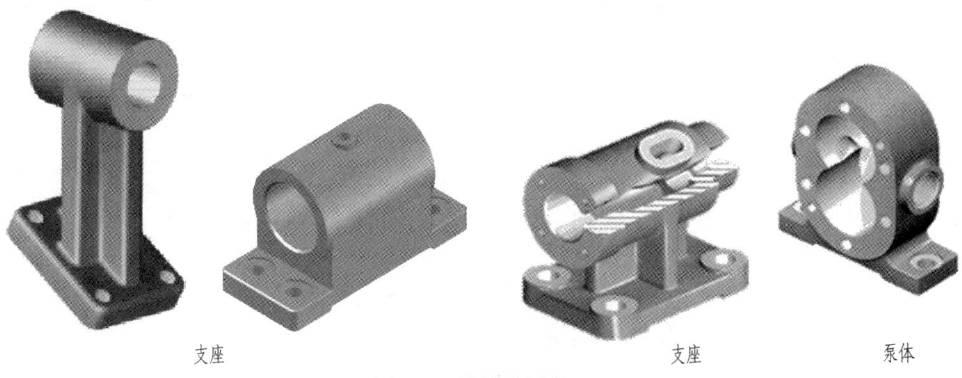

图 5-1　箱体类零件一

笔记

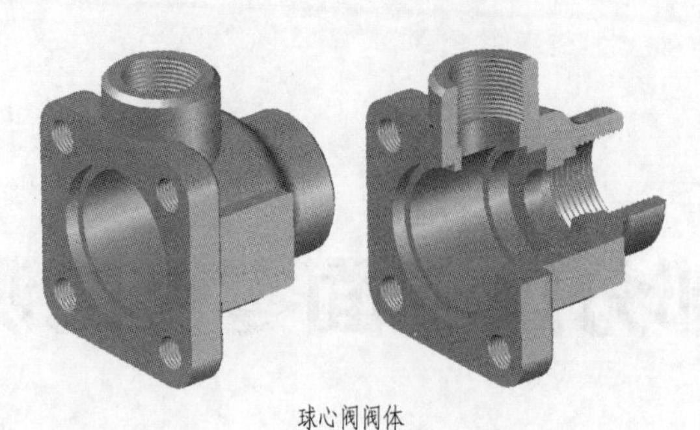

图 5-2 箱体类零件二

分析结构特点、表达方案，完成零件测绘，绘制出正确零件图。

相关知识内容

零件的铸造工艺

第一部分 铸造工艺结构

如图 5-3 所示为真空泵泵体的图片，整个零件为铸造件经机械加工而成，最有特点的是零件的外部，涂有红色防锈漆的为未加工部分，露出金属的部分为加工面部分，在绘制零件图时，要了解毛坯的特点，必须对零件上的某些结构（如铸造圆角、退刀槽等等）进行合理设计和规范表达，以符合铸造工艺的要求。

图 5-3 真空泵泵体

笔记

1. 拔模斜度和铸造圆角

铸造零件在制作毛坯时，为了便于将木模从砂型中取出，一般在脱模方向作出 1∶20 的斜度，称为拔模斜度。相应的铸件上，也应有拔模斜度，如图 5-4 所示。拔模斜度一般在零件图中不必画出，必要时可在技术要求中加以说明。

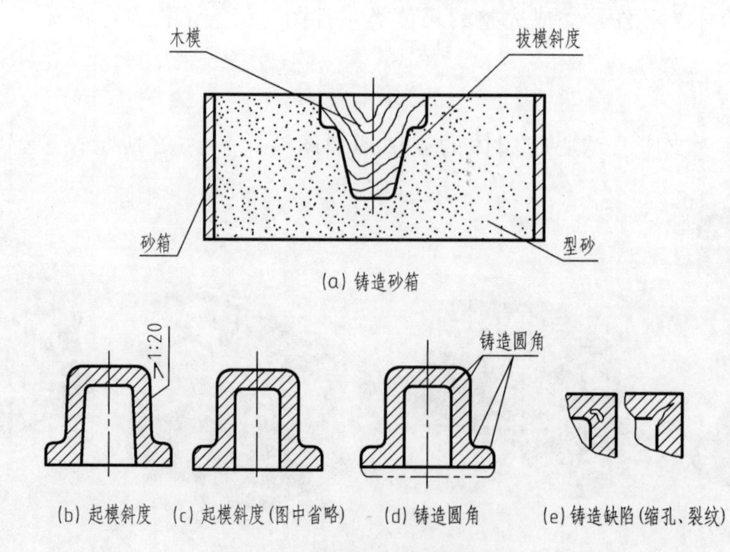

图 5-4 铸造圆角和拔模斜度

为防止浇铸铁水时冲坏砂型，同时为防止铸件在冷却时转角处产生砂孔和避免应力集中而产生裂纹，铸件两表面相交处均制成圆角，这种圆角称为铸造圆角。视图中一般不标注铸造圆角半径，而注写在技术要求中。

2. 铸件壁厚

铸件的壁厚应尽量均匀，以避免各部分因冷却速度不均而产生缩孔或裂纹。若因结构需要出现壁厚相差过大时，则壁厚应由大到小逐渐变化，如图 5-5 所示。

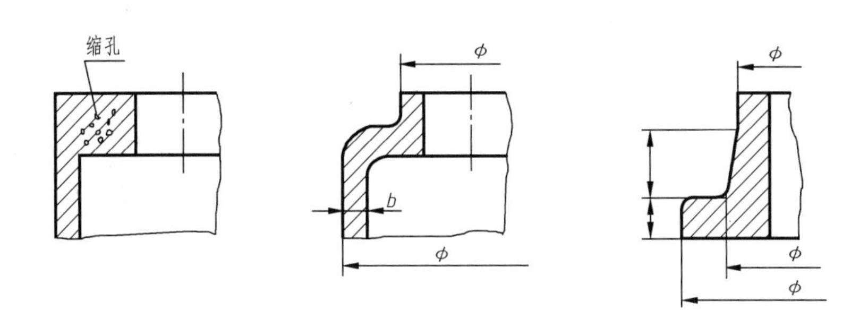

图 5-5　铸件壁厚

3. 过渡线的画法

由于铸件两表面相交处存在铸造圆角，这样交线就变得不够明显，但为了区分不同表面，在原相交处仍画出交线，这种交线称为过渡线。过渡线的画法与没有圆角时交线的画法完全相同。只是两曲面相交时，过渡线不与圆角的轮廓线接触，如图 5-6 所示。当两曲面的轮廓线相切时，过渡线在切点附近应该断开，如图 5-7 所示。图 5-8 表示出了连接板与圆柱面相交相切时过渡线的画法。

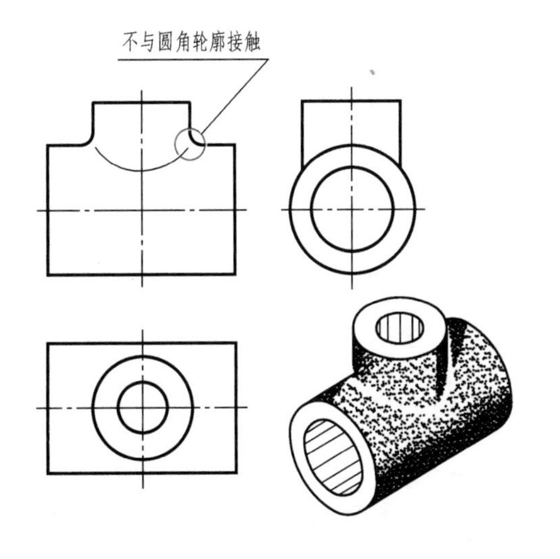

图 5-6　两圆柱相交过渡线画法

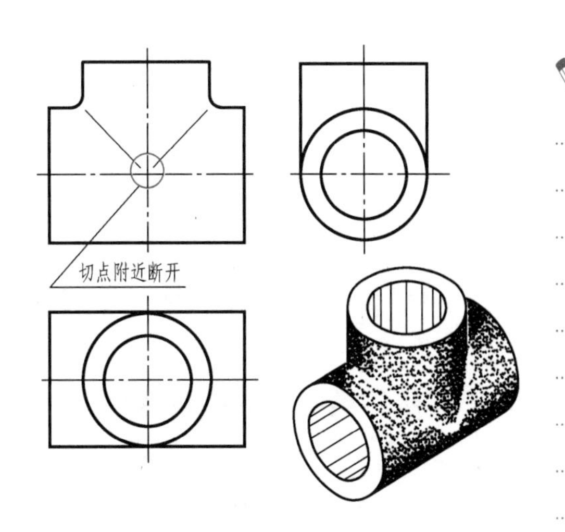

图 5-7　两圆柱相切过渡线画法

笔记

4. 凸台与凹坑

铸件上与其它零件接触的表面一般都要进行加工，设计零件形状时，应尽量减少加工面，以降低成本。因此，在铸造时就应铸出凸台和凹坑，如图 5-9 所示。

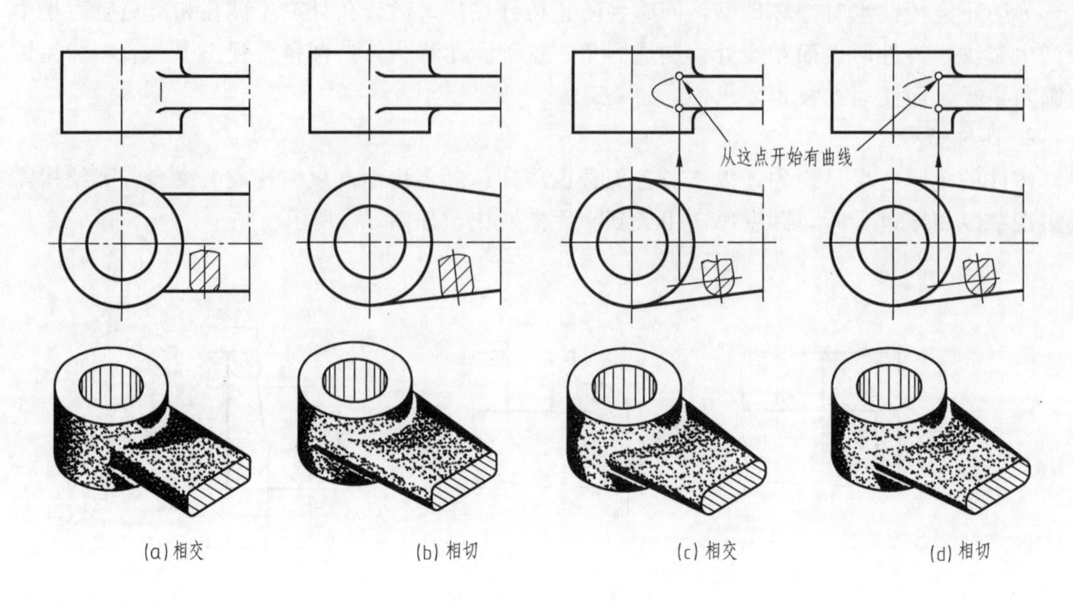

图 5-8 连接板与圆柱面相交相切过渡线画法

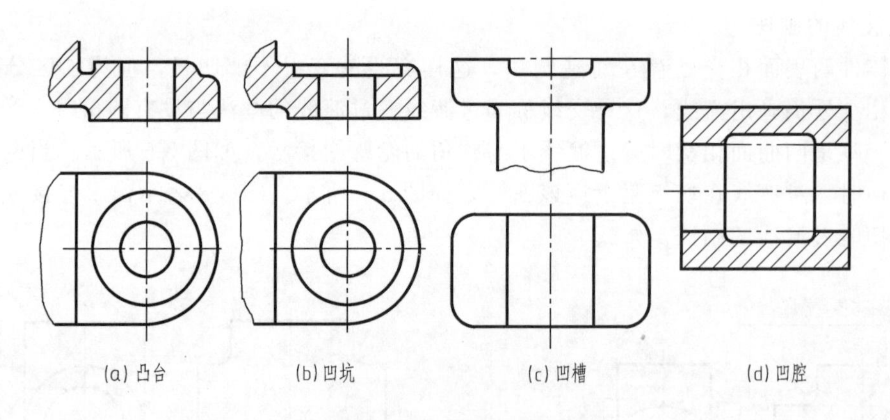

图 5-9 铸件上的凸台和凹坑

第二部分 箱体类零件简介

一、箱体类零件的结构特点

箱体类零件一般为机器、部件的主体。体积较大，形状也较复杂，壁厚不均匀，多为铸件，也有焊接件，加工部位多、难度大，既有精度要求较高的孔系和平面，也有许多精度要求较低的紧固件，其作用主要是容纳和支承传动件，保护机器和其它零件，从形体上分析，几乎全部由各种不同的几何体所构成。箱体类零件结构常有内腔、轴承孔、凸台或凹坑、铸造圆角、铸件壁厚、拔模斜度、筋板、螺孔与螺栓通孔等，这些结构有些是以零件的工作性能要求为出发点设计的，而有些结构是考虑加工、制造的方便和铸造工艺结构设计的。

二、零件的表达方案

由于箱体类零件结构复杂，加工工序方法较多，加工位置多有变化，在选择主视图时，主要是对其工作位置和形状特征进行综合考虑，选择形状特征较明显的一面作为投射方向，通常需要3～4个基本视图，并采用全剖视、局部剖视等来表达箱体的内部结构。对于局部外形增加局部视图、斜视图和规定画法等，零件上的一些细小结构，如拔模斜度、铸造圆角、退刀槽、倒角和圆角都要表达清楚。

三、尺寸标注

箱体类零件结构复杂，在标注尺寸时，确定各部分结构的定位尺寸很重要，因此要选择好各个方向的尺寸基准，一般是以安装表面，主要支承孔轴线和主要端面作为长度和高度尺寸方向的尺寸基准，各结构的定位尺寸确定后，其定形尺寸才能确定，具有对称结构的以对称面作为尺寸基准。

箱体类零件的测量方法应根据各部位的形状和精度要求来选择，对于一般要求的线性尺寸可直接用钢直尺测量，支架的支承孔和安装底板是重要的配合结构，支承孔的圆心位置和直径尺寸、底板及底板上的安装孔尺寸应采用游标卡尺或千分尺精确测量，测出尺寸后加以圆整或查表选择标准值。

四、技术要求

箱体类零件形状结构比较复杂，一般先铸造成毛坯，然后再进行切削加工，根据使用要求，一般选用灰口铸铁，有些载荷较大的箱体，有时采用铸钢件铸造而成，其毛坯应经过时效处理或退火处理。某些箱体上的重要孔如轴承孔等，要求有较高的尺寸公差、几何公差及较小的表面结构值，有齿轮啮合关系的相邻齿轮孔之间，应有一定的孔距尺寸公差和平行度要求；同一轴线上的孔应有一定的同轴度要求；箱体的装配基面和加工中的定位基面都要求有较高的平面度和较小的表面结构值；如果箱体上孔的位置精度较高时，应有位置度要求等。

笔记

任务实施

1. 结构分析

以箱体类零件支座（图5-1）为例进行讲解，支座为铸造件经加工而来，主体部分为回转体，中心为空腔用来包容螺杆、导杆与导套，上部加工有螺纹，用紧定螺钉将导套与箱体固定；底板为长方体，为减少加工面积加工了凹槽，为固定箱体在底板上有四个螺钉孔。

2. 图形选择与绘制草图

箱体加工方法多变，主视图按常用工作位置水平摆放，箱体零件前后对称，主视图从对称面全剖，将左右通孔、上部螺纹孔和底板凹坑全剖到，表达了零件的主体结构，左视图采用半剖，表达连接板与中心空腔的形状，为表达底板上螺栓孔的深度采用了局部剖。俯视图采用半剖视图，表达底板上螺栓孔与顶部螺纹孔和凸台的位置、形状，如图5-10所示。

3. 尺寸标注与技术要求

箱体类零件的尺寸较为复杂，长度方向以左右对称面为主要基准，宽度方向以前后对称面为基准，高度方向以底面为主要基准，箱体要与导套配合，这一部分要标注公差，所有加工面之间的尺寸用游标卡尺测量，所有的加工面与粗糙度比对板比较标注粗糙度，为保证导套平直，标注空腔的回转轴线与底面的平行度为 0.03。

4. 其它

最后完成箱体类零件工作图如图 5-10 所示。

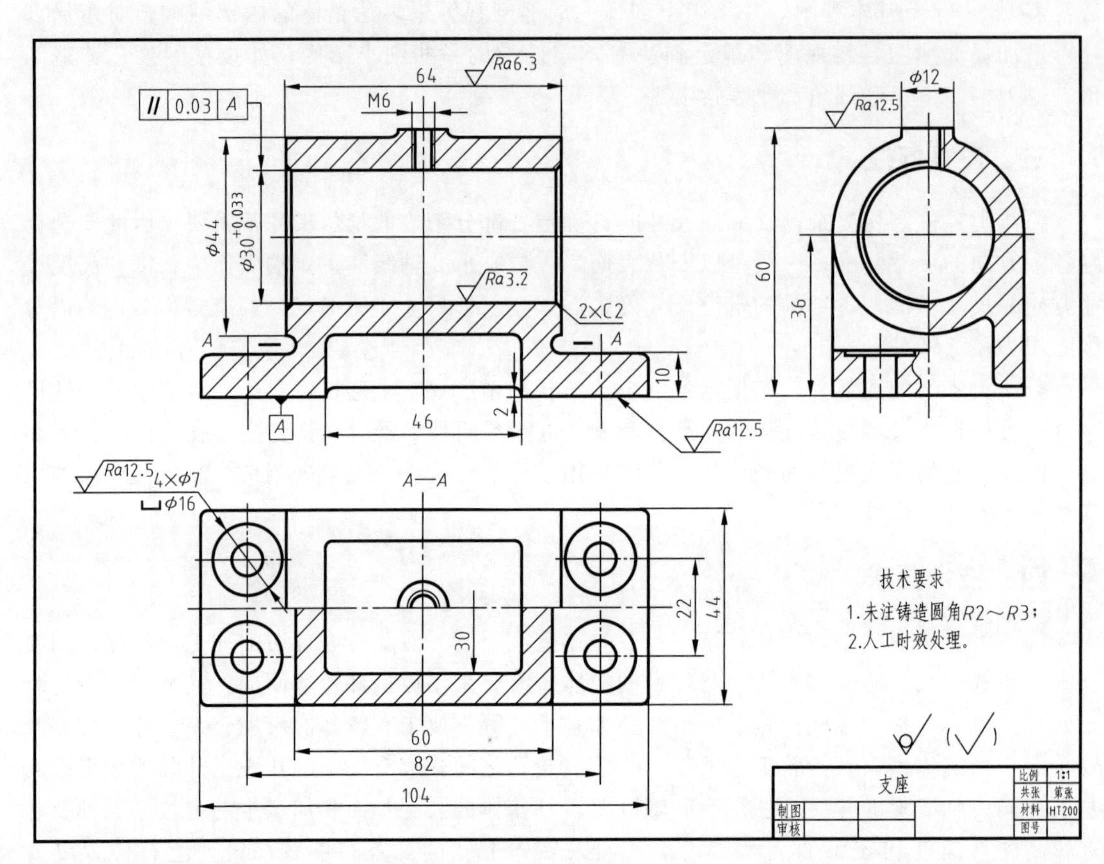

图 5-10 传动器箱体零件图

笔记

课后任务

1. 完成装配体中箱体类零件的测绘。
2. 完成习题集中相关作业。

任务二 拔叉类零件测绘

知识目标：

1. 掌握相交剖切平面的剖切方法、适用条件，绘制符合国标的图形；
2. 掌握拨叉类零件的特点、视图表达、尺寸标注特点、工艺结构。

能力目标：

能正确测绘拨叉类零件，完成完整的拨叉类零件图，工艺结构表达正确。

任务要求：

根据图 5-11～图 5-14 所示拨叉类零件的立体图，了解零件的作用，分析结构特点、表达方案，完成零件测绘，绘制出正确零件图。

图 5-11 拨叉零件一

图 5-12 拨叉零件二

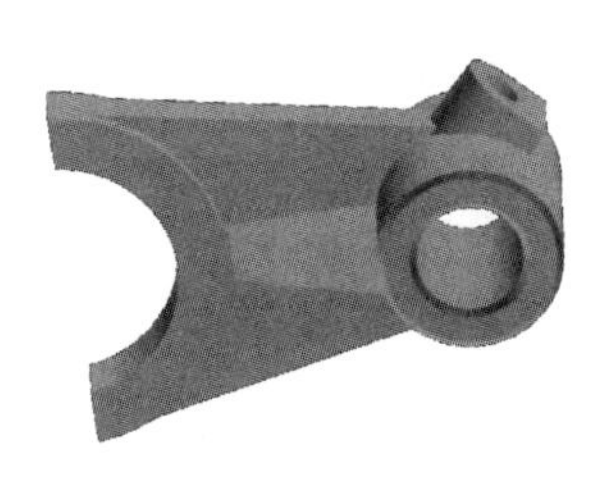

图 5-13 拨叉零件三

图 5-14 拨叉零件三工作图

相交剖切平面的剖切

相关知识内容

笔记

第一部分 相交剖切平面的剖切

一、定义

如图 5-15 所示，假想用相交剖切平面剖开机件，移去观察者与剖切平面之间的部分，将被剖切面剖开的结构及其有关部分旋转到与选定的投影面平行再进行投射，所得到的剖视图。

二、适用条件

如图 5-15 所示，相交剖切平面的剖切用来表达具有明显回转轴线，内部结构分布在两相交平面上的零件。

三、标注方法

假想用几个相交的剖切平面剖切所获得的剖视图，必须加以标注，只有当视图、剖视图按投影关系配置，中间又没有其它图形隔开时，可省略箭头。

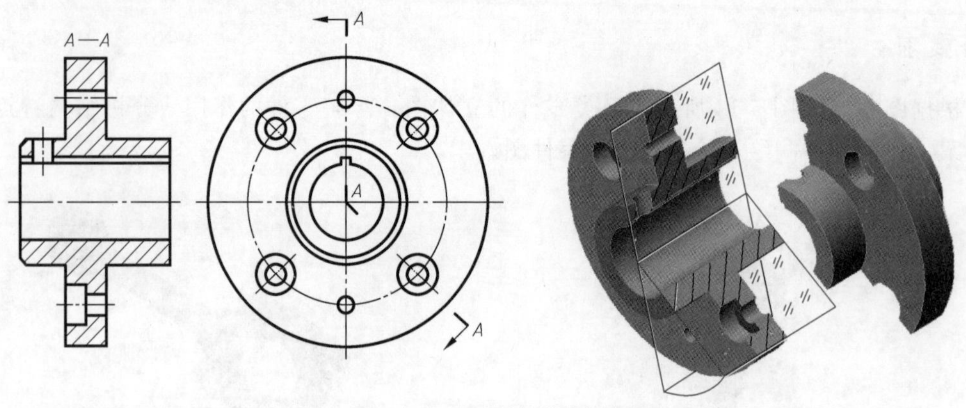

图 5-15 相交平面剖切的全剖视图

四、作图注意事项

（1）假想剖切机件后，应将被剖开的结构及有关部分绕轴线旋转到与选定的基本投影面平行的位置再投射，凡没有剖到的结构，应按原来位置画出它们的投影，如图 5-16 所示小孔的结构。

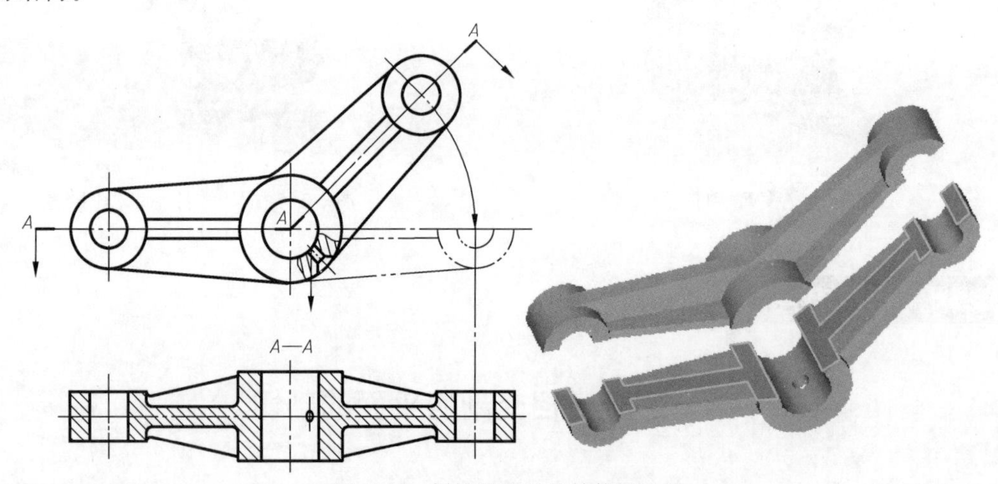

图 5-16 剖切平面后的结构画法

笔记

（2）假想剖切后产生不完整的要素时，应将此部分按不剖绘制，如图 5-17 所示。

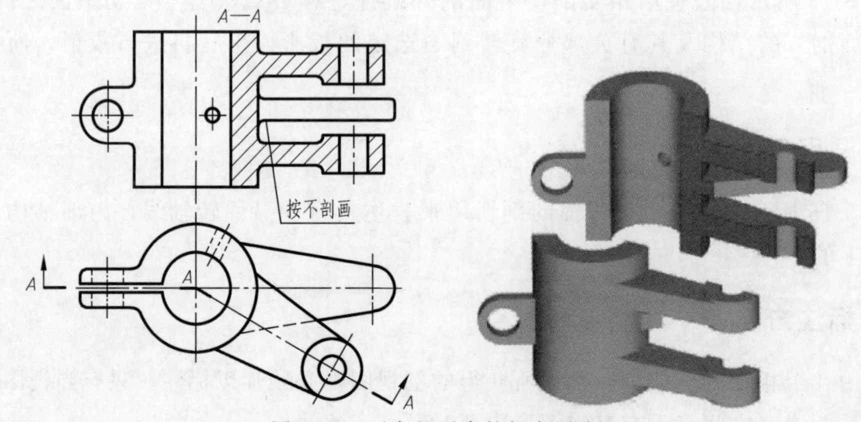

图 5-17 不完整要素的规定画法

第二部分 拨叉类零件简介

一、拨叉类零件的结构特点

拨叉类零件主要用在机床、内燃机等各种机器的操纵机构上，起操纵、调速作用。拨叉类零件形式多样，结构较为复杂，多为锻件，经多道工序加工而成。一般由三部分组成，即支承部分、工作部分和连接部分。连接部分多为肋板结构且形状弯曲、扭斜的较多。支承部分和工作部分细部结构较多，如圆孔、螺孔、油槽、油孔、凸台、凹坑等，内孔、接触面为机加工面。

二、表达方案

拨叉类零件结构比较复杂，加工位置多变，在工作中多是运动件，其工作位置也不固定，多采用自然安放兼顾形状结构特征来作为主视图投影方向，多采用 2 个基本视图，对于连接、加强部分常采用断面图，对于倾斜和不对称结构采用斜视图和局部视图等表达方法。

三、尺寸标注

拨叉类零件在标注尺寸时，一般选择零件固定部分的回转轴线或对称平面作为基准。

四、技术要求

拨叉类零件有配合要求的孔要标注尺寸公差，按配合要求选择基本偏差，公差等级一般为 IT7～IT9 级。配合孔的中心定位尺寸常标注有尺寸公差。拨叉类零件与其它零件接触到的表面应有平面度、垂直度要求，固定部分与工作部分内孔轴线应有平行度要求，一般为 IT7～IT9 级。支承孔与接触面的表面粗糙度 *Ra* 为 3.2～6.3μm，非配合表面的表面粗糙度 *Ra* 为 6.3～12.5μm，拨叉类零件多作周期运动且受力较大，常用正火、调质、渗碳和表面淬火等热处理提高零件的性能。

笔记

任务实施

1. 结构分析

以拨叉零件（图 5-11）为例分析，零件很典型，圆柱部分为支承部分，带有凸台，工作部分为带卡槽的半圆环状，连接部分有连接板和一个柱状和球状的加强部分，共三个部分组成。

2. 零件的表达方案，绘零件草图

拨叉类零件结构比较复杂，自然安放来放置，选择零件形状特征明显的方向作为主视图的投射方向，选用两个基本视图，为表达支承部分的凸台的形状，采用斜视图。绘图步骤略。

3. 尺寸标注与技术要求

这类零件尺寸较多，尺寸基准为支承部分孔的回转轴线，高度方向的基准采用上或下底面，尺寸标注除正确、完整、清晰、合理外，还要注意尺寸的精度，支承部分、运动结合面及安装面，均有较严的尺寸公差，根据工作情况不考虑几何公差，所有的加工面与粗糙度比对板比较标注粗糙度。

4. 其它

绘制拨叉零件工作图如图 5-18 所示。

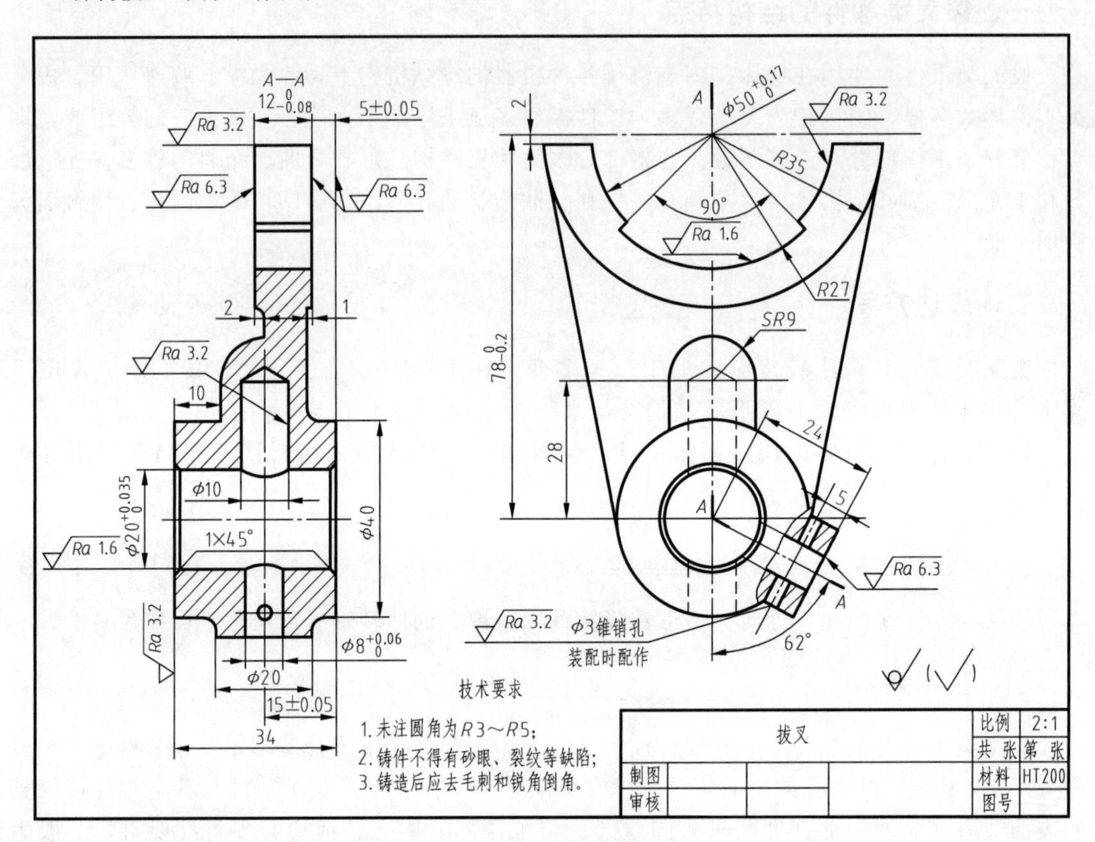

图 5-18 拨叉零件图

笔记

课后任务

1. 完成装配体中拨叉类零件的测绘。
2. 完成习题集中相关作业。

任务三 盘盖类零件测绘

知识目标：

1. 掌握平行剖切平面的剖切方法、适用条件，绘制符合国标的图形；
2. 掌握盘盖类零件的特点、视图表达、尺寸标注特点、工艺结构。

能力目标：

能正确测绘盘盖类零件，完成完整的盘盖类零件图，工艺结构表达正确。

任务要求：

如图 5-19 所示为盘盖类零件的立体图，了解零件的作用，分析结构特点、表达方案，完成零件图。

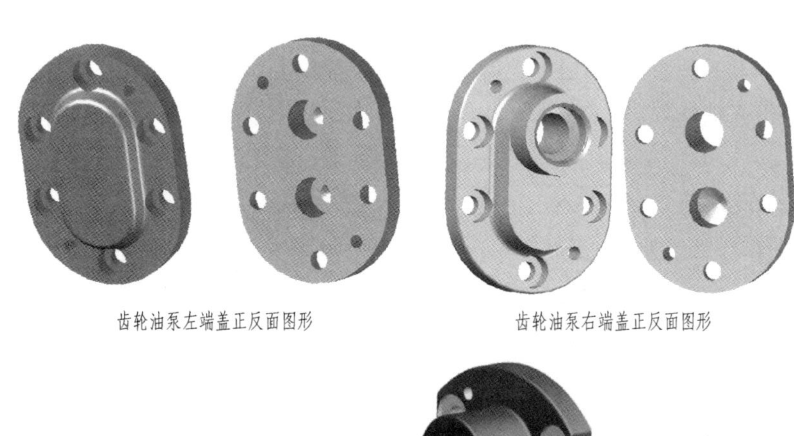

齿轮油泵左端盖正反面图形　　齿轮油泵右端盖正反面图形

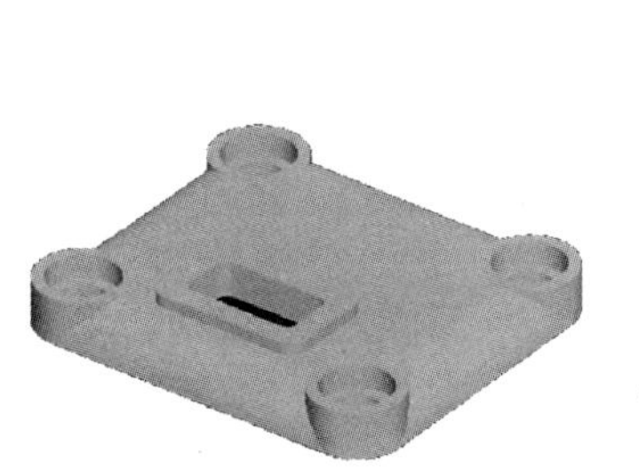

箱盖

齿轮油泵泵盖

法兰盘

图 5-19　各种盘盖类零件

平行剖切平面的剖切

相关知识内容

笔记

第一部分　平行剖切平面的剖切

一、定义

如图 5-20 所示，假想用平行剖切平面剖开机件，移去观察者与剖切平面之间的部分，将剩余部分向投影面投射，所得到的剖视图。

二、适用条件

适用于机件内部有较多不同结构形状需要表达，而它们的中心又不在同一个平面上的机件。

三、标注方法

假想用平行剖切平面剖切所获得的剖视图，必须加以标注，只有当剖视图按投影关系配置，中间又没有其它图形隔开时，可省略箭头。

四、作图注意事项

（1）要正确选择剖切平面的位置，在图形内不应出现不完整的要素；

（2）剖切平面的转折处，不允许与零件上的轮廓线重合。在剖视图上，不应画出平行剖切平面转折处的投影，如图 5-20 所示。

（3）当机件上的两个要素在图形上具有公共对称中心线或轴线时，可以各画一半，此时应以对称中心线或轴线为界，如图 5-21 所示。

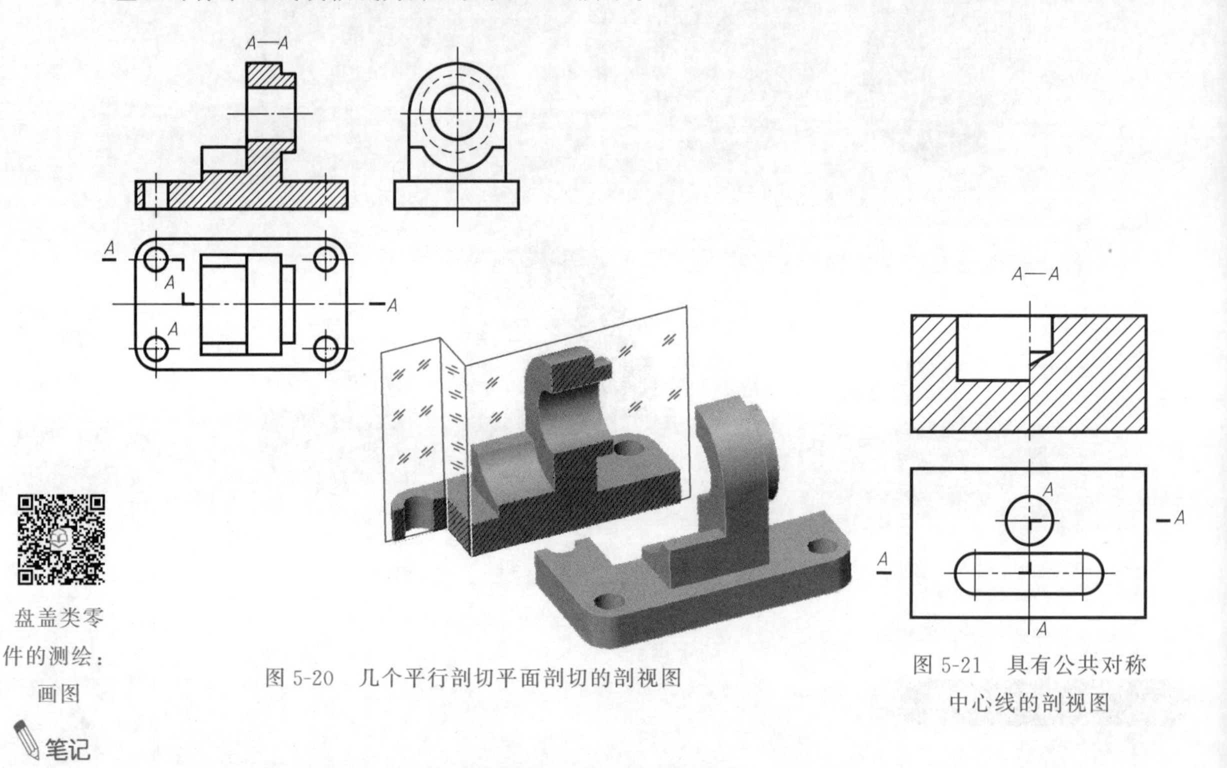

图 5-20　几个平行剖切平面剖切的剖视图

图 5-21　具有公共对称中心线的剖视图

盘盖类零件的测绘：画图

笔记

第二部分　盘盖类零件简介

一、盘盖类零件的结构特点

盘盖类零件的种类较多，由盘类零件和盖类零件组成，盘类零件如带轮、棘轮、手轮、法兰盘、圆盘等，一般用来传递动力、起连接、分度等作用，齿轮种类繁多，单独讲解；盖类零件如端盖、透盖、盘座等。这类零件在机器中主要起支承、压紧、防护、轴向定位及密封作用。

传递动力的盘类零件，工作面承受交变载荷作用并存在较大滑动摩擦，要求具有一定的接触疲劳强度和弯曲疲劳强度、足够的硬度和耐磨性，需要反向旋转工作的，还要求具有较高的冲击韧性，因此，像链轮、凸轮等盘类零件常用 45 钢或 40Cr 合金钢等材料制造；要进行热处理（正火或调质处理），带轮、轴承压盖等零件多用铸铁或普通碳素钢制造；可以进行退火或时效处理。有些受力不大，尺寸较小的盘盖类零件，可用尼龙、塑料或胶木等非金属材料制造。

盘盖类零件与轴套类零件相反，一般是轴向尺寸较小，其它两个方向的尺寸较大，基本形状是扁平的盘状，零件上常常开有轴孔，为了加强支承，零件上常有各种形状的轮辐、辐板和筋板等结构，拆卸时一定要注意保持零件形状，防止变形；为减少加工面积常设计有凸台、凹坑、沉孔等结构，为了与其它零件相连接，常有螺孔、光孔、销孔和键槽等结构。

二、视图表达

盘盖类零件一般由铸件、锻件毛坯加工而成，机械加工以车削为主，加工位置不定，主视图可以按加工位置和工作位置放置，一般采用两个基本视图，主视图常用剖视方式表示孔槽等结构形状，同时还需要增加适当的其它视图表达零件的外形轮廓和各种孔、轮辐、肋板等均布结构的位置。对于细小结构用断面图、局部视图、局部放大图表示。对于以回转面为主的盘盖类零件，在设计它们的表达方案时，要利用尺寸标注来简化视图。

三、尺寸标注

盘盖类零件多用铸件、锻件作毛坯，零件上会出现铸造圆角、锻造圆角等工艺结构，测量时要细心，尺寸的测量主要是确定各部分内外径大小、厚度、孔深以及其它结构，盘盖类零件的尺寸一般分为两大类：径向尺寸和轴向尺寸。径向尺寸的主要基准是回转轴线，轴向尺寸的主要基准是经过加工的端面或安装的定位端面，尺寸链的环数较多，既有外轮廓的长度，又有内孔、沟槽的深度，测量时考虑装配关系，尽量避免分段测量。内、外结构尺寸尽量分开并集中在非圆视图中注出，细小结构集中标注在反映结构特征最明显的图中。各种孔的简化注法见表 5-1。

盘盖类零件的测绘：标注

表 5-1　各种孔的简化注法

结构类型		普通注法	旁注法	说明
光孔	一般孔	$4\times\phi5$　10	$4\times\phi5$ ↧10　$4\times\phi5$ ↧10	$4\times\phi5$ 表示四个孔的直径均为 $\phi5$。三种注法任选一种均可(下同)
	精加工孔	$4\times\phi5^{+0.012}_{0}$　10　12	$4\times\phi5^{+0.012}_{0}$ ↧10　$4\times\phi5^{+0.012}_{0}$ ↧10	钻孔深为 12，钻孔后需精加工至 $\phi5^{+0.012}_{0}$，精加工深度为 10
	锥销孔	锥销孔$\phi5$	锥销孔$\phi5$　锥销孔$\phi5$	$\phi5$ 为与锥销孔相配的圆锥销小头直径（公称直径），锥销孔通常是相邻两零件装在一起加工的

笔记

续表

结构类型		普通注法	旁注法	说明
沉孔	锥形沉孔	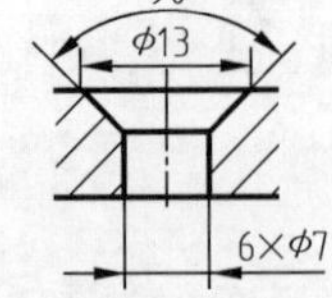 90° ϕ13 6×ϕ7	6×ϕ7 ⌵ϕ13×90°；6×ϕ7 ⌵ϕ13×90°	6×ϕ7 表示 6 个孔的直径均为 ϕ7。锥形部分大端直径为 ϕ13，锥角为 90°
	柱形沉孔	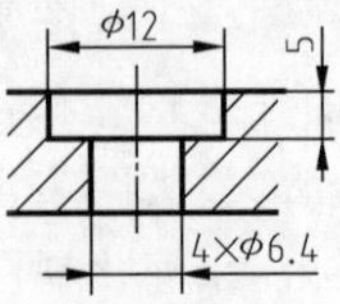 ϕ12 5 4×ϕ6.4	4×ϕ6.4 ⌴ϕ12↧4.5；4×ϕ6.4 ⌴ϕ12↧4.5	四个柱形沉孔的小孔直径为 ϕ6.4，大孔直径为 ϕ12，深度为 4.5
	锪平面孔	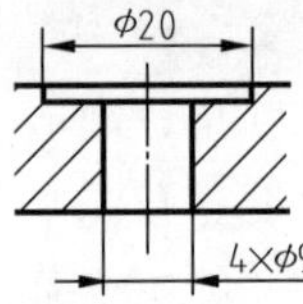 ϕ20 4×ϕ9	4×ϕ9⌴ϕ20；4×ϕ9⌴ϕ20	锪平面 ϕ20 的深度不需标注，加工时一般锪平到不出现毛面为止
螺纹孔	通孔	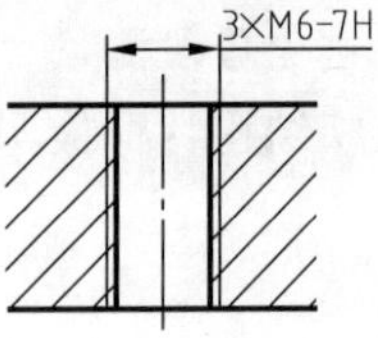 3×M6-7H	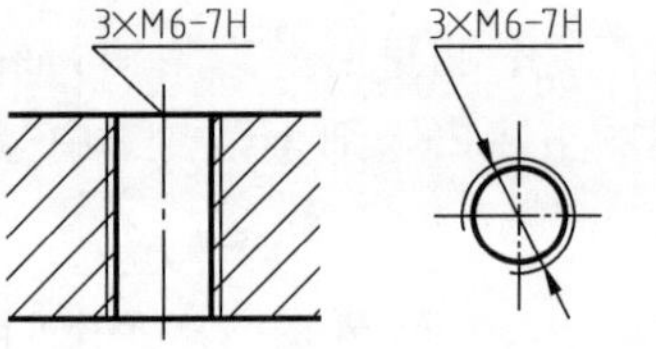 3×M6-7H；3×M6-7H	3×M5-7H 表示 3 个直径为 6，螺纹中径、顶径公差带为 7H 的螺孔
	不通孔	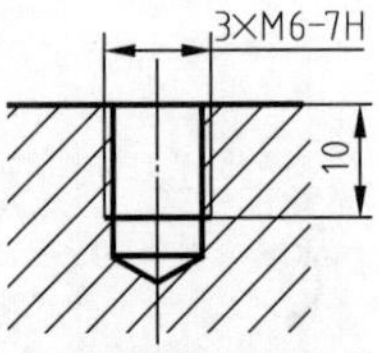 3×M6-7H 10	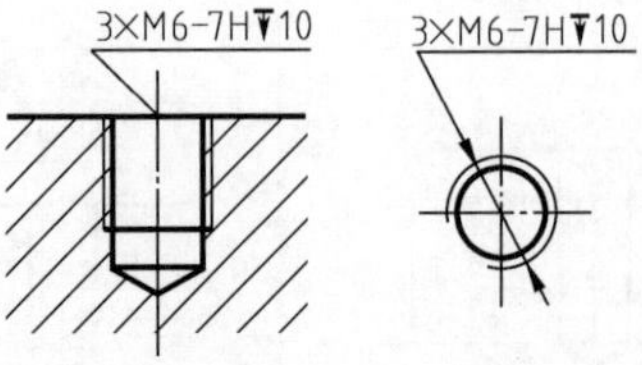 3×M6-7H↧10；3×M6-7H↧10	深 10 是指螺孔的有效深度尺寸为 10，钻孔深度以保证螺孔有效深度为准，也可查有关手册确定
	不通孔	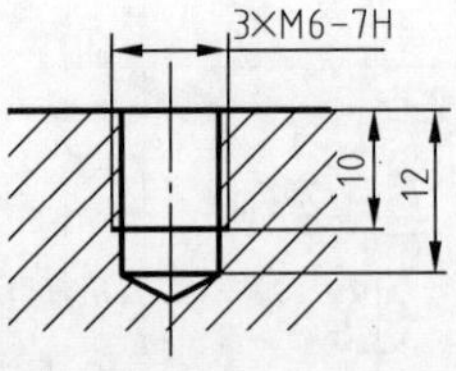 3×M6-7H 10 12	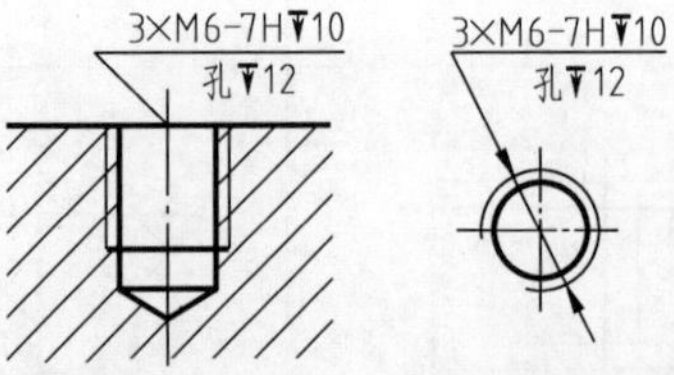 3×M6-7H↧10 孔↧12；3×M6-7H↧10 孔↧12	需要注出钻孔深度时，应明确标注出钻孔深度尺寸

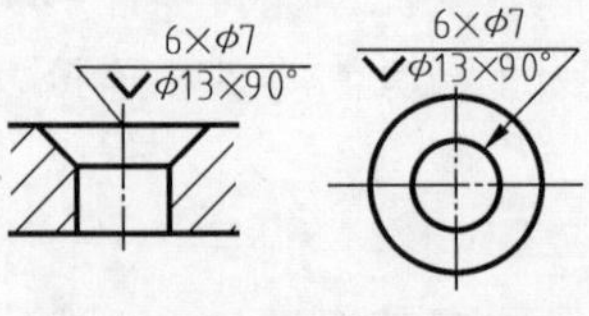

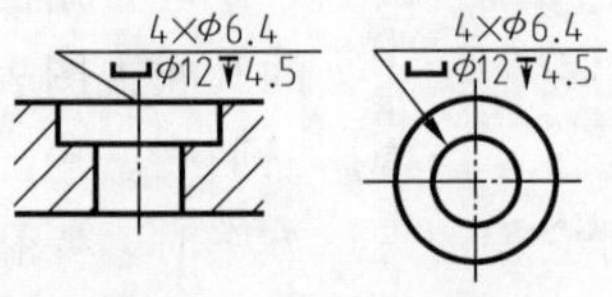

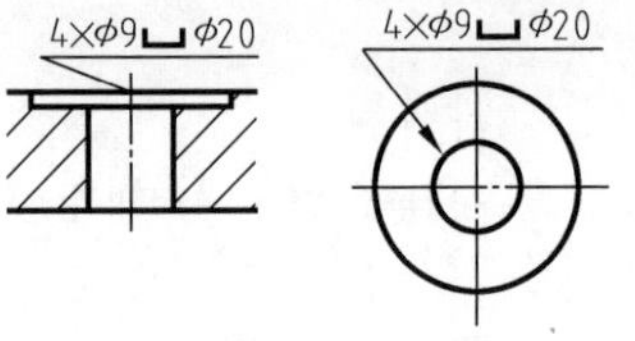

四、技术要求

盘盖类零件有配合要求或用于轴向定位的表面，粗糙度参数值较小，其尺寸精度要求较高，故有配合的孔、外圆柱面及其深度或长度都应注出尺寸公差。配合表面的粗糙度数值为 Ra0.4～1.6μm，非配合加工表面粗糙度值为 Ra6.3～12.5μm。

盘盖类零件与其它零件相接触的表面一般有平面度、平行度、垂直度要求，外圆柱面与内孔表面一般有同轴度要求。几何公差的等级要与尺寸公差等级相匹配，一般精度为 IT7～IT9 级。

笔记

知识拓展

简化画法

对机件的某些结构图形表达方法进行简化，使图形既清晰又简单易画，称为简化画法。

（1）当机件具有若干相同结构（齿、槽等），并按一定规律分布时，只需要画出几个完整的结构，其余用细实线连接，在零件图中则必须注明该结构的总数，如图 5-22（a）所示。

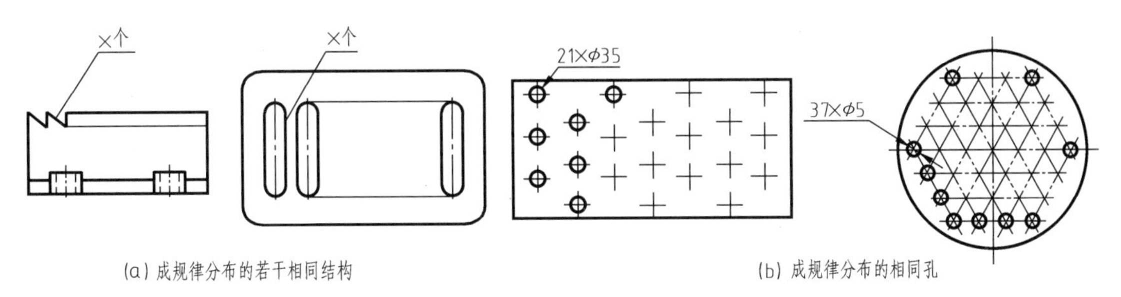

图 5-22　成规律分布的若干相同结构的简化画法

（2）若干直径相同且成规律分布的孔（圆孔、螺孔、沉孔等），可以仅画出一个或几个。其余只需用点画线表示其中心位置，在零件图中应注明孔的总数，如图 5-22（b）所示。

（3）当某一图形对称时，可画略大于一半，在不致引起误解时，对于对称机件的视图也可只画出一半或四分之一，此时必须在对称中心线的两端画出两条与其垂直的平行细实线，如图 5-23 所示。

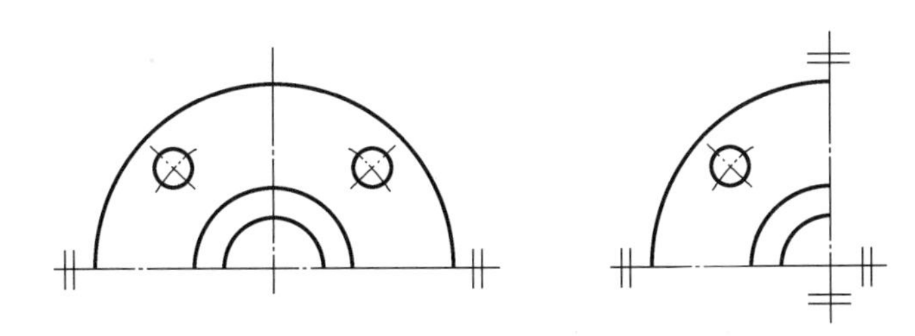

图 5-23　对称机件的简化画法

笔记

任务实施

1. 结构分析

以齿轮油泵右泵盖（图 5-19）为例，是一个盘盖类零件，轴向尺寸与其它两方向的尺寸相比较小，为支承齿轮轴，零件中间厚度加厚了一倍，下部加工了盲孔，上部圆柱孔为支承伸出泵体外部的主动齿轮轴，为与泵体相连加工了六个带有沉孔的螺栓孔，为使泵盖与泵体很好定位，加工了两个定位销孔。

2. 零件的表达方案，绘零件草图

盘盖类零件主要是在车床上加工，所以按加工位置选择主视图，轴线水平放置，图形一般选择两个基本视图，主视图采用相交剖切面的全剖视图，另一个图形多表示轴向外形和盘上孔的分布情况

3. 尺寸标注与技术要求

盘盖类零件主要是径向尺寸和轴向尺寸。径向尺寸的基准为回转轴线，左泵盖中上部回转轴线为主要基准，轴向尺寸的基准是经过加工并与其它零件相接触的较大端面即左端面。两个有配合关系的轴、孔尺寸应给出恰当的尺寸公差，其表面要光滑，起定位作用的表面及与其它零件相接触的表面，尤其与运动零件相接触的表面粗糙度要低，所有的加工面与粗糙度比对板比较标注粗糙度。也应有平行度或垂直度要求。

4. 其它

绘制齿轮油泵右端盖零件图如图 5-24 所示。

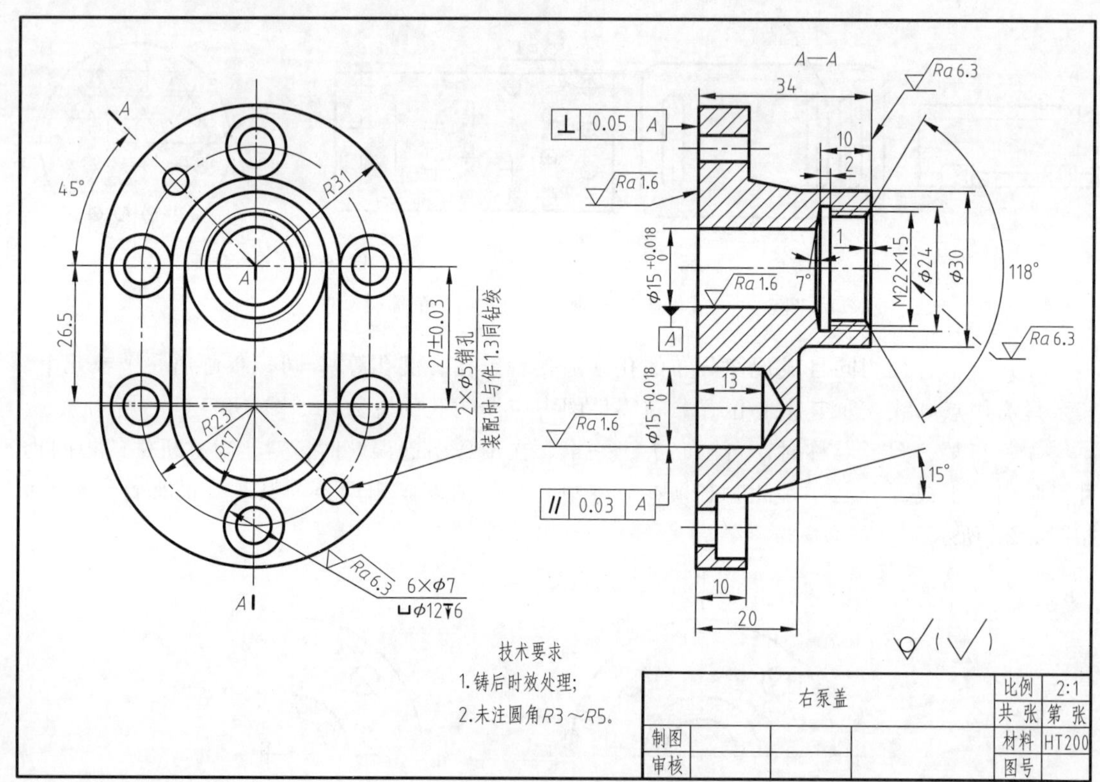

图 5-24 齿轮油泵右端盖零件图

笔记

课后任务

1. 完成装配体中盘盖类零件的测绘。
2. 完成习题集中相关作业。

任务四 零件图读图

知识目标：

1. 掌握识读零件图的正确方法和步骤；
2. 巩固各类零件的结构、用途、加工方法和工艺、常用表达方法等。

能力目标：

熟练阅读各种零件图，能理解图形的表达方法和表达重点，读懂尺寸、零件技术要求的含义。

任务要求：

读轴套类、盘盖类、拨叉类、箱体类的零件图，想象出零件的形状，分析表达方法，分析尺寸的类型，理解技术要求。

相关知识内容

读零件图

零件图的阅读是根据零件图想象出零件的内外结构形状及用途，了解零件的尺寸大小及技术要求，以便指导生产和解决有关的技术问题，这就要求工程技术人员必须具有阅读零件图的能力。零件的形状虽然多种多样，但根据图形表达特点，在机器中的作用，大体可分为几种类型，以供作同类图形时参考。

一、读零件图的要求

（1）了解零件的名称、材料及用途；

（2）了解零件各部分的结构形状、相对位置；

（3）理解零件的尺寸注法及尺寸基准的选择；

（4）了解零件的加工方法与技术要求。

总之，通过读图，读懂零件的形状、大小，对照装配图，了解零件在机器或部件中的位置和作用，审查零件结构的合理性和技术要求的准确性。

笔记

二、阅读零件图的方法与步骤

1. 读标题栏，概括了解

读零件图一般先读标题栏，对零件图有一个大概的了解。由标题栏中可以了解零件名称、材料、绘图比例等，根据零件的类型，了解加工方法及作用。

2. 分析视图，想象出物体的形状

分析视图就是分析零件的具体表达方案，以弄懂零件各部分的形状和结构。应遵循“先大后小，先外后里，先粗后细”原则，分清基本视图与辅助视图，弄清它们的配置关系、表达特点，诸如斜视图、局部视图的作用，剖视图、断面图的剖切位置，投射方向以及相互联系，着重分析较难懂的部分从而想象出零件的实际形状结构。

3. 分析尺寸

由零件的类型、作用，分析零件的尺寸基准，找出定形、定位尺寸，弄懂各个尺寸的作用。

4. 分析技术要求

对零件表面结构、公差与配合、几何公差、材料热处理及表面处理等技术要求进行

分析。

5. 归纳综合

通过上述四个步骤，对零件的作用、形状结构和大小、加工检验要求都有了较清楚的了解，最后作进一步归纳、综合，即可得出零件的整体形状，达到看图的目的。

任务实施

1. 轴套类零件的读图（齿轮轴零件图，如图 5-25 所示）

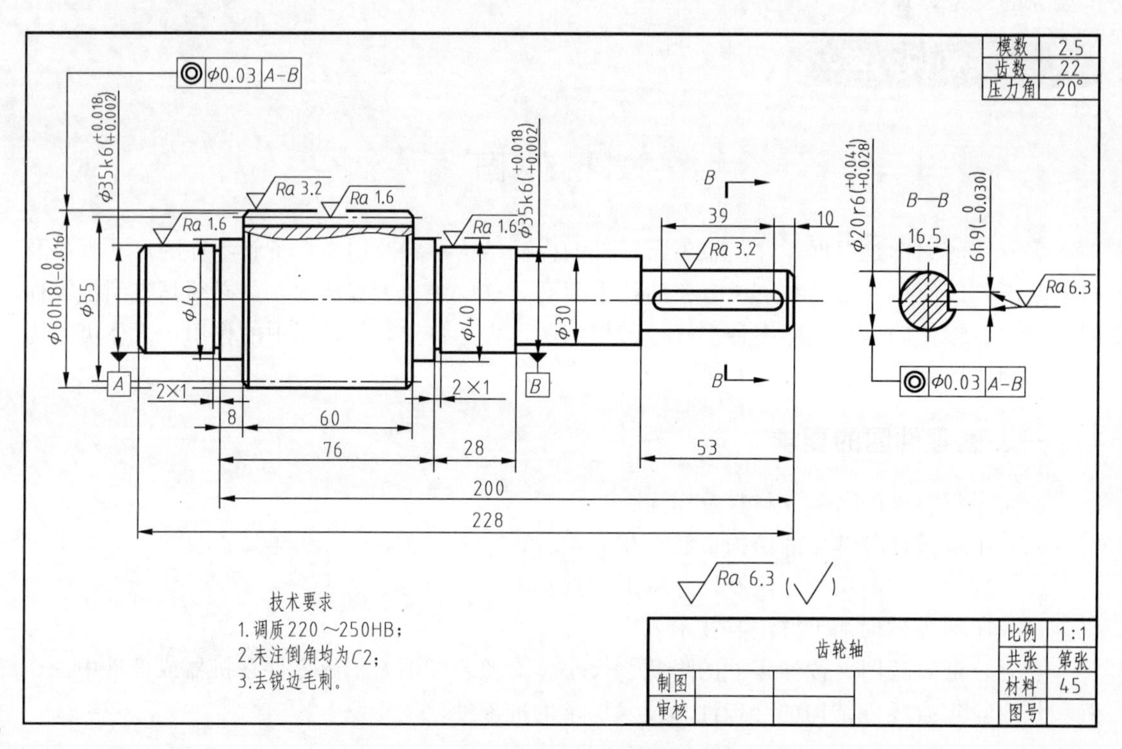

图 5-25 轴套类零件

(1) 看标题栏，概括了解 该零件为齿轮轴，绘图比例 1∶1。该零件为齿轮油泵中的一个零件，主要用于传递运动和动力，轴类零件常用的材料为优质碳素钢 45 钢，工作转速较高时可选用 40cr 钢。常用的毛坯为圆钢或锻件。

(2) 分析视图 该齿轮轴属轴套类零件，主要在车床、磨床上加工，为便于加工时看图，常按其形状特征及加工位置选择视图，其轴线水平放置，此类零件常用一个基本视图，外加移出断面图、局部放大图等表达键槽、退刀槽、砂轮越程槽等细部结构。为表达键槽的形状，键槽一般面对读者，移出断面图用于表达键槽深度及有关尺寸。此图中，为表达轮齿结构，采用了局部剖视图，对于形状简单且较长的轴可采用折断画法。为使轴与孔很好的配合，轴上多加工有倒角。

(3) 分析尺寸 轴套类零件通常以轴肩、重要的定位面、轴的两端面作为长度方向的主要尺寸基准，以回转轴线作为径向（即宽、高方向）的主要尺寸基准，以加工顺序标注尺寸。在该轴中，φ35 轴段用来安装滚动轴承，为使传动平稳，各轴段应有同一轴线，故径向尺寸以回转轴线为尺寸基准。左轴肩用于滚动轴承的定位，76 的左端面作为长度方向的主要基准，以此为基准，坐标式注出尺寸 8、76、200，链式注出尺寸 8、60，76、28、2×1，200、53、10。

（4）分析技术要求　从图中可看出，ϕ35 处与滚动轴承有配合要求，表面粗糙度分别为 1.6μm，右端带有键槽，与皮带轮有配合，尺寸精度较高为 3.2μm，为保证键与轴很好的配合，键槽轴段回转轴线对滚动轴承的同轴度为 ϕ0.03，齿轮与齿轮相啮合，表面粗糙度要求为 1.6μm、3.2μm，图中还提出了用文字说明的技术要求，为提高轴的强度和韧性进行调质处理。

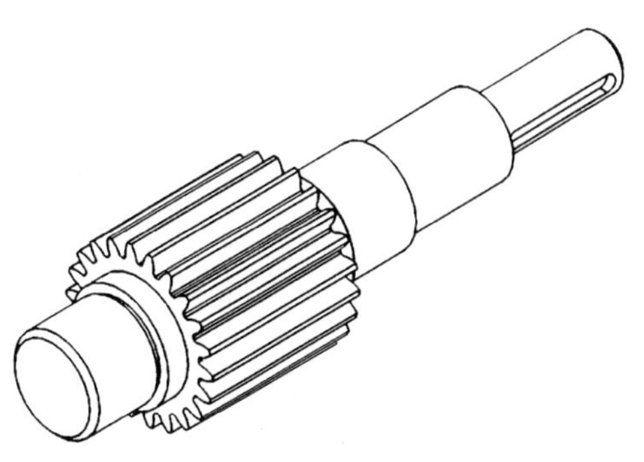

图 5-26　轴立体图

（5）综合想象零件全貌　根据上述分析，即可得出齿轮轴的整体形状，如图 5-26 所示。结合参阅有关的文字资料及相关的装配图和零件图，分清各部分的形状和作用。多是由不同直径的圆柱组成，轴向尺寸大，径向尺寸小，多带有键槽、倒角、圆角、退刀槽等结构。

2. **盘盖类零件的读图**（泵盖零件图，如图 5-27 所示）

盘盖类零件的读图

笔记

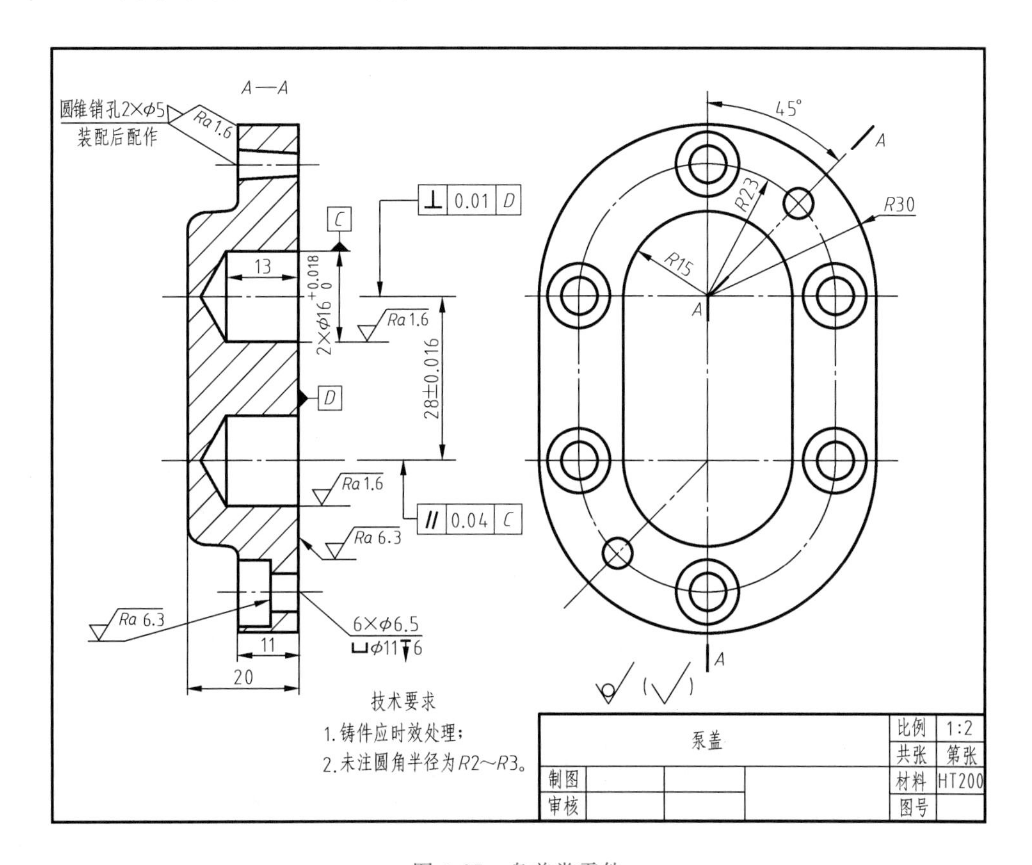

图 5-27　盘盖类零件

（1）看标题栏，概括了解　该零件为端盖，为齿轮油泵的端盖，用于支承轴、与泵体之间形成密封，属于盘盖类零件，多起到支承、包容、防尘的作用，绘图比例 1∶2。这类零件的常用材料为铸铁（HT200）或普通碳素钢，常用毛坯为铸件或锻件。

（2）分析视图　端盖零件由一个全剖的主视图和一个左视图组成。此类零件多在车床加工，常按形状特征及工作位置选择主视图。盘类零件的基本形状为扁盘状腰形体，宽度为11的腰形体上叠合了一个有拔模斜度的腰形体，轴向尺寸较小，径向尺寸较大。端盖上有六个均布的直径为 $\phi6.5$ 孔，两个直径为 $\phi5$ 的锥销孔。除此之外，盘盖类零件上常有轮辐、键槽、销孔、螺孔等结构。

拨叉类零件的读图

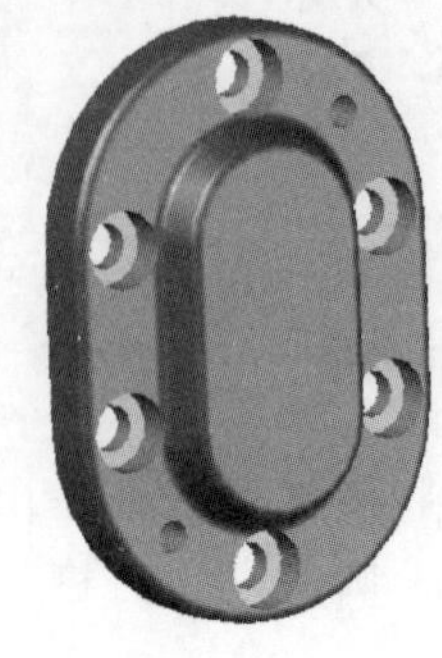

图 5-28　盘零件立体图

（3）分析尺寸　端盖的径向主要尺寸基准为上部直径为 $\phi16$ 的回转体轴线，注出尺寸28。长度方向的主要尺寸以与泵体的结合面右端面为基准，注出尺寸20、11、13，宽度方向的基准以前后对称面为基准。

（4）分析技术要求　尺寸 $\phi16$ 有配合要求，故该内圆面的表面粗糙度要求较高，为1.6μm，提出了两轴的平行度公差为0.04，右端面起轴向定位作用，表面粗糙度为6.3μm，提出了与 $\phi16$ 孔的垂直度公差为0.01，销孔表面的粗糙度要求为1.6μm，6个螺栓孔的粗糙度为6.3μm。图中还有文字说明的圆角尺寸，为释放内应力而进行时效处理。

（5）归纳总结，综合想象零件全貌　根据上述分析，即可得出泵盖的整体形状，如图5-28所示。结合参阅有关的文字资料及相关的装配图和零件图，分清各部分的形状和作用。多是由扁平零件组成，轴向尺寸小，径向尺寸大。

3. 拨叉类零件的读图（如图5-29所示）

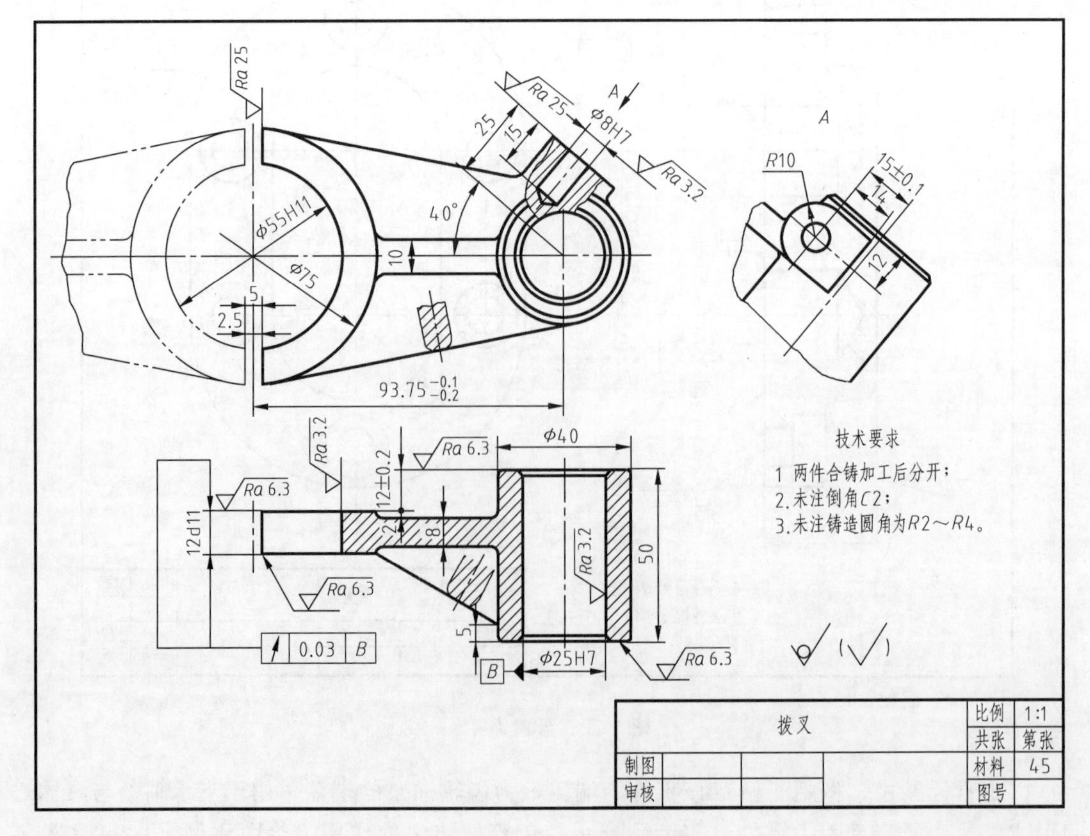

图 5-29　拨叉类零件

（1）看标题栏，概括了解 该零件为拨叉，属于拨叉类零件，绘图比例为 1∶1，材料为 45 钢。拨叉类零件一般包括支承部分、工作部分、连接部分三个部分，此类零件结构形状差别较大，结构不规则，外形比较复杂。零件上常有弯曲或倾斜结构，以及肋板、轴孔、耳板、底板等。局部结构常有螺孔、沉孔、油孔、油槽等。常用的材料为铸铁、碳钢，毛坯常为铸铁或锻件。

（2）分析视图 拨叉类零件的结构形状较复杂，加工工序较多，加工位置多变，故常按其工作位置和形状结构特征选择主视图，当工作位置是倾斜的或不固定时，可将其摆正画主视图。拨叉零件用了两个基本视图，为表达支承部分倾斜部分孔的深度，主视图采用了局部剖视，为表达工作部分的总体形状，采用了假想画法，俯视图画成全剖视图，以表达连接部分与支承部分孔的结构，对于加强筋板采用的重合断面图表达其断面形状，为表达其支承部分倾斜结构，采用斜视图表达其形状。

（3）分析尺寸 通常以主要孔的轴线、对称平面、经过加工的较大端面、安装底面作为主要尺寸基准。图示拨叉零件图尺寸注法的特点是以拨叉孔 ϕ25H7 的轴线为长度方向的主要基准，标出与孔 ϕ25H7 的轴线间的中心距 $93.75_{-0.2}^{-0.1}$；高度方向以拨叉的对称平面为主要基准；宽度方向则以拨叉的后工作侧面为主要基准，标出尺寸 12d11、12±0.2 以及 2 等，如图 5-29 所示。

图 5-30 拨叉零件立体图

（4）分析技术要求 具有配合要求的表面其粗糙度要求较高，例如与轴相配合的表面 ϕ25H7、ϕ55H11 的粗糙度表面为 3.2μm，对 ϕ55H11 轴孔的前后表面提出了跳动公差。还用文字说明了未注圆角和圆角的两项技术要求，一项加工要求。

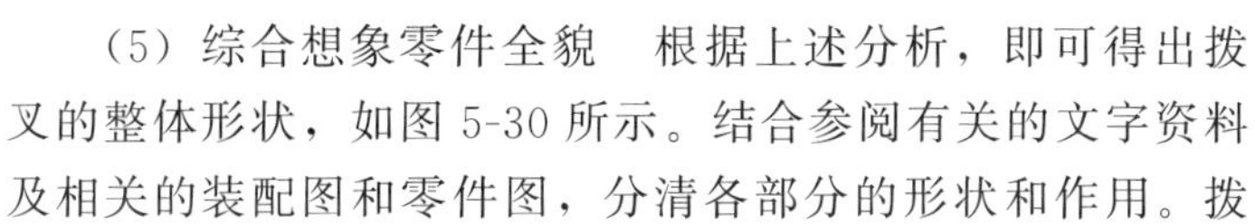

（5）综合想象零件全貌 根据上述分析，即可得出拨叉的整体形状，如图 5-30 所示。结合参阅有关的文字资料及相关的装配图和零件图，分清各部分的形状和作用。拨叉类零件一般包括支承部分、工作部分、连接部分三个部分。

箱体类零件的读图

笔记

4. **箱体类零件的读图**（如图 5-31 所示）

（1）看标题栏，概括了解 该零件叫壳体，属箱体类零件，其材料为铸铁（HT200），铸造毛坯。

（2）分析视图 箱体类零件加工位置多变，箱体类零件上常有铸造圆角、拔模斜度、凸台、凹坑等工艺结构。故常按其形状特征及工作位置来选择主视图，该壳体采用了两个基本视图和一个辅助视图，主视图中采用了全剖视图，用以表达壳体空腔、左端凸台、壳体上盖安装孔等结构形状。俯视图采用全剖视图，为了表达底板上螺栓孔的分布状况。A—A 剖视图表达了上板的形状。

（3）分析尺寸 箱体类零件尺寸繁多，加工难度大，在长、宽、高三个方向上常选对称平面、主要孔的轴线、安装底面、重要端面、箱体盖的结合面作为主要尺寸基准。如壳体零件图中，长度方向以主视图中左右基本对称面为主要尺寸基准；宽度方向以前后对称平面为主要尺寸基准；高度方向以底面为主要尺寸基准。

（4）分析技术要求 箱体上的配合面及安装面，其表面粗糙度要求较高，如 $\phi30_{0}^{+0.021}$ 的表面粗糙度为 1.6μm。箱体在机加工前应作时效处理，技术要求中注出了未注圆角的尺寸。

（5）综合想象零件全貌 根据上述分析，即可得出壳体的整体形状，如图 5-32 所示。

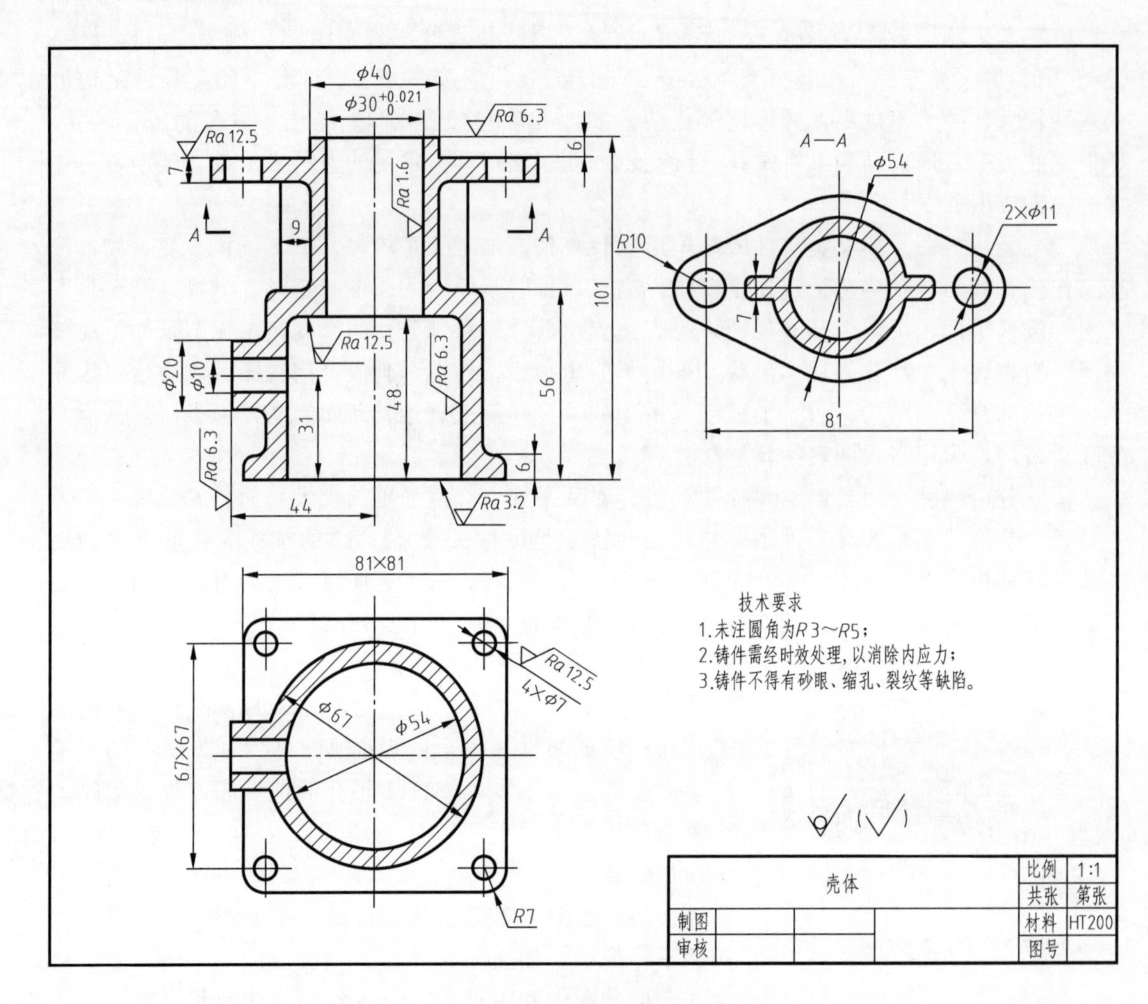

图 5-31 箱体类零件

笔记

图 5-32 壳体零件立体图

结合参阅有关的文字资料及相关的装配图和零件图，分清各部分的形状和作用。箱体类零件的形状千差万别。

课后任务

1. 多学习工厂中的图纸，观察二者之间的差别。
2. 完成习题集中相关作业。

项目六

标准件与常用件的测绘

思政目标

1. 以螺纹连接件为切入点，补充介绍雷锋同志的“螺丝钉精神”，做到干一行、爱一行、钻一行，立志在平凡的工作岗位上为国家和人民创造不平凡的业绩。

2. 以螺纹紧固件为切入点，补充介绍在青藏铁路建设的时候，中国自主开发了一种新的防松紧固件，解决了无人区加固铁路的零件免除维护这一难题。多年过去了，没有发生过一起紧固件松动事故。通过中国掌握研发和制造防松紧固件的“核心技术”，激发学生创新热情。

3. 以螺纹紧固件、键连接、滚动轴承等标准件为切入点，介绍现代化大生产状况，强调“没有规矩，不成方圆”。引申到做人、做事都应有一定的准则约束。

4. 以弹簧零件为切入点，根据弹簧性能，引申“弹簧精神”，强调在学习、工作、生活中要变压力为动力，积极进取、拼搏奋斗。

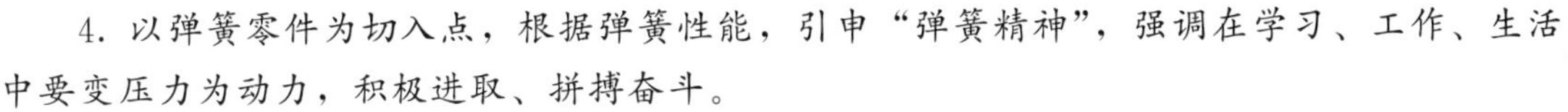

标准件与常用件

任务一　螺纹紧固件、销连接测绘

知识目标：

1. 了解螺纹连接件的类型、用途、标记方法；
2. 理解双头螺柱、螺钉连接的比例画法；
3. 掌握螺栓连接的比例画法；
4. 掌握销的类型、用途以及国标中的规定画法；
5. 掌握销的测绘方法。

能力目标：

1. 能够根据功能要求选择适当的销、螺纹连接件类型并绘制出销、螺纹连接件的工程图；

2. 能够测绘螺栓连接、销的立体，绘制符合国标的工程图。

任务要求：

1. 螺钉连接

如图 6-1（a）所示，齿轮油泵泵体、泵盖（结合处有纸垫片）用若干螺钉进行紧固。观察螺钉连接部分各零件结构，测绘相关尺寸。完成螺钉连接泵体、泵盖的连接图样。

笔记

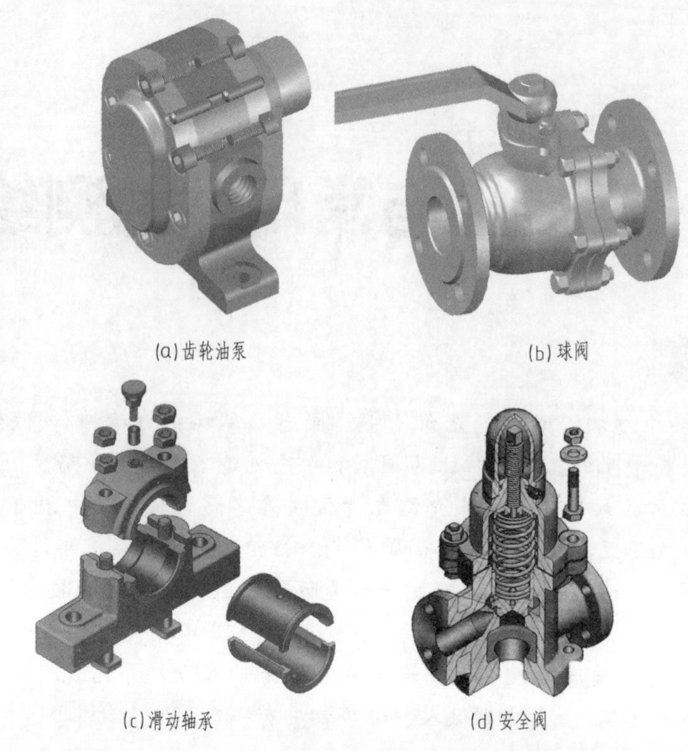

(a)齿轮油泵　(b)球阀　(c)滑动轴承　(d)安全阀

图 6-1 用螺纹紧固件连接的产品

2. 螺栓连接

如图 6-1（b）所示，球阀阀体和阀体接头之间用若干螺栓螺母进行紧固。螺栓连接部分阀体和阀体接头厚度如图 6-2 所示。试完成螺栓连接图样。

3. 螺柱连接

球阀阀体和阀体接头之间也可换用若干螺柱螺母进行紧固。如图 6-3 所示，螺柱连接部分阀体和阀体接头结构稍有改变，试完成螺柱连接图样。

笔记

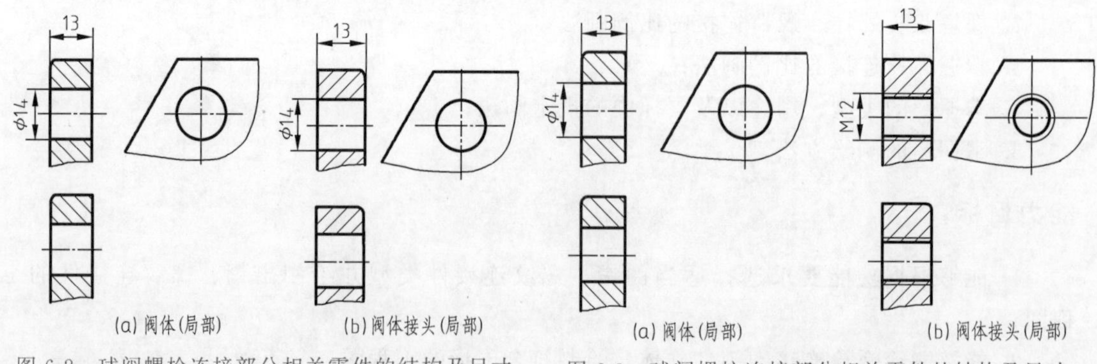

(a) 阀体(局部)　(b) 阀体接头(局部)

图 6-2 球阀螺栓连接部分相关零件的结构及尺寸

(a) 阀体(局部)　(b) 阀体接头(局部)

图 6-3 球阀螺柱连接部分相关零件的结构及尺寸

4. 销连接

如图 6-1 所示齿轮油泵的泵体、泵盖处有圆柱销定位，销连接处的零件结构如图 6-4 所示，圆柱销规格为：销 GB/T 119.1—2000 5×20。试绘制销连接图样用以定位泵体、泵盖（结合处有纸垫片）。

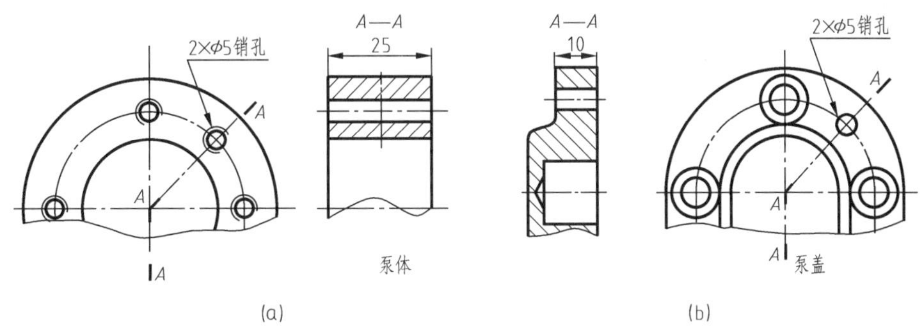

图 6-4 齿轮油泵泵体、泵盖与销连接的相关结构及尺寸

相关知识内容

第一部分 螺纹紧固件

一、螺纹紧固件的规定标记

螺纹紧固件连接是最为常见的一种可拆连接。常用的螺纹紧固件有螺栓、螺柱、螺钉、垫圈、螺母等，如图 6-5 所示，一般都为标准件，使用时可从相应的标准中查出所需要的结构尺寸。螺纹紧固件的规定标记见表 6-1。

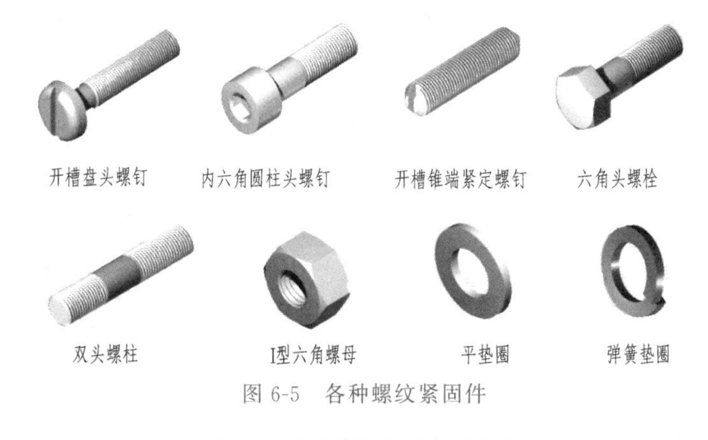

图 6-5 各种螺纹紧固件

笔记

表 6-1 螺纹紧固件的规定标记

名称	规定标记	规定标记示例	含义
六角头螺栓 M12 L	名称 国标 螺纹 规格尺寸×长度	螺栓 GB/T 5780—2016 M12×50	粗牙普通螺纹，螺纹大径 $d=12$、公称长度 $L=50$，C 级的六角头螺栓
双头螺柱 A 型 M12 L		螺柱 GB/T897—1988 AM12×50	两端均为粗牙普通螺纹、螺纹大径 $d=12$、公称长度 $L=50$，A 型双头螺柱

续表

名称	规定标记	规定标记示例	含义
开槽圆柱头螺钉	名称 国标 螺纹规格尺寸×长度	螺钉 GB/T 65—2016 M12×50	粗牙普通螺纹，螺纹大径 $d=12$、公称长度 $L=50$，开槽盘头螺钉
开槽沉头螺钉		螺钉 GB/T 68—2016 M12×50	粗牙普通螺纹，螺纹大径 $d=12$、公称长度 $L=50$，沉头螺钉
1型六角螺母-C级	名称 国标 螺纹规格尺寸	螺母 GB/T 41—2015 M16	粗牙普通螺纹，螺纹大径 $d=16$ 的螺母
垫圈	名称 国标 公称尺寸	垫圈 GB/T 97.1—2002 16	标准系列、公称尺寸 $d=16$ 的平垫圈
标准型弹簧垫圈		垫圈 GB/T 93—1987 16	标准系列、公称尺寸 $d=16$ 的弹簧垫圈

螺栓连接

笔记

二、螺纹紧固件的分类、适用场合及作图方法

螺纹紧固件连接零件的方式通常有螺栓连接、双头螺柱连接和螺钉连接。

（一）螺栓连接

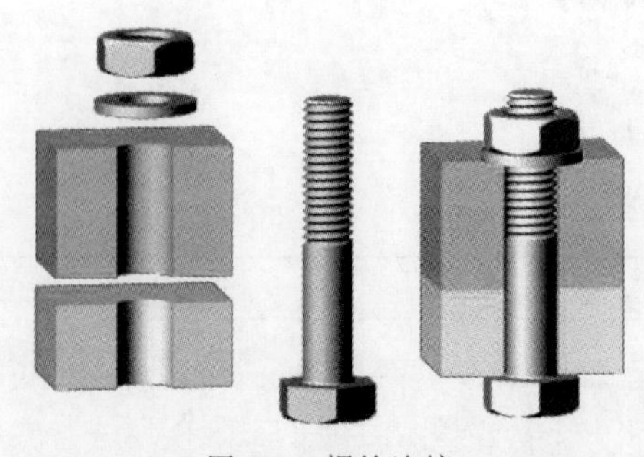
图 6-6 螺栓连接

1. 适用场合

螺栓连接用于连接经常拆卸且被连接工件不太厚的情况。如图 6-6 所示。螺栓连接由螺栓、螺母、垫圈组成。

2. 螺栓连接的作图方法

在画螺纹连接件图样时，各螺纹连接件应根据其规定标记，按照标准中的各部分尺寸绘制，一般作图时采用简化画法。

为了方便作图，通常采用国标规定的比例画法。比例画法是将螺纹紧固件各部分的尺寸（公称长度除外）与公称直径 d（或 D）建立一定的比例关系，并按此比例作图。图 6-7 是各常用螺纹紧固件的比例画法。螺栓的头部与螺母的头部的截交线相同。绘制装配图时，可以省略一些细部结构，如倒角、圆角，作图时可以采用简化画法，如图 6-8 所示。

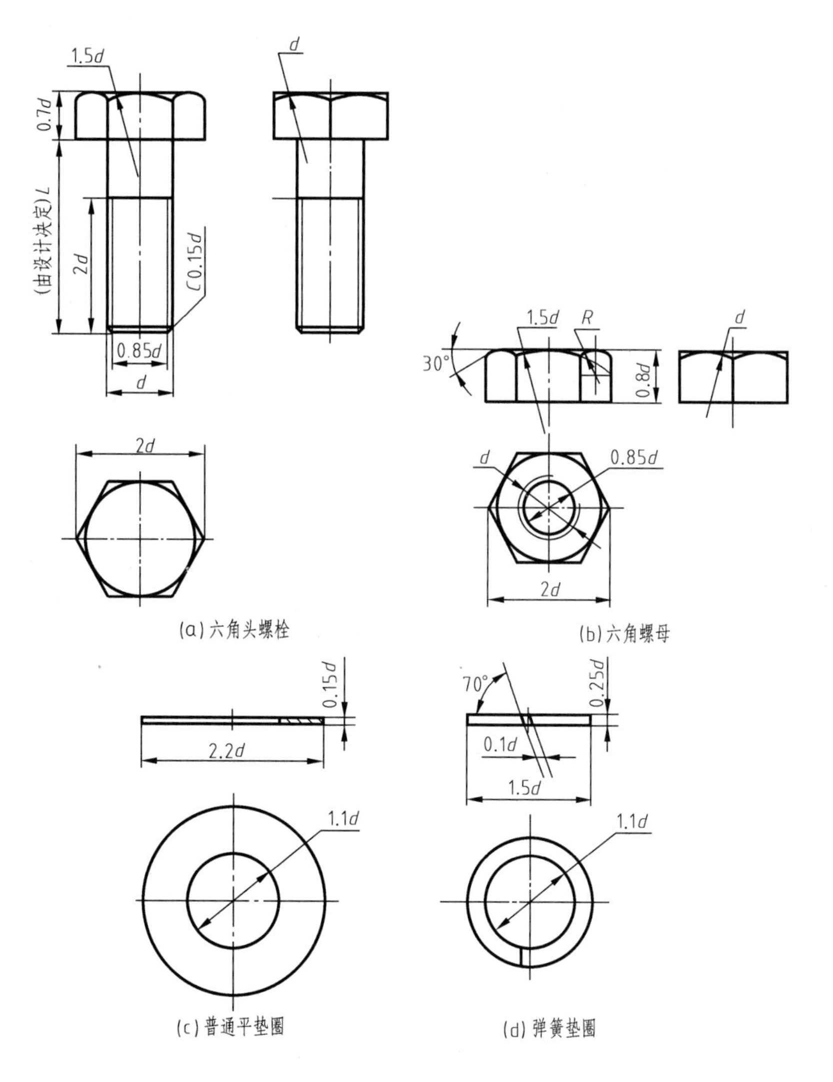

图 6-7 螺栓连接零件的比例画法

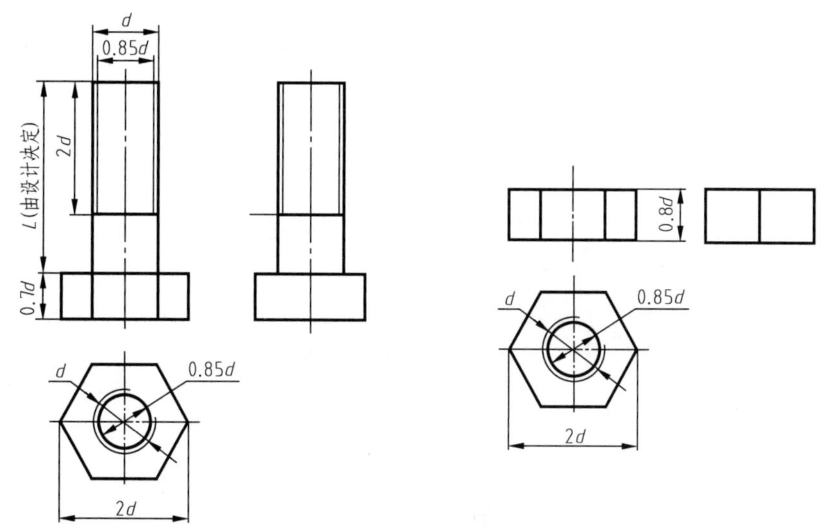

图 6-8 螺栓连接零件的简化画法

笔记

画螺纹紧固件装配图的注意事项：

（1）两零件的接触表面画一条线，不接触表面画两条线。

（2）相邻两零件的剖面线方向应相反，或者方向一致而间隔不等。

（3）对标准件和实心零件（如螺栓、螺柱、螺钉、螺母、垫圈、键、销、球、轴等），若剖切平面通过它们的轴线或对称中心平面，则这些零件均按不剖绘制，即仍按外形画出。

如图 6-9 所示，将两工件钻成通孔，装配时，先将螺栓的杆身穿过通孔，套上垫圈，拧上螺母。螺栓的公称长度 L，可根据被连接件的厚度、螺母和垫圈厚度等计算得出，即螺栓长度：

$$L=\delta_1+\delta_2+h+m+a$$

式中 δ_1，δ_2——薄块厚度；

h——垫圈厚度；

m——螺母厚度；

a——螺栓伸出螺母的长度，一般可取 $a=(0.2\sim0.3)d$（d 是螺栓上螺纹的公称直径）。

计算后选取最接近于标准中的 1 系列值。螺栓连接图中的相关尺寸如下：孔径为 $1.1d$，小径 $d_1=0.85d$，螺栓头部厚为 $0.7d$，螺母厚度为 $0.8d$，垫片厚度为 $0.15d$，直径为 $2.2d$，六边形外接圆直径 $D=2d$。

双头螺柱连接

笔记

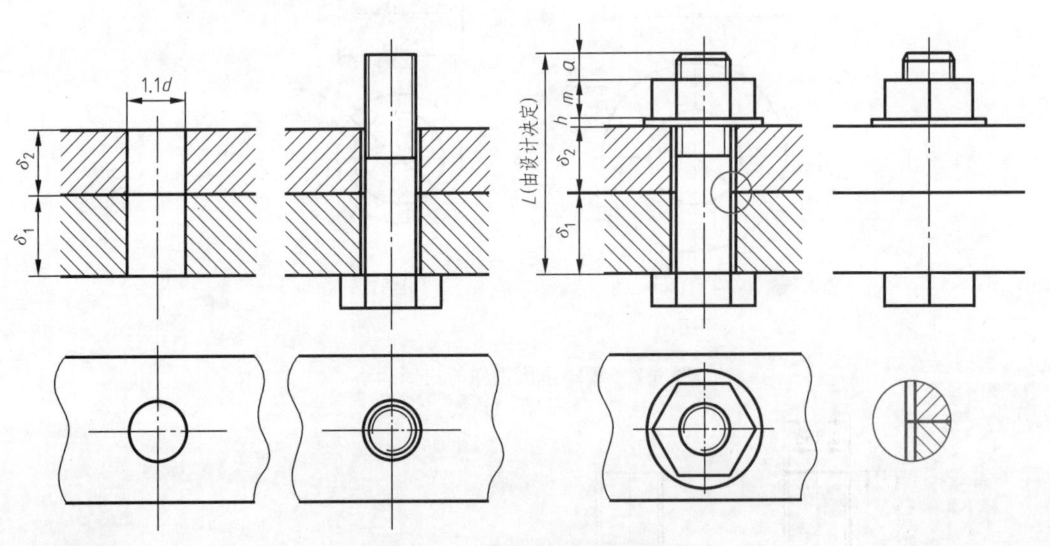

图 6-9 螺栓连接的画法

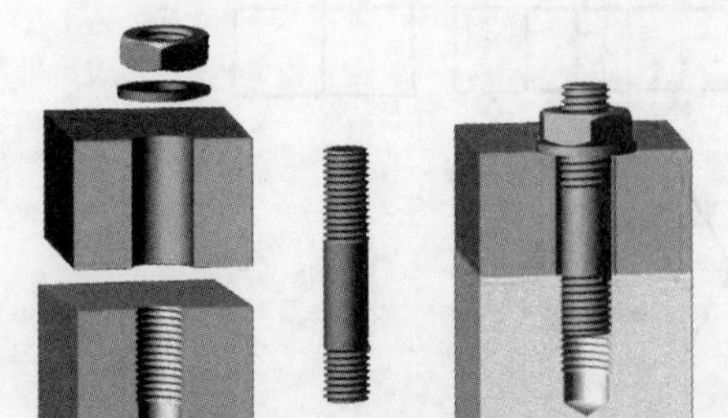

图 6-10 双头螺柱连接

（二）双头螺柱连接

1. 适用场合

双头螺柱连接用于连接经常拆卸或被连接件为一厚、一薄工件的情况。

如图 6-10 所示，双头螺柱连接由双头螺柱、垫片、螺母组成。

在较薄的工件上加工通孔，较厚的工件上制成不通的螺纹孔，旋入端长度 b_m 由被旋入工件的材质决定，如图 6-11 所示。

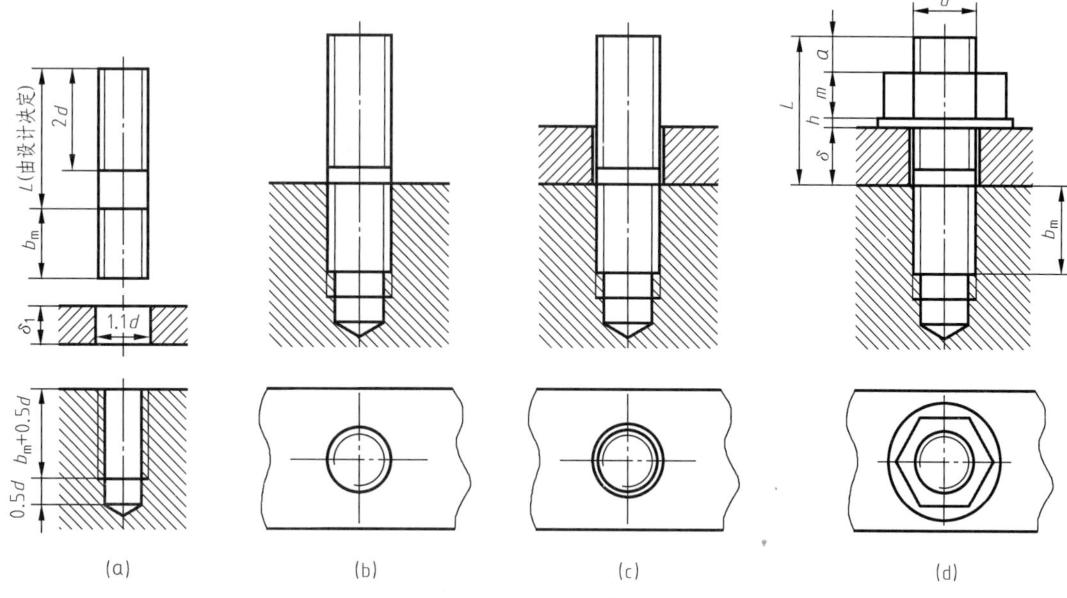

图 6-11 螺柱连接的画法

旋入端长度 b_m 根据被旋入零件即螺孔的材料选用：

当材料为钢和青铜时，$b_m=d$；

当材料为铸铁时，$b_m=(1.25\sim1.5)d$；

当材料为合金铝时，$b_m=2d$。

2. 双头螺柱连接的作图方法

装配时，先将双头螺柱的旋入端旋入下部较厚零件的螺孔，再将较薄零件穿过双头螺柱的紧固端，套上垫圈，拧上螺母。

绘制双头螺柱装配图的注意事项：

（1）螺柱伸出螺母部分螺纹应表达完整；

（2）相邻零件剖面线方向应相反，或方向相同间隔不同；

（3）上部被连接零件的孔径应比螺柱的稍大，应画双线；

（4）螺纹旋合应对齐内、外螺纹的牙顶、牙底线；

（5）钻孔锥顶角应为 120°。

如图 6-11 所示，螺柱的公称长度 L 也应通过计算选定：

$$L=\delta+h+m+a$$

计算后选取最接近于标准中的 L 系列值。

（三）螺钉连接

1. 适用条件

螺钉用于连接不经常拆卸、受力不大或被连接件之一较厚不便加工通孔的情况，如图 6-12 所示。

较薄零件应加工成稍大的光孔，并且应有与螺钉头部相配的结构，较厚零件应加工成螺纹孔，螺纹孔深度应大于旋入螺纹的长度，旋入端长度 b_m 由被旋入工件的材质决定。

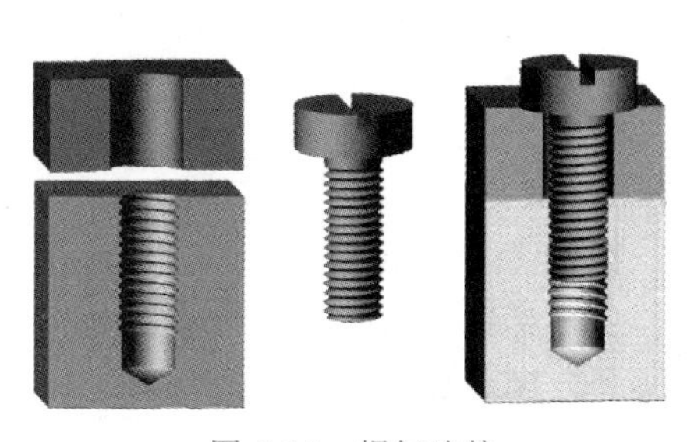

图 6-12 螺钉连接

笔记

如图 6-13 所示，为了作图方便，常将螺纹紧固件各部分尺寸，取其与螺纹大径成一定的比例画出。

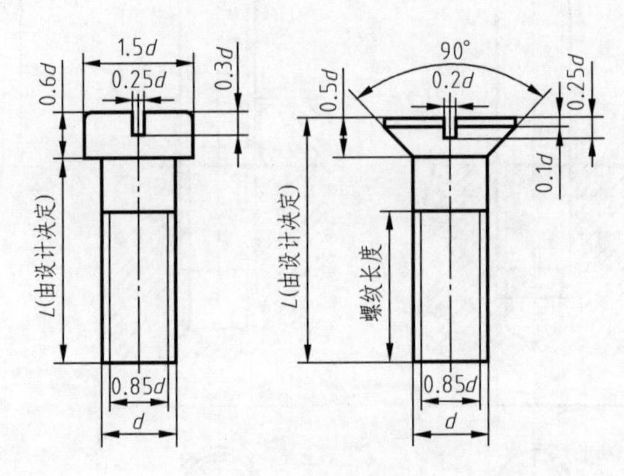

图 6-13 螺钉连接的画法

2. 螺钉连接的作图方法

装配时，螺钉穿过较薄工件的通孔，旋入较厚工件的螺纹，完成螺钉连接。

绘制螺钉连接装配图（图 6-14）注意事项：

螺钉连接

（1）为醒目起见，国家标准规定，在反映圆的视图中，一字槽应画成与水平线成 45°方向。

（2）螺钉的螺纹终止线要高于两工件的交线，表示已旋完旋紧。

（3）螺钉的公称长度 $L=\delta_1+b_m$，计算后选取最接近于标准中的 L 系列值。

笔记

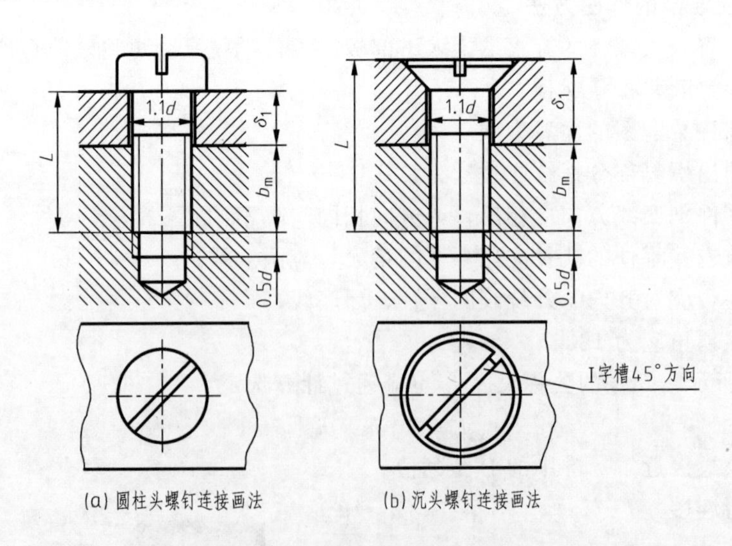

图 6-14 螺钉连接及其比例画法

3. 紧定螺钉连接

紧定螺钉用来固定两个零件的相对位置，使它们不产生相对运动。如图 6-15 所示的轴和齿轮（图中只画出轮毂部分），用一个开槽锥端紧定螺钉旋入轮毂的螺孔，使螺钉端部的 90°锥顶与轴上的 90°锥坑压紧，从而固定了轴和齿轮的相对位置。

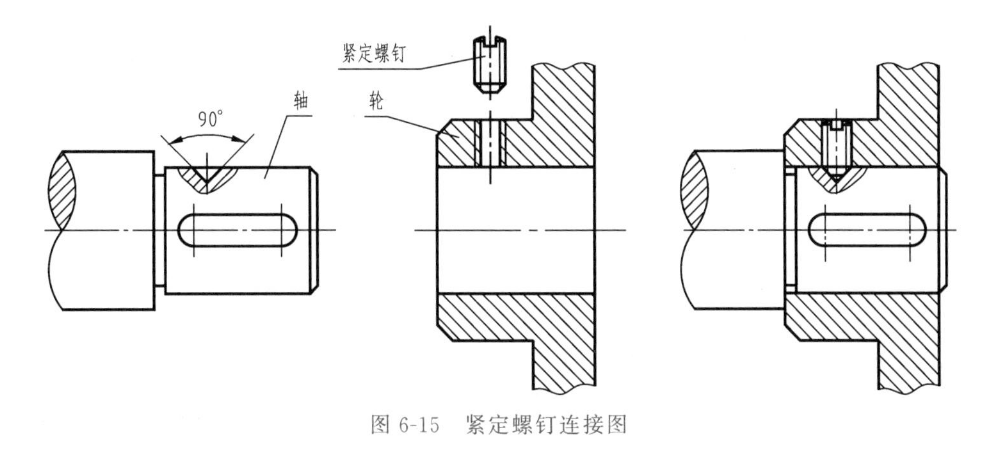

图 6-15　紧定螺钉连接图

第二部分　销　连　接

一、销的种类和标记

销主要起定位作用，也可用于连接和锁紧。常用的销有圆柱销、圆锥销和开口销三种，如图 6-16 所示。

键销连接

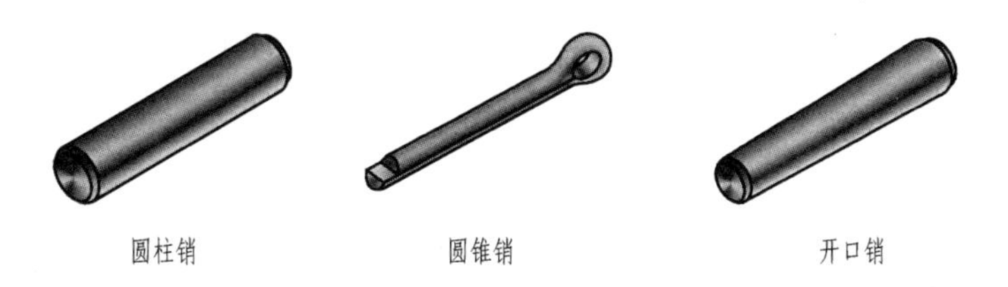

图 6-16　常见的销的种类

笔记

圆柱销和圆锥销通常用于零件间的定位和连接，开口销则用于防止螺母松动，或防止其它零件从轴头脱落。圆柱销、圆锥销和开口销都已标准化，其简图和标注见表 6-2。

表 6-2　常用销的简图和标记

名称及标准编号	图例	标记及说明
圆柱销 GB/T 119.1—2000	$\phi10h8$　80	公称直径 d=10mm，公差为 h8，公称长度 l=80mm，材料为 A1 组奥氏体不锈钢，不经淬火，表面简单处理 规定标记：销 GB/T 119.1—2000　10　h8×80-A1
圆锥销 GB/T 117—2000	1:50　$\phi10$　80	公称直径 d=10，长度 l=80，材料为 35 钢，热处理硬度为 28～38HRC，表面氧化处理的 A 型 规定标记：销 GB/T 117—2000　A10×80 注：GB/T 117—2000 圆锥销有 A 型（磨削）和 B 型（切削或冷镦）两种
开口销 GB/T 91—2000	45　$\phi5$	公称直径 d=5，长度 l=45 规定标记：销 GB/T 91—2000　5×45

二、销连接画法

国家标准规定，在装配图中，对于轴、键、销等实心零件，若纵向剖切，且剖切平面经过其轴线时，则这些零件均按不剖绘制。如需表明它的结构时，则可用局部剖视表示。如图 6-17 所示为销连接图的画法。

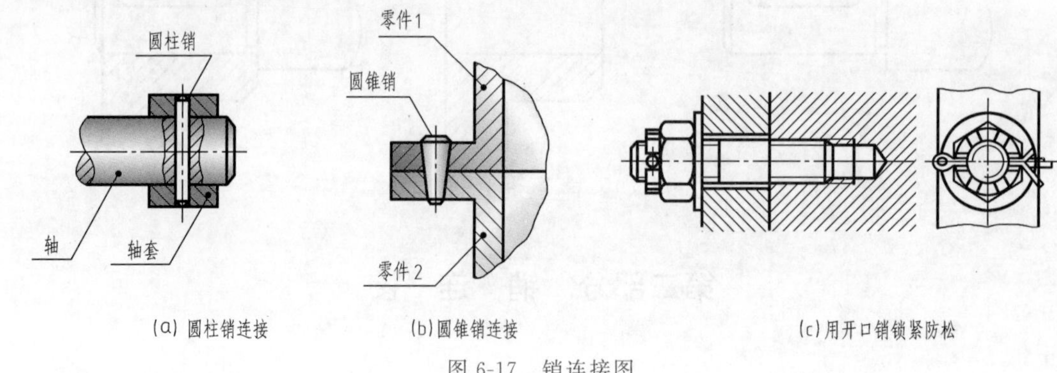

(a) 圆柱销连接 (b)圆锥销连接 (c)用开口销锁紧防松

图 6-17 销连接图

任务实施

1. 螺钉连接

如图 6-1（a）所示，对齿轮油泵涉及螺钉连接的部分进行测绘，图样表达各零件规格结构尺寸及螺钉连接图见表 6-3。

表 6-3 齿轮油泵上的螺钉连接图

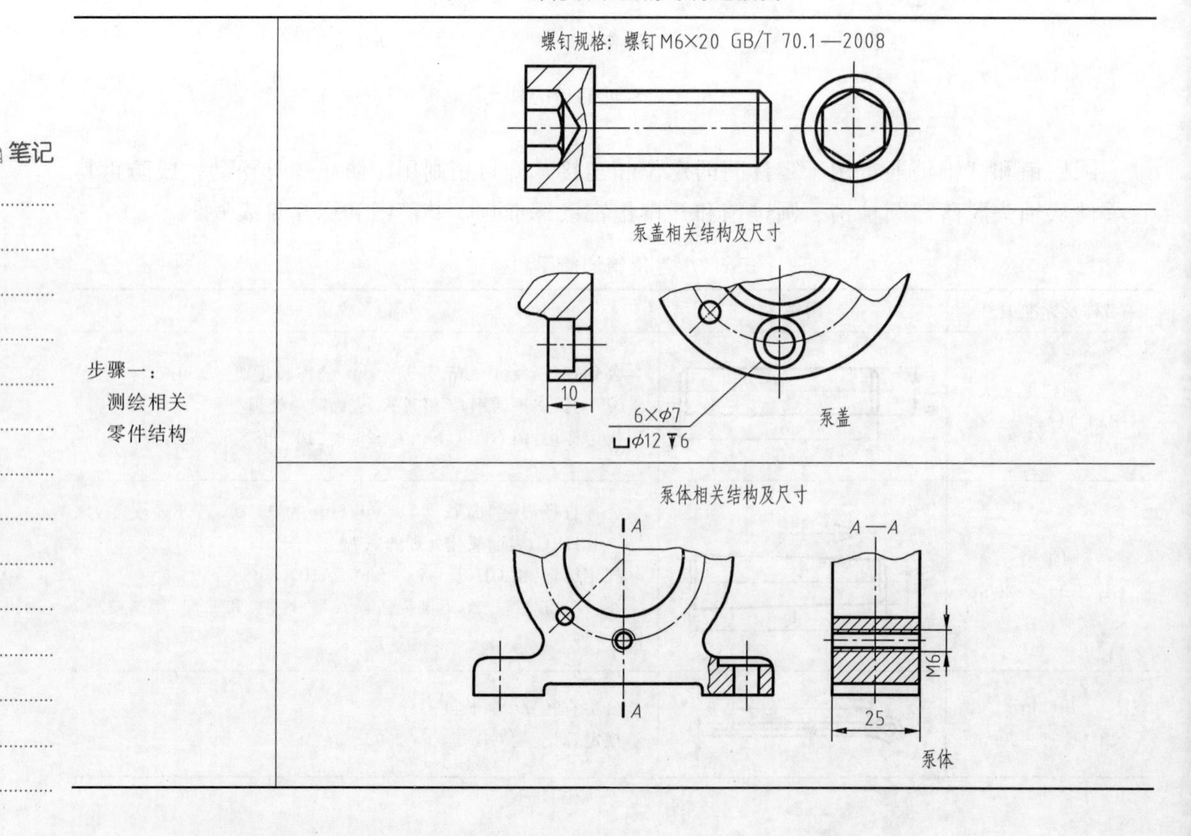

续表

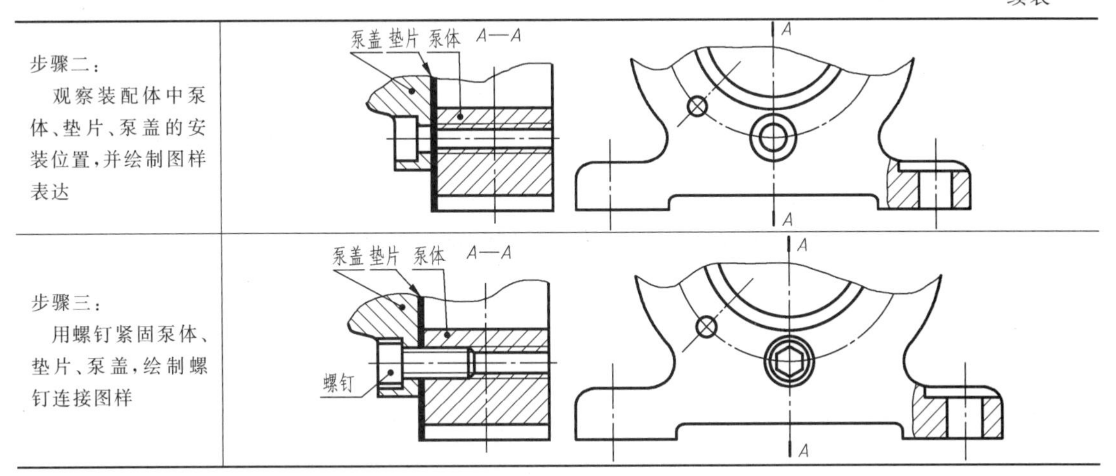

步骤二： 观察装配体中泵体、垫片、泵盖的安装位置，并绘制图样表达	
步骤三： 用螺钉紧固泵体、垫片、泵盖，绘制螺钉连接图样	

2. 螺栓连接、螺柱连接

如图 6-1（b）所示，球阀的阀体和阀体接头如用螺栓连接，连接图样如图 6-18；如用螺柱连接，连接图样如图 6-19。读者可自行分析绘图顺序。

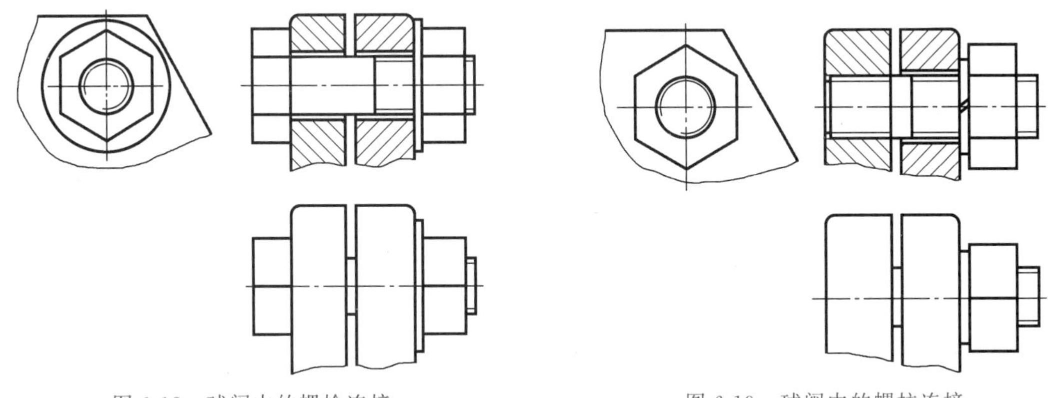

图 6-18　球阀中的螺栓连接　　　　图 6-19　球阀中的螺柱连接

3. 齿轮油泵上的销连接

测绘过程：

步骤一：观察图 6-1（a）所示齿轮油泵，将泵盖、泵体及纸垫片按照位置关系摆放绘制工程图样［图 6-20（a）］。泵盖、泵体相关尺寸如图 6-4。

步骤二：圆柱销从装配体左端敲入定位，绘制工程图样如图 6-20（b）所示。

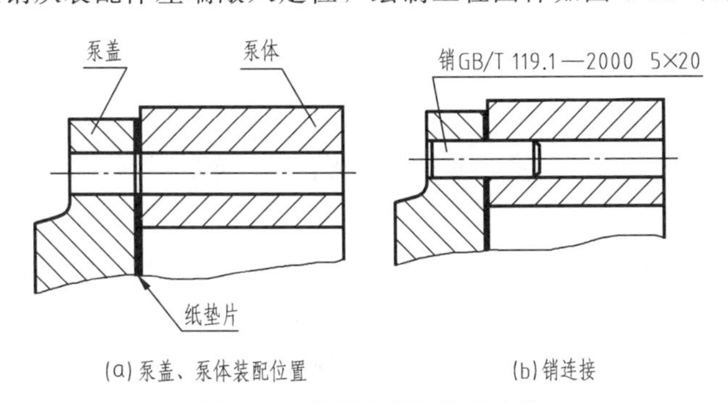

(a) 泵盖、泵体装配位置　　(b) 销连接

图 6-20　齿轮油泵上的销连接

笔记

课后任务

1. 产品滑动轴承、安全阀中用到螺纹紧固件如图 6-1（c）、（d）所示，分析其中有哪些螺纹紧固件并练习螺纹连接图样的画法。

2. 完成习题集中相关作业。

任务二 齿轮、键连接测绘

知识目标：

1. 了解齿轮类型特点以及各齿轮的传动特点；
2. 掌握键的类型作用、特点，以及普通平键在国标中的规定画法；
3. 掌握齿轮的参数以及各参数的作用。

能力目标：

1. 能根据功能要求选择正齿轮、键，并绘制正齿轮、键的工程图；
2. 能够测绘齿轮与轴连接、键连接的工件，绘制符合国标的工程图。

齿轮测绘

任务要求：

如图 6-21 所示，减速器传动轴和齿轮通过键连接在一起，测绘各零件，绘制齿轮的零件图，及轴、键和齿轮三者相连接的图样。

笔记

(a) 减速器传动轴、齿轮、键　(b) 齿轮、轴安装位置　(c) 传动轴上的键连接

图 6-21 减速器上的齿轮及键连接

相关知识内容

第一部分 齿 轮

齿轮是广泛用于机器中的传动零件。它能将一根轴的动力及旋转运动传递给另一根轴，也能改变转速和旋转方向。齿轮常见的传动形式有：

圆柱齿轮——用于两平行轴之间的传动，如图 6-22（a）所示。

圆锥齿轮——用于两相交轴之间的传动，如图 6-22（b）所示。

蜗轮蜗杆——用于两交叉轴之间的传动，如图 6-22（c）所示。

(a) 圆柱齿轮

(b) 圆锥齿轮

(c) 蜗轮与蜗杆

图 6-22　常见的齿轮传动

圆柱齿轮结构简单，应用广泛，用于传递平行两轴之间的运动。其轮齿有直齿、斜齿、人字齿等，如图 6-23 所示。

(a) 直齿圆柱齿轮

(b) 斜齿圆柱齿轮

(c) 人字齿圆柱齿轮

图 6-23　常见的圆柱齿轮

一、直齿圆柱齿轮的基本参数、各部分的名称和尺寸关系

如图 6-24 所示为一直齿圆柱齿轮，其各部分名称及代号如下：

（1）齿数 z——齿轮上的轮齿数。

（2）齿顶圆 d_a——通过轮齿顶部的圆。

（3）齿根圆 d_f——通过轮齿根部的圆。

（4）分度圆 d——齿厚与齿间距大小相等的那个圆。

（5）齿距 p——沿分度圆圆周相邻两齿对应点的弧线长度，$p=s+e$。

齿厚 s——每个轮齿在分度圆圆周上的弧长。对于标准齿轮，齿厚为齿距的一半，即 $s=p/2$。

齿间 e——每个齿间在分度圆圆周上的弧长。对于标准齿轮，齿间为齿距的一半，即 $e=p/2$。

（6）全齿高 h——齿顶圆到齿根圆的径向

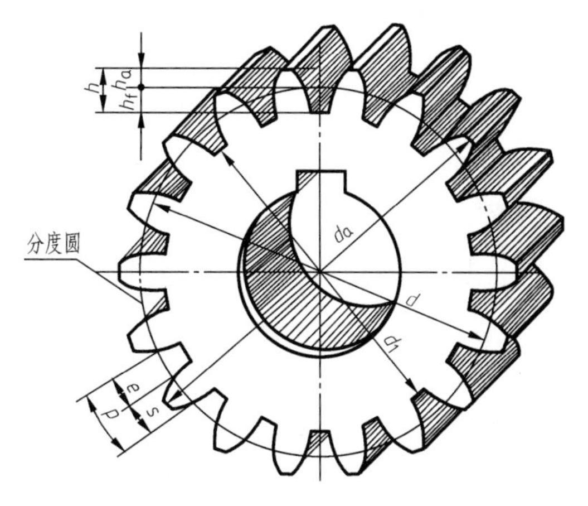

图 6-24　直齿圆柱齿轮各参数

笔记

距离。

齿顶高 h_a——分度圆到齿顶圆的径向距离。

齿根高 h_f——分度圆到齿根圆的径向距离。

二、标准直齿圆柱齿轮轮齿各部分尺寸计算

1. 模数 m

从图 6-24 可知，分度圆的圆周长度等于齿轮所有齿距的总和，即等于齿数 z 与齿距 p 的乘积，因此可得：

$$\pi d = pz$$

即
$$d/z = p/\pi$$

以 p/π 的值为该齿轮的基本参数，称之为模数，用字母 m 表示，则

$$m = p/\pi = d/z$$

即：分度圆直径 $d = mz$

齿距 $p = m\pi$

当模数 m 被确定之后，轮齿的大小也就被唯一确定了。模数是表征齿轮轮齿大小的一个重要参数，是计算齿轮主要尺寸的一个基本依据，也是齿轮设计、加工中十分重要的参数。

为了设计和制造方便，提高齿轮的互换性，便于齿轮的加工修配，以及减少齿轮刀具的规格品种，国家标准对齿轮模数进行了标准化，见表 6-4。

表 6-4 渐开线圆柱齿轮模数（GB/T 1357—2008） 单位：mm

第一系列	1,1.25,1.5,2,2.5,3,4, 5,6,8,10,12,16,20,25,32,40,50
第二系列	1.75,2.25,2.75,3.5,4.5,5.5,7,9,14,18,22,28,35,45

注：优先选用第一系列，其次选用第二系列，括号内的模数尽可能不用。

笔记

2. 标准直齿圆柱齿轮各部分尺寸计算

标准直齿圆柱齿轮中轮齿各部分尺寸都是根据模数来确定的，其计算公式见表 6-5。

表 6-5 标准直齿圆柱齿轮的尺寸计算

名　称	代号	公式	名　称	代号	公式
齿顶高	h_a	$h_a = m$	齿根圆直径	d_f	$d_f = m(z-2.5)$
齿根高	h_f	$h_f = 1.25m$	齿距	p	$p = \pi m$
全齿高	h	$h = 2.25m$	分度圆齿厚	s	$s = \frac{1}{2}\pi m$
分度圆直径	d	$d = mz$	啮合角	α	20°
齿顶圆直径	d_a	$d_a = m(z+2)$			

3. 两标准圆柱齿轮啮合时的中心距计算

啮合角 α：如图 6-25 所示，两齿轮啮合时，轮齿在分度圆上啮合点 C 处的受力方向和该点的速度方向所夹的锐角，标准齿轮的啮合角为 20°。两个相互啮合的齿轮的齿距 p 相同，所以它们的模数 m 相同。只有模数和啮合角都相同的齿轮才能相互啮合。

两齿轮啮合时，可相当于两圆柱做无滑动的纯滚动，两圆柱相切，圆周切线速度相等，

这个圆柱的直径为节圆 d'，对于标准齿轮，节圆与分度圆重合，即 $d'=d$。因此两标准圆柱齿轮正确啮合时两个分度圆相切，它们的中心距 a 等于两个啮合齿轮节圆半径之和，即分度圆半径之和：

$$a=(d_1'+d_2')/2=(d_1+d_2)/2=m\ (z_1+z_2)/2$$

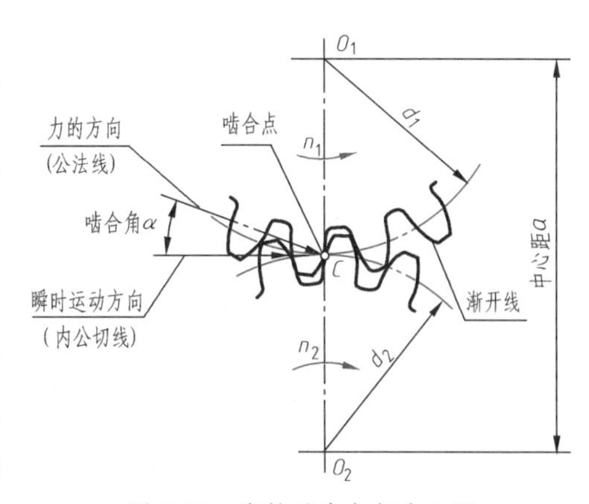

图 6-25　齿轮啮合角与中心距

三、齿轮的规定画法

齿轮为盘类零件，多用二个图形表达，一个为圆的图形，一个为非圆的图形。齿轮的轮齿部分是标准化的，国家标准（GB/T 4459.2—2003）对齿轮轮齿的画法作了如下规定：

1. 单个齿轮的规定画法

（1）国标规定：齿轮的轮齿部分按规定画法绘制，其余结构按投影画法绘制。

（2）齿顶圆与齿顶线用粗实线绘制；分度圆与分度线用细点画线绘制（分度线应超出轮廓线 2～3mm）；齿根圆与齿根线用细实线绘制，也可省略不画。

（3）在剖视图中，齿根线用粗实线绘制，轮齿一律按不剖绘制。

如图 6-26（a）所示为盘式齿轮的视图、剖视图的图形；如图 6-26（b）所示为带辐板齿轮剖视图的图形；单个齿轮规定画法如图 6-26 所示。

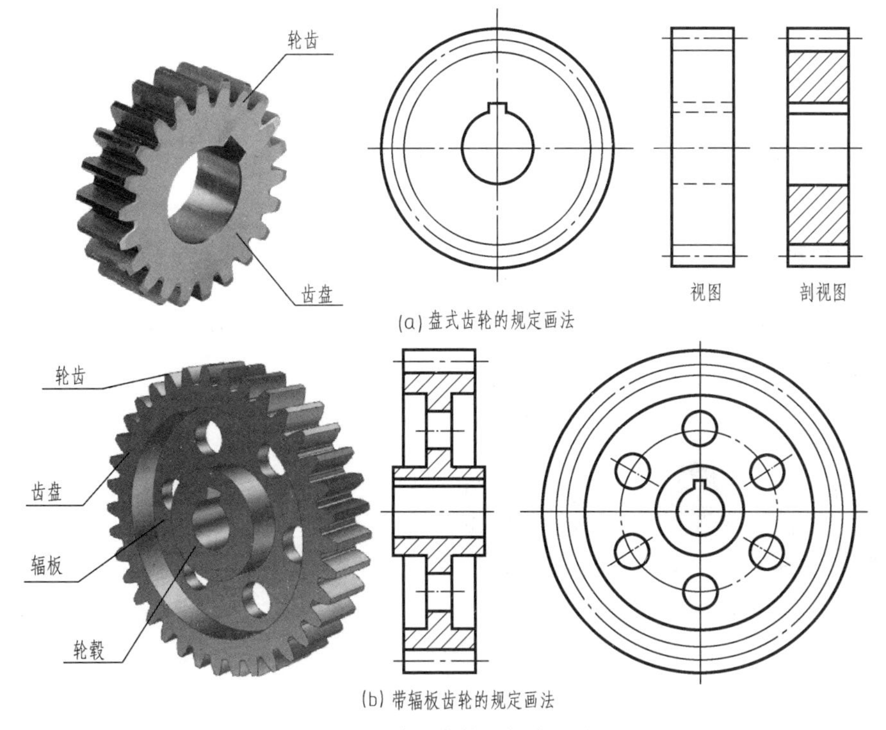

图 6-26　单个齿轮的规定画法

笔记

2. 两齿轮啮合的画法

齿轮啮合规定画法如图 6-27 所示。两齿轮啮合，关键是啮合区域的画法，其它部分仍

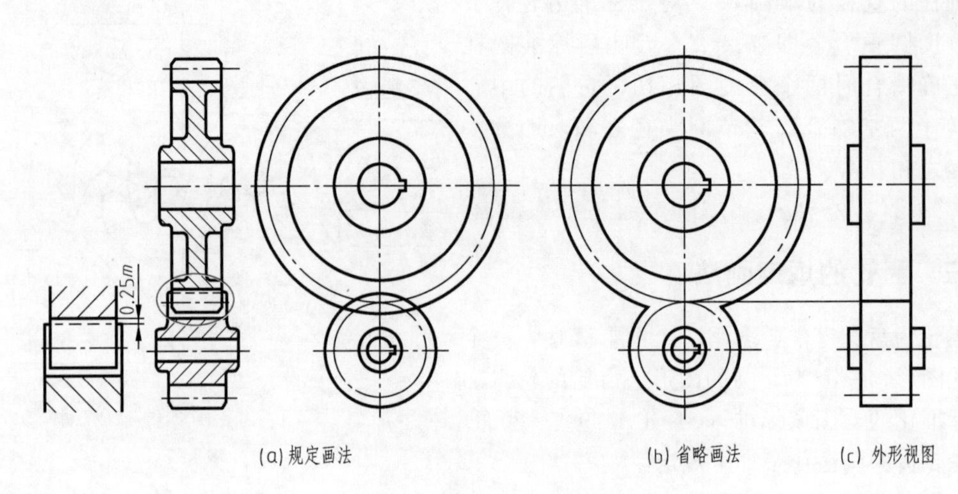

图 6-27 齿轮啮合的画法

然按照单个齿轮的画法绘制。

(1) 在投影为圆的视图中，两齿轮节圆相切，用细点画线绘制；齿顶圆用粗实线绘制，在啮合区齿顶圆也可省略不画；齿根线用细实线绘制，也可以省略不画。

(2) 在非圆的视图中，不剖时，啮合区两节线圆用粗实线绘制。当采用剖视画法时，两节线圆重合用细点画线绘制，齿根线用粗实线绘制，主动齿轮的啮合区齿顶线画成粗实线，另一个齿轮齿顶线画成虚线，该虚线也可以省略不画。

第二部分 键 连 接

在机器中，键用来连接轴和轴上的零件（如齿轮、皮带轮等），使它们能一起转动，传递运动和动力，如图 6-28 所示。

笔记

一、键的种类和标记

键的种类很多，常见的有普通平键、半圆键和钩头楔键，如图 6-29 所示。键的简图和规定标记见表 6-6。

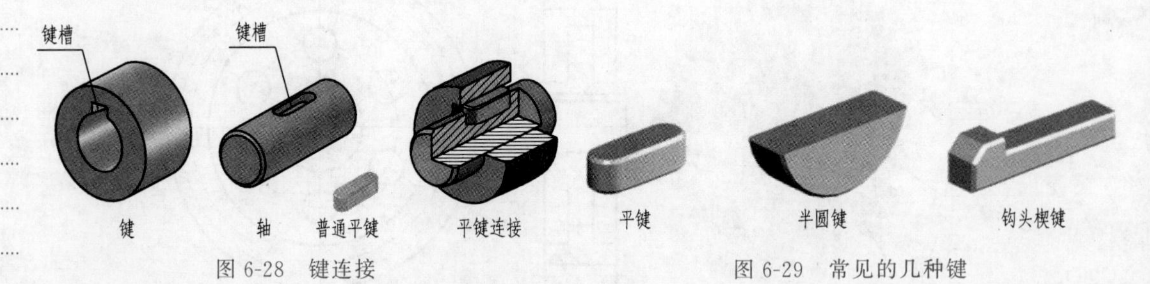

图 6-28 键连接

图 6-29 常见的几种键

二、键连接的画法

画键连接图时，应根据轴的直径（轮毂孔直径）和键的型式查有关标准，确定键的公称尺寸 b 和 h、轴和轮上的键槽尺寸，并选定键的标准长度。

表 6-6　常用键的简图和规定标记

名称及标准号	简　图	标记及说明
普通平键 GB/T 1096—2003		标记：GB/T 1096—2003　键 16×10×100 A 型圆头普通平键，其尺寸为： $b=16,h=10,L=100$
半圆键 GB/T 1099—2003		标记：GB/T 1099—2003　键 6×10×25 半圆键，其尺寸为： $b=6,h=10,d=25$
钩头楔键 GB/T 1565—2003		标记：GB/T 1565—2003　键 16×100 钩头楔键，其尺寸为： $b=16,h=10,L=100$

如图 6-30 所示为选用圆头普通平键时轴及轮毂上键槽的画法及尺寸注法。图中 b 是键及键槽的宽度，L 为键及键槽的长度，$d-t$ 是换算后轴上键槽的深度，$d+t_1$ 是换算后轮毂上键槽的深度。其中 t 是轴上键槽深度，t_1 是轮毂键槽深度。t 和 t_1 的值可由 6-7 查得。

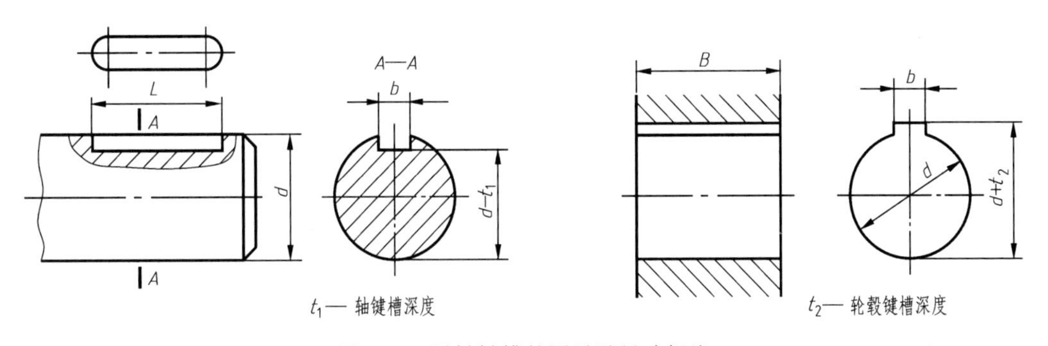

图 6-30　平键键槽的图示及尺寸标注

表 6-7　普通平键（摘自 GB/T 1095—2003，GB/T 1096—2003）

<table>
<tr><th rowspan="4">键尺寸
b×h</th><th colspan="12">键　　槽</th></tr>
<tr><th colspan="6">宽度 b</th><th colspan="4">深度</th><th colspan="2" rowspan="3">半径 r</th></tr>
<tr><th rowspan="3">基本尺寸</th><th colspan="5">极限偏差</th><th colspan="2">轴 t_1</th><th colspan="2">毂 t_2</th></tr>
<tr><th colspan="2">正常连接</th><th>紧密连接</th><th colspan="2">松连接</th><th rowspan="2">基本尺寸</th><th rowspan="2">极限偏差</th><th rowspan="2">基本尺寸</th><th rowspan="2">极限偏差</th></tr>
<tr><th></th><th>轴 N9</th><th>毂 JS9</th><th>轴和毂 P9</th><th>轴 H9</th><th>毂 D10</th><th>min</th><th>max</th></tr>
<tr><td>2×2</td><td>2</td><td rowspan="2">−0.004
−0.029</td><td rowspan="2">±0.0125</td><td rowspan="2">−0.006
−0.031</td><td rowspan="2">+0.025
0</td><td rowspan="2">+0.060
+0.020</td><td>1.2</td><td rowspan="5">+0.1
0</td><td>1.0</td><td rowspan="5">+0.1
0</td><td rowspan="3">0.08</td><td rowspan="3">0.16</td></tr>
<tr><td>3×3</td><td>3</td><td>1.8</td><td>1.4</td></tr>
<tr><td>4×4</td><td>4</td><td rowspan="3">0
−0.030</td><td rowspan="3">±0.015</td><td rowspan="3">−0.012
−0.042</td><td rowspan="3">+0.030
0</td><td rowspan="3">+0.078
+0.030</td><td>2.5</td><td>1.8</td></tr>
<tr><td>5×5</td><td>5</td><td>3.0</td><td>2.3</td><td rowspan="2">0.16</td><td rowspan="2">0.25</td></tr>
<tr><td>6×6</td><td>6</td><td>3.5</td><td>2.8</td></tr>
</table>

笔记

续表

键尺寸 $b\times h$	键槽											
	宽度 b						深度				半径 r	
	基本尺寸	极限偏差					轴 t_1		毂 t_2			
		正常连接		紧密连接	松连接		基本尺寸	极限偏差	基本尺寸	极限偏差		
		轴 N9	毂 JS9	轴和毂 P9	轴 H9	毂 D10					min	max
8×7	8	0 −0.036	±0.018	−0.015 −0.051	+0.036 0	+0.098 +0.040	4.0	+0.2 0	3.3	+0.2 0	0.16	0.25
10×8	10						5.0		3.3			
12×8	12	0 −0.043	±0.0215	−0.018 −0.061	+0.043 0	+0.120 +0.050	5.0		3.3		0.25	0.40
14×9	14						5.5		3.8			
16×10	16						6.0		4.3			
18×11	18						7.0		4.4			
20×12	20	0 −0.052	±0.026	−0.022 −0.074	+0.052 0	+0.149 +0.065	7.5		4.9		0.40	0.60
22×14	22						9.0		5.4			
25×14	25						9.0		5.4			
28×16	28						10.0		6.4			
32×18	32	0 −0.062	±0.031	−0.026 −0.088	+0.062 0	+0.180 +0.080	11.0		7.4			
36×20	36						12.0		8.4		0.70	1.00
40×22	40						13.0		9.4			
45×25	45						15.0		10.4			
50×28	50						17.0		11.4			
56×32	56	0 −0.074	±0.037	−0.032 −0.106	+0.074 0	+0.220 +0.100	20.0	+0.3 0	12.4	+0.3 0	1.20	1.60
63×32	63						20.0		12.4			
70×36	70						22.0		14.4			
80×40	80						25.0		15.4		2.00	2.50
90×45	90	0 −0.087	±0.0435	−0.037 −0.124	+0.087 0	+0.260 +0.120	28.0		17.4			
100×50	100						31.0		19.5			

笔记

根据国家标准规定，在连接图样中，对于键等实心零件，按纵向剖切且剖切平面通过其对称平面时，键按不剖绘制。如需要表明轴上的键槽时，则可用局部剖视图表示。当剖切平面按横向剖切时，则被剖切的轴和键都应画出剖面线。键连接的画法见表 6-8。

表 6-8 键连接画法

名称	联接图样	说明
普通平键	A A—A A	侧面为工作面，顶面与轮子的键槽顶面之间有间隙，键的倒角圆角省略不画。应用广泛

续表

名称	联 接 图 样	说 明
半圆键		侧面为工作面，顶面与轮子的键槽顶面之间有间隙。具有自动调位的优点，常用于轻载和锥形轴的连接
钩头楔键		有 1∶100 的斜度，连接时沿轴向将键打入键槽内，直至打紧为止。上下两面为工作面，两侧面为非工作面。画图时，上、下两面与键槽接触，两侧面有间隙

任务实施

1. 传动轴上的键

查表 6-7 确定普通平键的尺寸规格：GB/T 1096—2003 键 10×8×22。

2. 齿轮的测绘

根据齿轮实物进行测量和计算，确定齿轮的有关参数和尺寸并绘制其零件图的全过程，称为齿轮测绘。齿轮测绘在修配机器时会经常遇到，应该掌握其方法和步骤。

（1）数出齿轮的齿数 z。

（2）测量齿顶圆直径 D。偶数齿的齿顶圆直径可直接测得，对齿数为奇数的齿轮应测出轴孔直径 D 和孔壁至齿顶的径向距离 H，如图 6-31（b）所示，则 $D_a = D + 2H$。

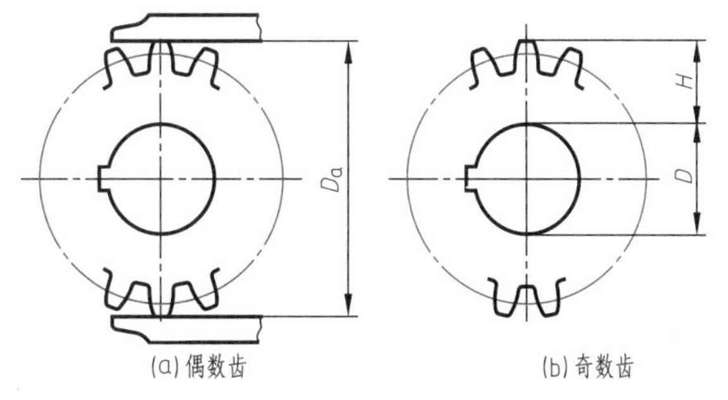

图 6-31 齿顶圆的测量

（3）模数 m 由下列公式标出：

$$m = D_a / (z + 2)$$

求出模数 m 后，参照表 6-4 中标准模数，选取相近的标准模数，即为所测齿轮的模数。

（4）根据齿数和模数，计算各基本尺寸，并测量其余结构的尺寸。

（5）绘制直齿圆柱齿轮的零件图。

图 6-32 所示为直齿圆柱齿轮的零件图。在齿轮零件图中，除具有一般零件图的内容外，齿顶圆直径、分度圆直径必须直接注出，齿根圆直径不注（因加工时该尺寸由其他参数控制），并在图样右上角的参数栏中注写模数、齿数、齿形角等基本参数。

3. 轴的测绘

在项目四中已讲解过，在此不再赘述。

4. 齿轮、传动轴的键连接图样

如图 6-33 所示。

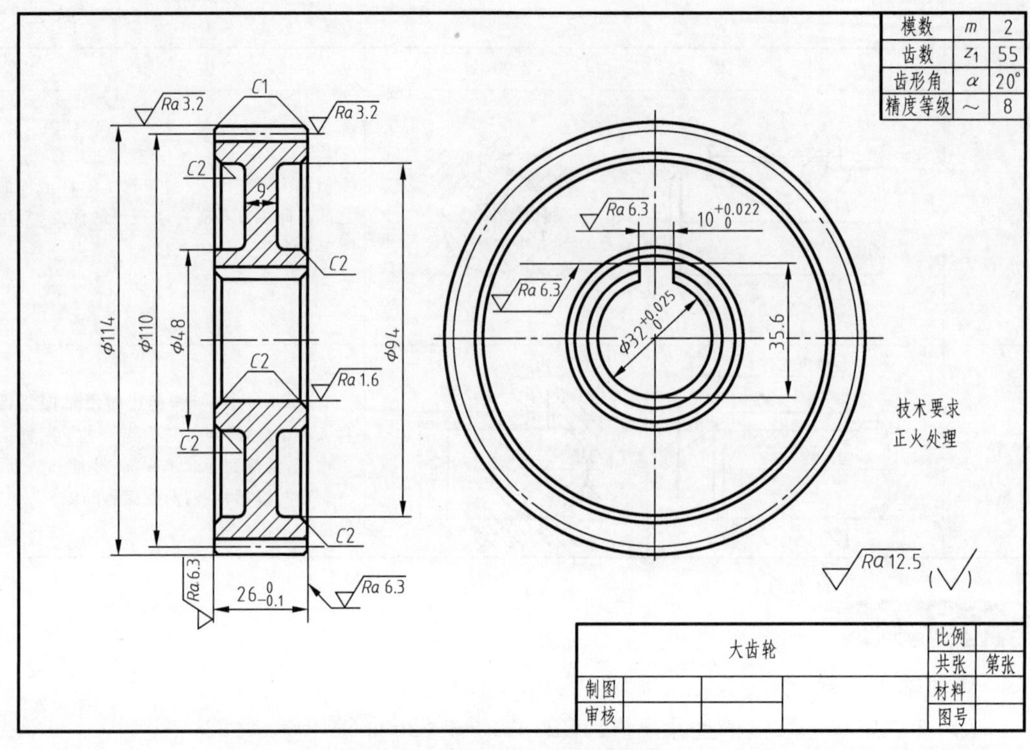

图 6-32 减速器大齿轮零件图

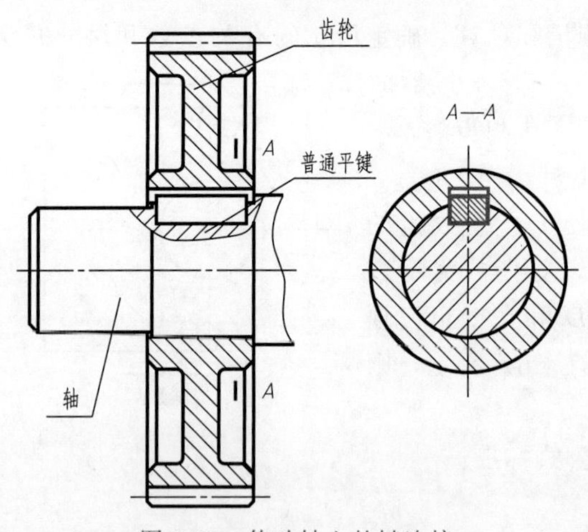

图 6-33 传动轴上的键连接

笔记

课后任务

图 6-34 一级直齿圆柱齿轮减速器

1. 思考：若图 6-32 中的齿轮是斜齿轮，图中应当如何表达？

2. 如图 6-34 所示，减速器主动轴、从动轴上大小齿轮啮合。试绘制齿轮啮合图样，尺寸自测。

3. 完成习题集中相关作业

任务三 滚动轴承、弹簧测绘

知识目标：

掌握滚动轴承、弹簧的类型作用、特点，以及向心轴承、压缩弹簧在国标中的规定画法；

能力目标：

1. 能够根据功能要求选择适当的滚动轴承、弹簧，并绘制出滚动轴承、弹簧的工程图；
2. 能够测出向心轴承代号、测绘压缩弹簧，绘制符合国标的工程图。

任务要求：

图 6-35 为滚动轴承在轴上的安装情况。滚动轴承是标准件，通常安装在轴上起支承作用并成对使用。

（1）如图 6-35（a）所示，测出轴径，由滚动轴承上的代号 30306，解释滚动轴承代号含义并绘制安装图样。

（2）如图 6-35（b）所示，一级减速器主动轴前端安装轴承段的轴径为 ϕ25，其上安装的滚动轴承有代号，如 6305。解释滚动轴承代号含义并绘制安装图样。

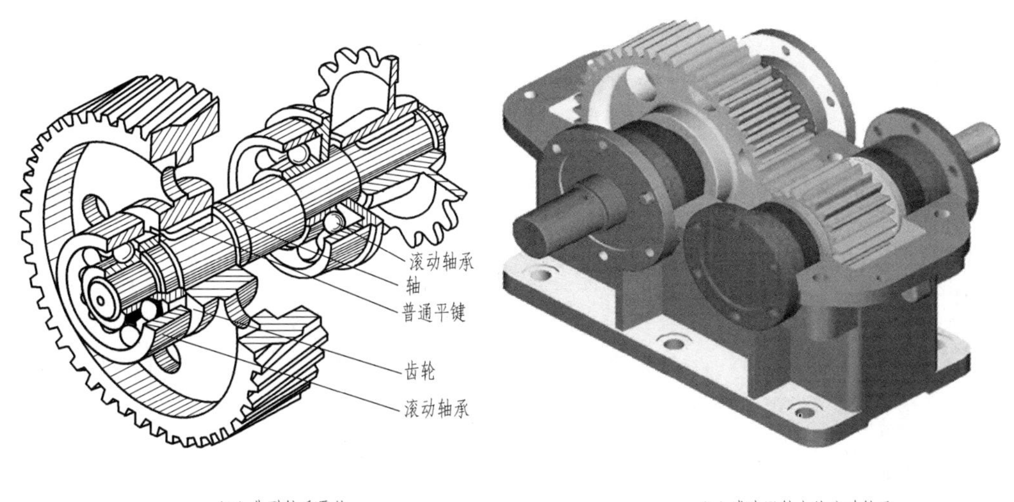

(a) 典型轴系零件　　(b) 减速器轴上的滚动轴承

图 6-35 产品中的滚动轴承

笔记

（3）图 6-36 为典型安全阀。安全阀是一种安全保护装置，它的启闭件受外力作用下处于常闭状态，当设备或管道内的介质压力升高，超过规定值时自动开启，通过向系统外排放介质来防止管道或设备内介质压力超过规定数值。图 6-37 为弹簧式安全阀结构示意图，测绘弹簧的有关参数，绘制弹簧的全剖视图。

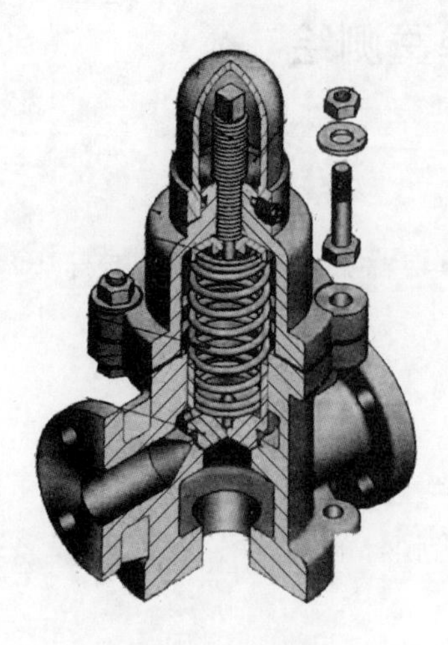

图 6-36 安全阀

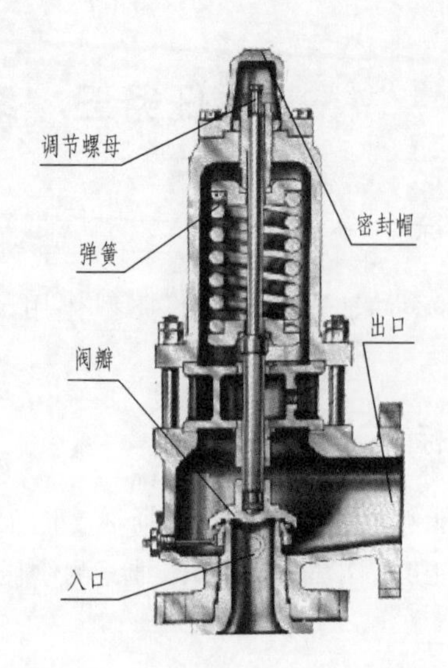

图 6-37 弹簧式安全阀结构示意图

相关知识内容

第一部分 滚动轴承

滚动轴承

滚动轴承是支承旋转轴的部件，因为它具有结构紧凑、摩擦阻力小、动能损耗少等优点，所以在现代工业中广泛使用。滚动轴承是标准部件，使用时可根据设计需要，选用合适的型号。

一、滚动轴承的结构和分类

1. 滚动轴承的结构

滚动轴承的种类较多，但结构大致相似，主要由外圈、内圈、滚动体和保持架组成，如图 6-38 所示。

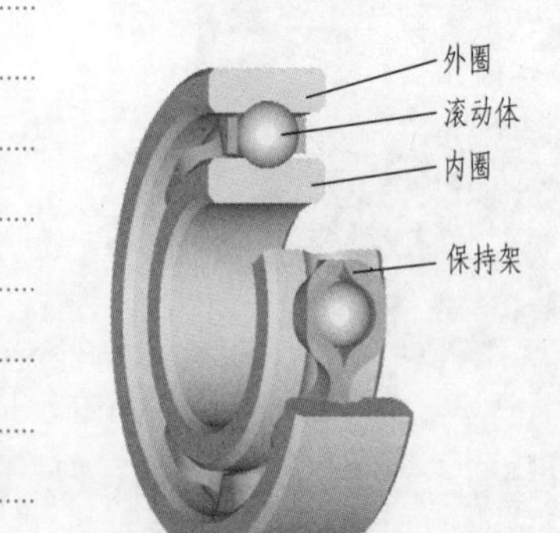

图 6-38 滚动轴承结构

（1）外圈：装在机体或轴承座内，一般情况下固定不动。

（2）内圈：装在轴上，与轴紧配合在一起，随轴一起转动。

（3）滚动体：装在内圈与外圈之间的滚道中，有滚珠、滚柱、滚锥等几种形式。

（4）保持架：分离，引导，限位滚动体，利于滚动体之间载荷的均匀分配。

2. 滚动轴承的类型

滚动轴承按其承载方向可分为以下几种。

（1）向心轴承：主要用于承受径向载荷，如深沟球轴承，如图 6-39（a）所示。

（2）推力轴承：用于承受轴向载荷，如推力球轴承，如图 6-39（b）所示。

（3）向心推力轴承：同时承受径向载荷和轴向载荷，如圆锥滚子轴承，如图 6-39（c）所示。

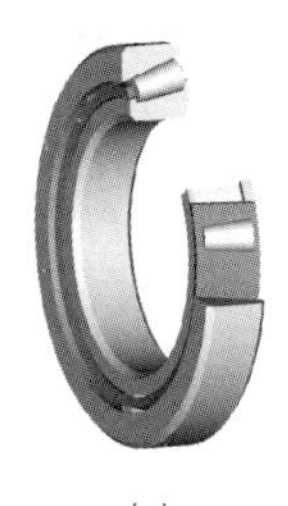

(a) (b) (c)

图 6-39 常见轴承类型

二、滚动轴承的代号

按标准规定，滚动轴承代号由前置代号、基本代号、后置代号三部分组成。其排列顺序如下：前置代号 基本代号 后置代号

基本代号表示轴承的类型、基本结构和尺寸，是轴承代号的基础。基本代号的组成见表6-9（不包括滚针轴承）。

表 6-9 基本代号的组成及排列

基本代号		
类型代号	尺寸系列代号	内径代号

其中类型代号用数字或字母表示，其余都用数字表示。最多为 7 位数字或字母。基本代号排列形式如下：

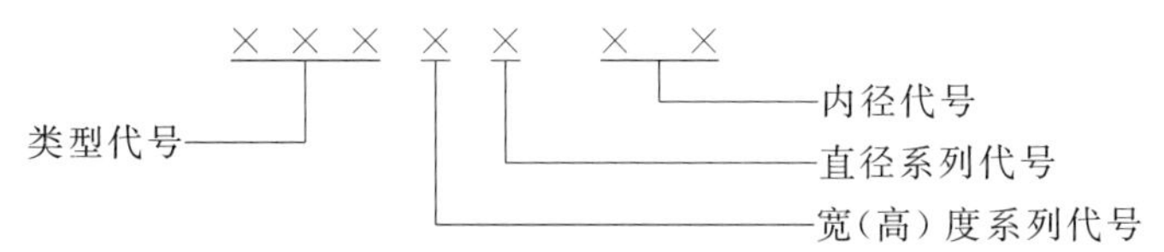

类型代号：表示轴承的基本类型。用数字或字母表示，见表 6-10，例如“6”表示深沟球轴承，类型代号如果是“0”，表示双列角接触球轴承，按规定可以省略不注。

直径系列代号：表示内径相同的同类轴承有几种不同的外径。

宽（高）度系列代号：表示内、外径相同的同类轴承有几种不同的宽（高）度。

内径代号：表示轴承的内径尺寸。当轴承内径在 20～480mm 范围内，内径代号乘以 5 为轴承的公称内径尺寸，内径不在此范围内或内径代号另有规定，见表 6-11。

表 6-10 滚动轴承类型代号（摘自 GB/T 272—2017）

代号	轴承类型	代号	类型
0	双列角接触球轴承	7	角接触球轴承
1	调心球轴承	8	推力圆柱滚子轴承
2	调心滚子轴承和推力调心滚子轴承	N	圆柱滚子轴承
3	圆锥滚子轴承		双列或多列用字母 NN 表示
4	双列深沟球轴承	U	外球面球轴承
5	推力球轴承	QJ	四点接触球轴承
6	深沟球轴承	C	长弧面滚子轴承(圆环轴承)

笔记

表 6-11 滚动轴承内径

轴承公称内径 d/mm		内径代号	示例
0.6～10(非整数) ≥500 以及 22,28,32		用公称内径毫米数直接表示,在其与尺寸系列代号之间用"/"分开	深沟球轴承 618/2.5、62/22 调心滚子轴承 230/500
1～9(整数)		用公称内径毫米数直接表示,对深沟及角接触球轴承 7,8,9 直径系列,内径与尺寸系列代号之间用"/"分开	深沟球轴承 625、618/5
10～17	10 12 15 17	00 01 02 03	深沟球轴承 6200
20～480(除 22,28,32)		公称内径除以 5 的商数,如果该商数为个位数,需在商数左边加"0"	调心滚子轴承 23208

前置代号和后置代号均属于补充代号，当轴承在结构形状、尺寸、公差、技术要求等方面有改变时，可以使用补充代号。在此不作讲解，有关规定可查阅相关标准和手册。

【示例】 解释轴承的含义：滚动轴承 6204 GB/T 276—2013。

答：6——类型代号（为深沟球轴承）；2——尺寸系列（02）代号，宽度系列代号为 0（省略），直径系列代号为 2；04——内径代号，内径为 20mm。

三、滚动轴承的画法（摘自 GB/T 4459.7—2017）

按标准规定，滚动轴承在装配图中的表示法有简化画法和规定画法。其中简化画法又分为通用画法和特征画法两种。

用简化画法绘制滚动轴承时，可以采用通用画法或者特征画法，但是在同一图样中一般只采用一种画法。滚动轴承的通用画法见表 6-12。在剖视图中，如需比较形象表示滚动轴承的结构特征时，可以采用在矩形线框内画出其结构要素符号的方法表示。滚动轴承的规定画法一般只绘制在轴的一侧，另外一侧按通用画法绘制。几种常用滚动轴承的特征画法和规定画法见表 6-12。

表 6-12 常用滚动轴承的规定画法和特征画法

轴承类型和代号	查表得主要数据	规定画法	特征画法	能用画法	承载类型
深沟球轴承 GB/T 276—2013 6000 型	D d B	B, B/2, A/2, A, 60°, d, D, 2/3A, 2/3B	B, A, B/6, 2/3B, d, D	B, 2/3A, 2/3B, d, D	主要承受径向载荷

续表

轴承类型和代号	查表得主要数据	规定画法	特征画法	能用画法	承载类型
 圆锥滚子轴承 GB/T 297—2015 30000 型	D d T C B	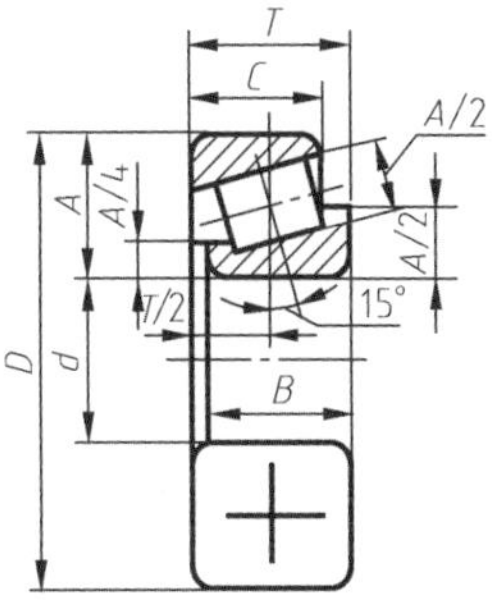	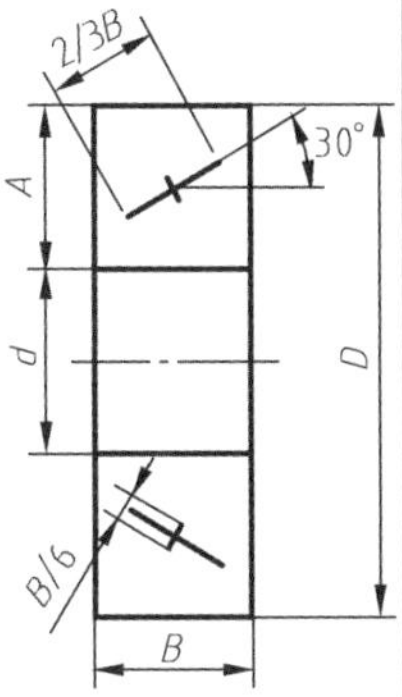	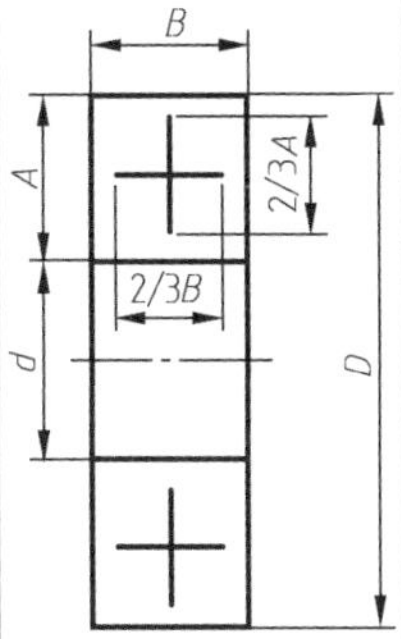	可同时承受径向和轴向载荷
 单向推力球轴承 GB/T 301—2015 50000 型	D d T	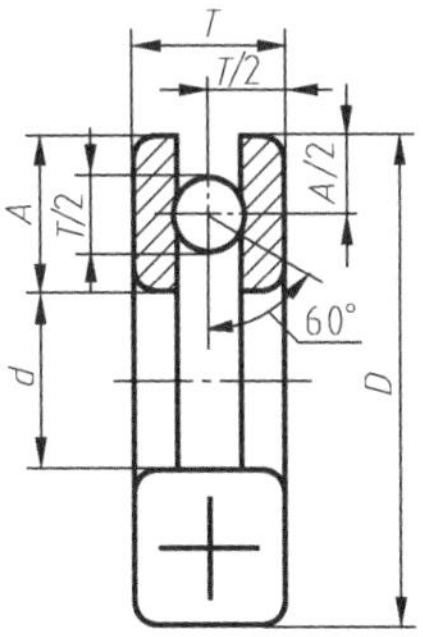	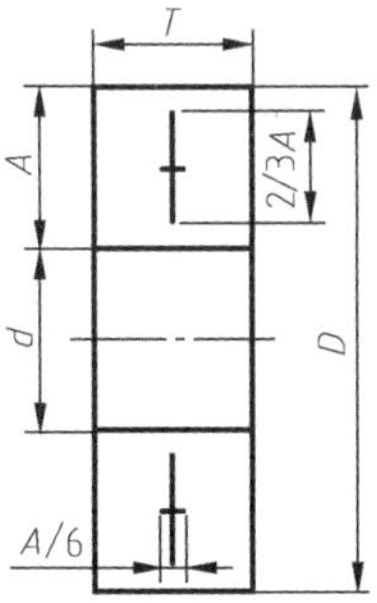		承受单方向的轴向载荷

第二部分　弹　　簧

弹簧是机械中常用的零件，具有功能转换作用，主要用于减振、测力、压紧与复位、调节等。

弹簧种类很多，常见的有圆柱螺旋弹簧、板弹簧和平面涡卷弹簧等，如图 6-40 所示。弹簧还可以根据用途的不同，分为压缩弹簧、拉力弹簧和扭力弹簧。这里主要介绍普通圆柱螺旋压缩弹簧。在 GB/T 2089—2009 中对圆柱螺旋压缩弹簧和各部分尺寸都作了规定。

压缩弹簧

拉力弹簧

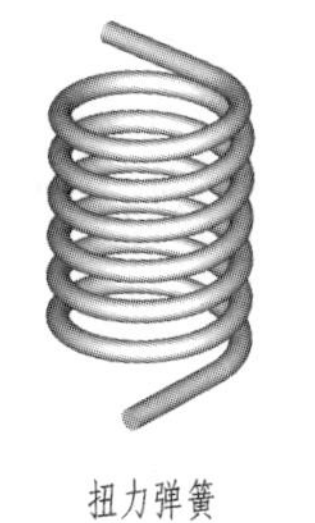
扭力弹簧

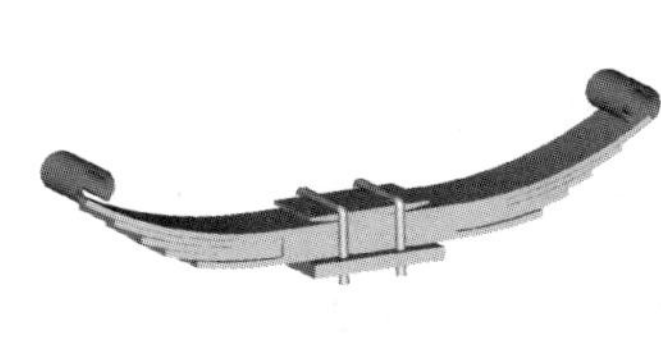
板弹簧

涡卷弹簧

图 6-40　常见弹簧种类

一、圆柱螺旋压缩弹簧的各部分名称及其相互关系

圆柱螺旋压缩弹簧的各部分名称及其相互关系如图 6-41 所示。

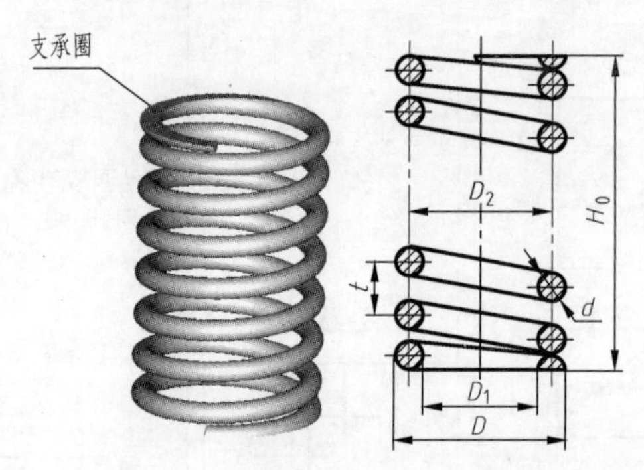

图 6-41 普通圆柱螺旋压缩弹簧

(1) 型材直径 d——制造弹簧用的材料直径。

(2) 弹簧的外径 D——弹簧的最大直径。

弹簧的内径 D_1——弹簧的最小直径。

弹簧的中径 D_2——弹簧的规格直径，$D_2=D-d=D_1+d$。

(3) 支承圈数 n_0——为了使圆柱螺旋压缩弹簧工作时端面受力均匀、工作平稳，在制造时，将弹簧两端的圈磨平并紧，这些磨平并紧的圈主要起支承作用，叫做支承圈。一般取 1.5、2 或 2.5 圈。

弹簧的绘制

有效圈数 n——除支承圈外，弹簧中其余保持相等节距的圈数。

总圈数 n_1——有效圈数和支承圈数之和，即 $n_1=n+n_0$。

(4) 节距 t——除支承圈外，相邻两有效圈上对应点的轴向距离。

(5) 自由高度 H_0——弹簧不受外力时的高度或长度，$H_0=nt+(n_0-0.5)d$。

(6) 展开长度 L——制造弹簧时所需弹簧坯料的长度，$L\approx n_1\sqrt{(\pi D_2)^2+t^2}$。

(7) 旋向——与螺纹的旋向相同，分为右旋和左旋两种。

二、圆柱螺旋压缩弹簧的规定画法（GB/T 4459.4—2003）

如图 6-42 所示，在国家标准中，对螺旋压缩弹簧的画法规定如下：

(1) 在平行于螺旋弹簧轴线方向投影的视图中，各圈的轮廓均画成直线。

笔记

(2) 螺旋弹簧均可画成右旋，但对于左旋螺旋弹簧，不论画成左旋或右旋，一律要注出旋向“左”字。

(3) 有效圈数在 4 圈以上的螺旋弹簧，中间各圈省略不画，只画出两端的 1～2 圈（支承圈除外），中间用通过簧丝中心的细点画线连起来。圆柱螺旋弹簧中间部分省略后，可适当地缩短图形的长度，但应注明弹簧设计要求的自由高度。

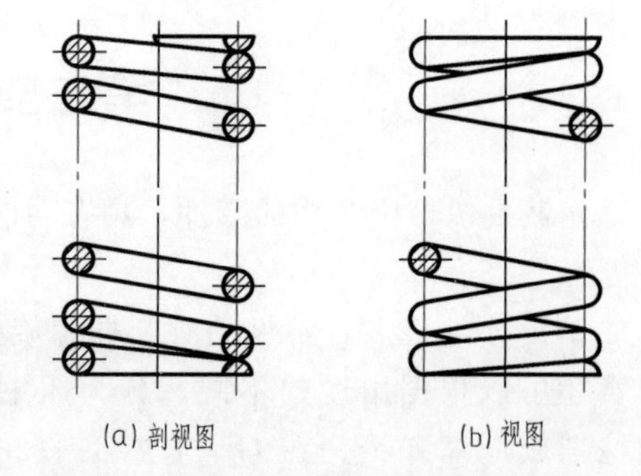

图 6-42 普通圆柱螺旋压缩弹簧的表示法

(4) 在装配图中，当弹簧型材直径或厚度在图样上等于或小于 2mm 时，其断面可用涂黑表示，如图 6-43（b）所示。当弹簧材料直径或厚度在图样上等于或小于 1mm 时，也可采用示意画法，如图 6-43（a）所示。

(5) 在装配图中，被弹簧挡住的结构一般不画出。可见部分应从弹簧的外轮廓或从弹簧簧丝剖面的中心线画起，如图 6-44 所示。

三、圆柱螺旋压缩弹簧的画图步骤

已知圆柱螺旋压缩弹簧的外径 D、簧丝直径 d、节距 t 和圈数 n，就可计算出弹簧中径 D_2 和自由高度 H_0，画图步骤如图 6-45 所示。

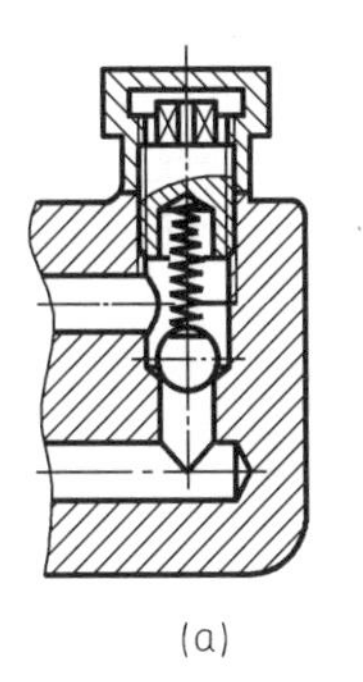

(a)

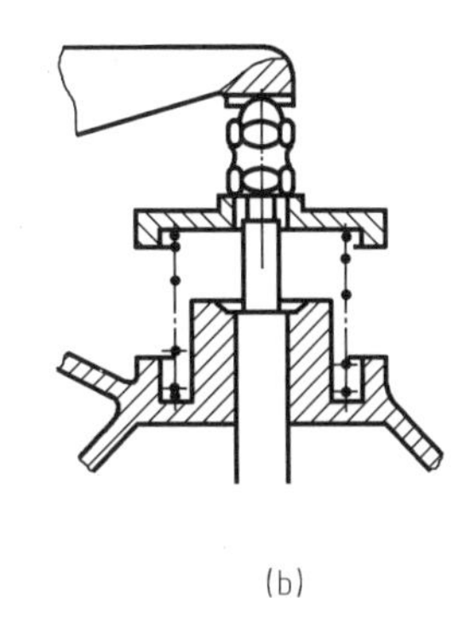

(b)

图 6-43　装配图中弹簧型材直径小于 2mm 时的画法

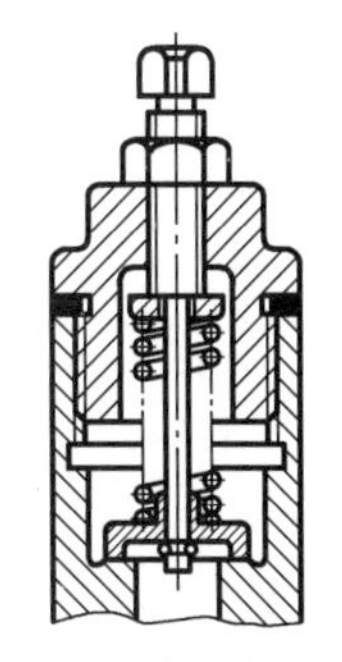

图 6-44　被弹簧挡住的结构画法

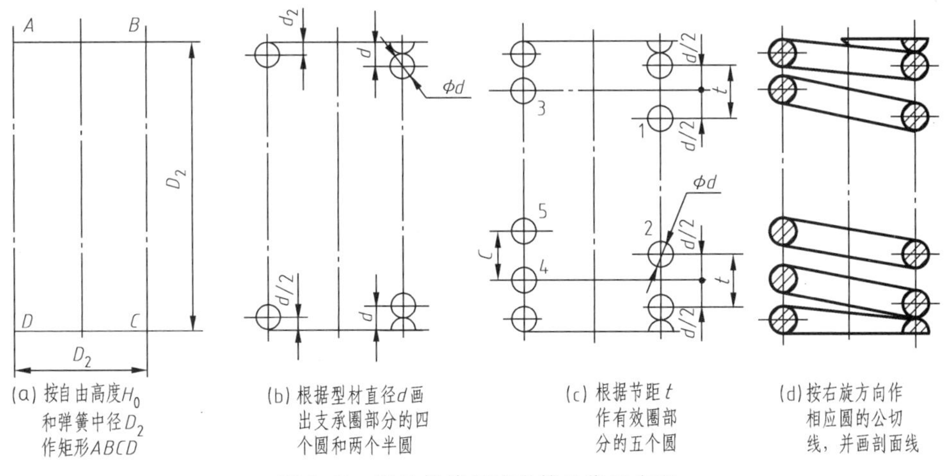

(a) 按自由高度H_0和弹簧中径D_2作矩形$ABCD$　(b) 根据型材直径d画出支承圈部分的四个圆和两个半圆　(c) 根据节距t作有效圈部分的五个圆　(d) 按右旋方向作相应圆的公切线，并画剖面线

图 6-45　圆柱螺旋压缩弹簧的作图步骤

任务实施

如图 6-46（a），典型轴系中有标准件滚动轴承、键，有常用件齿轮。

滚动轴承代号：滚动轴承 30306 GB/T 276—2013。该轴承为圆锥滚子轴承，尺寸系列代号为 03，轴承内径为 30mm。查国标，轴承参数 $d=30$，$D=72$，$T=20.25$，$B=19$，$C=16$。参考表 6-12，绘制滚动轴承图样如图 6-46（a）。

任务给出轴承安装处轴颈直径为 $\phi30$，该轴段处图样如图 6-46（b）。

滚动轴承 30306 安装图样如图 6-46（c）。

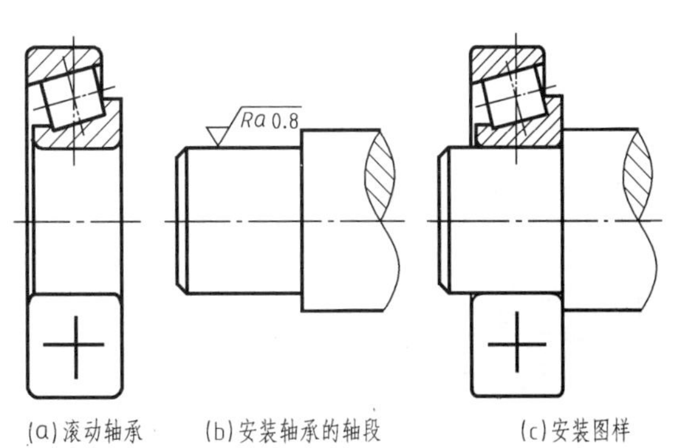

(a) 滚动轴承　(b) 安装轴承的轴段　(c) 安装图样

图 6-46　滚动轴承的装配

笔记

课后任务

1. 完成任务三任务要求中第（2）项，图 6-35（b）中一级减速器主动轴前端安装滚动轴承 6305 GB/T 276—2013。解释滚动轴承代号含义并绘制安装图样。

2. 完成任务三任务要求中第（3）项，绘制图 6-36 安全阀中弹簧的全剖视图。

项目七

装配体的测绘

思政目标

1. 以机用虎钳、球阀等为切入点，分析各零件的功能、特点、结构、材料等，在装配体中虽然零件结构不同、功能各异、要求不一，但都不可或缺。引导学生充分认识到每一个人在团队中都是唯一的、不可缺的重要组成部分。

2. 以读图方法为切入点，强调读图要关注到每一个细节，注意相配合零件之间的尺寸、尺寸精度对生产成本及产品质量的影响，树立细节决定成败的观念。

3. 以球阀等为切入点，补充介绍我国石化工业发展概况，激发热情，立志为实现我国"两个一百年"宏伟目标勤奋学习、努力工作。

表示一台机器或部件的工作原理和各零件之间的装配、连接关系以及技术要求的图样称为装配图，如图 7-1 所示为齿轮油泵的装配图，齿轮油泵是装在供油管路上用来输送油液的一个部件。装配图的作用有以下几方面。

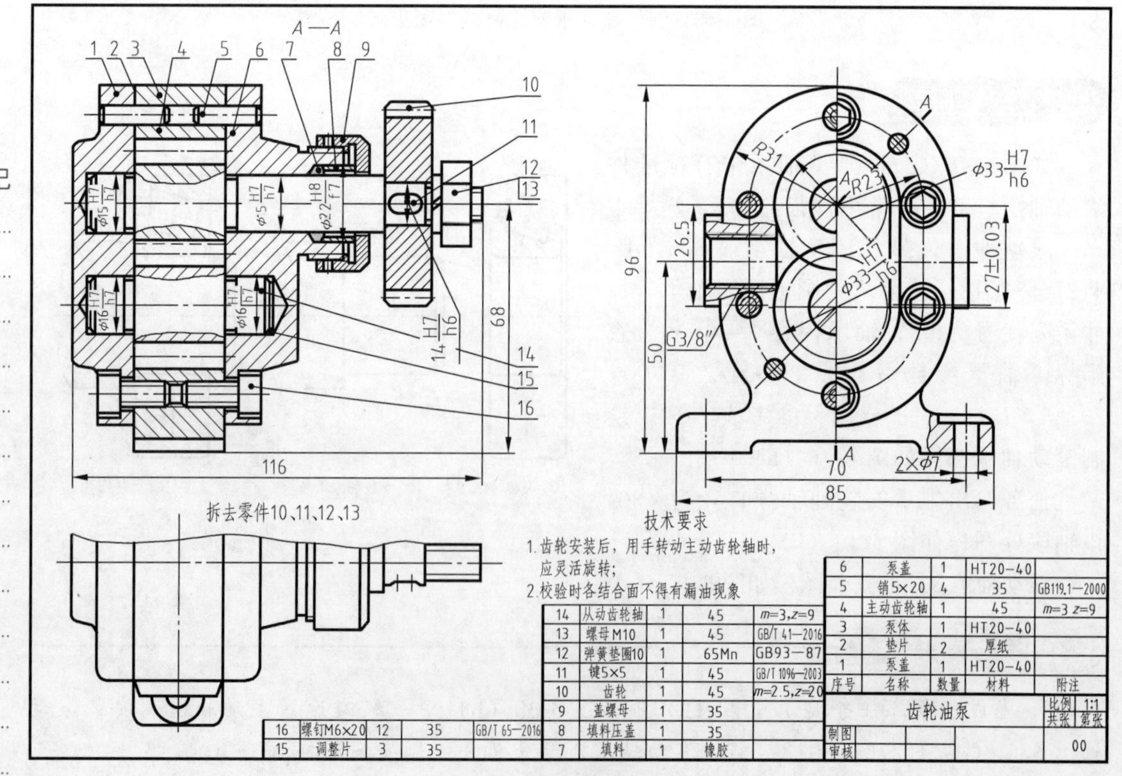

图 7-1 齿轮油泵装配图

笔记

（1）在产品设计中，通常先画出机器或部件的装配图，然后根据装配图提供的总体结构和尺寸，再画出零件图。

（2）在产品制造中，机器或部件的装配工作是根据装配图进行的。

（3）在使用和维修中，也需要通过装配图来了解机器的构造、装配关系等。

一张完整的装配图应具有以下内容：

1. 一组视图

用来表示机器或部件的工作原理，零件间的装配关系、连接方式和零件的主要结构形状等。

2. 必要的尺寸

表明机器或部件的规格、特征以及装配、检验、安装时所需要的尺寸。

3. 技术要求

说明机器或部件在装配、调试、检验、安装时所要达到的技术要求。

4. 零件编号、明细栏和标题栏

说明机器或部件及其所包括的零件的序号、名称、材料、数量、比例以及设计者、审核者的签名等。

本项目主要讲解装配体的测绘与装配图的读图两大部分。

任务一 装配体测绘

知识目标：

1. 认识装配图并了解装配图的有关知识；
2. 掌握装配图的作用和内容；
3. 掌握国家标准的规定画法与特殊表达方法；
4. 掌握装配图的尺寸标注、零部件序号、明细栏以及技术要求的注写；
5. 掌握装配结构的合理性；
6. 掌握装配图与零件图的区别与联系。

笔记

能力目标：

1. 能识别装配图，根据零件图组装装配图，正确表达图形，标注尺寸，注写部件序号、明细栏以及技术要求；
2. 能测绘简单的装配体，绘出标准零件图、装配图。

任务要求：

如图 7-2 所示为台虎钳立体图，测绘机用虎钳。

图 7-2 台虎钳立体图

相关知识内容

第一部分 装配图表达方法

在零件图上所采用的各种表达方法，如视图、剖视图、断面图、局部放大图等也同样适用于画装配图。但由于装配图和零件图所表达的重点不同，因此，国家标准《机械制图》对装配图还提出了一些规定画法和特殊表达方法。

一、规定画法

1. 接触面与装配面的画法

相邻两零件的接触面或配合面画一条线，非接触面，不论间隙多小，均画两条线，并留有间隙（如图 7-3 所示，轴与孔配合画一条线，螺栓与孔非配合画两条线）。

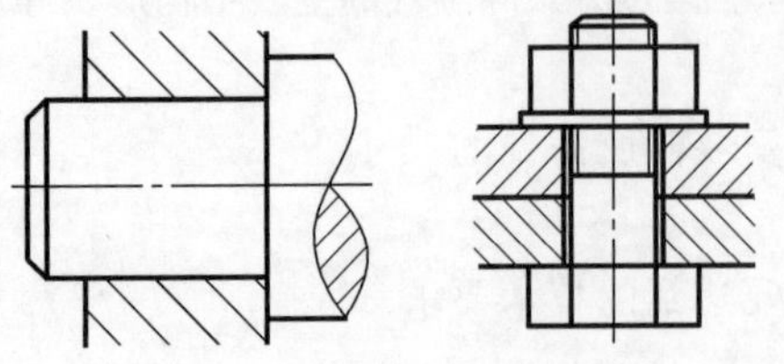

图 7-3 接触面与配合面画法

2. 剖面线的画法

相邻两零件的剖面线方向应尽量相反，或方向一致，但间隔不同。在同一装配图的不同视图中，同一零件的剖面线方向相同、间隔相等。

在图样中，宽度等于或小于 2mm 的狭小剖面，可用涂黑代替剖面线，如图 7-4 中油泵左端盖与泵体之间垫片的画法。

3. 标准实心件的画法

对于螺纹紧固件以及轴、连杆、手柄、球、键、销等实心零件，若按纵向剖切且剖切平面通过其轴线或对称平面时，则这些零件按不剖绘制。如需特别表明零件的构造，如键槽、销孔等，则可用局部剖视图来表示。如图 7-4 所示，齿轮轴、销、螺钉等按不剖绘制，为表示轮齿啮合的形状采用了局部剖视。

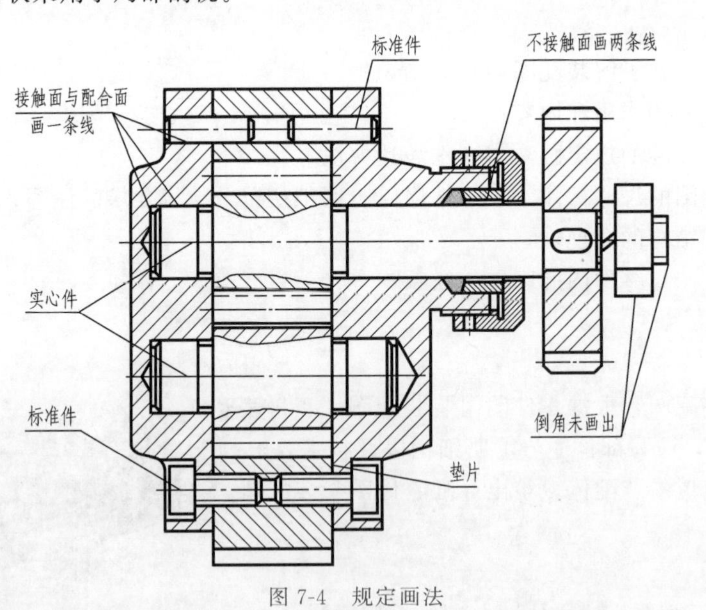

图 7-4 规定画法

二、特殊表达方法

1. 沿零件的结合面剖切

为了表达装配体内部结构，可假想沿某些零件的结合面选取剖切平面，结合面上不画剖面符号，被剖切到的零件必须画出剖面线。如图 7-1 所示，为表达齿轮油泵内齿轮啮合情况，左视图上左半部分就是沿轴承盖和轴承座结合面剖切的，剖切到的螺钉、销等画剖面线，结合面不画剖面线。

2. 拆卸画法和单独表达零件

如果所要表达的部分被某个零件遮住而无法表达清楚、或某零件无需重复表达时，可假想将其拆去，只画出所要表达部分的视图。采用拆卸画法时该视图上方需注明：“拆去××”等字样，如图 7-1 所示齿轮油泵的俯视图，就是拆去齿轮、垫片、螺母与键后绘制的。

当某个零件的主要结构在基本视图中未能表达清楚，而且影响对部件的工作原理或装配关系的正确理解时，可单独画出该零件的某一视图。必须在所画视图的上方注出该零件及其视图的名称，并在相应视图上标出相同的字母，如图 7-19 中的 *A* 向视图，表示钳口板的形状及螺钉孔的位置。

3. 假想画法

在装配图中，为了表示与本部件有装配关系但又不属于本部件的其它相邻零件，或需要表示某些零件的运动范围和极限位置时，可用双点画线将相关部分画出，如图 7-5 所示。

4. 夸大画法

在装配图中，较小的间隙、薄垫片和直径较小的簧丝等，可适当夸大尺寸画出，如图 7-4 中的垫片。

5. 简化画法

(1) 在装配图中，对于若干相同的零件组，允许详细画出其中的一组或几组，其余的只需在其装配位置画出轴线位置即可，如图 7-6 所示。

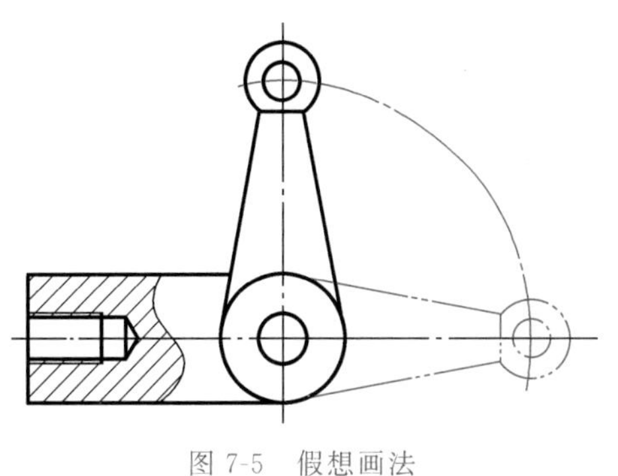

图 7-5　假想画法

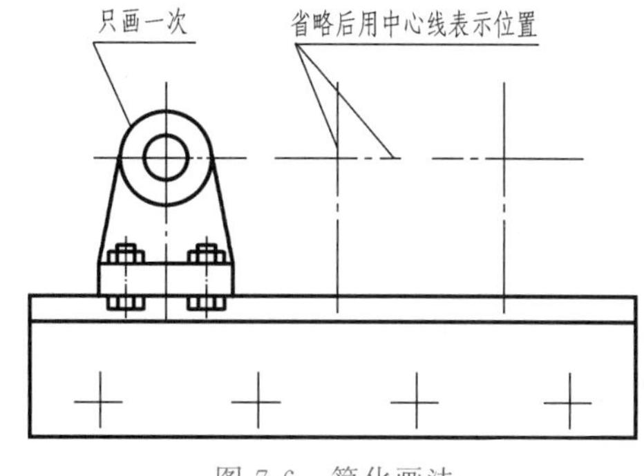

图 7-6　简化画法

笔记

(2) 在装配图中，零件的工艺结构如小圆角、倒角、退刀槽可以不画，如图 7-4 中的螺母。

第二部分　装配图的尺寸标注和技术要求

一、尺寸标注

由于装配图不直接用于零件的制造生产，因此，在装配图上无需注出各组成零件的全部尺寸，按装配体的设计或生产的要求来标注某些必要的尺寸。这些尺寸一般可分为以下五类。

1. 规格或性能尺寸

表示部件规格或性能的尺寸，它是设计和选用部件时的主要依据。如图 7-1 所示，齿轮油泵中进出油口的螺孔直径 G3/8″为规格尺寸，它表明所连接管道管螺纹的规格。

2. 装配尺寸

用来保证部件功能精度和正确装配的尺寸。这类尺寸一般包括：

(1) 配合尺寸　表示零件间配合性质的尺寸，这种尺寸与部件的工作性能和装配方法有关。如图 7-1 中的尺寸 ϕ16H7/h7，ϕ22H8/f7，ϕ15H7/h7 等。

(2) 相对位置尺寸　表示装配时零件间需要保证的相对位置尺寸，常见的有重要的轴距、孔的中心距和间隙等。如图 7-1 中，齿轮轴回转轴线距底面的尺寸 68、两齿轮轴的中心距尺寸 27±0.03 等。

3. 安装尺寸

将部件安装到其他零、部件或基座上所需的尺寸。如图 7-1 中，轴承座底板上安装孔大小及其定位尺寸 2×ϕ7 和 70。

4. 外形尺寸

表示装配体外形的总长、总宽和总高的尺寸。它表明装配体所占空间的大小，以供产品包装、运输和安装时参考。如图 7-1 中的尺寸 116、85 和 96。

5. 其他重要尺寸

它是在设计中确定的，而又未包括在上述几类尺寸之中的主要尺寸。如：运动件的活动范围尺寸，非标准件上的螺纹尺寸，经计算确定的重要尺寸等。

上述五类尺寸之间并不是互相孤立无关的，实际上有的尺寸往往有几种含义，并不是每张装配图必须全部标注上述各类尺寸的，因此，装配图上应标注哪些尺寸，要根据具体情况进行具体分析。

二、技术要求

由于机器或部件的性能、用途各不相同，因此其技术要求也不同，拟定机器或部件技术要求时应具体分析，一般从以下三个方面考虑，并根据具体情况而定。

(1) 装配要求　指装配过程中的注意事项，装配后应达到的要求。

(2) 检验要求　指对机器或部件整体性能的检验、试验、验收方法的说明。

(3) 使用要求　对机器或部件的性能、维护、保养、使用注意事项的说明 。

可自行对照齿轮油泵的技术要求学习。

第三部分　装配图中零、部件序号、明细栏和标题栏

为了便于装配时看图查找零件，便于生产准备、图样管理和看图，在装配图上必须对所有的零、部件进行编号，并在标题栏的上方绘制明细栏。

一、零、部件序号（GB/T 4458.2—2003）

（一）序号的编注方法

(1) 装配图中所有的零、部件都必须进行编号。

(2) 装配图中一个部件可只编写一个序号。同一装配图中相同的零、部件应编写相同的序号。

(3) 装配图中的零、部件序号，应与明细栏中的序号一致。

（二）零件序号表示方法

（1）指引线应从零件的可见轮廓内引出，并在末端画一小圆点，在指引线的水平线（细实线）上或圆（细实线）内注写序号，序号字高比该装配图中所注尺寸数字高度大一号或两号。序号也可书写在指引线的旁边，但序号字高比该装配图中所注尺寸数字高度大两号，如图 7-7（a）所示。

注意：同一装配图编注序号的形式应一致。

（2）一组螺纹紧固件或装配关系清楚的零件组，可采用公共指引线，如图 7-7（b）所示。

（3）指引线之间不能互相相交，当通过剖面线区域时，指引线不能与剖面线平行。必要时指引线可画成折线，但只能曲折一次，如图 7-7（c）所示。

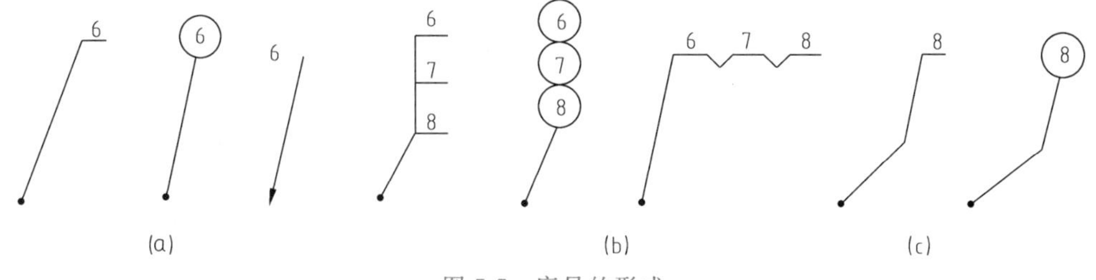

图 7-7 序号的形式

（4）对于很薄的零件和涂黑的剖面，指引线末端不便画出圆点时，可在指引线的末端画出箭头，并指向该部分的轮廓，如图 7-8 所示。

（5）装配图中的序号应按水平或垂直方向排列整齐，并按顺时针或逆时针方向顺序排列，如图 7-1 所示。

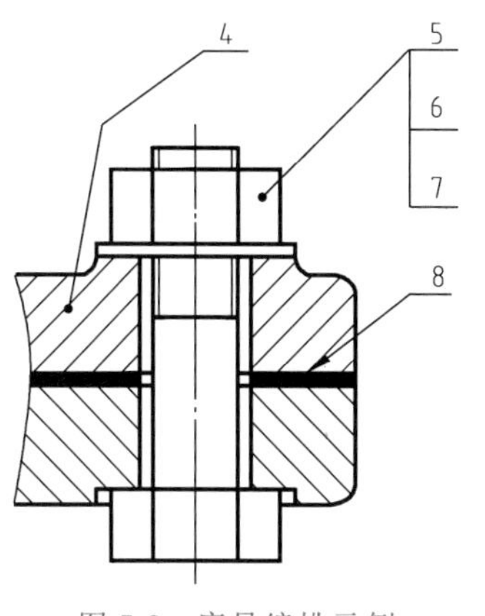

图 7-8 序号编排示例

二、明细栏和标题栏

标题栏和明细栏的格式国家标准中虽有统一规定，但一些企业根据产品也自行确定适合本企业的标题栏。

本书中的明细栏和标题栏的格式，如图 7-9 所示，可供学习作业中使用。明细栏一般画在标题栏的上方，当标题栏上方位置不够时，明细栏也可分段画在标题栏的左方，序号的填写

15	50	15	30	30
序号	名称	数量	材料	附注

(图号)			比例	
			共张	第张
制图		(校名)	材料	
审核		(班级)	图号	

尺寸：7；14；4×8=32；15，25，25，15，15；140

图 7-9 明细栏的格式

笔记

应自下而上。对于标准件，在名称栏内还应注出规定标记及主要参数，并在代号栏中写明所依据的标准代号。特殊情况下，装配图中也可以不画明细栏，而单独编写在另一张纸上。

第四部分 装配工艺结构

为了保证机器或部件的性能要求，而且拆装方便，在设计绘制装配图时应考虑合理的装配工艺结构问题。了解零部件上一些有关装配的工艺结构和常见装置，也可使图样中零部件的装配结构画得更为合理。在读装配图时，有助于理解零件间的装配关系和零件的结构形状。

一、保证轴肩与孔的端面接触

为了保证轴肩与孔的端面接触，孔口应制出适当的倒角（或圆角），或在轴根处加工出槽，如图 7-10 所示。

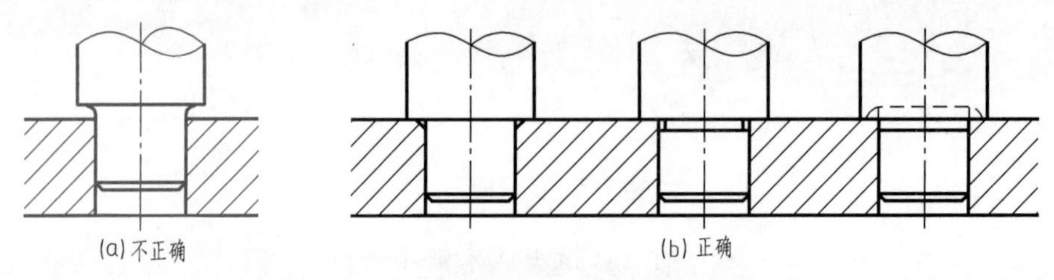

图 7-10 轴与孔端面接触处的结构

二、两零件在同一方向不应有两组面同时接触或配合

在设计时，同方向的接触面或配合面一般只有一组，若因其它原因多于一组接触面时，则在工艺上要提高精度，增加制造成本，甚至根本做不到，如图 7-11 所示。

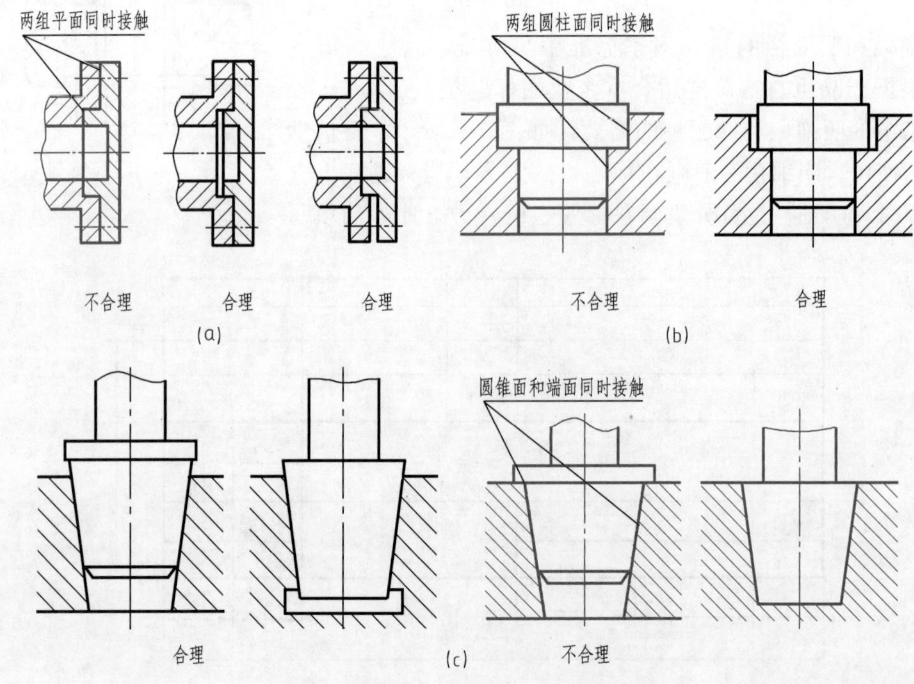

图 7-11 同方向接触面或配合面的数量

笔记

三、必须考虑装拆的方便与可能性

（1）滚动轴承当以轴肩或孔肩进行轴向定位时，为了在维修时拆卸轴承，要求轴肩或孔肩的高度，应分别小于轴承内圈或外圈的厚度，如图 7-12（a）、（b）所示。或在箱壁上预先加工孔或螺孔，则拆卸时就可用适当的工具或螺钉顶出套筒、轴承等，如图 7-12（c）所示。

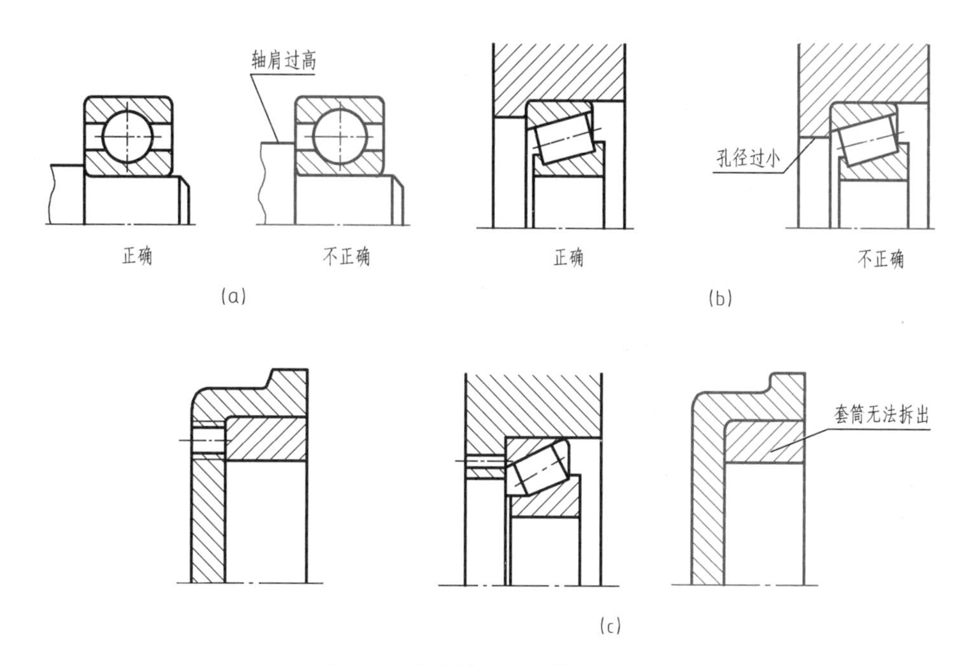

图 7-12 滚动轴承端面接触的结构

（2）当零件用螺纹紧固件连接时，应考虑到装拆的可能性。图 7-13 为一些合理与不合理结构的对比。

笔记

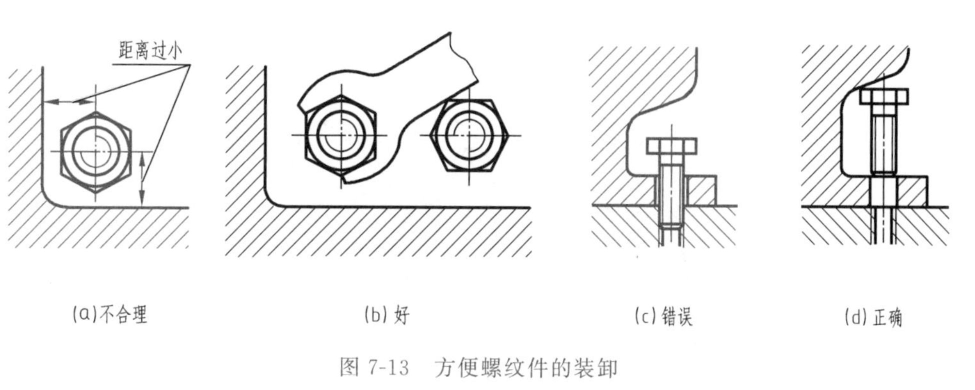

图 7-13 方便螺纹件的装卸

四、常见的密封装置

（1）为防止灰尘、杂屑飞入或润滑油外溢，常采用图 7-14 所示的滚动轴承密封装置。

（2）为防止阀中或管路中的液体泄漏常采用图 7-15 所示的密封装置。

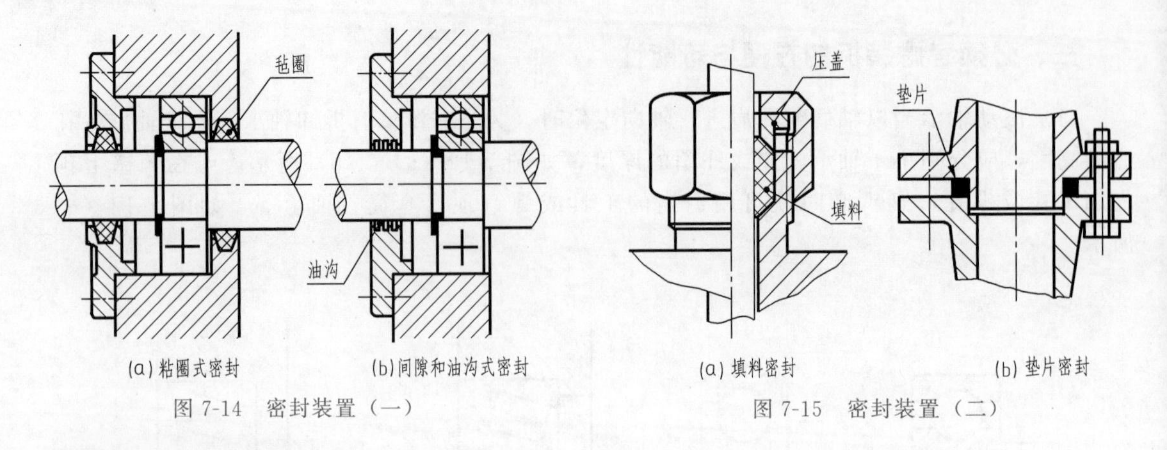

图 7-14 密封装置（一）　　图 7-15 密封装置（二）

任务实施

机用虎钳的测绘

一、了解和分析装配体

机用虎钳安装在机床上，夹持工件，便于机床加工。如图 7-16 所示为机用虎钳半剖的立体图。

工作原理：螺杆安放在固定钳身上，用销钉固定，螺杆转动带动螺母在螺杆上作左右直线运动，螺母通过螺钉与活动钳身连接，螺母运动时带动活动钳身左右运动与固定钳身之间实现夹紧工件的作用，为防止工件脱落，在固定钳身和活动钳身夹持工作处安放了钳口板，钳口板上有网纹。

机用虎钳有一条装配干线（多个零件沿着一条轴线装配而成，这条轴线称为装配干线）。由螺杆、螺纹支座、螺钉、活动钳身、固定钳身、调整片、挡圈、销组成。

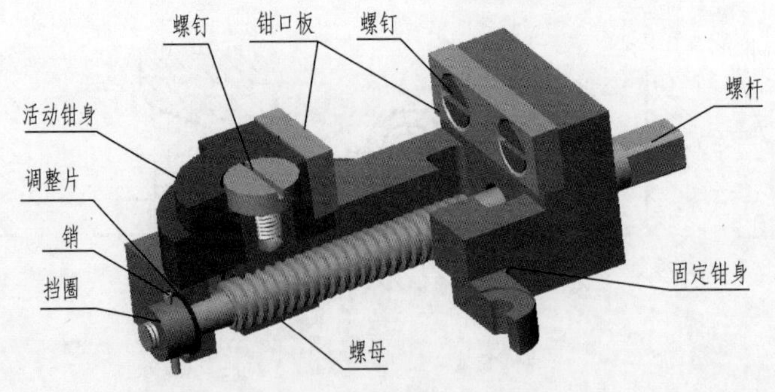

图 7-16 机用虎钳立体图

二、拆卸装配体

拆卸装配体要保证安全和不损坏机件。在拆卸前，应准备好有关的拆卸工具，以及放置零件的用具和场地，然后根据装配的特点，按照一定的拆卸次序，正确地依次拆卸。拆卸过程中，对每一个零件应扎上标签，记好编号。对拆下的零件要分区分组放在适当地方，以免混乱和丢失。这样，也便于测绘后的重新装配。

对不可拆卸连接的零件和过盈配合的零件应不拆卸，以免损坏零件。

机用虎钳拆卸次序可以这样进行：（1）用扳手拧下销钉；（2）取下挡圈和调整片，将螺杆从螺母中拧下；（3）用扳手将活动钳身上部的螺钉取下，使活动钳身与螺母分离，将活动钳身从固定钳身上取下，拆去钳口板，拆卸完毕。

三、画装配示意图

装配示意图一般是用简单的图线画出装配体各零件的大致轮廓，以表示其装配位置、装配关系和工作原理等情况的简图。国家标准《机械制图》中规定了一些零件的简单符号，画图时可以参考使用。

画装配示意图应在对装配体全面了解、分析之后画出，并在拆卸过程中进一步了解装配体内部结构和各零件之间的关系，进行修正、补充，以备将来正确地画出装配图和重新装配装配体之用，图 7-17 为机用虎钳装配示意图及其零件明细栏。

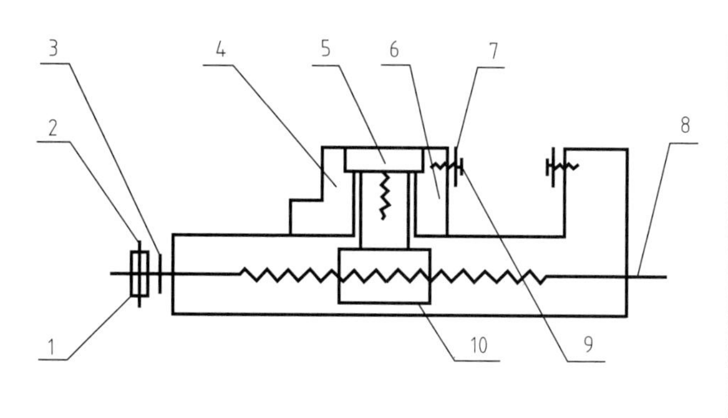

序号	名称	数量	材料
1	挡圈	1	Q235
2	销4×25	1	
3	调整片	2	Q235
4	活动钳身	1	HT150
5	螺钉M10	1	
6	固定钳身	1	HT150
7	钳口板	2	45
8	螺杆	1	45
9	螺钉M8×12 GB5782—2000	4	
10	螺母	1	20

图 7-17　装配示意图

笔记

四、零件测绘，绘制零件图

对于标准零件，如螺栓、螺钉、螺母、垫圈、键、销等可以不画零件图，但需确定它们的规定标记。其余零件进行零件测绘，绘制草图，进而绘制零件图，画零件草图时应注意以下几点：

（1）根据零件的精度选用相应的量具与数值。

（2）零件的视图选择和安排，应尽可能地考虑到画装配图的方便。

（3）零件间连接和定位等关系的尺寸，在相关零件上应注得相同。

（4）相互配合的零件，一般只测出基本尺寸，根据具体条件可查相关手册，确定配合类型及等级。

项目四、项目六中对零件的测绘已作详细讲解，在此不再赘述。机用虎钳零件图如图 7-18～图 7-21 所示。

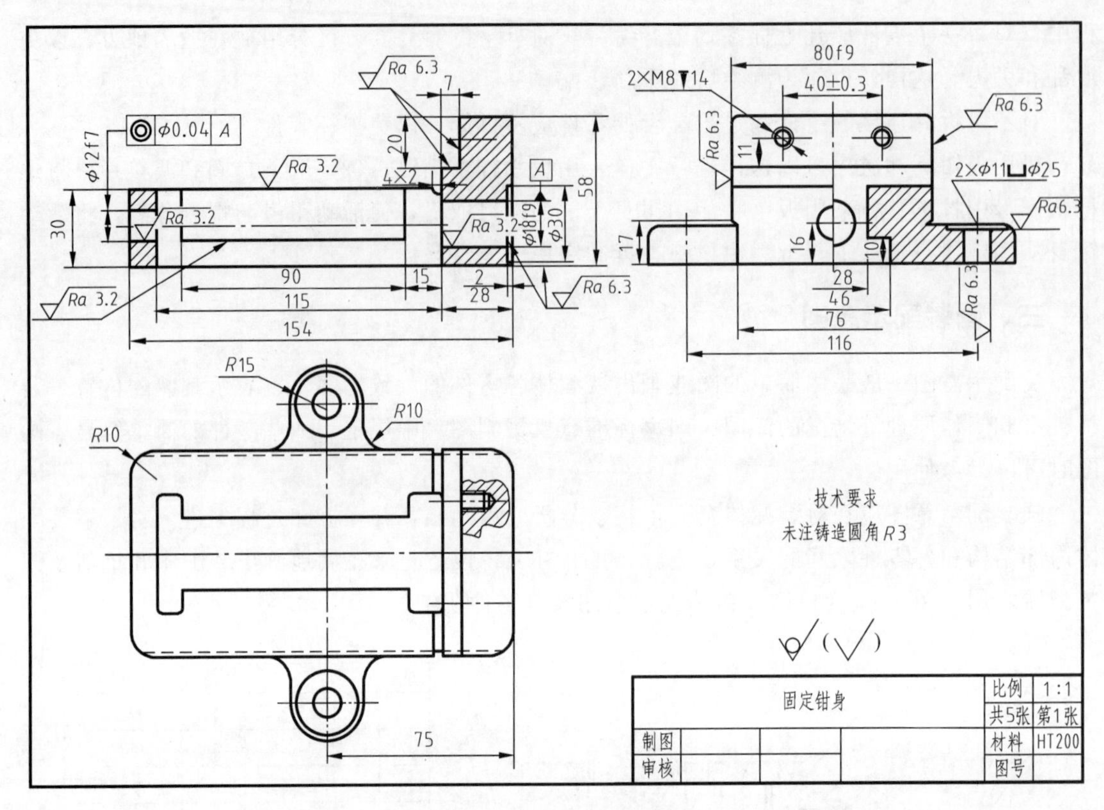

图 7-18 固定钳身零件图

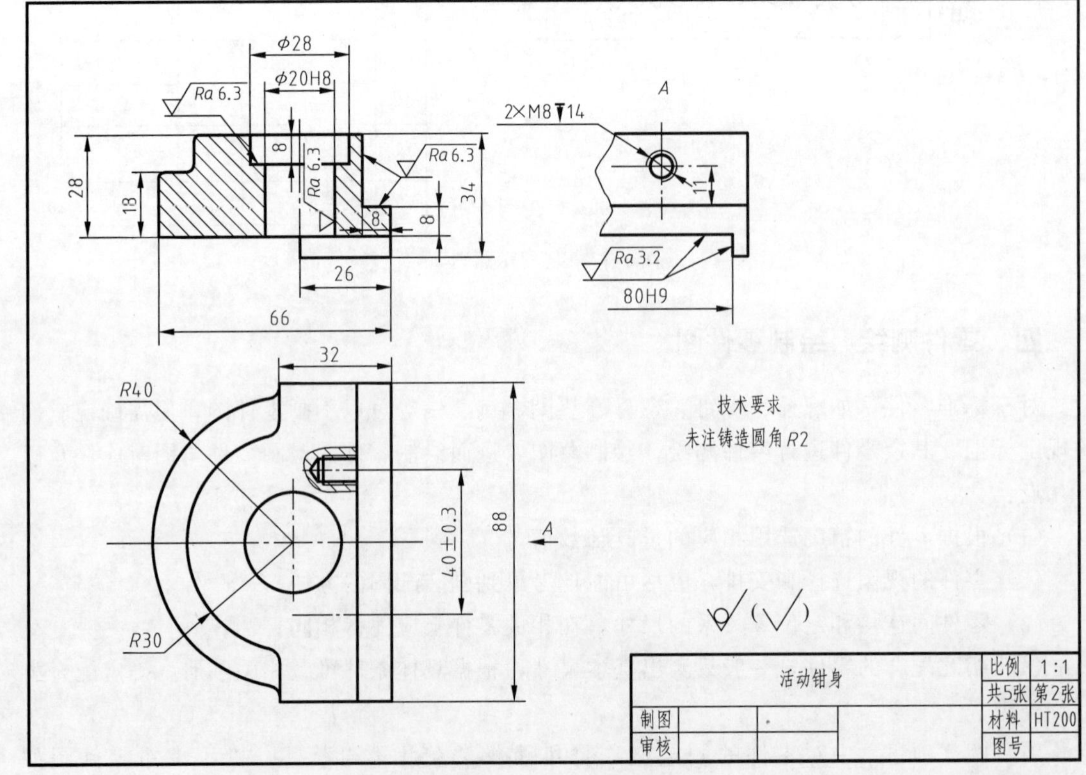

图 7-19 活动钳身零件图

笔记

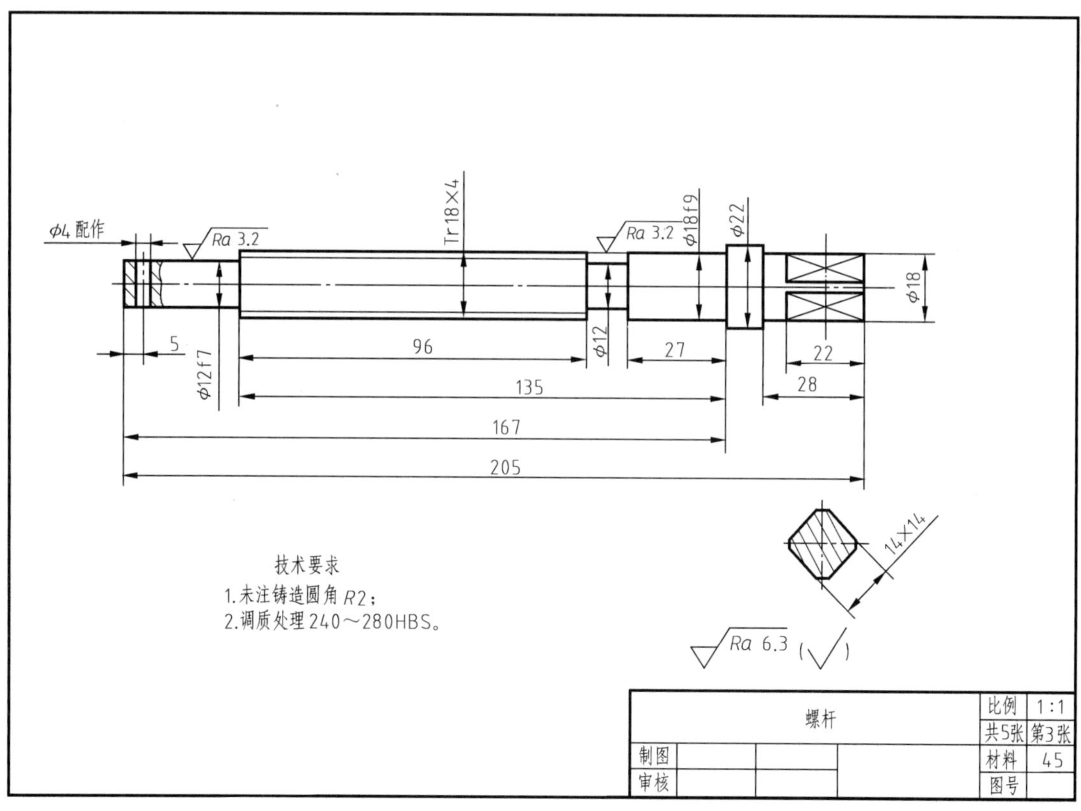

图 7-20　螺杆零件图

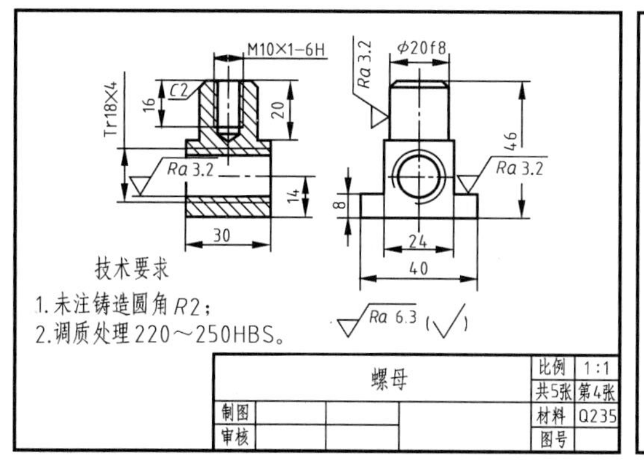

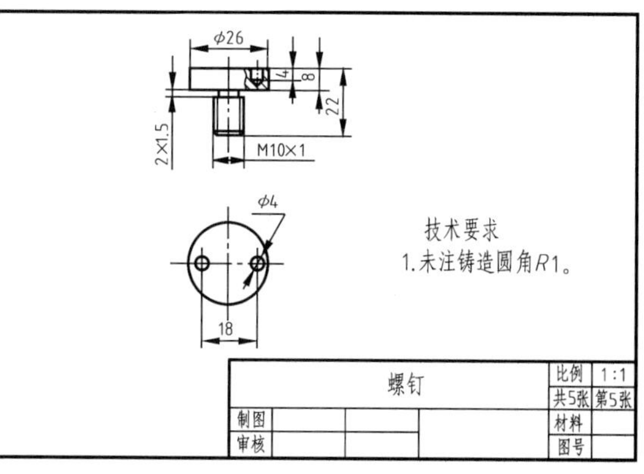

图 7-21　螺母、螺钉零件图

五、绘制装配图

1. 确定表达方案

表达方案应包括选择主视图、确定视图数量和各视图的表达方法。

一般对装配体装配图视图表达的基本要求是：应正确、清晰地表达出部件的工作原理、各零件间的相对位置及其装配关系以及主要零件的主要结构形状。

（1）主视图的选择　应符合下列要求：

① 一般应按部件的工作位置放置。当部件在机器上的工作位置倾斜时，可将其放正，使主要装配干线平行于某一基本投影面，以便于画图。

② 应能较好地反映部件的工作原理和主要零件间的装配关系，因此一般都画成剖视图。

机用虎钳的工作位置为水平位置，并通过主要装配线螺杆作全剖视，画成全剖视图，这样主视图符合上述要求。

（2）确定其它视图　根据对装配图视图表达的要求，针对部件在主视图中尚未表达清楚的内容，应当选择适当的其它视图或剖视等表明。机用虎钳的主视图选定后，但固定钳身和活动钳的形状还未表达清楚，因此，需要画出俯视图，活动钳身和固定钳身的连接情况没有表达清楚，所以左视图画成半剖。最后确定机用虎钳视图表达方案。

2. 画装配图的步骤（如图 7-22 所示）

（1）确定表达方案后，根据部件的大小，并考虑应标注尺寸、序号、明细栏、标题栏及书写技术要求所占的位置，确定画图比例和图幅大小。

（2）画出图框线、标题栏和明细栏。

（3）布置视图，画出各视图的作图基线。各视图间要留出足够的地方以标注尺寸和注写零件的序号。

（4）画底稿时，应先画基本视图，后画非基本视图。基本视图中一般先从主视图开始。画图顺序为：先画出主体零件（固定钳身），然后画出装配干线上主要零件的轮廓，最后画出各条装配干线上的次要零件。

（5）标注尺寸。

（6）画剖面线。

（7）检查底稿，然后加深并进行编号。

（8）填写明细栏、标题栏和技术要求。

（9）完成该部件的装配图。如图 7-23 所示为机用虎钳的装配图。

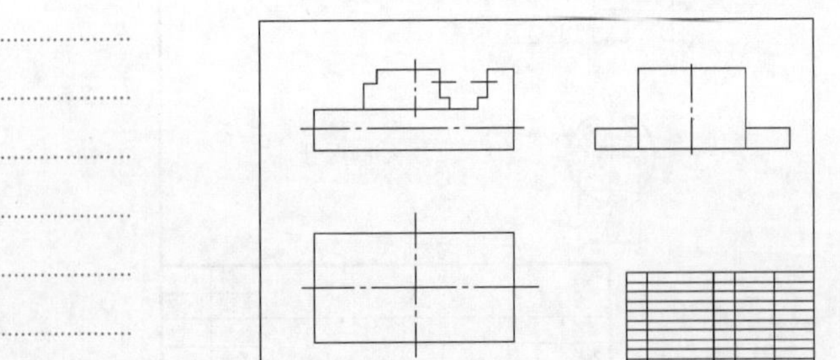

(a) 画图框、标题栏、明细栏外框

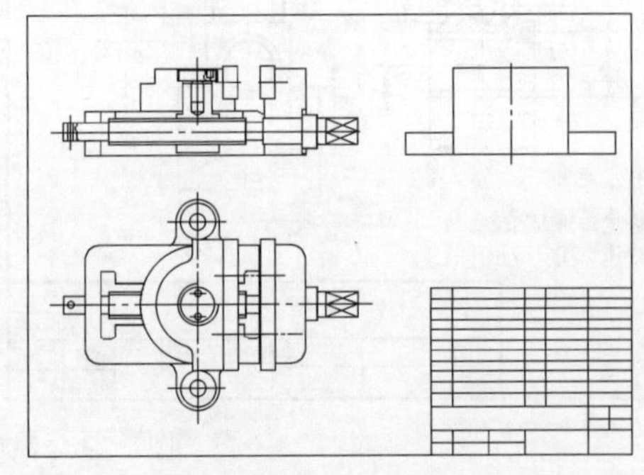

(b) 画出两条装配干线上的零件

图 7-22　画装配图底稿的步骤

课后任务

1. 检查所测绘零件的零件图，绘制装配体的装配图。

2. 完成习题集中相关作业。

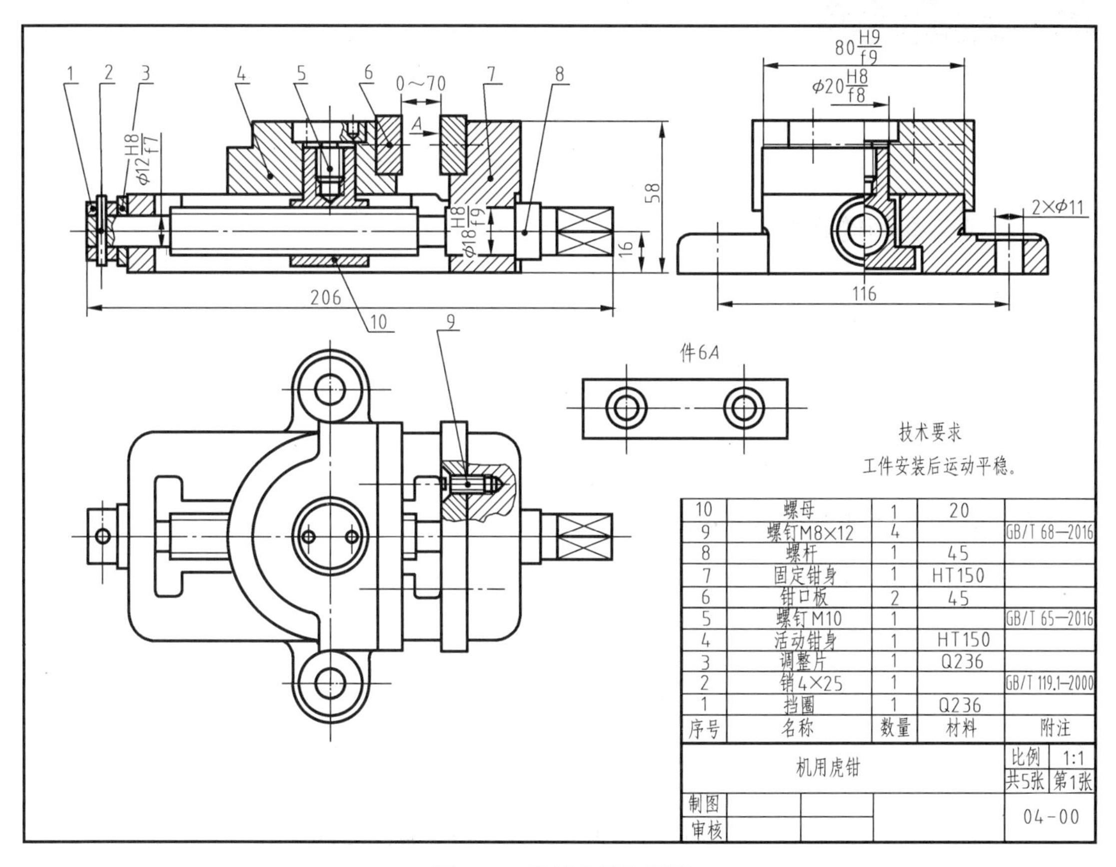

10	螺母	1	20	
9	螺钉M8×12	4		GB/T 68—2016
8	螺杆	1	45	
7	固定钳身	1	HT150	
6	钳口板	2	45	
5	螺钉M10	1		GB/T 65—2016
4	活动钳身	1	HT150	
3	调整片	1	Q236	
2	销4×25	1		GB/T 119.1—2000
1	挡圈	1	Q236	
序号	名称	数量	材料	附注

机用虎钳	比例	1:1
	共5张	第1张
制图		
审核		04-00

图 7-23　机用虎钳装配图

任务二　装配图识读

笔记

知识目标:

1. 掌握识读装配图的方法、步骤;
2. 识读装配图的全部内容，了解装配体的用途和功能以及工作原理;
3. 掌握装配体各零件间的关系和装拆顺序，想象零件和装配体的立体形状。

能力目标:

1. 能根据有关资料，说明装配体的工作原理;
2. 能找出主要零件，理解装配图中所注的尺寸，配合精度、几何公差等技术要求;
3. 能理解装配体的装拆，能根据装配图拆画零件图，对零件进行初步功能分析。

任务要求:

读懂球心阀装配图，了解其工作原理，根据装配图拆画阀体零件图，并标注尺寸和技术要求。

相关知识内容

在设计、装配、安装、维修机器设备以及进行技术交流时，往往要识读装配图，才能了解、研究一些工程、技术等有关问题。不同工作岗位的技术人员，读装配图的目的和内容有不同的侧重和要求。因此，读装配图的方法是工程技术人员必须掌握的技能。

一、读装配图的要求

（1）了解装配体的功用、性能和工作原理。

（2）读懂每个零件的名称、数量、材料和结构形状。

（3）弄清各零、部件的作用及相对位置和装配关系、连接和固定方式，以及拆装顺序等。

（4）了解技术要求中的各项内容。

现以图 7-24 所示球心阀为例，说明读装配图的方法与步骤。

二、读装配图的方法与步骤

1. 概括了解装配图的内容

（1）从标题栏中可以了解装配体的名称、大致用途及图的比例等。

如图 7-24 所示装配体的名称是球心阀。比例是 1∶1，它安装在流体管路上，用于控制管路的开启、关闭及调节管路中流体的流量。

（2）从零件编号及明细栏中，可以了解零件的名称、数量及在装配体中的位置。

球心阀装配体由 12 种零件组成，其中标准件 2 种，零件 10 螺母，零件 11 双头螺柱。

2. 分析视图，了解各视图、剖视图等相互间的投影关系及表达意图

球心阀装配图采用了三个基本视图和两个局部视图。

主视图为全剖视图，主要表达了球心阀两条装配干线上的各零件装配关系及其结构。

俯视图基本上是外形图，用局部剖视图表明了阀体 1 与阀体接头 12 的连接方法。

左视图用 *A*—*A* 半剖视图，反映了阀杆 4 与球塞 2 的装配关系及阀体接头与阀体连接时所用四个双头螺柱的分布情况及阀体和阀体接头的端面形状。

B 向视图用于说明在阀体上应制出的字样。零件 7*C* 向视图用于显示压紧螺母的顶端刻有槽口，说明该槽口用于装卸时旋转螺母 7。

3. 分析工作原理及传动关系

分析装配体的工作原理，一般应从传动关系入手，分析视图及参考说明书进行了解。球心阀的工作原理是：旋转扳手 6，通过上端的方榫带动阀杆 4 转动，阀杆 4 带动球塞 2 旋转，使阀内通道变大、变小，使球阀处于开启、关闭状态。

4. 分析零件间的装配关系及装配体的结构

（1）球心阀的装配线有两条装配线

一条装配线：是流体通道系统。左端为阀体接头 12，右端为阀体 1，中间安放球塞 2，两端为起到密封作用安放密封圈 3，这是流体流动的流道。

另一条装配线：开关装配线。通过扳手 6 与阀杆 4 的上端通过方榫相配；阀杆 4 下部与球塞 2 的凹槽相扣；旋转扳手 6 带动阀杆 4，带动球塞 2 旋转，从而控制流道的开、关。

（2）连接和固定关系　阀体接头与阀体是靠四个双头螺柱 11 连接。件 8 密封环是由件 7 压紧螺母与阀体 1 螺纹连接压入孔内。

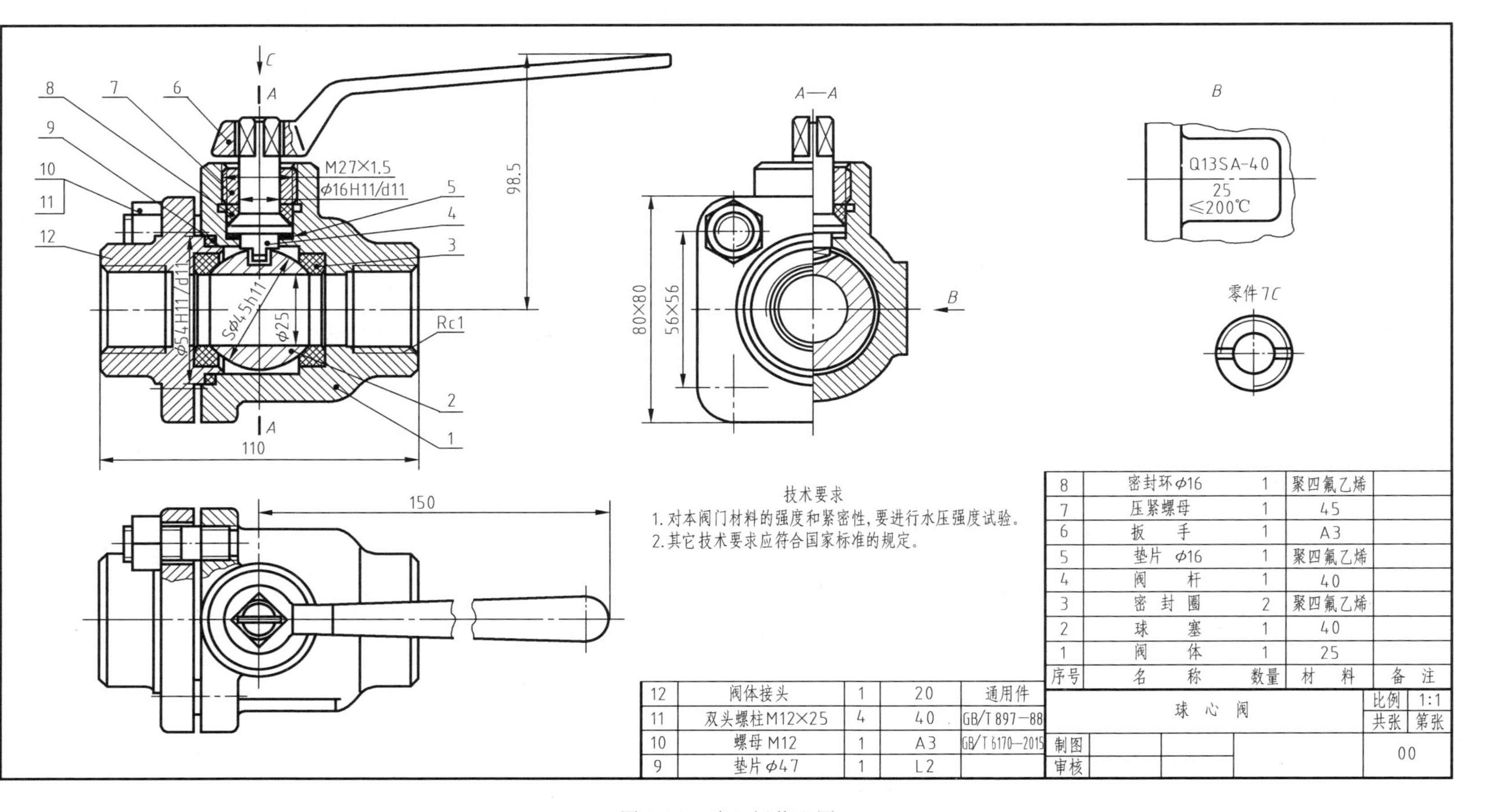

图 7-24　球心阀装配图

笔记

（3）配合关系　凡是配合的零件，都要弄清基准制、配合种类、公差等级等。这可由图上所标注的公差与配合代号来判别。如阀杆 4 与压紧螺母 7 的通孔为间隙配合$\left(\phi 16\ \frac{H11}{d11}\right)$。阀体接头 12 与阀体 1 的配合处也为间隙配合$\left(\phi 54\ \frac{H11}{d11}\right)$。

（4）密封装置　为防止液体泄漏以及灰尘进入内部，一般都有密封装置，水平方向阀体接头 12 与阀体 1 之间有垫片 9，防止流体水平方向的泄漏；球塞 2 两端装有密封圈 3；垂直方向阀杆 4 与阀体 1 之间安有垫片 5，旋紧压紧螺母 7 可将密封环 8、阀杆 4 以及垫片 5 压紧，从而起密封作用，防止流体向上泄漏。

（5）拆卸　装配体在结构设计上都应有利于各零件能按一定的顺序进行装拆。球阀的拆卸顺序是：上部拆下扳手 6，旋下压紧螺母 7，卸下密封环 8 可抽出阀杆 4；横向旋下双头螺柱的螺母，将阀体接头 12 与阀体 1 分开，可取下密封圈 3 与球塞 2，完成拆卸。

5. 分析尺寸

球心阀的通孔直径 $\phi 25$ 是它的规格尺寸；Rc1 是安装尺寸；$\phi 54\ \frac{H11}{a11}$、$\phi 16\ \frac{H11}{d11}$、M27×1.5、56×56 是装配尺寸；110、98.5、150、80×80 是总体尺寸；$S\phi 45h11$ 除了说明球塞的基本形状是球体外，它还是零件的主要尺寸。

6. 分析零件的形状

先看明细栏中零件序号，再从视图上找到该序号的零件。对于一些标准件和常用件如螺栓、垫片、手柄等，其形状已表达得很清楚，不用细看。对于一些形状比较复杂的零件就要仔细分析，把该零件的投影轮廓从各视图中分离出来。方法是：从标注序号的视图着手，对线条、找投影关系，根据剖面线方向和间隔的不同，在各视图上找到该零件的相应投影，然后进行构形分析，最后看懂其形状。如图 7-25 所示，就是按上述方法从球心阀装配图中分离出来的阀体的投影轮廓。通过分析这些轮廓并补全其它零件遮挡的线条，就可构想出阀体零件的形状。

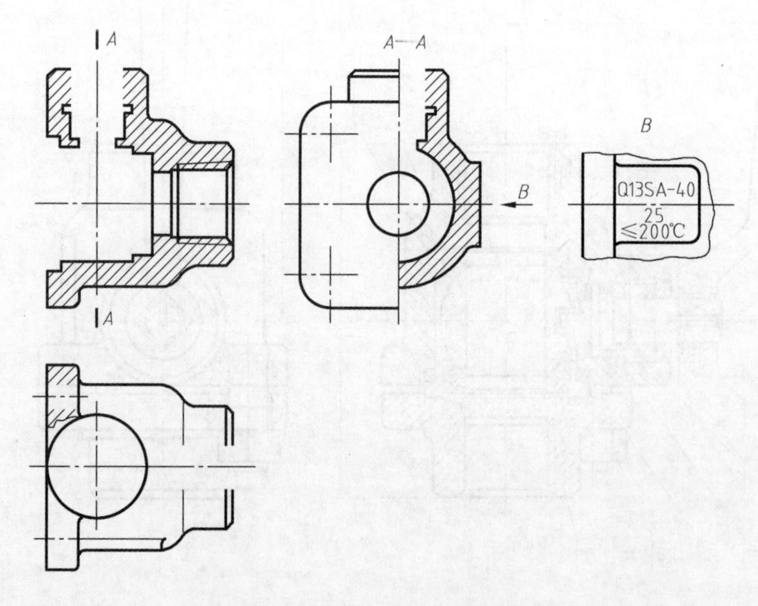

图 7-25　分离出来的阀体各视图

球心阀的其它零件，可用同样的方法看懂它们的形状。

7. 归纳总结

在上面分析的基础上，按照看装配图的三个要求，进行归纳总结，以便对部件有一个完整的、全面的认识。

以上所述是读装配图的一般方法和步骤，事实上有些步骤不能截然分开，而要交替进行。再者，读图总有一个具体的重点目的，在读图过程中应该围绕着这个重点目的去分析、研究。只要这个重点目的能够达到，那就可以不拘一格，灵活地解决问题。

任务实施

在设计过程中，根据装配图画零件图，简称拆图。具体方法是在各视图中画出该零件投影轮廓，结合分析，补齐所缺的线条。有时还需要根据表达零件的要求，重新安排视图。视图选定并画出后，根据零件图的内容要求，注出尺寸及技术要求。

由装配图拆画零件图应注意以下几个问题：

1. 零件视图的选择

装配图的视图选择方案，主要是从表达装配体的装配关系和整个工作原理来考虑的；而零件图的视图选择，则主要是从表达零件的结构形状这一特点来考虑。由于表达的出发点和主要要求不同，从装配图上拆画零件图，按表达零件选择视图的原则来考虑，不能机械地从装配图上照搬。

2. 零件的结构形状

（1）在拆画零件图时，对那些装配图中未表达完全的结构，要根据零件的作用和装配关系进行设计。

（2）装配图上未画出的工艺结构，如倒角、倒圆和砂轮越程槽、螺纹退刀槽等，在零件图上都应表达清楚。

3. 零件图的尺寸标注

（1）从装配图上直接移注的尺寸　装配图上的尺寸，除了某些外形尺寸和装配时要求通过调整来保证的尺寸（如间隙尺寸）等不能作为零件图的尺寸外，其它尺寸一般都能直接移注到零件图中去。对于配合尺寸，一般应注出偏差数值。

（2）查表确定的尺寸　对于一些工艺结构，如圆角、倒角、退刀槽、砂轮越程槽、键槽、螺栓通孔等，应尽量选用标准结构，查有关标准确定尺寸标注。

（3）需要计算确定的尺寸　例如齿轮的分度圆、齿顶圆直径等。

（4）在装配图上直接量取的尺寸　除前面三种尺寸外，其它尺寸都可以从装配图上按比例量取。

（5）给定尺寸　在拆画零件图时，对那些装配图中未表达完全的结构，要根据零件的作用和装配关系进行设计。这一部分尺寸自行给定。

在标注各零件图的尺寸时应特别注意，有装配关系的尺寸要彼此协调，不要互相矛盾。另外，还应考虑零件的设计和工艺要求，正确选择尺寸基准，把尺寸注得完整、清晰、合理。

4. 技术要求

零件各加工表面的粗糙度数值和其它技术要求，应根据零件的作用、装配关系和装配图上提出的有关要求来确定。

笔记

图 7-26 为从球心阀装配图中拆画出的阀体零件图。

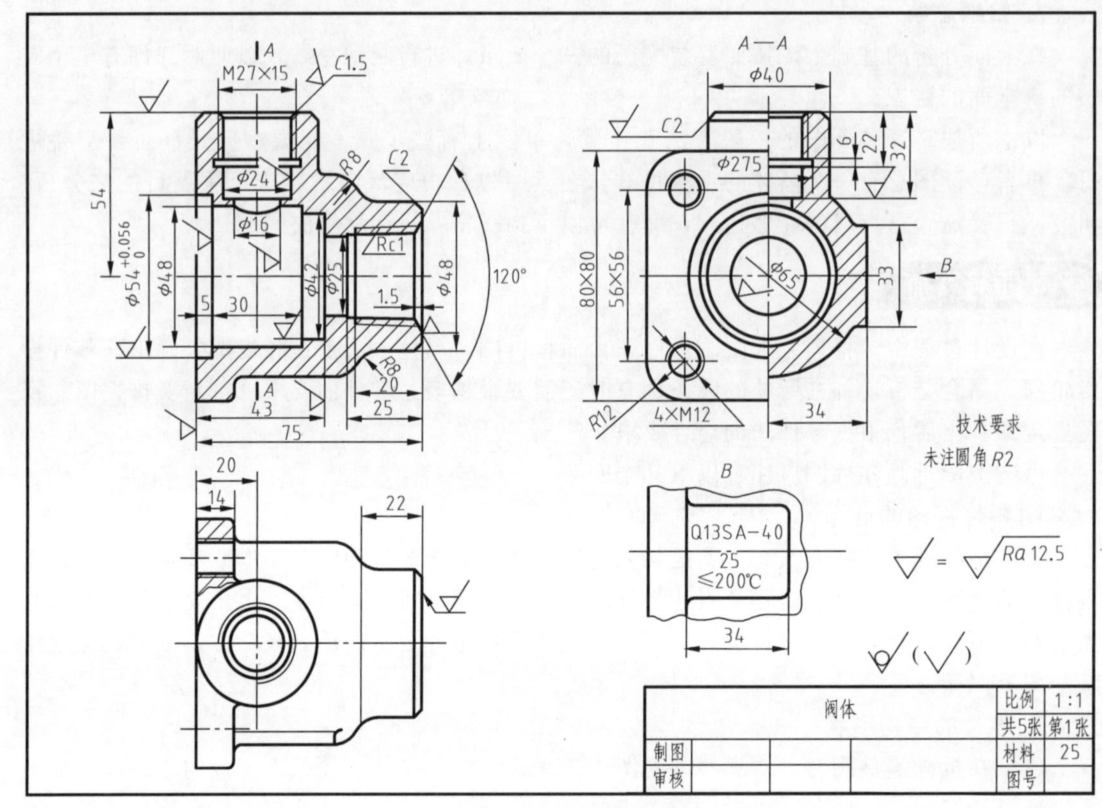

图 7-26 球心阀阀体零件图

课后任务

笔记

完成习题集中相关作业。

项目八

装配体的装配

思政目标

1. 以齿轮减速器装配为切入点，培养学生遵守装配工艺规程、安全、文明操作的职业素养。

2. 以齿轮减速器装配为切入点，通过补充介绍机械传动工业1.0、2.0、3.0、4.0和中国制造业发展成就，激发学生学习热情，立志成为中国特色社会主义建设的生力军。

任务　装配体装配

装配体
的装配

知识目标：

1. 了解装配体的装配工具的使用；
2. 理解装配体的装配方法的设计原则。

能力目标：

能合理设计装配步骤并利用工具正确装配简单装配体。

任务要求：

完成减速器、齿轮油泵、机用虎钳、球阀、安全阀、铣刀头等装配体的装配，并进行相关检验。

笔记

相关知识内容

机器装配是机械制造过程中决定产品内在质量的最后一个阶段。因为任何机械产品都是由若干零件和部件所组成，各种零部件只有经过正确地装配，才能形成符合要求的产品。零件是构成机器（或产品）的最小单元。将若干个零件结合在一起，成为某一部分且具有一定的功能，称为部件。机器分为部装和总装两个阶段，把零件装配成部件的过程称为部装，把零件和部件装配成最终产品的过程称为总装。

一、装配要求

（1）装配应按照装配工艺规程进行，装配过程中应遵循从里到外、从上到下、不影响下道工序的原则和顺序进行。总装后在滑动和旋转部分加润滑油，防止运转时发生拉毛、咬住或烧毁的危险。在任何情况下都应保证污物不进入机器的部件、组件或零件内，特别是油孔、管口等处都应用纱布包扎或用板堵死。最后按技术要求，逐项检查油路、水路，保持其畅通；各种变速和变向机构要操纵灵活，手柄位置要正确等。

（2）装配后要进行调整、精度检验和试车。调整是调节零件或机构的相互位置、配合间隙、结合松紧，使机构工作协调。常见的调整有轴承间隙调整、镶条位置的调整、蜗轮轴向位置的调整等。精度检验包括几何精度检验和工作精度检验。前者主要检查机器静态时的精度，后者主要检验机器工作状态下的精度，一般在试车后进行。试车是指机器装配后，按设计要求进行运转试验，用来检查产品运转的灵活性、振动、温升、密封件、转速、功率和切削件能否满足要求。试车包括运转试验、负荷试验。我们这门课是专业基础课程，一般进校后第一学期开始开课，《极限与配合》课程学生没有学习，所以装配后的检验只能是一些简单的调整和检验。

二、装配前的准备工作

（1）熟悉机器（包括部件、组件）装配图样，装配工艺文件和质量验收标准等，分析机器结构，了解零件的作用及装配连接关系，确定装配的方法和顺序。

（2）准备装配所需的工具、量具和夹具等。

（3）将零件进行清洗、吹干，保证清洁度。旋转零件按要求进行静、动平衡试验。密封零件要作液压试验。

三、典型零部件的装配

1. 螺纹连接的装配

螺纹连接具有结构简单、连接可靠、装拆方便等优点，是一种可拆的固定连接，在机械中应用广泛。为达到螺纹连接可靠和紧固的目的，要求螺纹之间有一定的摩擦力矩，所以螺纹连接装配时要保证一定的拧紧力矩，使螺纹牙间产生足够的预紧力。对于规定预紧力的螺纹连接，常用控制扭矩法、控制扭角法、控制螺纹伸长法来保证准确的预紧力。螺纹连接在装配时还要注意以下几点：

（1）螺杆不应产生弯曲变形，螺钉头部、螺母底部应与连接件接触良好。

（2）被连接件应均匀受压，互相紧密结合，连接牢固。

（3）成组螺栓和螺母拧紧时，必须按对角交叉的顺序分别将每个螺母一次只拧紧 1～2 圈，分几次将全部螺母拧紧，以使被紧固件的内应力均匀变化。

2. 轴的装配

轴和孔的连接多为圆柱面，也有圆锥面或其他形式，在此只介绍圆柱面的轴和孔的配合。配合表面应具有较小的表面结构，并保证清洁，配合件应有较高的几何精度，装配中注意保持轴孔中心线同轴度，以保证装配后有较高的对中性。装配前为配合表面涂油，以免装入时擦伤表面。装配时，最好垂直压入，压入过程应连续，速度稳定且不宜过快，通常为 2～4mm/s，应准确控制压入行程，以免变形。间隙与较松过渡配合的孔和轴的装配，用手锤加垫块冲击压入的方法，其操作简单但导向性不易控制，常出现歪斜。对于较紧的过渡配合和轻型过盈配合及配合尺寸较小时，一般采用在常温下用机械压力机压入装配的方法，如图 8-1 所示，对于轻型和中型过盈配合的连接件，

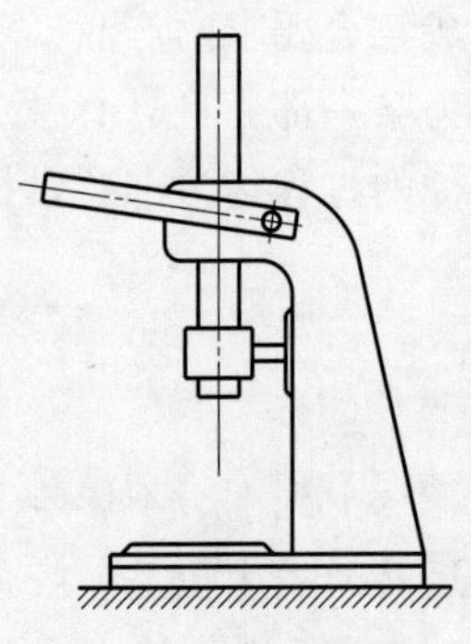

图 8-1 手动压力机

可用气动杠杆压力机，如图 8-2 所示，配合过盈量较大时，可采用热胀、冷缩温差法装配，加热、冷却要均匀，避免局部受热、受冷。

图 8-2　气动杠杆压力机

3. **键连接的装配**

键是用来连接轴和轴上零件，主要用于周向固定以传递扭矩的一种机械零件，它具有结构简单、工作可靠、装卸方便等优点。键的种类较多，在此只介绍常用的普通平键、半圆键，特点是靠键的侧面传递扭矩，只能对轴上零件起周向固定的作用，而不能承受轴向力。轴上零件的轴向固定，要靠紧定螺钉、定位环等定位零件来实现。普通平键和半圆键能保证轴与轴上零件有较高的同轴度，在高速精密连接中应用较多，装配步骤如下。

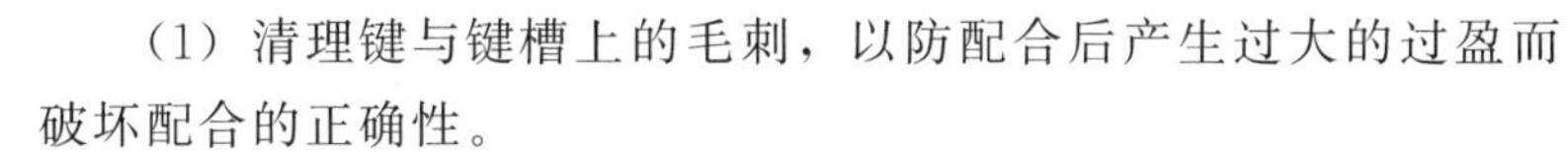

（1）清理键与键槽上的毛刺，以防配合后产生过大的过盈而破坏配合的正确性。

（2）用键的头部与键槽试配，对普通平键应能使键较紧地嵌在轴槽中。

（3）在键槽长度方向上与轴槽应有 0.1mm 左右间隙。

（4）在配合面上加机油，用铜棒或台虎钳将键压装在轴槽中，并与轴槽底接触良好。

（5）试配并安装套件时，键与键槽的非配合表面应留有间隙，以使套件与轴达到同轴度要求；装配后的套件在轴上不能左右摆动，否则，容易引起冲击和振动。

4. **销连接的装配**

销的种类很多，最常见的是圆柱销和圆锥销。圆柱销一般依靠过盈固定在孔中，用以定位和连接。对销孔尺寸、形状、表面结构要求较高，装配时应在销子表面涂机油，用铜棒将销子轻轻打入。圆柱销不宜多次装拆，否则会降低其定位精度和连接的紧固程度。装配圆锥销时，以圆锥销自由插入全长的 80%～85%为宜，然后用手锤敲入，销子的大头可稍微露出，或与被连接件表面平齐。

5. **滚动轴承的装配**

笔记

滚动轴承装配分为不可分离型轴承、分离型轴承和推力球轴承的装配，步骤如下：

（1）不可分离型轴承的装配

滚动轴承的安装要按座圈配合的松紧程度决定其安装顺序。当滚动轴承内圈与轴颈配合较紧，外圈与壳体孔配合较松时，先将轴承装在轴上，压装时，以铜或软钢做的套筒垫在轴承内圈上，然后连同轴一起装入壳体中，如图 8-3（a）所示；反之，应将轴承先压入壳体中，这时，套筒的外径应略小于壳体孔直径，如图 8-3（b）所示；当轴承内圈与轴、外圈

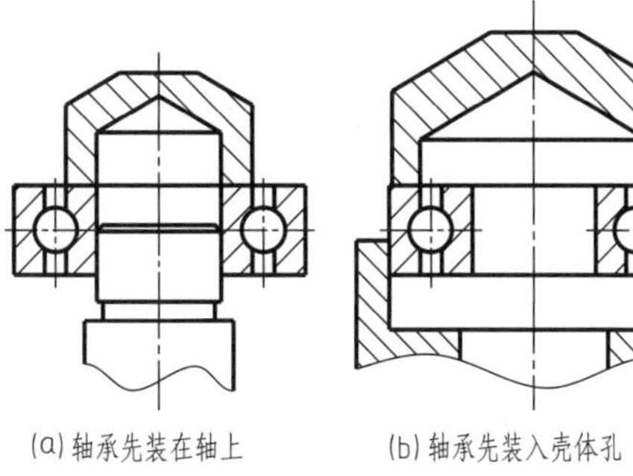

(a) 轴承先装在轴上

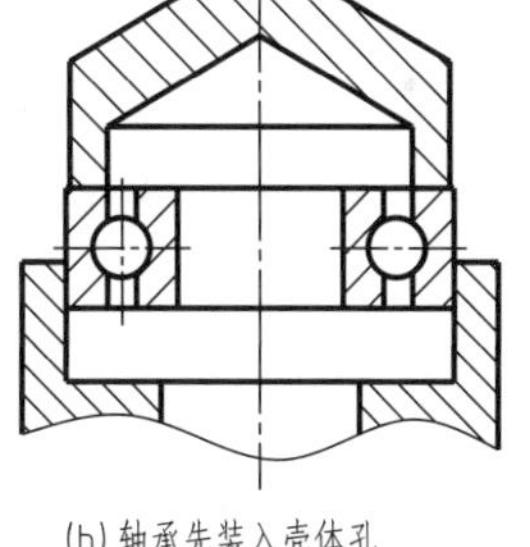

(b) 轴承先装入壳体孔

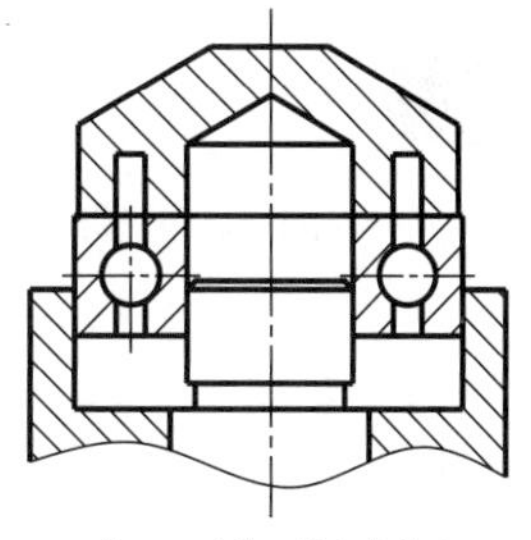

(c) 轴承同时装入轴也壳体孔

图 8-3　轴承座圈的安装

与壳体孔都是紧配合时，应把轴承同时压在轴上和壳体孔中，这时套筒的端面应做成能同时压紧轴承内、外圈端面的圆环，如图 8-3（c）所示。总之，装配时的压力应直接加载到待配合的套圈端面上，而不是通过滚动体传递。

（2）分离型轴承的装配

由于外圈可以自由脱开，装配时将内圈和滚动体一起装在轴上，外圈装在壳体孔内，然后再调整它们之间的游隙。

（3）推力球轴承的装配

推力球轴承有松圈和紧圈之分，装配时要注意区分，松圈的内孔比紧圈内孔大，与轴配合有间隙，能与轴相对运动，紧圈与轴取较紧的配合，与轴相对静止。装配时一定要使紧圈靠在转动零件的平面上，松圈靠在静止零件的平面上，如图 8-4 所示。否则会使滚动体丧失作用，同时也会加快紧圈与零件接触面的磨损。

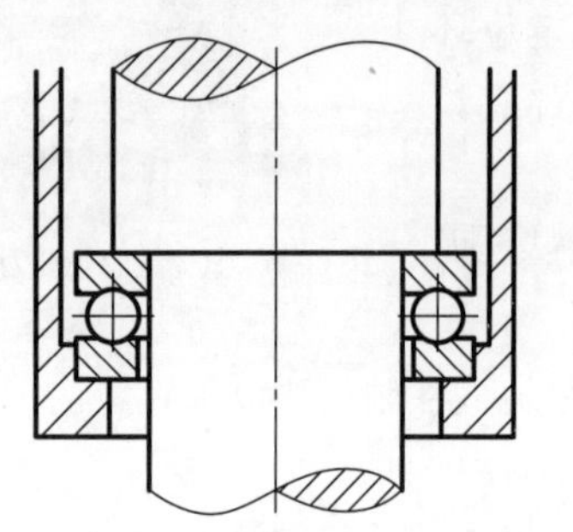

图 8-4 推力球轴承松圈与紧圈的位置

（4）滚动轴承游隙的调整

滚动轴承的游隙不能过大，也不能过小。游隙过大，将使同时承受负荷的滚动体减少，缩短轴承的使用寿命和旋转精度，引起振动和噪声。游隙过小，则会加剧磨损和发热，也会缩短轴承的使用寿命。在装配时及使用过程中，通过改变轴承盖与壳体端面间垫片厚度，来调整内、外圈的轴向位置获得合适的轴向游隙，或用专用调整螺钉进行调整。

6. 齿轮的装配

空套齿轮在轴上不得有晃动现象；滑移齿轮不应有咬中阻塞现象；固定齿轮不得有偏心或歪斜现象。齿轮与轴之间的配合以二者之间的配合性质不同可采用用手工工具敲击装入，压力机压装或液压套合的装配方法，装配齿轮时要尽量避免齿轮偏心、歪斜和端面未紧贴轴肩等安装误差。齿轮安装后要进行接触精度的检验，接触精度的主要指标是接触斑点，其检验一般用涂色法。将红丹粉涂在大齿轮齿面上，转动齿轮并使被动轮轻微制动。双向工作的齿轮，正反两个方向都要检验。一般传动齿轮的接触斑点在轮齿高度上不少于 30%～50%，在轮齿的宽度上不小于 40%～70%，其位置应是在节圆处上、下对称分布。

7. 密封件的装配

密封件有油封与成形填料密封应用较多，密封件安装后，要有一定的安装过盈量，以形成合理的密封性，过盈量过小，会降低密封性，反之则会缩短密封件的使用寿命。安装时保证密封件完好，减少划伤，安装正确。

任务实施

生产中常用到电动机，电动机提供的回转速度一般比工作机械所需的转速高，因此齿轮减速器常安装在机械的原动机与工作机之间，在机器设备中被广泛采用。

减速器装配的主要技术要求：

熟悉产品图样及工艺文件。要仔细研究总装配图及其技术要求，以对箱体的构造、零件的种类和它们之间的相互关系有全面的了解。看图过程中，还要明确装配过程中需要的加工工具。还要准备一些自制的工具，如压滚动轴承的套筒。装配前，清洗所有零件，机体内壁涂防锈油漆。清洗后还要及时吹干，在有相对滑动的表面、滚动轴承内填入适量的润滑脂。

密封件：轴承端盖与箱体的密封件要更换，购买一定厚度的工业毛毡，剪成宽度略大于槽深的长条，配放到端盖槽内一圈，长度合适后为其涂上润滑脂并嵌入槽内，待组件装配时直接使用。

减速器装配

由减速器部件总装配图可以看出，减速器主要有输入轴组件，输出轴组件和窥视孔盖组件。如图 8-5 所示。

输入轴组件装配：输入轴是轴件装配基准件，其他零件或分组件依次装配到此件上，先放入挡油环，在压力机上用套筒压轴承内圈将滚动轴承压入输入轴，两端滚动轴承分别操作，将已经装配好的输入组组件装入支承孔内，向下压紧到位，轻轻敲击输入轴前轴承外圈，使轴承消除游隙并紧靠后端盖支承孔。装入轴承端盖，测量端盖端面与滚动轴承端面之间的距离，以确定调整垫片的厚度，将厚度合适的调整垫片装好。

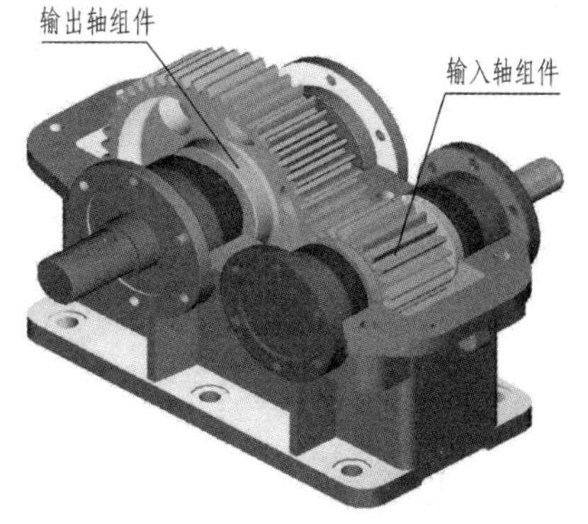

图 8-5　减速器

输出轴组件装配：输出轴是组件的装配基准件，输出轴与大齿轮为平键连接，平键与轴上键槽过渡配合，与齿轮槽间隙配合，装配时，平键可用台虎钳压入，齿轮可用压力机压装，装配后，应保证相应的配合要求，能平稳地传递运动和转矩，平键顶面与齿轮槽底面应有一定的间隙，以不破坏齿轮原有的跳动精度。装配后的齿轮，可用齿圈径向跳动检查仪检测其径向跳动，不应大于 0.045mm。用木锤敲入套筒，再压入滚动轴承，同理压入另一端滚动轴承，放入毡圈，最后装入端盖，输出轴组件的装配与输入轴组件的装配相似，不再赘述，装配后应保证齿轮正确啮合，合箱前，在大、小齿轮的齿面上均匀涂抹一层红丹粉，合箱后检测齿轮啮合接触精度。

离心泵装配

装配箱盖：安装箱盖，敲入定位锥销，插入 4 只长螺栓和两只短螺栓，放入弹簧垫圈，按一定顺序用力矩扳手将螺母预紧，保证螺栓拧紧力矩为 12～15N・m。

精度检测。用手转动输入轴，齿轮转动应平稳，传动比恒定，无明显噪音和卡滞现象，用百分表测量输入轴和输出轴轴向窜动量在 0.02～0.05mm 之间，将输入轴转动若干圈后(使输出轴轻微制动)，拆开箱盖，检查齿轮的接触斑点，在齿高方向接触面积不小于 40%，在齿长方向接触面积不小于 50%，并且接触斑点应处于节圆附近，对称分布。

检测合格后，重新清洗箱体内腔，仍按顺序，重新装配好箱盖，注意装配前应在 4 只端盖外表与箱体支承孔表面，结合平面间均匀涂抹密封胶，保证箱体密封。

装配油标尺：将油标尺按图所示位置旋入箱体中。

装配放油螺塞：垫上平垫圈，在螺塞的螺纹表面涂上密封胶后旋入放油孔并旋紧。

窥视孔盖组件装配：装配前应先将箱体内注入润滑油，油面高度处于规定的范围内即可，在小盖上安装上通气塞，套上垫片，拧上螺母，用毛毡配放在端盖凸台一圈，将垫片及相应表面涂上密封胶后，用 4 个螺钉将窥视孔盖组件装配在箱盖顶部，注意与箱盖凸缘对齐。

总装完成后，转动输入轴使润滑油均匀流至各润滑点，观察运转情况，齿轮应无显著噪声，并符合装配的各项技术要求。

笔记

课后任务

完成各装配体的正确装配。

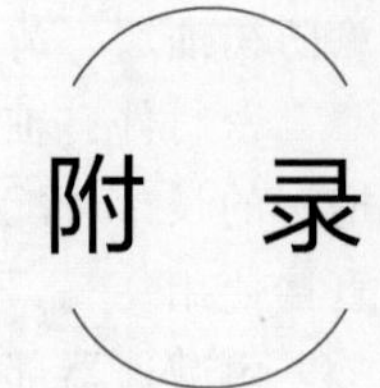

一、螺纹

附表 1 普通螺纹（GB/T 193—2003，GB/T 196—2003）

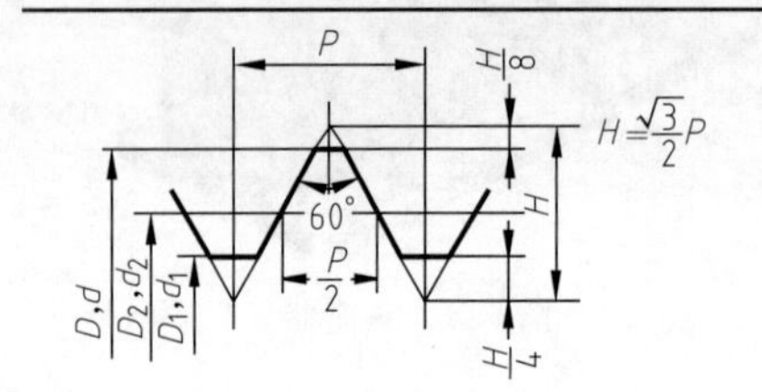

标 记 示 例

公称直径为 24mm，螺距为 3mm 的粗牙右旋普通螺纹：

M24

公称直径为 24mm，螺距为 1.5mm 的细牙左旋普通螺纹：

M24×1.5LH

单位：mm

公称直径 D，d			螺距 P		粗牙小径 D_1，d_1
第一系列	第二系列	第三系列	粗牙	细牙	
4			0.7	0.5	3.242
5			0.8	0.5	4.134
6			1	0.75、(0.5)	4.917
		7	1	0.75、(0.5)	5.917
8			1.25	1、0.75、(0.5)	6.647
10			1.5	1.25、1、0.75、(0.5)	8.376
12			1.75	1.5、1.25、1、(0.75)、(0.5)	10.106
	14		2	1.5、1.25、1、(0.75)、(0.5)	11.835
		15		1.5、(1)	13.376
16			2	1.5、1、(0.75)、(0.5)	13.835
	18		2.5	2、1.5、1、(0.75)、(0.5)	15.294
20			2.5	2、1.5、1、(0.75)、(0.5)	17.294
	22		2.5	2、1.5、1、(0.75)、(0.5)	19.294
24			3	2、1.5、1、(0.75)	20.752
		25		2、1.5、(1)	22.835
	27		3	2、1.5、(1)、(0.75)	23.752
30			3.5	(3)、2、1.5、(1)、(0.75)	26.211
	33		3.5	(3)、2、1.5、(1)、(0.75)	29.211
		35		1.5	33.376
36			4	3、2、1.5、(1)	31.670
	39		4	3、2、1.5、(1)	34.670
		40		(3)、(2)、1.5	36.752
42			4.5	(4)、3、2、1.5、(1)	37.129
	45		4.5	(4)、3、2、1.5、(1)	40.129
48			5	(4)、3、2、1.5、(1)	42.587

注：1. 优先选用第一系列，括号内尺寸尽可能不用。第三系列尽可能不用。

2. 中径 D_2、d_2 未列入。

笔记

附表 2　梯形螺纹（GB/T 5796.2—2005，GB/T 5796.3—2005）

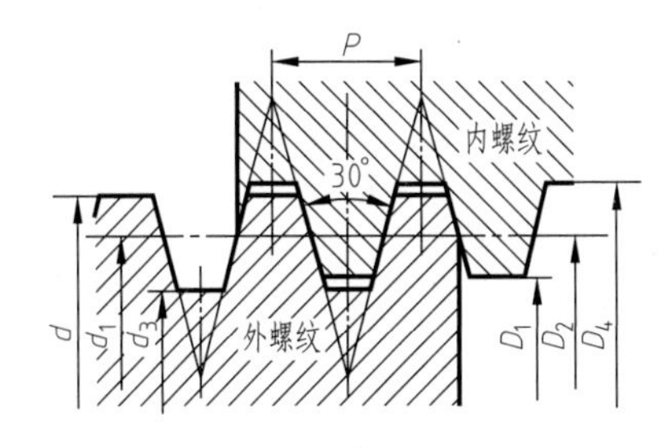

标记示例

公称直径为 40mm、螺距为 7mm、中径顶径公差带为 7H 的单线右旋梯形内螺纹：

Tr 40×7—7H

公称直径为 40mm，导程为 14mm，螺距为 7mm 双线左旋梯形螺纹：

Tr 40×14(P7)LH

单位：mm

公称直径 d		螺距 P	中径 $d_2=D_2$	大径 D_4	小径	
第一系列	第二系列				d_3	D_1
8		1.5	7.25	8.30	6.20	6.50
	9	1.5	8.25	9.30	7.20	7.50
		*2	8.00	9.50	6.50	7.00
10		1.5	9.25	10.30	8.20	8.50
		*2	9.00	10.50	7.50	8.00
	11	*2	10.00	11.50	8.50	9.00
		3	9.50	11.50	7.50	8.00
12		2	11.00	12.50	9.50	10.00
		*3	10.50	12.50	8.50	9.00
	14	2	13.00	14.50	11.50	12.00
		*3	12.50	14.50	10.50	11.00
16		2	15.00	16.50	13.50	14.00
		*4	14.00	16.50	11.50	12.00
	18	2	17.00	18.50	15.50	16.00
		*4	16.00	18.50	13.50	16.00
20		2	19.00	20.50	17.50	18.00
		*4	18.00	20.50	15.50	16.00
	22	3	20.50	22.50	18.50	19.00
		*5	19.50	22.50	16.50	17.00
		8	18.00	23.00	13.00	14.00
24		3	22.50	24.50	20.50	21.00
		*5	21.50	24.50	18.50	19.00
		8	20.00	25.00	15.00	16.00

公称直径 d		螺距 P	中径 $d_2=D_2$	大径 D_4	小径	
第一系列	第二系列				d_3	D_1
	26	3	24.50	26.50	22.50	23.00
		*5	23.50	26.50	20.50	21.00
		8	22.00	27.00	17.00	18.00
28		3	26.50	28.50	24.50	25.00
		*5	25.50	28.50	22.50	23.00
		8	24.00	29.00	19.00	20.00
	30	3	28.50	30.50	26.50	29.00
		*6	27.00	31.00	23.00	24.00
		10	25.00	31.00	19.00	20.00
32		3	30.50	32.50	28.50	29.00
		*6	29.00	33.00	25.00	26.00
		10	27.00	33.00	21.00	22.00
	34	3	32.50	34.50	30.30	31.00
		*6	31.00	35.00	27.00	28.00
		10	29.00	35.00	23.00	24.00
36		3	34.50	36.50	32.50	33.00
		*6	33.00	37.00	29.00	30.00
		10	31.00	37.00	25.00	26.00
	38	3	36.50	38.50	34.50	35.00
		*7	34.50	39.00	30.00	31.00
		10	33.00	39.00	27.00	28.00
40		3	38.50	40.50	36.50	37.00
		*7	36.50	41.00	32.00	33.00
		10	35.00	41.00	29.00	30.00

注：1. 应优先选择第一系列直径。
2. 在每个直径所对应的诸螺距中应优先选择有 * 号的螺距。
3. 特殊需要时，允许选用表中邻近直径所对应的螺距。

附表 3 非螺纹密封的管螺纹（GB/T 7307—2001）

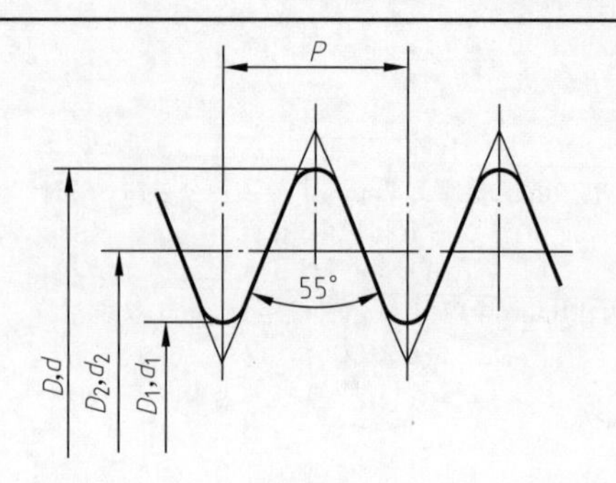

标记示例

管子尺寸代号为 3/4 左旋螺纹：
G3/4—LH(右旋不标)

管子尺寸代号为 1/2A 级外螺纹：
G1/2A

管子尺寸代号为 1/2B 级外螺纹：
G1/2B

单位：mm

尺寸代号 (in)	每 25.4mm 内的牙数 n	螺距 P	基本直径		
			大径 $d=D$	中径 $d_2=D_2$	小径 $d_1=D_1$
1/16	28	0.907	7.723	7.142	6.561
1/8	28	0.907	9.728	9.147	8.566
1/4	19	1.337	13.157	12.301	11.445
3/8	19	1.337	16.662	15.806	14.950
1/2	14	1.814	20.955	19.793	18.631
3/4	14	1.814	26.441	25.279	24.117
7/8	14	2.309	30.201	29.039	27.877
1	11	2.309	33.249	31.770	30.291
1¼	11	2.309	41.910	40.431	38.952
1½	11	2.309	47.803	46.324	44.845
2	11	2.309	59.614	58.135	56.656
2½	11	2.309	75.184	73.705	72.226
3	11	2.309	87.884	86.405	84.926
4	11	2.309	113.030	111.551	110.072
5	11	2.309	138.430	136.951	135.472
6	11	2.309	163.830	162.351	160.872

注：1. 对薄壁管件，此公差适用于平均中径，该中径是测量两个互相垂直直径的算术平均值。
2. 本标准适应于管接头、旋塞、阀门及其附件。

笔记

二、常用标准件

附表 4 六角头螺栓

六角头螺栓——C 级(摘自 GB/T 5780—2016) 六角头螺栓——A 级和 B 级(摘自 GB/T 5782—2016)

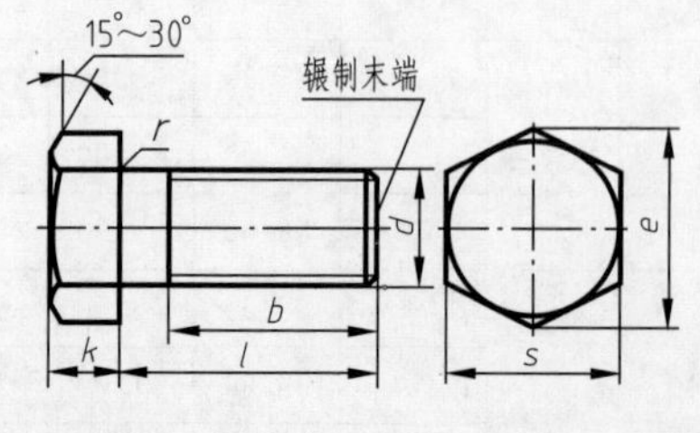

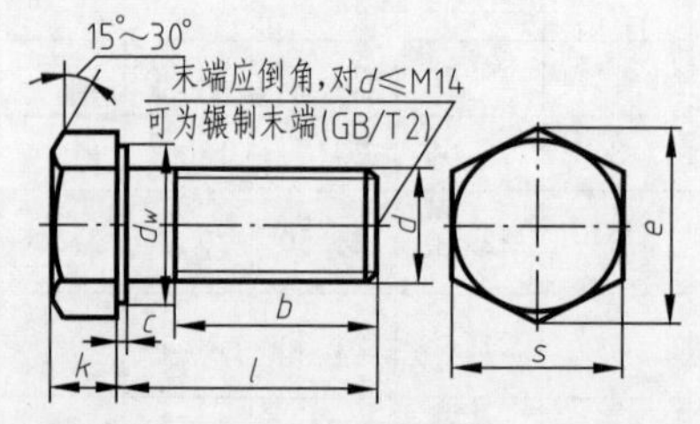

标记示例

螺纹规定 d=M12、公称长度 l=80mm、性能等级为 8.8 级，表面不经处理、A 级的六角头螺栓，其标记为：
螺栓 GB/T 5782 M12×80

单位：mm

续表

螺纹规格 d			M3	M4	M5	M6	M8	M10	M12	M16	M20	M24	M30	M36	M42
b 参考	$l\leqslant 125$		12	14	16	18	22	26	30	38	46	54	66	—	—
	$125<l\leqslant 200$		18	20	22	24	28	32	36	44	52	60	72	84	96
	$l>200$		31	33	35	37	41	45	49	57	65	73	85	97	109
c			0.4	0.4	0.5	0.5	0.6	0.6	0.6	0.8	0.8	0.8	0.8	0.8	1
d_w	产品等级	A	4.57	5.88	6.88	8.88	11.63	14.63	16.63	22.49	28.19	33.61	—	—	—
		A、B	4.45	5.74	6.74	8.74	11.47	14.47	16.47	22	27.7	33.25	42.75	51.11	59.95
e	产品等级	A	6.01	7.66	8.79	11.05	14.38	17.77	20.03	26.75	33.53	39.98	—	—	—
		B、C	5.88	7.50	8.63	10.89	14.20	17.59	19.85	26.17	32.95	39.55	50.85	60.79	71.3
k 公称			2	2.8	3.5	4	5.3	6.4	7.5	10	12.5	15	18.7	22.5	26
r			0.1	0.2	0.2	0.25	0.4	0.4	0.6	0.6	0.8	0.8	1	1	1.2
s 公称			5.5	7	8	10	13	16	18	24	30	36	46	55	65
l(商品规格范围)			20～30	25～40	25～50	30～60	40～80	45～100	55～120	65～160	80～200	100～240	110～300	140～360	160～440
l 系列			12,16,20,25,30,35,40,45,50,55,60,65,70,80,90,100,110,120,130,140,150,160,180,200,220,240,260,280,300,320,340,360,380,400,420,440,460,480,500												

注：1. A 级用于 $d=1.6\sim24$ 和 $l\leqslant10d$ 或$\leqslant150$ 的螺栓；B 级用于 $d>24$ 和 $l>10d$ 或>150 的螺栓。
2. 螺纹规格 d 范围：GB/T 5780 为 M5～M64；GB/T 5782 为 M1.6～M64。
3. 公称长度范围：GB/T 5780 为 25～500；GB/T 5782 为 12～500。

附表 5 双头螺柱

双头螺柱—$b_m=1d$(GB/T 897—1988) 双头螺柱—$b_m=1.25d$(GB/T 898—1988)
双头螺柱—$b_m=1.5d$(GB/T 899—1988) 双头螺柱—$b_m=2d$(GB/T 900—1988)

A型

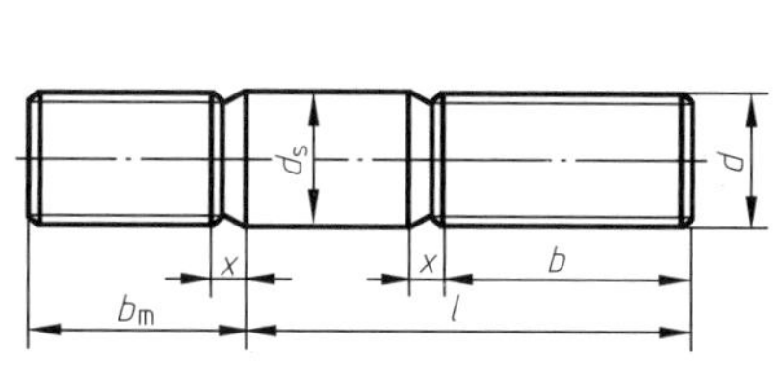

B型

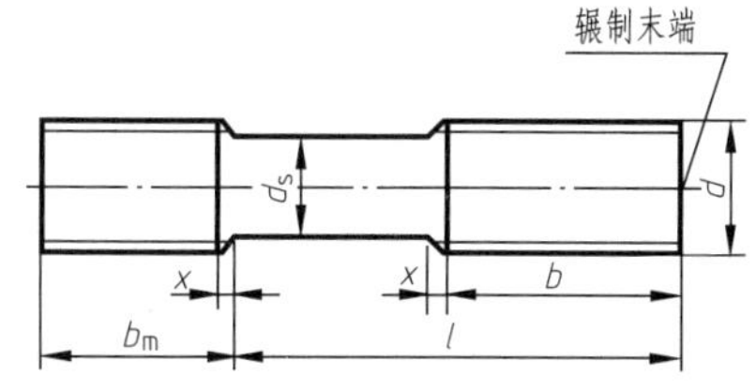

标记示例

两端均为粗牙普通螺纹、$d=10$、$l=50$、性能等级为 4.8 级、B 型、$b_m=1d$ 双头螺柱，其标记为：

螺柱 GB/T 897 M10×50

旋入机体一端为粗牙普通螺纹、旋螺母一端为螺距为 1 的细牙普通螺纹、$d=10$、$l=50$、性能等级为 4.8 级、A 型、$b_m=1d$ 的双头螺柱，其标记为：

螺柱 GB/T 897 AM10—M10×1×50

单位：mm

螺纹规格		M5	M6	M8	M10	M12	M16	M20	M24	M30	M36	M42
b_m(公称)	GB/T 897	5	6	8	10	12	16	20	24	30	36	42
	GB/T 898	6	8	10	12	15	20	25	30	38	45	52
	GB/T 899	8	10	12	15	18	24	30	36	45	54	65
	GB/T 900	10	12	16	20	24	32	40	48	60	72	84
d_s(max)		5	6	8	10	12	16	20	24	30	36	42
x(max)		2.5P										

笔记

续表

螺纹规格	M5	M6	M8	M10	M12	M16	M20	M24	M30	M36	M42
	16～22 10	20～22 10	25～30 16	25～28 14	25～22 16	30～38 20	35～40 25	45～50 30	60～65 40	65～75 45	65～80 50
	25～50 16	25～30 14	25～30 16	30～80 16	32～40 20	40～55 30	45～65 35	55～75 45	70～90 50	80～110 60	85～110 70
$\frac{l}{b}$		32～75 18	32～90 22	40～120 30	45～120 30	60～120 38	70～120 46	80～120 54	95～120 60	120 78	120 90
				130 32	130～180 36	130～200 44	130～200 52	130～200 60	130～200 72	130～200 84	130～200 96
									210～250 85	210～300 91	210～300 109
l 系列	16,(18),20,(22),25,(28),30,(32),35,(38),40,45,50,(55),60,70,(75),80,90,(95),100,110,120,130,140,150,160,170,180,190,200,210,220,230,240,250,260,280,300										

注：P 是粗牙螺纹的螺距。

附表 6 开槽沉头螺钉（摘自 GB/T 68—2016）

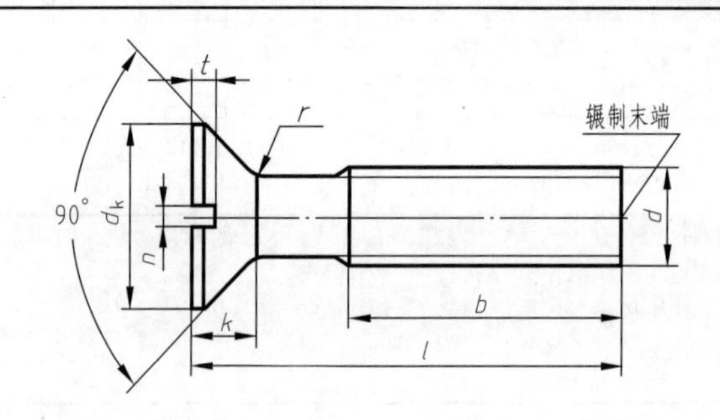

标记示例

螺纹规格 d=M5、公称长度 l=20、性能等级为 4.8 级、不经表面处理的 A 级开槽沉头螺钉，其标记为：

螺钉 GB/T68 M5×20

单位：mm

螺纹规格 d	M1.6	M2	M2.5	M3	M4	M5	M6	M8	M10
P（螺距）	0.35	0.4	0.45	0.5	0.7	0.8	1	1.25	1.5
b	25	25	25	25	38	38	38	38	38
d_k	3.6	4.4	5.5	6.3	9.4	10.4	12.6	17.3	20
k	1	1.2	1.5	1.65	2.7	2.7	3.3	4.65	5
n nom	0.4	0.5	0.6	0.8	1.2	1.2	1.6	2	2.5
r max	0.4	0.5	0.6	0.8	1	1.3	1.5	2	2.5
t max	0.5	0.6	0.75	0.85	1.3	1.4	1.6	2.3	2.6
公称长度 l	2.5～16	3～20	4～25	5～30	6～40	8～50	8～60	10～80	12～80
l 系列	2.5,3,4,5,6,8,10,12,(14),16,20,25,30,35,40,45,50,(55),60,(65),70,(75),80								

笔记

注：1. 括号内的规格尽可能不采用。

2. M1.6～M3 的螺钉、公称长度 l≤30 的，制出全螺纹；M4～M10 的螺钉、公称长度 l≤45 的，制出全螺纹。

附表 7 开槽圆柱头螺钉（摘自 GB/T 65—2016）

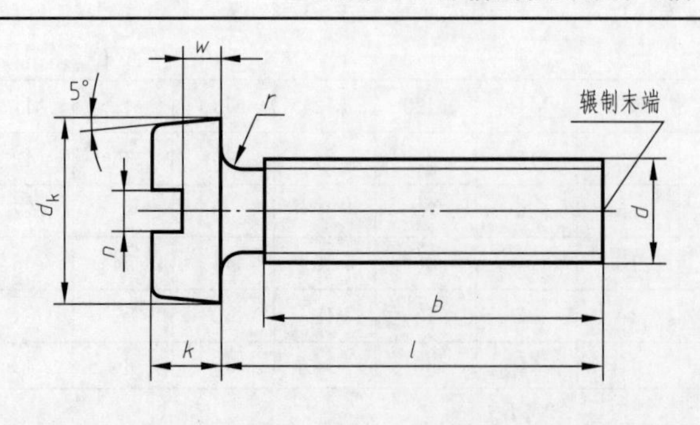

标记示例

螺纹规格 d=M5、公称直径 l=20、性能等级为 4.8 级、不经表面氧化的 A 级开槽圆柱头螺钉，其标记为：

螺钉 GB/T 65 M5×20

单位：mm

续表

螺纹规格 d	M4	M5	M6	M8	M10
P(螺距)	0.7	0.8	1	1.25	1.5
b	38	38	38	38	38
d_k	7	8.5	10	13	16
k	2.6	3.3	3.9	5	6
n	1.2	1.2	1.6	2	2.5
r	0.2	0.2	0.25	0.4	0.4
w	1.1	1.3	1.6	2	2.4
公称长度 l	5～40	6～50	8～60	10～80	12～80
l 系列	5,6,8,10,12,(14),16,20,25,30,35,40,45,50,(55),60,(65),70,(75),80				

注：1. 公称长度 $l \leqslant 40$ 的螺钉，制出全螺纹。
2. 括号内的规格尽可能不采用。
3. 螺纹规格 d＝M1.6～M10；公称长度 l＝2～80。

附表 8　开槽紧定螺钉

锥端(GB/T 71—2000)　平端(GB/T 73—2000)　长圆柱端(GB/T 75—2000)　凹端(GB/T 74—2000)

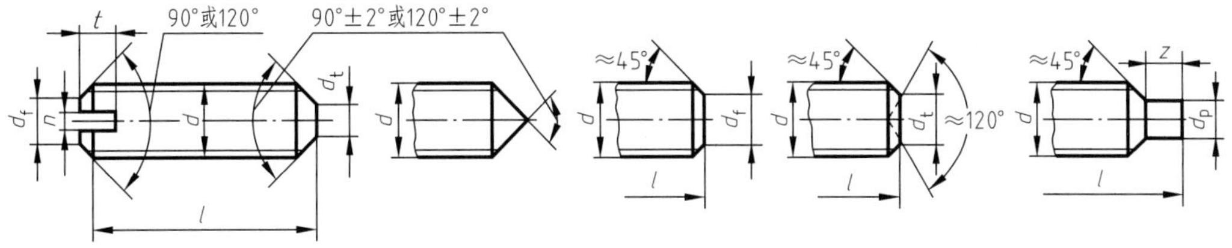

d>M5　d≤M5

标记示例

螺纹规格 d＝M5、公称长度 l＝12mm、性能等级为 14H 级、表面氧化的开槽锥端紧定螺钉，其标记为：

螺钉　GB/T 71—2000—M5×12

螺纹规格 d＝M8、公称长度 l＝20mm、性能等级为 14H 级、表面氧化的开槽长圆柱端紧定螺钉，其标记为：

螺钉　GB/T 75—2000—M8×20

单位：mm

螺纹规格 d	M1.6	M2	M2.5	M3	M4	M5	M6	M8	M10	M12
P(螺距)	0.35	0.4	0.45	0.5	0.7	0.8	1	1.25	1.5	1.75
d_f	螺纹小径									
n	0.25	0.25	0.4	0.4	0.6	0.8	1	1.2	1.6	2
t_{max}	0.74	0.84	0.95	1.05	1.42	1.63	2	2.5	3	3.6
d_{tmax}	0.16	0.2	0.25	0.3	0.4	0.5	1.5	2	2.5	3
d_{pmax}	0.8	1	1.5	2	2.5	2.5	4	5.5	7	8.5
z	1.05	1.25	1.5	1.5	2	2.5	3	4	5	6
l	2～8	3～10	3～12	b4～16	6～20	8～25	8～30	10～40	12～50	14～60
l 系列	2,2.5,3,4,5,6,8,10,12,(14),16,20,25,30,35,40,45,50,(55),60									

注：1. l 为公称长度。
2. 括号内的规格尽可能不采用。

笔记

附表 9 螺母

1 型六角螺母—A 和 B 级 GB/T 6170—2015	2 型六角螺母—A 和 B 级 GB/T 6175—2016	六角薄螺母 GB/T 6172.1—2016

垫圈面型，应在定单中注明

15°～30°　90°～120°　d_a　D　d_w　m　c　e　s

标记示例

螺纹规格 D＝M12、性能等级为 8 级、不经表面处理、产品等级为 A 级 1 型六角螺母，其标记为：

螺母 GB/T 6170 M12

螺纹规格 D＝M12、性能等级为 9 级、表面不经处理、产品等级为 A 级的 2 型六角螺母其标记为：

螺母 GB/T 6175 M12

螺纹规格 D＝M12、性能等级为 04 级、不经表面处理的六角薄螺母，其标记为：

螺母 GB/T 6172.1 M12

单位：mm

螺纹规格 d		M3	M4	M5	M6	M8	M10	M12	M16	M20	M24	M30	M36
e	min	6.01	7.66	8.79	11.05	14.38	17.77	20.03	26.75	32.95	39.55	50.85	60.79
s	max	5.50	7.00	8.00	10.0	13.00	16.00	18.00	24.00	30.00	36.00	46.00	55.00
	min	5.32	6.78	7.78	9.78	12.73	15.73	17.73	23.67	29.16	35.00	45.00	53.80
c	max	0.40	0.40	0.50	0.50	0.60	0.60	0.60	0.80	0.80	0.80	0.80	0.80
d_w	min	4.60	5.90	6.90	8.90	11.60	14.60	16.60	22.50	27.70	33.30	42.80	51.10
d_a	max	3.45	4.60	5.75	6.75	8.75	10.80	13.00	17.30	21.60	25.90	32.40	38.90
GB/T 6170—2015	max	2.40	3.20	4.70	5.20	6.80	8.40	10.80	14.80	18.00	21.50	25.60	31.00
	min	2.15	2.90	4.40	4.90	6.44	8.04	10.37	14.10	16.9	20.20	24.30	29.40
GB/T 6172.1—2016	max	1.80	2.20	2.70	3.20	4.00	5.00	6.00	8.00	10.00	12.00	15.00	18.00
	min	1.55	1.95	2.45	2.90	3.70	4.70	5.70	7.42	9.10	10.90	13.90	16.90
GB/T 6175—2016	max	—	—	5.10	5.70	7.50	9.30	12.00	16.40	20.30	23.90	28.60	34.70
	min	—	—	4.80	5.40	7.14	8.94	11.57	15.70	19.00	22.60	27.30	33.10

注：1. A 级用于 $D\leqslant16$；B 级用于 $D>16$。

2. 2 型六角螺母的范围没有 M3、M4 螺母。

附表 10 垫圈

小垫圈—A 级（GB/T 848—2002）

平垫圈—A 级（GB/T 97.1—2002）

平垫圈 倒角型—A 级（GB/T 97.2—2000）

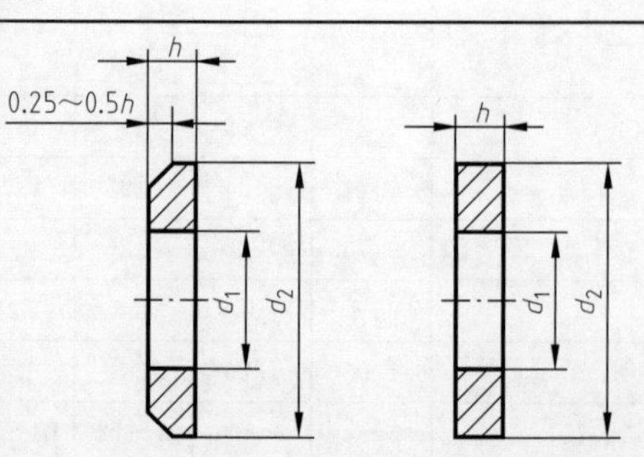

标 记 示 例

标准系列、规格 8、性能等级为 140HV 级、不经表面处理的平垫圈，其标记为：

垫圈 GB/T 97.1 8

单位：mm

续表

公称尺寸（螺纹规格 d）		1.6	2	2.5	3	4	5	6	8	10	12	14	16	20	24	30	36
d_1	GB/T 848	1.7	2.2	2.7	3.2	4.3	5.3	6.4	8.4	10.5	13	15	17	21	25	31	37
	GB/T 97.1	1.7	2.2	2.7	3.2	4.3	1.7	2.2	2.7	3.2	4.3	5.3	6.4	8.4	10.5	13	15
	GB/T 97.2						1.7	2.2	2.7	3.2	4.3	5.3	6.4	8.4	10.5	13	15
d_2	GB/T 848	3.5	4.5	5	6	8	9	11	15	18	20	24	28	34	39	50	60
	GB/T 97.1	4	5	6	7	9	10	12	16	20	24	28	30	37	44	56	66
	GB/T 97.2						10	12	16	20	24	28	30	37	44	56	66
h	GB/T 848	0.3	0.3	0.5	0.5	0.5	1	1.6	1.6	1.6	2	2.5	2.5	3	4	4	5
	GB/T 97.1	0.3	0.3	0.5	0.5	0.5	1	1.6	1.6	1.6	2	2.5	2.5	3	4	4	5
	GB/T 97.2						1	1.6	1.6	1.6	2	2.5	2.5	3	4	4	5

附表 11　标准型弹簧垫圈（摘自 GB/T 93—1987）

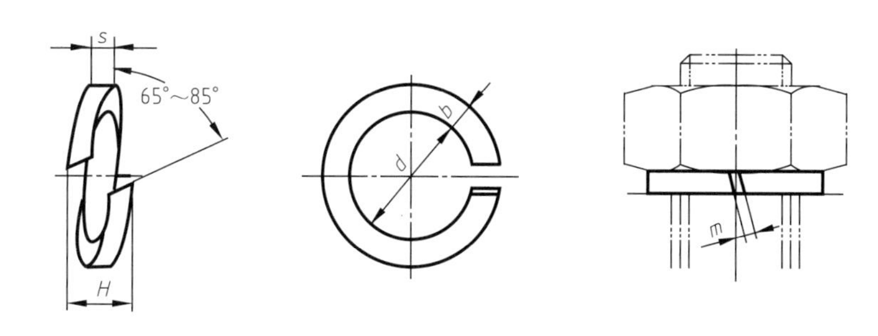

标 记 示 例

规格 16、材料为 65Mn、表面氧化的标准型弹簧垫圈，其标记为：

垫圈　GB/T 93　16

单位：mm

规格(螺纹大径)		3	4	5	6	9	10	12	(14)	16	(18)	20	(22)	24	(27)	30
d		3.1	4.1	5.1	6.1	8.1	10.2	12.2	14.2	16.2	18.2	20.2	22.5	24.5	27.5	30.5
H	GB/T 93	1.6	2.2	2.6	3.2	4.2	5.2	6.2	7.2	8.2	9	10	11	12	13.6	15
	GB/T 859	1.2	1.6	2.2	2.6	3.2	4	5	6	6.4	7.2	8	9	10	11	12
$S(b)$	GB/T 93	0.8	1.1	1.3	1.6	2.1	2.6	3.1	3.6	4.1	4.5	5	5.5	6	6.8	7.5
S	GB/T 859	0.6	0.8	1.1	1.3	1.6	2	2.5	3	3.2	3.6	4	4.5	5	5.5	6
$m\leqslant$	GB/T 93	0.4	0.55	0.65	0.8	1.05	1.3	1.55	1.8	2.05	2.25	2.5	2.75	3	3.4	3.75
	GB/T 859	0.3	0.4	0.55	0.65	0.8	1	1.25	1.5	1.6	1.8	2	2.25	2.5	2.75	3
b	GB/T 859	1	1.2	1.5	2	2.5	3	3.5	4	4.5	5	5.5	6	7	8	9

注：1. 括号内的规格尽可能不采用。

2. m 应大于零。

笔记

附表 12 销

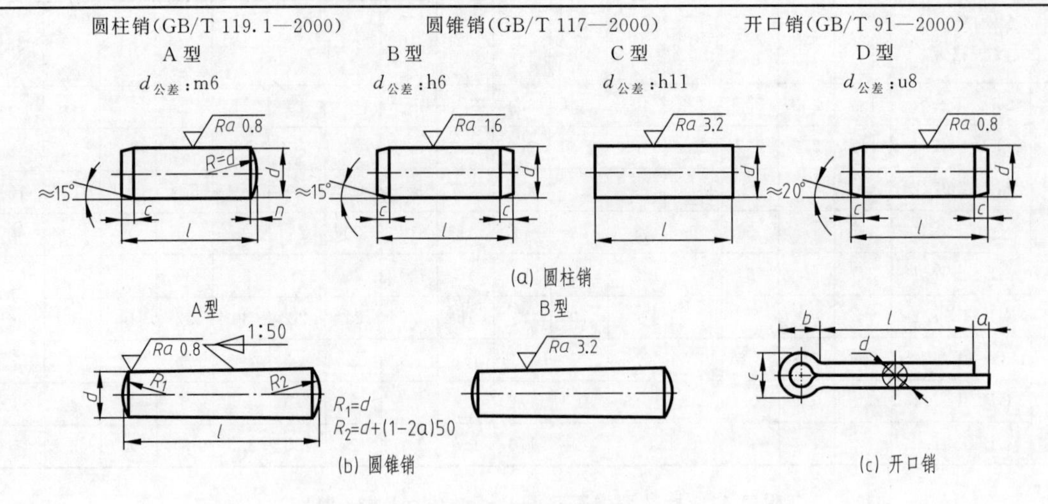

(a) 圆柱销

(b) 圆锥销

(c) 开口销

标 记 示 例

公称直径 10mm、长 50mm 的 A 型圆柱销,其标记为:

销 GB/T 119.1 10×50

公称直径 10mm、长 60mm 的 A 型圆锥销,其标记为:

销 GB/T 117 10×60

公称直径 5mm、长 50mm 的开口销,其标记为:

销 GB/T 91 5×50

单位:mm

名称	公称直径 d	1	1.2	1.5	2	2.5	3	4	5	6	8	10	12
圆柱销 (GB/T 119.1—2000)	$n\approx$	0.12	0.16	0.20	0.25	0.30	0.40	0.50	0.63	0.80	1.0	1.2	1.6
	$c\approx$	0.20	0.25	0.30	0.35	0.40	0.50	0.63	0.80	1.2	1.6	2	2.5
开口销 (GB/T 91—2000)	d(公称)	0.6	0.8	1	1.2	1.6	2	2.5	3.2	4	5	6.3	8
	c	1	1.4	1.8	2	2.8	3.6	4.6	5.8	7.4	9.2	11.8	15
	$b\approx$	2	2.4	3	3	3.2	4	5	6.4	8	10	12.6	16
	a	1.6	1.6	1.6	2.5	2.5	2.5	2.5	4	4	4	4	4
	l(商品规格范围公称长度)	4~12	5~16	6~0	8~6	8~2	10~40	12~50	14~65	18~80	22~100	30~120	40~160
l 系列		2,3,4,5,6,8,10,12,14,16,18,20,22,24,26,28,30,32,35,40,45,50,55,60,65,70,75,80,85,90,95,100,120											

笔记

附表 13 常用滚动轴承

1. 深沟球轴承(GB/T 276—2013)

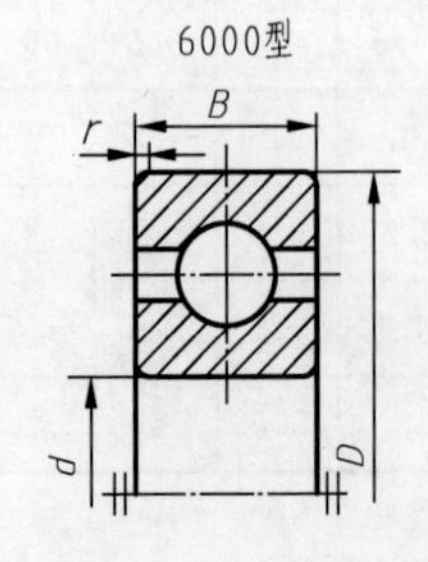

标 记 示 例

内径 $d=20$ 的 6000 型深沟球轴承,尺寸系列为(0)2,组合代号为 62,其标记为:

滚动轴承 6204 GB/T 276—2013

说明:r_{smin} 为 r 的最小单一倒角尺寸

续表

深沟球轴承各部分尺寸

轴承代号	基本尺寸/mm				轴承代号	基本尺寸/mm			
	d	D	B	r_{smin}		d	D	B	r_{smin}
1(0)系列					(0)3系列				
6001	12	28	8	0.3	6301	12	37	12	1
6002	15	32	9	0.3	6302	15	42	13	1
6003	17	35	10	0.3	6303	17	47	14	1
6004	20	42	12	0.6	6304	20	52	15	1.1
6005	25	47	12	0.6	6305	25	62	17	1.1
6006	30	55	13	1	6306	30	72	19	1.1
6007	35	62	14	1	6307	35	80	21	1.5
6008	40	68	15	1	6308	40	90	23	1.5
6009	45	75	16	1	6309	45	100	25	1.5
6010	50	80	16	1	6310	50	110	27	2
6011	55	90	18	1.1	6311	55	120	29	2
6012	60	95	18	1.1	6312	60	130	31	2.1
6013	65	100	18	1.1	6313	65	140	33	2.1
6014	70	110	20	1.1	6314	70	150	35	2.1
6015	75	115	20	1.1	6315	75	160	37	2.1
(0)2系列					(0)4系列				
6201	12	32	10	0.6	6403	17	62	17	1.1
6202	15	35	11	0.6	6404	20	72	19	1.1
6203	17	40	12	0.6	6405	25	80	21	1.5
6204	20	47	14	1	6406	30	90	23	1.5
6205	25	52	15	1	6407	35	100	25	1.5
6206	30	62	16	1	6408	40	110	27	2
6207	35	72	17	1.1	6409	45	120	29	2
6208	40	80	18	1.1	6410	50	130	31	2.1
6209	45	85	19	1.1	6411	55	140	33	2.1
6210	50	90	20	1.1	6412	60	150	35	2.1
6211	55	100	21	1.5	6413	65	160	37	2.1
6212	60	110	22	1.5	6414	70	180	42	3
6213	65	120	23	1.5	6415	75	190	45	3
6214	70	125	24	1.5	6416	80	200	48	3
6215	75	130	25	1.5	6417	85	210	52	4

笔记

2. 推力球轴承（GB/T 301—2015）

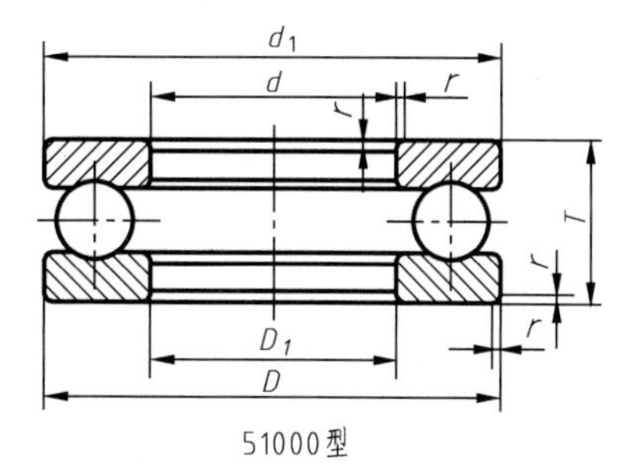

51000型

标记示例

内径 d=20mm，尺寸系列代号为12的推力球轴承，其标记为：

滚动轴承　51204　GB/T 301—2015

续表

轴承代号	尺寸/mm					
51000 型	d	D	T	D_1 min	d_1 max	r min
			11 系列			
51100	10	24	9	11	24	0.3
51101	12	26	9	13	26	0.3
51102	15	28	9	16	28	0.3
51103	17	30	9	18	30	0.3
51104	20	35	10	21	35	0.3
51105	25	42	11	26	42	0.3
51106	30	47	11	32	47	0.6
51107	35	52	12	37	52	0.6
51108	40	60	13	42	60	0.6
51109	45	65	14	47	65	0.6
51110	50	70	14	52	70	0.6
51111	55	78	16	57	78	0.6
51112	60	85	17	62	85	1
51113	65	90	18	67	90	1
51114	70	95	18	72	95	1
51115	75	100	19	77	100	1
51116	80	105	19	82	105	1
51117	85	110	19	87	110	1
51118	90	120	22	92	120	1
51120	100	135	25	102	135	1
			12 系列			
51201	12	28	11	14	28	0.6
51202	15	32	12	17	32	0.6
51203	17	35	12	19	35	0.6
51204	20	40	14	22	40	0.6
51205	25	47	15	27	47	0.6
51206	30	52	16	32	52	0.6
51207	35	62	18	37	62	1
51208	40	68	19	42	68	1
51209	45	73	20	47	73	1
51210	50	78	22	52	78	1
51211	55	90	25	57	90	1
51212	60	95	26	62	95	1
51213	65	100	27	67	100	1
51214	70	105	27	72	105	1
51215	75	110	27	77	110	1
51216	80	115	28	82	115	1
51217	85	125	31	88	125	1
51218	90	135	35	93	135	1.1
51220	100	150	38	103	150	1.1

笔记

续表

轴承代号	尺寸/mm					
51000 型	d	D	T	D_1 min	d_1 max	r min
			13 系列			
51304	20	47	18	22	47	1
51305	25	52	18	27	52	1
51306	30	60	21	32	60	1
51307	35	68	24	37	68	1
51308	40	78	26	42	78	1
51309	45	85	28	47	85	1
51310	50	95	31	52	95	1.1
51311	55	105	35	57	105	1.1
51312	60	110	35	62	110	1.1
51313	65	115	36	67	115	1.1
51314	70	125	40	72	125	1.1
51315	75	135	44	77	135	1.5
51316	80	140	44	82	140	1.5
51317	85	150	49	88	150	1.5
51318	90	155	50	93	155	1.5
51320	100	170	55	103	170	1.5
51322	110	190	63	113	187	2
51324	120	210	70	123	205	2.1
51326	130	225	75	134	220	2.1
51328	140	240	80	144	235	2.1
51330	150	250	80	154	245	2.1
			14 系列			
51405	25	60	24	27	60	1
51406	30	70	28	32	70	1
51407	35	80	32	37	80	1.1
51408	40	90	36	42	90	1.1
51409	45	100	39	47	100	1.1
51410	50	110	43	52	110	1.5
51411	55	120	48	57	120	1.5
51412	60	130	51	62	130	1.5
51413	65	140	56	68	140	2
51414	70	150	60	73	150	2
51415	75	160	65	78	160	2
51416	80	170	68	83	170	2.1
51417	85	180	72	88	177	2.1
51418	90	190	77	93	187	2.1
51420	100	210	85	103	205	3
51422	110	230	95	113	225	3
51424	120	250	102	123	245	4
51426	130	270	110	134	265	4
51428	140	280	112	144	275	4
51430	150	300	120	154	295	4
51432	160	320	130	164	315	5
51434	170	340	135	174	335	5
51436	180	360	140	184	355	5

笔记

三、极限与配合

附表 14　轴的优先及常用轴公差带极限偏差数值表（摘自 GB/T 1800.4）

公称尺寸/mm	常用及优先公差带(带圈者为优先公差带)/μm												
	a	b		c			d				e		
	11	11	12	9	10	⑪	8	⑨	10	11	7	8	9
≤3	-270 -330	-140 -120	-140 -240	-60 -85	-60 -100	-60 -120	-20 -34	-20 -45	-20 -60	-20 -80	-14 -24	-14 -28	-14 -24
>3~6	-270 -345	-140 -215	-140 -260	-70 -100	-70 -118	-70 -145	-30 -48	-30 -60	-30 -78	-30 -105	-20 -32	-20 -38	-20 -50
>6~10	-280 -370	-150 -240	-150 -300	-80 -116	-80 -138	-80 -170	-40 -62	-40 -79	-40 -98	-40 -130	-25 -40	-25 -47	-25 -61
>10~14 >14~18	-290 -400	-150 -260	-150 -330	-95 -138	-95 -165	-95 -205	-50 -77	-50 -93	-50 -120	-50 -160	-32 -50	-32 -59	-32 -75
>18~24 >24~30	-300 -430	-160 -290	-160 -370	-110 -162	-110 -194	-110 -240	-65 -98	-65 -117	-65 -149	-65 -195	-40 -61	-40 -73	-40 -92
>30~40	-310 -470	-170 -330	-170 -420	-120 -182	-120 -220	-120 -280	-80 -119	-80 -142	-80 -180	-80 -240	-50 -75	-50 -89	-50 -112
>40~50	-320 -480	-180 -340	-180 -430	-130 -192	-130 -230	-130 -290							
>50~65	-340 -530	-190 -380	-190 -490	-140 -214	-140 -260	-140 -330	-100 -146	-100 -174	-100 -220	-100 -290	-60 -90	-60 -106	-60 -134
>65~80	-360 -550	-200 -390	-200 -500	-150 -224	-150 -270	-150 -340							
>80~100	-380 -600	-200 -440	-220 -570	-170 -257	-170 -310	-170 -390	-120 -174	-120 -207	-120 -260	-120 -340	-72 -109	-72 -126	-72 -159
>100~120	-410 -630	-240 -460	-240 -590	-180 -267	-180 -320	-180 -400							
>120~140	-460 -710	-260 -510	-260 -660	-200 -300	-200 -360	-200 -450	-145 -208	-145 -245	-145 -305	-145 -395	-85 -125	-85 -148	-85 -185
>140~160	-520 -770	-280 -530	-280 -680	-210 -310	-210 -370	-210 -460							
>160~180	-580 -830	-310 -560	-310 -710	-230 -330	-230 -390	-230 -480							
>180~200	-660 -950	-340 -630	-340 -800	-240 -355	-240 -425	-240 -530	-170 -242	-170 -285	-170 -355	-170 -460	-100 -146	-100 -172	-100 -215
>200~225	-740 -1030	-380 -670	-380 -840	-260 -375	-260 -445	-260 -550							
>225~250	-820 -1110	-420 -710	-420 -880	-280 -395	-280 -465	-280 -570							
>250~280	-920 -1240	-480 -800	-480 -1000	-300 -430	-300 -510	-300 -620	-190 -271	-190 -320	-190 -400	-190 -510	-110 -162	-110 -191	-110 -240
>280~315	-1050 -1370	-540 -860	-540 -1060	-330 -460	-330 -540	-330 -650							
>315~355	-1200 -1560	-600 -960	-600 -1170	-360 -500	-360 -590	-360 -720	-210 -299	-210 -350	-210 -440	-210 -570	-125 -182	-125 -214	-125 -265
>355~400	-1350 -1710	-680 -1040	-680 -1250	-400 -540	-400 -630	-400 -760							
>400~450	-1500 -1900	-760 -1160	-760 -1390	-440 -595	-440 -690	-440 -840	-230 -327	-230 -385	-230 -480	-230 -630	-135 -198	-135 -232	-135 -290
>450~500	-1650 -2050	-840 -1240	-840 -1470	-480 -635	-480 -730	-480 -880							

注：公称尺寸小于 1mm 时，各级的 a 和 b 均不采用

笔记

续表

公称尺寸/mm	常用及优先公差带(带圈者为优先公差带)/μm															
	f					g			h							
	5	6	⑦	8	9	5	⑥	7	5	⑥	⑦	8	⑨	10	⑪	12
≤3	−6 −10	−6 −12	−6 −16	−6 −20	−6 −31	−2 −6	−2 −8	−2 −12	0 −4	0 −6	0 −10	0 −10	0 −25	0 −40	0 −60	0 −100
>3~6	−10 −15	−10 −18	−10 −22	−10 −28	−10 −40	−4 −9	−4 −12	−4 −16	0 −5	0 −8	0 −12	0 −18	0 −30	0 −48	0 −75	0 −120
6~10	−13 −19	−13 −22	−13 −28	−13 −35	−13 −49	−5 −11	−5 −14	−5 −20	0 −6	0 −9	0 −15	0 −22	0 −36	0 −58	0 −90	0 −150
>10~14 >14~18	16 −24	−16 −24	−16 −24	−16 −24	−16 −24	−6 −14	−6 −17	−6 −24	0 −8	0 −11	0 −18	0 −27	0 −43	0 −70	0 −110	0 −180
>18~24 >24~30	−20 −29	−20 −33	−20 −41	−20 −53	−20 −72	−7 −16	−7 −20	−7 −28	0 −9	0 −13	0 −21	0 −33	0 −52	0 −84	0 −130	0 −210
>30~40 >40~50	−25 −36	−25 −41	−25 −50	−25 −64	−25 −87	−9 −20	−9 −25	−9 −34	0 −11	0 −16	0 −25	0 −39	0 −62	0 −100	0 −160	0 −250
>50~65 >65~80	−30 −43	−30 −49	−30 −60	−30 −76	−30 −104	−10 −23	−10 −29	−10 −40	0 −13	0 −19	0 −30	0 −46	0 −74	0 −120	0 −190	0 −300
>80~100 >100~120	−36 −51	−36 −58	−36 −71	−36 −90	−36 −123	−12 −27	−12 −34	−12 −47	0 −15	0 −22	0 −35	0 −54	0 −87	0 −140	0 −220	0 −350
>120~140 >140~160 >160~180	−43 −61	−43 −68	−43 −83	−43 −106	−43 −143	−14 −32	−14 −39	−14 −54	0 −18	0 −25	0 −40	0 −63	0 −100	0 −160	0 −250	0 −400
>180~200 >200~225 >225~250	−50 −70	−50 −79	−50 −96	−50 −122	−50 −165	−15 −35	−15 −44	−15 −61	0 −20	0 −29	0 −46	0 −72	0 −115	0 −185	0 −290	0 −460
>250~280 >280~315	−56 −79	−56 −88	−56 −108	−56 −137	−56 −186	−17 −40	−17 −49	−17 −69	0 −23	0 −32	0 −52	0 −81	0 −130	0 −210	0 −320	0 −520
>315~355 >355~400	−62 −87	−62 −98	−62 −119	−62 −151	−62 −202	−18 −43	−18 −54	−18 −75	0 −25	0 −36	0 −57	0 −89	0 −140	0 −230	0 −360	0 −570
>400~450 >450~500	−68 −95	−68 −105	−68 −131	−68 −165	−68 −223	−20 −47	−20 −60	−20 −83	0 −27	0 −40	0 −63	0 −97	0 −155	0 −250	0 −400	0 −630

笔记

续表

公称尺寸/mm	常用及优先公差带(带圈者为优先公差带)/μm														
	js			k			m			n			p		
	5	⑥	7	5	⑥	7	5	6	7	5	⑥	7	5	⑥	7
≤3	±2	±3	±5	+4 0	+6 0	+10 0	+6 +2	+8 +2	+12 +2	+8 +4	+10 +4	+14 +4	+10 +6	+12 +6	+16 +6
>3~6	±2.5	±4	±6	+6 +1	+9 +1	+13 +1	+9 +4	+12 +4	+16 +4	+13 +8	+16 +8	+20 +8	+17 +12	+20 +12	+24 +12
>6~10	±3	±4.5	±7	+7 +1	+10 +1	+16 +1	+12 +6	+15 +6	+21 +6	+16 +10	+19 +10	+25 +10	+21 +15	+24 +15	+30 +15
>10~14 >14~18	±4	±5.5	±9	+9 +1	+12 +1	+19 +1	+15 +7	+18 +7	+25 +7	+20 +12	+23 +12	+30 +12	+26 +18	+29 +18	+36 +18
>18~24 >24~30	±4.5	±6.5	±10	+11 +2	+15 +2	+23 +2	+17 +8	+21 +8	+29 +8	+24 +15	+28 +15	+36 +15	+31 +22	+35 +22	+43 +22
>30~40 >40~50	±5.5	±8	±12	+13 +2	+15 +2	+16 +2	+12 +9	+15 +9	+21 +9	+16 +17	+19 +17	+25 +17	+21 +26	+24 +26	+30 +26
>50~65 >65~80	±6.5	±9.5	±15	+15 +2	+21 +2	+32 +2	+24 +11	+30 +11	+41 +11	+33 +20	+39 +20	+50 +20	+45 +32	+51 +32	+62 +32
>80~100 >100~120	±7.5	±11	±17	+18 +3	+25 +3	+38 +3	+28 +13	+35 +13	+48 +13	+38 +23	+45 +23	+58 +23	+52 +37	+59 +37	+72 +37
>120~140 >140~160 >160~180	±9	±12.5	±20	+21 +3	+28 +3	+43 +3	+33 +15	+40 +15	+55 +15	+45 +27	+52 +27	+67 +27	+61 +43	+68 +43	+83 +43
>180~200 >200~225 >225~250	±10	±14.5	±23	+24 +4	+33 +4	+50 +4	+37 +17	+46 +17	+63 +17	+51 +31	+60 +31	+77 +31	+70 +50	+79 +50	+96 +50
>250~280 >280~315	±11.5	±16	±26	+27 +4	+36 +4	+56 +4	+43 +20	+52 +20	+72 +20	+57 +34	+66 +34	+86 +34	+79 +56	+88 +56	+108 +56
>315~355 >355~400	±12.5	±18	±28	+29 +4	+40 +4	+61 +4	+46 +21	+57 +21	+78 +21	+62 +37	+73 +37	+94 +37	+87 +62	+98 +62	+119 +62
>400~450 >450~500	±13.5	±20	±31	+32 +5	+45 +5	+68 +5	+50 +23	+63 +23	+86 +23	+67 +40	+80 +40	+103 +40	+95 +68	+108 +68	+131 +68

笔记

续表

公称尺寸/mm	常用及优先公差带(带圈者为优先公差带)/μm													
	r			s			t			u		v	x	y	z
	5	6	7	7	5	⑥	5	6	7	⑥	7	6	6	6	6
≤3	+14 +10	+16 +10	+20 +10	+18 +14	+20 +14	+24 +14	—	—	—	+24 +18	+28 +18	—	+26 +20	—	+32 +26
＞3～6	+20 +15	+23 +15	+27 +15	+24 +19	+27 +19	+31 +19	—	—	—	+31 +23	+35 +23	—	+36 +28	—	+43 +35
＞6～10	+25 +19	+28 +19	+34 +19	+29 +23	+32 +23	+38 +23	—	—	—	+37 +28	+43 +28	—	+43 +34	—	+51 +42
＞10～14	+31 +23	+34 +23	+41 +23	+36 +28	+39 +28	+46 +28	—	—	—	+44 +33	+51 +33	—	+51 +40	—	+61 +50
＞14～18							—	—	—			+50 +39	+56 +45	—	+71 +60
＞18～24	37 +28	+41 +28	+49 +28	+44 +35	+48 +35	+56 +35	—	—	—	+54 +41	+62 +41	+60 +47	+67 +54	+76 +63	+86 +73
＞24～30							+50 +41	+54 +41	+62 +41	+61 +48	+69 +48	+68 +55	+77 +64	+88 +75	+101 +88
＞30～40	45 +34	+50 +34	+59 +34	+54 +43	+59 +43	+68 +43	+59 +48	+64 +48	+73 +48	+76 +60	+85 +60	+84 +68	+96 +80	+110 +94	+128 +112
＞40～50							+65 +54	+70 +54	+79 +54	+86 +70	+95 +70	+97 +81	+113 +97	+130 +114	+152 +136
＞50～65	+54 +41	+60 +41	+71 +41	+66 +53	+72 +53	+83 +53	+79 +66	+85 +66	+96 +66	+106 +87	+117 +87	+121 +102	+141 +122	+163 +144	+191 +172
＞65～80	+56 +43	+62 +43	+73 +43	+72 +59	+78 +59	+89 +59	+88 +75	+94 +75	+105 +75	+121 +102	+132 +102	+139 +120	+165 +146	+193 +174	+229 +210
＞80～100	+66 +51	+73 +51	+86 +51	+86 +71	+93 +71	+106 +91	+106 +91	+113 +91	+126 +91	+146 +124	+159 +124	+168 +146	+200 +178	+236 +214	+280 +258
＞100～120	+69 +54	+76 +54	+89 +54	+94 +79	+101 +79	+114 +79	+110 +104	+126 +104	+136 +104	+166 +144	+179 +144	+194 +172	+232 +210	+276 +254	+332 +310
＞120～140	+81 +63	+88 +63	+103 +63	+110 +92	+117 +92	+132 +92	+140 +122	+147 +122	+162 +122	+195 +170	+210 +170	+227 +202	+273 +248	+325 +300	+390 +365
＞140～160	+83 +65	+90 +65	+105 +65	+118 +100	+125 +100	+140 +100	+152 +134	+159 +134	+174 +134	+215 +190	+230 +190	+253 +228	+305 +280	+365 +340	+440 +415
＞160～180	+86 +68	+93 +68	+108 +68	+126 +108	+133 +108	+148 +108	+164 +146	+171 +146	+186 +146	+235 +210	+250 +210	+277 +252	+335 +310	+405 +380	+490 +465
＞180～200	+97 +77	+106 +77	+123 +77	+142 +122	+151 +122	+168 +122	+186 +166	+195 +166	+212 +166	+265 +236	+282 +236	+313 +284	+379 +350	+454 +425	+549 +520
＞200～225	+100 +80	+109 +80	+126 +80	+150 +130	+159 +130	+176 +130	+200 +180	+209 +180	+226 +180	+287 +258	+304 +258	+339 +310	+414 +385	+499 +470	+604 +575
＞225～250	+104 +84	+113 +84	+130 +84	+160 +140	+169 +140	+186 +140	+216 +196	+225 +196	+242 +196	+313 +284	+330 +284	+369 +340	+454 +425	+549 +520	+669 +640
＞250～280	+117 +94	+126 +94	+146 +94	+181 +158	+290 +158	+210 +158	+241 +218	+250 +218	+270 +218	+347 +315	+367 +315	+417 +385	+507 +475	+612 +580	+742 +710
＞280～315	+121 +98	+130 +98	+150 +98	+193 +170	+202 +170	+222 +170	+263 +240	+272 +240	+292 +240	+382 +350	+402 +350	+457 +425	+557 +525	+682 +650	+822 +790
＞315～355	+133 +108	+144 +108	+165 +108	+215 +190	+226 +190	+247 +190	+293 +268	+304 +268	+325 +268	+426 +390	+447 +390	+511 +475	+626 +590	+766 +730	+936 +900
＞355～400	+139 +114	+150 +114	+171 +114	+233 +208	+244 +208	+265 +208	+319 +294	+330 +294	+351 +294	+471 +435	+492 +435	+566 +530	+696 +660	+856 +820	+1036 +1000
＞400～450	+153 +126	+166 +126	+189 +126	+259 +232	+272 +232	+295 +232	+357 +330	+370 +330	+393 +330	+530 +490	+553 +490	+635 +595	+780 +740	+960 +920	+1140 +1100
＞450～500	+159 +132	+172 +132	+195 +132	+279 +252	+292 +252	+315 +252	+387 +360	+400 +360	+423 +360	+580 +540	+603 +540	+700 +660	+860 +820	+1040 +1000	+1290 +1250

笔记

附表 15 孔的优先及常用公差带极限偏差数值表（摘自 GB/T 1800.4）

公称尺寸/mm	常用及优先公差带(带圈者为优先公差带)/μm													
	A	B		C	D				E		F			
	11	11	12	⑪	8	⑨	10	11	8	9	6	7	⑧	9
≤3	+330 +270	+200 +140	+240 +140	+120 +60	+34 +20	+45 +20	+60 +20	+80 +20	+28 +14	+39 +14	+12 +6	+16 +6	+20 +6	+31 +6
>3~6	+345 +270	+215 +140	+260 +140	+145 +70	+48 +30	+60 +30	+78 +30	+105 +30	+38 +20	+50 +20	+18 +10	+22 +10	+28 +10	+40 +10
>6~10	+370 +280	+240 +150	+300 +150	+170 +80	+62 +40	+76 +40	+98 +40	+130 +40	+47 +25	+61 +25	+22 +13	+28 +13	+35 +13	+49 +13
>10~14	+400 +290	+260 +150	+330 +150	+205 +95	+77 +50	+93 +50	+120 +50	+160 +50	+59 +32	+75 +32	+27 +16	+34 +16	+43 +16	+59 +16
>14~18														
>18~24	+430 +300	+290 +160	+370 +160	+240 +110	+98 +65	+117 +65	+149 +65	+195 +65	+73 +40	+92 +40	+33 +20	+41 +20	+53 +20	+72 +20
>24~30														
>30~40	+470 +310	+330 +170	+420 +170	+280 +120	+119 +80	+142 +80	+180 +80	+240 +80	+89 +50	+112 +50	+41 +25	+50 +25	+64 +25	+87 +25
>40~50	+480 +320	+340 +180	+430 +180	+290 +130										
>50~65	+530 +340	+380 +190	+490 +190	+330 +140	+146 +100	+170 +100	+220 +100	+290 +100	+106 +6	+134 +80	+49 +30	+60 +30	+76 +30	+104 +30
>65~80	+550 +360	+390 +200	+500 +200	+340 +150										
>80~100	+600 +380	+440 +220	+570 +220	+390 +170	+174 +120	+207 +120	+260 +120	+340 +120	+126 +72	+159 +72	+58 +36	+71 +36	+90 +36	+123 +36
>100~120	+630 +410	+460 +240	+590 +240	+400 +180										
>120~140	+710 +460	+510 +260	+660 +260	+450 +200	+208 +145	+245 +145	+305 +145	+395 +145	+148 +85	+135 +85	+68 +43	+83 +43	+106 +43	+143 +43
>140~160	+770 +520	+530 +280	+680 +280	+460 +210										
>160~180	+830 +580	+560 +310	+710 +310	+480 +230										
>180~200	+950 +660	+630 +340	+800 +340	+530 +240	+242 +170	+285 +170	+355 +170	+460 +170	+172 +100	+215 +100	+79 +50	+96 +50	+122 +50	+165 +50
>200~225	+1030 +740	+670 +380	+840 +380	+550 +260										
>225~250	+1110 +820	+710 +420	+880 +420	+570 +280										
>250~280	+1240 +920	+800 +480	+1000 +480	+620 +300	+271 +190	+320 +190	+400 +190	+510 +190	+191 +110	+240 +110	+88 +56	+108 +56	+137 +56	+186 +56
>280~315	+1370 +1050	+860 +540	+1060 +540	+650 +330										
>315~355	+1560 +1200	+960 +600	+1170 +600	+720 +360	+299 +210	+350 +210	+440 +210	+570 +210	+214 +125	+265 +125	+98 +62	+119 +62	+151 +62	+202 +62
>355~400	+1710 +1350	+1040 +680	+1250 +680	+760 +400										
>400~450	+1900 +1500	+1160 +760	+1390 +760	+840 +440	+327 +230	+385 +230	+480 +230	+630 +230	+232 +135	+290 +135	+108 +68	+131 +68	+165 +68	+223 +68
>450~500	+2050 +1650	+1240 +840	+1470 +840	+880 +480										

注：公称尺寸小于 1mm 时，各级的 A 和 B 均不采用。

笔记

续表

公称尺寸/mm	常用及优先公差带(带圈者为优先公差带)/μm																	
	G		H							JS			K			M		
	6	⑦	6	⑦	⑧	⑨	10	⑪	12	6	7	8	6	⑦	8	6	7	8
≤3	+8 +2	+12 +2	+6 0	+10 0	+14 0	+25 0	+40 0	+60 0	+100 0	±3	±5	±7	0 -6	0 -10	0 -14	-2 -8	-2 -12	-2 -16
>3~6	+12 +4	+16 +4	+8 0	+12 0	+18 0	+30 0	+48 0	+75 0	+120 0	±4	±6	±9	+2 -6	+3 -9	+5 -13	-1 -9	0 -12	+2 -16
>6~10	+14 +5	+20 +5	+9 0	+15 0	+22 0	+36 0	+58 0	+90 0	+150 0	±4.5	±7	±11	+2 -7	+5 -10	+6 -16	-3 -12	0 -15	+1 -21
>10~14 >14~18	+17 +6	+24 +6	+11 0	+18 0	+27 0	+43 0	+70 0	+110 0	+180 0	±5.5	±9	±13	+2 -9	+6 -12	+8 -19	-4 -15	0 -18	+2 -25
>18~24 >24~30	+20 +7	+28 +7	+13 0	+21 0	+33 0	+52 0	+84 0	+130 0	+210 0	±6.5	±10	±16	+2 -11	+6 -15	+10 -23	-4 -17	0 -21	+4 -29
>30~40 >40~50	+25 +9	+34 +9	+16 0	+25 0	+39 0	+62 0	+100 0	+160 0	+250 0	±8	±12	±19	+3 -13	+7 -18	+12 -27	-4 -20	0 -25	+5 -34
>50~65 >65~80	+29 +10	+40 +10	+19 0	+30 0	+46 0	+74 0	+120 0	+190 0	+300 0	±9.5	±15	±23	+4 -15	+9 -21	+14 -32	-5 -24	0 -30	+5 -41
>80~100 >100~120	+34 +12	+47 +12	+22 0	+35 0	+54 0	+87 0	+140 0	+220 0	+350 0	±11	±17	±27	+4 -18	+10 -25	+16 -38	-6 -28	0 -35	+6 -48
>120~140 >140~160 >160~180	+39 +14	+54 +14	+25 0	+40 0	+63 0	+100 0	+160 0	+250 0	+400 0	±12.5	±20	±31	+4 -21	+12 -28	+20 -43	-8 -33	0 -40	+8 -55
>180~200 >200~225 >225~250	+44 +15	+61 +15	+29 0	+46 0	+72 0	+115 0	+185 0	+290 0	+460 0	±14.5	±23	±36	+5 -24	+13 -33	+22 -50	-8 -37	0 -46	+9 -63
>250~280 >280~315	+49 +17	+69 +17	+32 0	+52 0	+81 0	+130 0	+210 0	+320 0	+520 0	±16	±26	±40	+5 -27	+16 -36	+25 -56	-9 -41	0 -52	+9 -72
>315~355 >355~400	+54 +18	+75 +18	+36 0	+57 0	+89 0	+140 0	+230 0	+360 0	+570 0	±18	±28	±44	+7 -29	+17 -40	+28 -61	-10 -46	0 -57	+11 -78
>400~450 >450~500	+60 +20	+83 +20	+40 0	+63 0	+97 0	+155 0	+250 0	+400 0	+630 0	±20	±31	±48	+8 -32	+18 -45	+29 -68	-10 -50	0 -63	+11 -86

笔记

续表

公称尺寸 mm	常用及优先公差带(带圈者为优先公差带)/μm											
	N			P		R		S		T		U
	6	⑦	8	6	⑦	6	7	9	⑦	6	7	⑦
≤3	−4 −10	−4 −14	−4 −18	−6 −12	−6 −16	−10 −16	−10 −20	−14 −20	−14 −24	—	—	−18 −28
>3~6	−5 −13	−4 −16	−2 −20	−9 −17	−8 −20	−12 −20	−11 −23	−16 −24	−15 −27	—	—	−19 −31
>6~10	−7 −16	−4 −19	−3 −25	−12 −21	−9 −24	−16 −25	−13 −28	−20 −29	−17 −32	—	—	−22 −37
>10~14	−9 −20	−5 −23	−3 −30	−15 −26	−11 −29	−20 −31	−16 −34	−25 −36	−21 −39	—	—	−26 −44
>14~18												
>18~24	−11 −24	−7 −28	−3 −36	−18 −31	−14 −35	−24 −37	−20 −41	−31 −44	−27 −48	—	—	−33 −54
>24~30										−37 −50	−33 −54	−40 −61
>30~40	−12 −28	−8 −33	−3 −42	−21 −37	−17 −42	−29 −45	−25 −50	−38 −54	−34 −59	−43 −59	−39 −64	−51 −76
>40~50										−49 −65	−45 −70	−61 −86
>50~65	−14 −33	−9 −39	−4 −50	−26 −45	−21 −51	−35 −54	−30 −60	−47 −66	−42 −72	−60 −79	−55 −85	−76 −106
>65~80						−37 −56	−32 −62	−53 −72	−48 −78	−69 −88	−64 −94	−91 −121
>80~100	−16 −38	−10 −45	−4 −58	−30 −52	−24 −59	−44 −66	−38 −73	−64 −86	−58 −93	−84 −106	−78 −113	−111 −146
>100~120						−47 −69	−41 −76	−72 −94	−66 −101	−97 −119	−91 −126	−131 −166
>120~140	−20 −45	−12 −52	−4 −67	−36 −61	−28 −68	−56 −81	−48 −88	−85 −110	−77 −117	−115 −140	−104 −147	−155 −195
>140~160						−58 −83	−50 −90	−93 −118	−85 −125	−127 −152	−119 −159	−175 −215
>160~180						−61 −86	−53 −93	−101 −126	−93 −133	−139 −164	−131 −171	−195 −235
>180~200	−22 −51	−14 −60	−5 −77	−41 −70	−33 −79	−68 −97	−60 −106	−113 −142	−105 −151	−157 −186	−149 −195	−219 −265
>200~225						−71 −100	−63 −109	−121 −150	−113 −159	−171 −200	−163 −209	−241 −287
>225~250						−75 −104	−67 −113	−131 −160	−123 −169	−187 −216	−179 −225	−267 −313
>250~280	−25 −57	−14 −66	−5 −86	−47 −79	−36 −88	−85 −117	−74 −126	−149 −181	−138 −190	−209 −241	−198 −250	−295 −347
>280~315						−89 −121	−78 −130	−161 −193	−150 −202	−231 −263	−220 −272	−330 −382
>315~355	−26 −62	−16 −73	−5 −94	−51 −87	−41 −98	−97 −133	−87 −144	−179 −215	−169 −226	−257 −293	−247 −304	−369 −426
>335~400						−103 −139	−93 −150	−197 −233	−187 −244	−283 −319	−273 −330	−414 −471
>400~450	−27 −67	−17 −80	−6 −103	−55 −95	−45 −108	−113 −153	−103 −166	−219 −259	−209 −272	−317 −357	−307 −370	−467 −530
>450~500						−119 −159	−109 −172	−239 −279	−229 −292	−347 −387	−337 −400	−517 −580

笔记

附表 16 公差等级的应用举例

公差等级	应用条件说明	应用举例
IT3	用于精密测量工具,小尺寸零件的高精度的精密配合及与C级滚动轴承配合的轴径和外壳孔径	检验IT8至IT11级工件用量规和校对IT9至IT13级轴用量规的校对量规;与特别精密的C级滚动轴承内环孔(直径至100mm)相配合的机床主轴、精密机械和高速机械的轴径;与C级向心球轴承外环外径相配合的外壳孔径;航空工业及航海工业中导航仪器上特别精密的个别小尺寸零件的精密配合
IT4	用于精密测量工具,高精度的精密配合和C级D级滚动轴承配合的轴径和外壳孔径	检验IT9至IT12级工件用量规和校对IT12至IT14级轴用量规的校对量规;与C级轴承孔(孔径大于100mm时)及与D级轴承孔相配合的机床主轴、精密机械和高速机械的轴径;与C级轴承相配合的机床外壳孔径;柴油机活塞销及活塞销座孔径;高精度(1级至4级)齿轮的基准孔或轴径;航空工业及航海工业用仪器中特别精密的孔径
IT5	用于机床、发动机和仪表中特别重要的配合,在配合公差要求很小、形状精度要求很高的条件下,这类公差等级能使配合性质比较稳定,它对加工要求较高,一般机械制造中较少应用	检验IT11至IT14级工件用量规和校对IT14至IT15级轴用量规的校对量规;与D级滚动轴承相配合的机床箱体孔;与E级滚动轴承孔相配合的机床主轴,精密机械和高速机械的轴径;机床尾架套筒,高精度分度盘轴径;分度头主轴、精密丝杆基准轴径;高精度镗套的外径等;发动机中主轴的外径,活塞销外径与活塞的配合;精密仪器中轴与各种传动件轴承的配合;航空、航海工业用仪表中重要的精密孔的配合;5级精度齿轮的基准孔及5级、6级精度齿轮的基准轴
IT6	广泛用于机械制造中的重要配合,配合表面有较高均匀的要求,能保证相当高的配合性质,使用可靠	检验IT12至IT15级工件用量规和校对IT15至IT16级轴用量规的校对量规;与E级滚动轴承相配合的外壳孔及与滚动轴承相配合的机床主轴轴径;机床制造中,装配式青铜蜗轮、轮壳外径安装齿轮、蜗轮、联轴器、皮带轮、凸轮的轴径;机床丝杠支承轴径、矩形花键的定心直径、摇臂钻床的立柱等;机床夹具的导向件的外径尺寸;精密仪器、光学仪器、计量仪器中的精密轴;航空、航海仪器仪表中的精密轴;无线电工业、自动化仪表、电子仪器,如邮电机械中的特别重要的轴;手表中特别重要的轴;导航仪器中主罗盘的方位轴、微电机轴、电子计算机外围设备中的重要尺寸;医疗器械中牙科车头中心齿轴及X线齿轮箱的精密轴等;缝纫机中重要轴类尺寸;发动机中的汽缸套外径、曲轴主轴径、活塞销、连杆衬套、连杆和轴瓦外径等6级精度齿轮的基准孔和7级、8级精度齿轮的基准轴径,以及特别精密(1级、2级精度)齿轮顶圆直径
IT7	应用条件与IT6类似,但要求精度比IT6稍低,在一般机械制造业中应用相当普遍	检验IT14至IT16级工件用量规和校对IT16级轴用量规的校对量规;机床制造中装配式青铜蜗轮轮缘孔径、联轴器、皮带轮、凸轮等的孔径、机床卡盘座孔、摇臂钻床的摇臂孔、车床丝杆的轴承孔等;机床夹头导向件的内孔(如固定钻套、可换钻套、衬套和镗套等);发动机中的连杆孔、活塞孔、铰制螺栓定位孔等;纺织机械中的重要零件;印染机械中要求较高的零件;精密仪器、光学仪器中精密配合的内孔;手表中的离合杆压簧等;导航仪器中主罗经壳底座孔、方位支架孔;医疗机械中牙科直车头中民齿轮轴的轴承孔及X线机齿轮箱的转盘孔;电子计算机、电子仪器、仪表中的重要内孔;自动化表中的重要内孔;缝纫机中的重要轴内孔零件;邮电机械中的重要零件的内孔;7级、8级精度齿轮的基准孔和9级、10级精密齿轮的基准轴

笔记

续表

公差等级	应用条件说明	应用举例
IT8	在机械制造中属中等精度；在仪器、仪表及钟表制造中，由于基本尺寸较小，属较高精度范畴；在配合确定性要求不太高时，是应用较多的一个等级。尤其是在农业机械、纺织机械、印染机械、缝纫机、医疗器械中应用最广	检验IT16级工件用量规，轴承座衬套沿宽度方向的尺寸配合；手表中跨齿轴、棘爪拨针轮等与夹板的配合；无线电仪表工业中的一般配合；电子仪器仪表中较重要的内孔；计算机中变数齿轮孔和轴的配合。医疗器械中牙科车头钻头套的孔与车针柄部的配合；导航仪器中主罗经粗刻度盘孔月牙形支架与微电机汇电环孔等；电机制造中铁芯与机座的配合；发动机活塞油环槽宽、连杆轴瓦内径、低精度(9至12级精度)齿轮的基准孔和11级、12级精度齿轮的基准轴，6至8级精度齿轮的顶圆
IT9	应用条件与IT8类似，但要求精度低于IT8时采用	机床制造中轴套外径与孔，操纵件与轴、空转皮带轮与轴、操纵系统的轴与轴承等的配合；纺织机械、印刷机械中的一般配合零件；发动机中机油泵体内孔、气门导管内孔、飞轮与飞轮套、圈衬套、混合气预热阀轴、汽缸盖孔径、活塞槽环的配合等；光学仪器、自动化仪表中的一般配合；手表中要求较高零件的未注公差尺寸的配合；单键连接中键宽配合尺寸；打字机中的运动件配合等
IT10	应用条件与IT9类似，但要求精度低于IT9时采用	电子仪器仪表中支架上的配合；导航仪器中绝缘衬套孔与汇电环衬套轴；打字机中铆合件的配合尺寸，闹钟机构中的中心管与前夹板；轴套与轴；手表中尺寸小于18mm时要求一般的未注公差尺寸及大于18mm要求较高的未注公差尺寸；发动机中油封挡圈孔与曲轴皮带轮毂的配合
IT11	用于配合精度要求较粗糙，装配后可能有较大的间隙。特别适用于要求间隙较大，且有显著变动而不会引起危险的场合	机床上法兰盘止口与孔、滑块与滑移齿轮、凹槽等；农业机械、机车车厢部件及冲压加工的配合零件；钟表制造中不重要的零件，手表制造用的工具及设备中的未注公差尺寸；纺织机械中较粗糙的活动配合；印染机械中要求较低的配合；医疗器械中手术刀片的配合；磨床制造中的螺纹连接及粗糙的动连接；不作测量基准用的齿轮顶圆直径公差
IT12	配合精度要求较粗糙，装配后有很大的间隙。适用于基本上没有什么配合要求的场合；要求较高未注公差尺寸的极限偏差	非配合尺寸及工序间尺寸；发动机分离杆；手表制造中工艺装备的未注公差尺寸；计算机行业切削加工中未注公差尺寸的极限偏差；医疗器械中手术刀柄的配合；机床制造中扳手孔与扳手座的连接
IT13	应用条件与IT12类似	非配合尺寸及工序间尺寸，计算机，打字机中切削加工零件及圆片孔、二孔中心距的未注公差尺寸
IT14	用于非配合尺寸及不包括在尺寸链中的尺寸	在机床、汽车、拖拉机、冶金矿山、石油化工、电机、电器、仪器、仪表、造船、航空、医疗器械、钟表、自行车、缝纫机、造纸与纺织机械等工业中对切削加工零件未注公差尺寸的极限偏差，广泛应用此等级
IT15	用于非配合尺寸及不包括在尺寸链中的尺寸	冲压件、木模铸造零件、重型机床制造，当尺寸大于3150mm时的未注公差尺寸
IT16	用于非配合尺寸及不包括在尺寸链中的尺寸	打字机中浇铸件尺寸；无线电制造中箱体外形尺寸；手术器械中的一般外形尺寸公差；压弯延伸加工用尺寸；纺织机械中木件尺寸公差；塑料零件尺寸公差；木模制造和自由锻造时用
IT17	用于非配合尺寸及不包括在尺寸链中的尺寸	塑料成型尺寸公差；手术器械中的一般外形尺寸公差
IT18	用于非配合尺寸及不包括在尺寸链中的尺寸	冷作、焊接尺寸用公差

笔记

附表 17　各种基本偏差的应用举例

配合	基本偏差	特点和应用实例
间隙配合	A(a) B(b)	应用很少。主要用于工作时温度高、热变形较大的配合中,如活塞与缸套的配合为H9/a9
	C(c)	可得到很大的间隙,一般用于工作条件较差(如农业机械)、工作时受力变形大及装配工艺性不好的零件的配合,也适用于高温工作的间隙配合,如内燃机排气阀杆与导管的配合为 H8/c7
	D(d)	如滑轮、空转的带轮与轴的配合、大尺寸滑动轴承与轴径的配合(如涡轮机、球磨机等的滑动轴承)。如活塞环与活塞槽的配合可用 H9/d9
	E(e)	与 IT6～IT9 对应,具有明显的间隙,用于大跨距及多支点的转轴与轴承配合,高速、重载的大尺寸轴与轴承的配合,吉大型发动机、内燃机的主要轴承处的配合为H8/f7
	F(f)	多与 IT6～IT8 对应,用于一般转动的配合,受温度影响不大,采用普通润滑油的轴与滑动轴承的配合,如齿轮箱、小电动机、泵的转轴与滑动轴承的配合为 H7/f6
	G(g)	多与 IT5～IT7 对应,形成配合的间隙较小,用于轻载精密装置中的转动配合,插销的定位配合,滑阀、连杆销等下的配合,钻套孔多用 G
	H(h)	多与 IT4～IT11 对应,广泛用于无相对转动的间隙配合、一般的定位配合。若没有温度、变形的影响也可用于精密滑动轴承,如车床尾座孔与顶尖套筒 的配合为 H6/h5
过渡配合	JS(js)	多用于 IT4～IT7 具有平均间隙的过渡配合,用于略有过盈的定位配合,如联轴节、齿圈与轮毂的配合,滚动轴承外圈与外壳孔的配合多用 JS7,一般用手或木槌装配
	K(k)	多用于 IT4～IT7 具有平均间隙接近零的配合,用于定位配合,如滚动轴承的内、外圈分别与轴径、外壳孔的配合,一般用木槌装配
	M(m)	多用于 IT4～IT7 具有平均过盈较小的配合,用于精密定位的配合,如涡轮的青铜轮缘与轮毂的配合为 H7/m6
	N(n)	多用于 IT4～IT7 具有平均过盈较大的配合,很少形成间隙。用于加键传递较大转矩的配合,如冲床上齿轮与轴的配合,用槌子或压力机装配
过盈配合	P(p)	用于小过盈配合,与 H6 或 H7 的孔形成过盈配合,而与 H8 的孔形成过渡配合。碳钢和铸铁制零件形成的配合为标准压入配合,如绞车的绳轮与齿圈的配合为 H7/p6。合金钢制零件的配合需要小过盈时可用 P(p)
	R(r)	用于传递大转矩或受冲击负荷而需在加键的配合,如涡轮与轴的配合为 H7/r6。H8/r8 配合在基本尺寸小于 100mm 时,为过渡配合
	S(s)	用于钢和铸铁零件的永久性和半永久性结合,可产生相当大的结合力,如套环压的轴、阀座上用 H7/s6 配合
	T(t)	用于钢和铸铁制零件的永久性结合,需要热套法或冷轴法装配,如联轴器与轴的配合 H7/t6
	U(u)	用于大过盈配合,最大过盈需验算。用热套法进行装配,如火车轮毂与轴的配合为H7/u6

笔记

四、常用材料及热处理

附表 18 铁和钢

牌号	应用举例	说明
1. 灰铸铁(GB/T 9439—2010)		
HT 100	用于低强度铸铁,如盖、手轮、支架等	“HT”表示灰铸铁,后面的数字表示抗拉强度值(MPa)
HT 150	用于中强度铸铁,如底座、刀架、轴承座、胶带轮、端盖等	
HT 200 HT 250	用于高强度铸铁,如床身、机座、齿轮、凸轮、汽缸泵体、联轴器等	
HT 300 HT 350	用于高强度耐磨铸件,如齿轮、凸轮、重载荷床身、高压泵、阀壳体、锻模、冷冲压模等	
2. 球墨铸铁(GB/T 1348—2009)		
QT 800-2 QT 700-2 QT 600-2	具有较高强度,但塑性低,用于曲轴、凸轮轴、齿轮、汽缸、缸套、轧辊、水泵轴、活塞环、摩擦片等零件	“QT”表示球墨铸铁,其后第一组数字表示抗拉强度值(MPa),第二组数字表示伸长率(%)
QT 500-5 QT 420-10 QT 400-18	具有较高强度和适当的强度,用于承受冲击负荷的零件	
3. 普通碳素结构钢(GB/T 700—2006)		
Q215 A级 B级	金属结构件、拉杆、套圈、铆钉、螺栓、短轴、心轴、凸轮(载荷不大的)、垫圈;渗碳零件及焊接件	“Q”为碳素结构钢屈服点“屈”字的汉语拼音首位字母,后面数字表示屈服强度数值。如Q235表示碳素结构钢屈服强度为235MPa 新旧牌号对照: Q215…A2(A2F) Q235…A3 Q275…A5
Q235 A级 B级 C级 D级	用于薄板工程构件,受力不大的机械零件,小轴、拉杆、套圈、汽缸、齿轮、螺栓、螺母、轮轴、楔、盖及焊接件	
Q275	轴、轴销、刹车杆、螺栓、螺母、垫圈、连杆、齿轮以及其它强度较高的零件	
4. 优质碳素结构钢(GB/T 699—2015)		
08F 10 15 20 25 30 40 45 50 55 60 65	可塑性要求高的零件,如管子、垫圈、渗碳件、氰化件等; 拉杆、卡头、垫圈、焊件; 渗碳件、紧固件、冲模锻件、化工贮器; 杆杆、轴套、钩、螺钉、渗碳件及氰化件; 轴、辊子、连接器、紧固件中的螺栓、螺母; 曲轴、转轴、轴销、连杆、横梁、星轮; 曲轴、摇杆、拉杆、键、销、螺栓; 齿轮、齿条、链轮、凸轮、轧辊、曲柄轴; 齿轮、轴、联轴器、衬套、活塞销、链轮; 活塞杆、轮轴、齿轮、不重要的弹簧; 齿轮、连杆、扁弹簧、轧辊、偏心轮、轮圈、轮缘; 偏心轮、弹簧圈、垫圈、调整片、偏心轴等; 叶片弹簧、螺旋弹簧等	牌号的两位数字表示平均含碳量,称碳的质量分数。45号钢即表示碳的质量分数为0.45%,表示平均含碳量为0.45%。 碳的质量分数≤0.25%的碳钢属低碳钢(渗碳钢); 碳的质量分数在(0.25～0.6)%之间的碳钢属中碳钢(调制钢); 碳的质量分数≥0.6%的碳钢属高碳钢; 在牌号后加符号“F”表示沸腾钢
16Mn 20Mn 30Mn 40Mn 45Mn 50Mn 60Mn 65Mn	凸轮轴、拉杆、铰链、焊管、钢板; 螺栓、传动螺杆、制动板、传动装置、转换拨叉; 万向联轴器、分配器、曲轴、高强度螺栓、螺母; 滑动滚子轴; 承受磨损零件、摩擦片、转动滚子、齿轮、凸轮; 弹簧、发条; 弹簧环、弹簧垫圈	锰的质量分数较高的钢,须加注化学元素符号“Mn”

笔记

续表

牌号	应用举例	说明
5. 合金结构钢(GB/T 3077—2015)		
15Cr 20Cr 30Cr 40Cr 45Cr 50Cr	渗碳齿轮、凸轮、活塞销、离合器; 较重要的渗碳件 重要的调制零件,如轮轴、齿轮、摇杆、螺栓等; 较重要的调制零件,如齿轮、进气阀、辊子、轴等; 强度及耐磨性高的轴、齿轮、螺栓等; 重要的轴、齿轮、螺旋弹簧、止推环	钢中加入一定量的合金元素,提高了钢的力学性能和耐磨性,也提高了钢在热处理时的淬透性,保证金属在较大截面上获得好的力学性能。 铬钢、铬锰钢和铬锰钛钢都是常用的合金结构钢(GB/T 3077—1988)
15CrMn 20CrMn 40CrMn	垫圈、汽封套筒、齿轮、滑键拉钩、齿杆、偏心轮; 轴、轮轴、连杆、曲柄轴及其它高耐磨零件; 轴、齿轮	
18CrMnTi 30CrMnTi 40CrMnTi	汽车上重要渗碳钢,如齿轮等; 汽车、拖拉机上强度特高的渗碳齿轮; 强度高、耐磨性高的大齿轮、主轴等	
6. 碳素工具钢(GB/T 1298—2008)		
T7 T7A	能承受震动和冲击的工具,硬度适中时有较大的韧性。用于制造凿子、钻软岩石的钻头、冲击式打眼机钻头、大锤等	用"碳"或"T"后附以平均含碳量的千分数表示,有 T7～T13。高级优质碳素工具钢须在牌号后加注"A"平均含碳量约为 0.7%～1.3%
T8 T8A	有足够的韧性和较高的硬度,用于制造能承受震动的工具,如钻中等硬度岩石的钻头、简单模子、冲头等	
7. 一般工程用铸造碳钢(GB/T 11352—2009)		
ZG200-400 ZG230-450 ZG270-500 ZG310-570 ZG340-650	要求韧性好的塑性零件,如机座、箱壳; 铸造平坦的零件,如机座、机盖、箱体、铁钻台,工作温度在450°以下的管路附件等,焊接性良好; 各种开头的机件,如飞轮、机架、联轴器等,焊接性能尚可; 各种开头的机件,如齿轮、齿圈、重负荷机架等; 起重、运输机中的齿轮、联轴器等中的机件	ZG230-450 表示工程用铸钢,屈服点为 230MPa,抗拉强度 450MPa

注：钢随着平均含碳量的上升，抗拉刚度、硬度增加，延伸率降低。

附表 19 非金属材料

材料名称	牌号	说明	应用举例
耐油石棉橡胶板		有厚度 0.4～3.0mm 的十种规格	供航空发动机用的煤油、润滑油及冷气系统结合处的密封衬垫材料
耐酸碱橡胶板	2030 2040	较高硬度 中等硬度	具有耐酸碱性能,在温度 −30～+60℃的 20%浓度的酸碱液体中工作,用作冲制密封性能较好的垫圈
耐油橡胶板	3001 3002	较高硬度	可在一定温度的机油、变压器油、汽油等介质中工作,适用冲制各种形状的垫圈
耐热橡胶板	4001 4002	较高硬度 中等硬度	可在−30～+100℃、且压力不大的条件下,于热空气中、蒸汽介质中工作,用作冲制各种垫圈和隔热垫板
酚醛层压板	3302-1 3302-2	3302-1 的机械性能比 3302-2 高	用结构材料及用以制造各种机械零件
聚四氟乙烯树脂	SFL-4～13	耐腐蚀、耐高温(+250℃),并具有一定的强度,能切削加工成各种零件	用于腐蚀介质中起密封和减磨作用,用作垫圈等

笔记

续表

材料名称	牌号	说明	应用举例
工业有机玻璃		耐盐酸、硫酸、草酸、烧碱、和纯碱等一般酸碱以及二氧化硫、臭氧等气体腐蚀	适用于耐腐蚀和需要透明的零件
油浸石棉盘根	YS 450	盘根形状分 F(方形)、Y(圆形)、N(扭制)三种，按需选用	适用于回转轴、往复活塞或阀门杆上作密封材料，介质为蒸汽、空气、工业用水、重质石油产品
橡胶石棉盘根	XS 450	该牌号盘根只有 F(方形)	适用于作蒸汽机、往复泵的活塞和阀门杆上作密封材料
工业用平面毛毡	112-44 232-36	厚度为 1～40mm。112-44 表示白色细毛块毡，密度为 0.44g/cm^3；232-36 表示灰色粗毛块毡，密度为 0.36g/cm^3	用作密封、防漏油、防震、缓冲衬垫等。按需要选用细毛、半粗毛、粗毛
软钢纸板		厚度为 0.5～3.0mm	用作密封连接处的密封垫片
尼龙	尼龙 6 尼龙 9 尼龙 66 尼龙 610 尼龙 1010	具有优良的机械强度和耐磨性。可以使用成形加工和切屑加工制造零件，尼龙粉末还可喷涂于各种零件表面提高耐磨性和密封性	广泛用作机械、化工及电气零件，例如：轴承、齿轮、凸轮、滚子、辊轴、泵叶轮、风扇叶轮、蜗轮、螺钉、螺母、垫圈、高压密封圈、阀座、输油管、储油容器等。尼龙粉末还可喷涂于各种零件表面
MC 尼龙(无填充)		强度特高	适用于制造大型齿轮、蜗轮、轴套、大型阀门密封面、导向环、导轨、滚动轴承保持架、船尾轴承、起重汽车吊索绞盘蜗轮、柴油发动机燃料泵齿轮、矿山铲掘机轴承、水压机立柱导套、大型轧钢机辊道轴瓦等
聚甲醛(均聚物)		具有良好的摩擦性能和抗磨损性能，尤其是优越的干摩擦性能	用于制造轴承、齿轮、凸轮、滚轮、辊子、阀门上的阀杆螺母、垫圈、法兰、垫片、泵叶轮、鼓风机叶片、弹簧、管道等
聚碳酸酯		具有高的冲击韧性和优异的尺寸稳定性	用于制造齿轮、蜗轮、蜗杆、齿条、凸轮、心轴、轴承、滑轮、铰链、传动链、螺栓、螺母、垫圈、铆钉、泵叶轮、汽车化油器部件、节流阀、各种外壳等

笔记

附表 20 常用热处理工艺

名词	代号	说明	应用
退火	5111	将钢件加热到临界温度以上(一般是 710～715℃，个别合金钢 800～900℃)30～50℃，保温一段时间，然后缓慢冷却(一般在炉中冷却)	用来消除铸、锻、焊零件的内应力，降低硬度，便于切削加工，细化金属晶粒，改善组织，增加韧性
正火	5121	将钢件加热到临界温度以上，保温一段时间，然后用空气冷却，冷却速度比退火快	用来处理低碳钢和中碳结构钢及渗碳零件，使其组织细化，增加强度与韧性，减少内应力，改善切削性能
淬火	5131	将钢件加热到临界温度以上，保温一段时间，然后在水、盐水或油水中(个别材料在空气中)急速冷却，使其得到高硬度	用来提高钢的硬度和强度极限。但淬火会引起内应力使钢变脆，所以淬火后必须回火

续表

名　词	代　号	说　明	应　用
淬火和回火	5141	回火时将淬硬的钢件加热到临界点以下的温度，保温一段时间，然后在空气中或油中冷却下来	用来消除淬火后的脆性和内应力，提高钢的塑性和冲击韧性
调质	5151	淬火后在450～650℃进行高温回火，称为调质	用来使钢获得高的韧性和足够的强度。重要的齿轮、轴及丝杆等零件是调质处理的
表面淬火和回火	5210	用火焰或高频电流将零件表面迅速加热至临界温度以上，急速冷却	使零件表面获得硬度，而心部保持一定的韧性，使零件既耐磨又能承受冲击。表面淬火常用来处理齿轮等
渗碳	5310	在渗碳剂中将钢件加热到900～950℃，停留一定时间，将碳渗入钢表面，深度约为0.5～2mm，再淬火后回火	增加钢件耐磨性能，表面硬度、抗拉强度及疲劳极限 适用于低碳、中碳(C<0.40%)结构钢的中小型零件
渗氮	5330	渗氮是在500～600℃通入氨的炉子内加热，向钢的表面渗入氮原子的过程。氮化层为0.025～0.8mm，氮化时间需40～50h	增加钢件耐磨性能，表面硬度、疲劳极限和抗蚀能力 适用于合金钢、碳钢、铸铁件，如机床主轴、丝杆以及在潮湿碱水和燃烧气体介质的环境中工作的零件
氰化	Q59(氰化淬火后，回火至56-62HRC)	在820～860℃炉内通入碳和氮，保温1～2小时，使钢件的表面同时渗入碳、氮原子，可得到0.2～0.5mm的氰化层	增加表面硬度、耐磨性、疲劳强度和耐蚀性 用于要求硬度高、耐磨的中、小型及薄片零件和刀具等
时效	时效处理	低温回火后，精加工之前，加热到100～160℃，保持10～40h。对铸件也可用天然时效(放在露天中一年以上)	使工件消除内应力和稳定形状，用于量具、精密丝杆、床身导轨、床身等
发蓝 发黑	发蓝或发黑	将金属零件放在很浓的碱和氧化剂溶液中加热氧化，使金属表面形成一层氧化铁所组成的保护性薄膜	防腐蚀、美观。用于一般连接的标准件和其他电子类零件
镀镍	镀镍	用电解方法，在钢件表面镀一层镍	防腐蚀、美化
镀铬	镀铬	用电解方法，在钢件表面镀一层铬	提高表面硬度、耐磨性和耐蚀能力，也用于修复零件上磨损了的表面
硬度	HB(布氏硬度)	材料抵抗硬的物体压入其表面的能力称“硬度”。根据测定的方法不同，可分布氏硬度、洛氏硬度和维氏硬度 硬度的测定是检验材料经热处理后的机械性能——硬度	用于退火、正火、调质的零件及铸件的硬度检验
	HRC(洛氏硬度)		用于经淬火、回火及表面渗碳、渗氮等处理的零件硬度检验
	HV(维氏硬度)		用于薄层零件的硬度检验

注：热处理工艺代号尚可细分，如空冷淬火代号为5131a，油冷淬火代号为5131e，水冷淬火代号为5131w等。本附录不再罗列，详情请查阅GB/T 12603—2005。

五、粗糙度

附表21　轴和孔的表面粗糙度参数推荐值

应用场合			Ra/μm	
示例	公差等级	表面	基本尺寸/mm	
			≤50	>50～500
经常装拆零件的配合表面(如挂轮、滚刀等)	IT5	轴	≤0.2	≤0.4

笔记

续表

应用场合			$Ra/\mu m$	
示例	公差等级	表面	基本尺寸/mm	
		孔	≤0.4	≤0.8
	IT6	轴	≤0.4	≤0.8
		孔	≤0.8	≤1.6
	IT7	轴	≤0.8	≤1.6
		孔		
	IT8	轴	≤0.8	≤1.6
		孔	≤1.6	≤3.2

>50～120	>50～500		≤50		
过盈配合的配合表面： (1)用压力机装配； (2)用热孔法装配	IT5	轴	≤0.2	≤0.4	≤0.4
		孔	≤0.4	≤0.8	≤0.8
	IT6～IT7	轴	≤0.4	≤0.8	≤1.6
		孔	≤0.8	≤1.6	≤1.6
	IT8	轴	≤0.8	≤1.6	≤3.2
		孔	≤1.6	≤3.2	≤3.2
	IT9	轴	≤1.6	≤3.2	≤3.2
		孔	≤3.2	≤3.2	≤3.2

滚动轴承的配合表面	IT6～IT9	轴	≤0.8
		孔	≤1.6
	IT10～IT12	轴	≤3.2
		孔	≤3.2

示例	公差等级	表面	径向跳动公差/μm					
			2.5	4	6	10	16	25
精密定心零件的配合表面	IT5～IT8	轴	≤0.05	≤0.1	≤0.1	≤0.2	≤0.4	≤0.8
		孔	≤0.1	≤0.2	≤0.2	≤0.4	≤0.8	≤1.6

笔记

参考文献

[1] 金大鹰. 机械制图. 北京：机械工业出版社，2020.

[2] 胡琳. 工程制图及工程制图习题集. 北京：机械工业出版社，2018.

[3] 廖希亮，张莹，姚俊红. 画法几何及机械制图. 北京：机械工业出版社，2018.

[4] 郑爱云. 机械制图. 北京：机械工业出版社，2018.

[5] 钱可强. 机械制图. 北京：高等教育出版社，2017.

[6] 陆英. 化工制图. 北京：高等教育出版社，2018.

[7] 王农. 工程制图训练与解答. 机械工业出版社，2018.

[8] 徐东，李明，周烨. 机械工程图学习题集. 机械工业出版社，2018.

[9] 刘虹. 现代工程图学解题指导. 机械工业出版社，2018.

[10] 胡建生. 机械制图. 北京：机械工业出版社，2020.

[11] 管巧娟. 构形基础与机械制图. 北京：机械工业出版社，2018.

[12] 吕瑛波，刘哲. 机械制图及测量技术应用. 北京：化学工业出版社，2018.

[13] 刘海兰. 机械识图与制图. 北京：清华大学出版社，2010.

[14] 杨光. 实物测绘与工艺设计. 北京：清华大学出版社，2010.

[15] 潘安霞. 机械图样的绘制与识读. 北京：高等教育出版社，2010.

[16] 田华. 机械制图与计算机绘图. 北京：机械工业出版社，2012.

[17] 郭建遵. 机械制图与计算机绘图. 北京：人民邮电出版社，2012.

[18] 赵红. 工程图样的绘制与识读. 北京：高等教育出版社，2013.

笔记